酵素の開発と応用技術

Technologies of Development and Application of Enzyme

監修：今中忠行

シーエムシー出版

はじめに

触媒とは，特定の化学反応（自発的に起こり得る反応）を促進する物質で，自身は反応の前後で変化しないものをいう。酵素は生体触媒である。細胞の中で数千に及ぶ酵素はそれぞれに特異的な反応を触媒し，秩序を保っている。一般的に無機触媒と比較して，(1)常温，常圧，中性付近のpHなど穏やかな条件下で反応を進め，(2)基質特異性を有し，(3)活性部位を持っており反応効率が高いことが特徴であろう。さらに近年になって，極限環境微生物由来の酵素は極限環境で機能する場合が多いことも明らかになってきた。例えば超好熱菌由来の酵素は好熱性であるように。

一方，酵素に関する研究の歴史を振り返ってみると，19世紀後半に酵素という概念が発表され20世紀に入って，反応速度論，タンパク酵素の確認，結晶化，1次構造（アミノ酸配列）決定，立体構造決定，触媒機構の理解，リボザイム（RNA酵素）の発見，タンパク質工学など重要な発見・研究が続き，現在に至っている。特殊酵素の探索，酵素の改変，酵素の安定化，反応促進，酵素の固定化などは，酵素の産業利用にとって重要なポイントであるし，それぞれに面白い工夫が加えられている。これらの最新技術を各分野の第一線の研究者が執筆してまとめたのが本書である。それぞれの興味あるアイデアを，読者自身の技術と組み合わせることにより，産業化に向けて大きく発展されることを期待している。

2006年12月

京都大学大学院　工学研究科
教授　今中忠行

普及版の刊行にあたって

本書は2006年に『酵素開発・利用の最新技術』として刊行されました。普及版の刊行にあたり，内容は当時のままであり加筆・訂正などの手は加えておりませんので，ご了承ください。

2011年8月

シーエムシー出版　編集部

執筆者一覧（執筆順）

今 中 忠 行	京都大学大学院　工学研究科　合成・生物化学専攻　教授 (現) 立命館大学　生命科学部　生物工学科　教授
尾 崎 克 也	(現) 花王㈱　生物科学研究所　第１研究室　室長
伊 藤 　 進	(現) 琉球大学　農学部　亜熱帯生物資源科学科　教授
北 林 雅 夫	東洋紡績㈱　敦賀バイオ研究所　チームリーダー (現) 東洋紡績㈱　バイオケミカル事業部
西 矢 芳 昭	東洋紡績㈱　敦賀バイオ研究所　グループリーダー (現) 摂南大学　理工学部　生命科学科　教授
栗 原 達 夫	(現) 京都大学　化学研究所　准教授
江 﨑 信 芳	京都大学　化学研究所　教授
伊 藤 伸 哉	富山県立大学　工学部　生物工学科　教授
牧 野 祥 嗣	富山県立大学　工学部　生物工学科　助手
秦 田 勇 二	㈱海洋研究開発機構　極限環境生物圏研究センター　深海バイオ事業化推進計画　グループリーダー (現) ㈱海洋研究開発機構　海洋・極限環境生物圏領域　海洋生物多様性研究プログラム　海洋有用物質の探索と生産システムの開発研究チーム　チームリーダー
大 田 ゆかり	㈱海洋研究開発機構　極限環境生物圏研究センター　深海バイオ事業化推進計画　研究推進スタッフ (現) ㈱海洋研究開発機構　海洋・極限環境生物圏領域　海洋生物多様性研究プログラム　海洋有用物質の探索と生産システムの開発研究チーム　主任研究員
日 高 祐 子	㈱海洋研究開発機構　極限環境生物圏研究センター　深海バイオ事業化推進計画　研究員
能 木 裕 一	㈱海洋研究開発機構　極限環境生物圏研究センター　微生物系統解析研究グループ　グループリーダー
福 崎 英一郎	(現) 大阪大学大学院　工学研究科　生命先端工学専攻　教授
宮 崎 健太郎	(現) ㈱産業技術総合研究所　生物プロセス研究部門　酵素開発研究グループ　研究グループ長
中 村 　 聡	東京工業大学大学院　生命理工学研究科　生物プロセス専攻　教授；バイオ研究基盤支援総合センター長（兼務）

（つづく）

春木　満　(現) 日本大学　工学部　生命応用化学科　教授
金谷茂則　(現) 大阪大学大学院　工学研究科　生命先端工学専攻　教授
麻生祐司　島根大学　教育学部　人間生活環境教育講座　講師
(現) 京都工芸繊維大学大学院　工芸科学研究科　バイオベースマテリアル学部門　准教授
永尾潤一　京都大学大学院　農学研究科　応用生命科学専攻　分子細胞科学講座　エネルギー変換細胞学分野　博士研究員
(現) 福岡歯科大学　機能生物化学講座　感染生物学分野　助教
中山二郎　(現) 九州大学大学院　農学研究院　生命機能科学部門　准教授
園元謙二　九州大学大学院　農学研究院　生物機能科学部門　応用微生物学講座　微生物工学分野　教授；九州大学　バイオアーキテクチャーセンター　機能デザイン部門　食品機能デザイン分野　教授
梶野　勉　(現) ㈱豊田中央研究所　先端研究センター　主席研究員
福嶋喜章　(現) ㈱豊田中央研究所　先端研究センター　レクター
香田次郎　(現) 広島市立大学大学院　情報科学研究科　創造科学専攻　講師
矢野卓雄　(現) 広島市立大学大学院　情報科学研究科　創造科学専攻　教授
岸本高英　(現) 東洋紡績㈱　敦賀バイオ研究所　チームリーダー
佐々木真宏　(現) セーレン㈱　研究開発センター　主管
浜地　格　(現) 京都大学　工学研究科　合成・生物化学専攻　教授
伊藤敏幸　(現) 鳥取大学大学院　工学研究科　化学・生物応用工学専攻　応用化学講座　教授
廣瀬芳彦　天野エンザイム㈱　岐阜研究所　メディカル開発部　メディカル開発部長
原田敦史　(現) 大阪府立大学大学院　工学研究科　准教授
中野道彦　豊橋技術科学大学　エコロジー工学系　博士研究員
(現) 九州大学　大学院システム情報科学研究院　電気システム工学部門　助教
水野　彰　(現) 豊橋技術科学大学　環境・生命工学系　教授

宮 崎 真佐也　(独)産業技術総合研究所　ナノテクノロジー研究部門　マイクロ・ナノ空間化学グループ　主任研究員；九州大学大学院　総合理工学府物質理工学専攻　新素材開発工学講座　助教授
(現) (独)産業技術総合研究所　生産計測技術研究センター　主任研究員

本 田　　健　(独)産業技術総合研究所　ナノテクノロジー研究部門　マイクロ・ナノ空間化学グループ　特別研究員
(現) 山口大学　医学研究科　分子薬理学研究室　助教

前 田 英 明　(現) (独)産業技術総合研究所　生産計測技術研究センター　マイクロ空間化学ソリューションチーム　チーム長

大 内 将 吉　(現) 九州工業大学大学院　情報工学研究院　生命情報工学研究系　准教授

谷 野 孝 徳　神戸大学大学院　自然科学研究科　博士課程後期
(現) 群馬大学大学院　工学研究科　環境プロセス工学専攻　助教

近 藤 昭 彦　(現) 神戸大学大学院　工学研究科　教授

斎 藤 恭 一　(現) 千葉大学大学院　工学研究科　共生応用化学専攻　教授

下 村 雅 人　(現) 長岡技術科学大学　工学部　生物系　教授

坪 井 泰 之　(現) 北海道大学大学院　理学研究院　化学部門　准教授

田 中 大 輔　(現) 三菱重工業㈱　技術統括本部　名古屋研究所　材料・強度研究室　主任

高 蔵　　晃　(現) タカラバイオ㈱　製品開発センター　主幹研究員

原　　暁 非　筑波大学大学院　数理物質科学研究科　準研究員

長 崎 幸 夫　(現) 筑波大学大学院　数理物質科学研究科　教授

岸 田 昌 浩　(現) 九州大学　工学研究院　化学工学部門　教授

松 根 英 樹　九州大学　工学研究院　化学工学部門　助手

金 野 智 浩　東京大学大学院　工学系研究科　マテリアル工学専攻　助手
(現) 東京大学大学院　工学系研究科　バイオエンジニアリング専攻　特任准教授

石 原 一 彦　東京大学大学院　工学系研究科　マテリアル工学専攻　教授

大 西 徳 幸　マグナビート㈱　代表取締役社長
(現) チッソ石油化学㈱　五井研究所　研究第４センター　ＮＴ-プロジェクト　プロジェクトリーダー

執筆者の所属表記は，注記以外は 2006 年当時のものを使用しております。

目　　次

【第１編　酵素の探索】

第１章　アルカリ酵素　　尾崎克也，伊藤　進

第２章　耐熱性DNAポリメラーゼ　　北林雅夫，西矢芳昭

第３章　好冷性酵素　　栗原達夫，江﨑信芳

第4章　有機溶媒耐性酵素　**伊藤伸哉，牧野祥嗣**

第5章　深海微生物からの有用酵素の探索

秦田勇二，大田ゆかり，日高祐子，能木裕一

第6章　メタボローム解析の原理と応用　**福崎英一郎**

【第２編　酵素の改変】

第１章　進化工学的手法による酵素の改変　宮崎健太郎

第２章　極限酵素の分子解剖・分子手術－アルカリキシラナーゼを例にとり－

中村 聡

第３章　酵素のハイブリッド化による新機能の付与　春木　満，金谷茂則

第4章 ランチビオティック工学における新規酵素反応

麻生祐司，永尾潤一，中山二郎，園元謙二

【第3編 酵素の安定化】

第1章 ナノ空間場におけるタンパク質の機能と安定化

梶野 勉，福嶋喜章

第2章　超好熱菌由来シャペロニン共包括による固定化酵素の安定化

香田次郎，矢野卓雄

第3章　セリシンによる酵素の安定化　岸本高英，佐々木真宏

第4章　酵素をラッピングする糖アミノ酸誘導体型ヒドロゲル

浜地　格

【第4編　酵素の反応場・反応促進】

第1章　イオン液体を反応媒体に用いる酵素触媒反応　伊藤敏幸

第2章　有機溶媒での酵素反応　**廣瀬芳彦**

第3章　内核に酵素反応場を有するコアーシェル型ナノ組織体

原田敦史

第4章　Water-in-Oil エマルションを用いた微小反応系の構築

中野道彦，水野　彰

第５章　マイクロリアクターを用いる酵素反応プロセス

宮崎真佐也，本田　健，前田英明

第６章　酵素反応を促進するマイクロ波の効果　大内将吉

【第５編　酵素の固定化】

第１章　酵母表層への酵素の固定化と応用　谷野孝徳，近藤昭彦

第2章　多孔性膜への酵素の固定化と応用　斎藤恭一

第3章　導電性高分子への酵素固定とバイオセンサーおよびバイオ燃料電池への応用

下村雅人

第4章　レーザーを用いた固体基板への酵素固定　坪井泰之

第5章　繊維への酵素の固定化，エアフィルターへの応用

田中大輔，高蔵 晃

第6章　PEG／酵素共固定化金ナノ粒子の調製と機能

原　暁非，長崎幸夫

第7章　磁性ビーズへの酵素の固定化　**岸田昌浩，松根英樹**

第8章　リン脂質ポリマーナノ粒子表面への酵素の固定化とナノ診断デバイスの構築

金野智浩，石原一彦

第9章 磁性ナノ粒子への酵素の固定化 近藤昭彦，大西徳幸

第１編　酵素の探索

第1章　アルカリ酵素

尾崎克也[*1]，伊藤　進[*2]

1　アルカリ酵素と好アルカリ性微生物

生物の異化や同化反応を触媒する酵素は生命の維持に欠かすことができないものであり，生体内，或いは環境中で効率的に作用するため，その多くは常温及び中性付近で高い活性を示す。こうした温和な条件で化学反応を進行させることができる点は基質特異性の高さと並んで酵素の大きな利点である。しかしながら，酵素は一般にこの様な温和な条件下以外では不安定で反応効率が低下し産業利用においてネックのひとつとなっていた。近年になって地球上には例えば深海の熱水噴出孔などでは100℃以上にも達する極限環境でも生育する微生物が発見され，こうした極限環境微生物から高温環境下で安定かつ効率的に作用する酵素が見出されている[1)]。

一方，pHに関してもペプシンなど最適pHが酸性(pH 2付近)の酵素が知られていたが，pH 9以上のアルカリ領域では変性し，後述の*Bacillus*属細菌が生産するアルカリプロテアーゼ(subtilisin)等のいくつかの例を除いてアルカリ条件で安定かつ最適pHを有するアルカリ酵素の存在は必ずしも多く知られていなかった。アルカリ酵素に関する研究は，1971年に掘越ら[2)]がアルカリ環境下（pH 9以上）で旺盛に生育する，いわゆる好アルカリ性の*Bacillus*属細菌の培養液中にpH 11～12.5で最大活性を示すプロテアーゼを見出して以来，好アルカリ性微生物由来の種々のアルカリ酵素が探索されてきた。通常の微生物が弱酸性から微アルカリ性環境下で生育するのに対して，好アルカリ性微生物はアルカリ性の環境下で生息する傾向にあるが，中～弱酸性の土壌などにも広く分布している。炭酸ナトリウムなどを適量添加してpHを9～10程度に調整した培地に土壌等のサンプルを塗抹し，30℃前後で数日間培養することによって多様な好アルカリ性微生物を単離できる。好アルカリ性微生物のアルカリ酵素に関する研究の歴史については，いくつかの総説や成書[3～5)]で詳細に紹介されている。本稿ではアルカリ酵素の探索に関する近年の研究動向を概説し，更に洗剤用を中心としたトピックスについて紹介する。

＊1　Katsuya Ozaki　花王㈱　生物科学研究所　第1研究室　室長
＊2　Susumu Ito　北海道大学　創成科学共同研究機構　特任教授

2　アルカリ酵素の産業用途

酵素は医薬・診断薬，研究試薬，食品，洗剤，繊維処理，製紙などの分野で広く利用されており，国内の市場は約500億円と言われている。このうち，アルカリ酵素の用途として最も大きいと考えられる利用分野は洗剤用途である。現在，多くの衣料用や自動食器洗浄機用の洗剤には洗浄力の補助成分として酵素が配合され，70億円を超える市場と見られているが，その殆どがアルカリ酵素である。洗剤への酵素利用は国内では1968年のプロテアーゼ配合衣料用洗剤が最初であり，現在ではプロテアーゼのほかセルラーゼ，アミラーゼ，リパーゼ等が利用されている。洗剤用の酵素としては一般に，①洗浄力を増強する機能を持つ，②洗剤溶液のpH及び温度において高い活性を有する，③洗剤中の他成分の存在下で十分な活性を有すると共に安定である，④安全な微生物由来により簡便に高生産できる，という要件を満たす必要がある。これらの要件を満たすアルカリ酵素が好アルカリ性*Bacillus*属細菌から見出され，そのいくつかが現在，洗剤用酵素として実用化されている[3~6)]。

洗剤用以外でのアルカリ酵素の産業利用例としては，サイクロマルトデキストリン グルカノトランスフェラーゼ（CGTase）のサイクロデキストリン（CD）合成への利用が挙げられる。CDは6～12個のグルコース分子がα-1,4-グルコシド結合で環状に結合した非還元性のマルトオリゴ糖であり，種々の有機化合物を分子内に取り込んで包接化合物を形成する。現在，グルコース7分子から成るβ-CDの合成効率が高い好アルカリ性*Bacillus*属細菌由来のCGTaseが実用化されている[7)]。一方，製紙用パルプ製造の際の漂白過程にも*Bacillus*属細菌由来のキシラナーゼが利用されている[8)]。従来，紙の品質を向上させるために塩素系漂白剤によるリグニンの除去処理が行われていたが，排水中の有機塩素化合物が環境上の問題から，無塩素系漂白法の開発が望まれていた。そこで開発された技術がキシラナーゼによるバイオブリーチングである。リグニンが結合しているヘミセルロースをキシラナーゼで加水分解することによってリグニンを遊離させ，塩素の使用量を低減することができる。欧米ではカビ由来の酸性キシラナーゼが実用化されているが，アルカリ側で処理する方が効率的であり，*Bacillus*属細菌由来の中性～アルカリ性の広いpH領域で作用するアルカリキシラナーゼの利用が報告されている[8)]。

3　アルカリプロテアーゼ

現在，国内外の殆どの衣料用洗剤と自動食器洗浄機用洗剤には皮膚角層のケラチン，血液や食品等の蛋白質汚れを分解除去するプロテアーゼが配合されており，洗顔剤，義歯洗浄剤，トイレ洗浄剤，化粧品などにも利用されている。これらの多くは*Bacillus*属細菌由来のセリンプロテアーゼであり，当初は中性で生育する *Bacillus* 属細菌（*B. subtilis*，*B. licheniformis* 及び *B. amyloliquefaciens*）に由来し，pH 10付近で最大活性を示す28～30 kDaのアルカリプロテアーゼ（subtilisin）が用いられていた。しかしながら，衣料用洗剤の溶液は通常pH 10.5～11であるため高アルカリ条件でより高い活性を持つ酵素が求められていた。掘越ら[2]は至適pHを11～12.5に有する高アルカリプロテアーゼを好アルカリ性*Bacillus*属細菌に見出したが，それ以降，第2世代の洗剤用プロテアーゼとして数種類の高アルカリ酵素が開発されてきた[4~6]。筆者らが土壌中から分離した好アルカリ性*Bacillus clausii* KSM-K16株が生産するM-Protease[9]は高いケラチン分解活性と界面活性剤耐性を有する至適pH 12.3，約28 kDaの酵素であり，優れた洗剤用酵素として1991年に衣料用洗剤用に配合された[4]。前述のsubtilisinとのアミノ酸配列の相同性は約60%であり，他の第2世代洗剤用プロテアーゼと共にセリンプロテアーゼファミリーA[10]中で異なるサブファミリーを形成している(高アルカリプロテアーゼ；high-alkaline protease)。結晶構造の解析結果などから，高アルカリプロテアーゼのみに保存されるArg19及びArg269とGlu265との間に形成されるイオン結合が，高アルカリ性条件での安定性維持に関与するものと推定している[11]。

筆者らは，土壌から分離された好アルカリ性*Bacillus*属細菌から新しいプロテアーゼを発見している（表1）。これらは約45 kDa[12,13]，約30 kDa[14]，及び約70 kDa[15,16]の3種類のアルカリプロテアーゼであり，アミノ酸配列や等電点のほか酵素特性も異なっている。前述のsubtilisinや高アルカリプロテアーゼとも約60%以下の相同性であって，それぞれが新たなサブファミリーを構成している。これらのうち好アルカリ性*Bacillus* sp. KSM-KP43株由来のKP-43[13]は，作用最適pHを11～12にもつ約43 kDaの酵素である。洗剤成分である酸化剤，キレート剤に対し

表1　洗剤用アルカリプロテアーゼの特性比較

酵素名	M-protease	KP-43	LD1	FT
由来	好アルカリ性 *B. clausii* KSM-K16	好アルカリ性 *Bacillus* sp. KSM-KP43	好アルカリ性 *Bacillus* sp. KSM-LD1	好アルカリ性 *Bacillus* sp. KSM-KP43
分子質量	28 kDa	43 kDa	30 kDa	72 kDa
等電点	＞pH 10.6	pH 8.9～9.1	pH 5.0	pH 5.1
N末配列	AQSVPWGISRVQAP	NDVARGIVKADVAQ	AQTVPWGV	MFDSAPFI
比活性（カゼイン）	127 U/mg	115 U/mg	239 U/mg	82 U/mg
作用至適pH	pH 12.3	pH 11～12	pH 10	pH 10.5～11
作用至適温度	55℃	60℃	55℃	40～45℃
安定pH領域	pH 5～12 (55℃，10分)	pH 6～11 (40℃，30分)	pH 5～12 (40℃，30分)	pH 8～12 (10℃，60分)
安定温度領域	＜60℃ (pH 10.5，10分，2 mM $CaCl_2$)	＜65℃ (pH 10.5，10分，2 mM $CaCl_2$)	＜70℃ (pH 10，15分)	＜45℃ (pH 10，15分)
酸化剤の影響	感受性	耐性	耐性	感受性

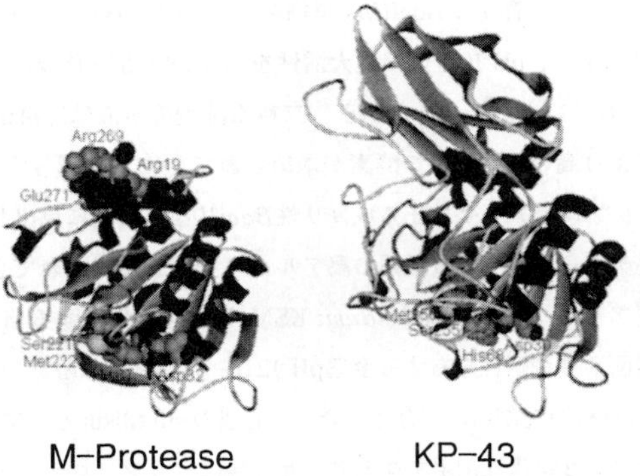

図１　高アルカリプロテアーゼの立体構造の比較

て耐性を示すと共に高濃度の脂肪酸の存在下でも酵素活性を維持し，皮脂成分と共存する蛋白質汚れの除去効果が期待されている。本酵素とsubtilisinや高アルカリプロテアーゼとのアミノ酸配列相同性はいずれも約24～26%である。X線結晶構造を図１に示したが，KP−43はＮ末側のsubtilisin様α/βドメインとＣ末側のβバレルドメインから成っており[17]，Ｎ末側ドメイン内に活性中心と推定されるAsp30，His68及びSer255各残基が認められる。活性中心のSer255の隣にはsubtilisin類の酸化剤感受性に関与すると推定されるMet残基が存在し，酸化速度が緩やかであることが分っているが，酸化剤耐性の詳細なメカニズムについては現在のところ不明である。またＮ末側ドメインの数箇所に挿入されたループやＣ末βバレルドメインの役割も明らかではない。

また，国内外の研究グループによって好アルカリ性*Bacillus*属細菌のアルカリプロテアーゼが報告されている[18～22]。これらのうち，耐塩性好アルカリ性*B. clausii*の酵素は界面活性剤や酸化剤に耐性があり[21]，耐熱性好アルカリ性*Bacillus* sp. PS719株の酵素（43 kDa）はpH９，75℃に作用至適を持つ[22]。更に*Micrococcus luteus*[23]，好アルカリ性*Nocardiopsis* sp. TOA−1株[24]，好冷性*Shewanella* sp. Ac10株[25]，及び好冷性*Pseudomonas* sp. DY−A株[26] において新たなアルカリプロテアーゼの報告がある。この様な継続的な探索研究などにより，洗剤用プロテアーゼは第３，第４世代へと進化していくものと思われる。

4　アルカリセルラーゼ

セルロースのβ−1,4−グルコシド結合を加水分解するセルラーゼは広く微生物に分布しているが，その大部分は最適pHを中〜酸性領域に有していた。pH 9以上に作用至適を持つアルカリセルラーゼは掘越らのグループによって好アルカリ性*Bacillus* sp. N-4株において初めて報告された[27]。続いて筆者らは土壌中から分離した好アルカリ性*Bacillus* sp. KSM-635株の培養液に洗剤用として適したアルカリセルラーゼEgl-K[28〜31]を見出した。本酵素はpH 9.5に作用至適を持ち，セルロースの非結晶領域を加水分解する103 kDaのβ-1,4-エンドグルカナーゼである。木綿等の繊維を構成するセルロース分子の非結晶領域には皮脂等の汚れが残存し，従来の洗剤ではその除去が困難であった。本酵素はこの非結晶領域に作用して皮脂汚れ等を除去する効果を持っており，界面活性剤やキレート剤に対する高い安定性，及び各種洗剤用プロテアーゼへの耐性を持つ等，洗剤用としての要件を兼ね備えていた[4,31,32]。突然変異による育種[33]や培養条件の至適化による高生産化，醗酵のスケールアップや後処理プロセスの確立等の工業化研究を経て1987年にコンパクト衣料用洗剤に配合され，新しい視点の洗浄機構を持つ衣料用洗剤酵素としてのアルカリセルラーゼ利用の歴史が始まった。

その後も現在に至るまで更に高機能なアルカリセルラーゼの探索を継続してきたが，好アルカリ性*Bacillus*属細菌[34〜39]に由来するアルカリセルラーゼが新たに見出されてきた（表2）。これらは前述のEgl-Kと約40〜70%の相同性を有するGlycosyl hydrolase（GH）ファミリー5[40]に属するβ-1,4-エンドグルカナーゼである。このうち，好アルカリ性*Bacillus* sp. KSM-S237株が生産するアルカリセルラーゼEgl-237[36,37]は，作用至適pHを8.6〜9.0に持ち，熱や界面活性剤に対してより高い安定性を有する。Egl-237(88 kDa)のアミノ酸配列は好アルカリ性*Bacillus* sp. KSM-64株由来のEgl-64[34,35]と約92%の高い相同性を有しているが，両酵素の熱安定性は異なる。例えばpH 9.5における30分間の熱処理において活性が半減する温度はEgl-237では70℃であるのに対してEgl-64では55℃であった（Egl-Kでは35℃）。両酵素のアミノ酸配列の比較，

表2　洗剤用アルカリセルラーゼの特性比較

酵素名	Egl-K	Egl-64	Egl-237	Egl-252	Egl-257
由来	好アルカリ性 *Bacillus* sp. KSM-635	好アルカリ性 *Bacillus* sp. KSM-64	好アルカリ性 *Bacillus* sp. KSM-S237	好アルカリ性 *Bacillus* sp. KSM-N252	*B. circulans* KSM-N257
分子質量	103 kDa	86 kDa	86 kDa	50 kDa	43 kDa
等電点	＜pH 4	pH 4.3（計算値）	pH 3.8	pH 4.2	pH 9.3
比活性(CMC)	59 U/mg	45 U/mg	49 U/mg	169 U/mg	165 U/mg
作用至適pH	pH 9.5	pH 9	pH 8.6〜9	pH 10	pH 8.5
作用至適温度	40℃	50℃	45℃	55℃	55℃
安定温度領域	＜35℃ pH 9.5，10分	＜50℃ pH 10，30分	＜60℃ pH 10，30分	＜55℃ pH 10，15分	＜55℃ pH 7.5，15分
GHファミリー	GH5	GH5	GH5	GH5	GH8

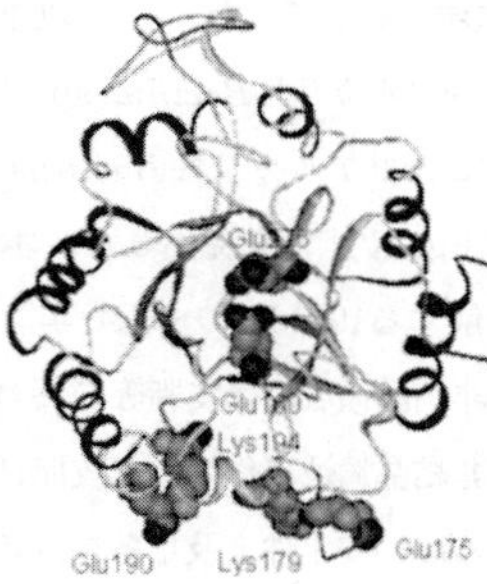

図2　高安定アルカリセルラーゼEgl-237の立体構造モデル

部位特異的変異，及びEgl-Kの結晶構造[41]を基にしたコンピューターモデリング解析を行った結果，本酵素分子に存在するLys194–Glu190間，及びLys179–Glu175間の2つのイオン結合が耐熱性獲得に関与することが明らかになっている（図2）[42,43]。

これまでに報告されるアルカリセルラーゼはいずれもGHファミリー5に分類されるが，筆者らが分離した*Bacillus circulans*が生産する至適pH 8.5の弱アルカリ性セルラーゼEgl-257（表2）は，アミノ酸配列の相同性からセルラーゼのほかキシラナーゼ，リケナーゼ等が含まれるGHファミリー8に属するものと思われる[39]。今後も新たな構造や性能を持つアルカリセルラーゼが見出され，洗剤用や他の産業分野への応用展開が進んでいくものと思われる。

5　アルカリα-アミラーゼ

澱粉等のα-1,4-グルコシド結合を加水分解するα-アミラーゼは食品等に由来する澱粉汚れを除去する酵素として衣料用洗剤や自動食器洗浄機専用洗剤に配合されている。現在，主として*B. licheniformis*由来のα-アミラーゼ（BLA）が用いられているが[6]，最適pHが中性付近のためアルカリ性の洗剤中でより高い活性を示す酵素が求められている。近年，筆者らはpH 8.0～9.5に作用至適を有するα-アミラーゼを新たに自然界から分離された好アルカリ性*Bacillus*属細菌から見出した[44,45]。好アルカリ性*Bacillus* sp. KSM-K38株由来のアルカリα-アミラーゼは既知のアミラーゼと比較して酸化漂白剤やキレート剤に対して高い安定性を示し，かつpH 10付近でBLAの約6倍の比活性を示す優良酵素である（表3）[45]。これまでに知られるα-アミラーゼの殆どはGHファミリー13に分類され，類似の立体構造を持っていると考えられている。本酵素はBLA等の既知のα-アミラーゼと約60%のアミノ酸配列の相同性を示し[46]，GHファミリー13に属すると思われるが，X線結晶構造解析[47]等によって通常のα-アミラーゼの構造維持に必要と

表3　新規アルカリα-アミラーゼ AmyK38 の酵素特性

酵素特性	AmyK38
由来	好アルカリ性 *Bacillus* sp. KSM-K38
分子質量	55 kDa
等電点	pH 4.2
至適 pH	pH 8.0 ～ 9.5
安定 pH 領域	pH 6 ～ 11
至適温度	55 ～ 60℃
安定温度領域	＜ 40℃
金属イオンによる阻害	Mn^{2+}(20%)
界面活性剤の影響	高い安定性
酸化剤の影響	高い安定性
キレート剤の影響	高い安定性
反応様式	液化型
比活性（可溶性澱粉）	4,200 U/mg (cf. BLA*；700 U/mg)

BLA*；*B. licheniformis* α-アミラーゼ

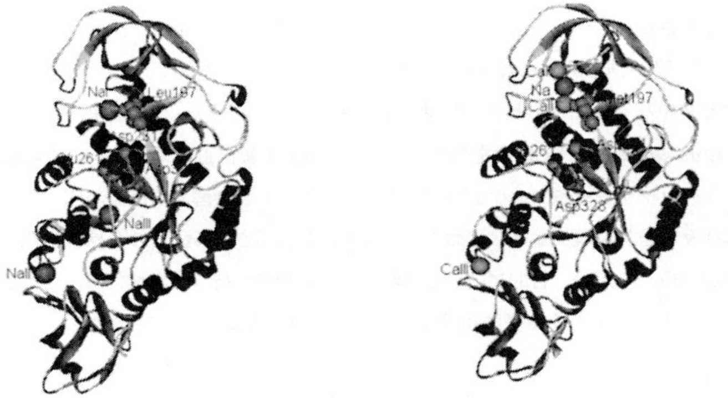

アルカリα-アミラーゼ AmyK38　　中性α-アミラーゼ BLA

図3　α-アミラーゼの立体構造の比較

されるCa原子を全く持っていないことが明らかになった(図3)。即ち，本酵素の高いキレート剤耐性はこのユニークな構造上の特徴によるものである。更に本酵素では既知のアミラーゼでは酸化剤による失活原因とされる活性中心近傍のMet残基が非酸化性のLeu残基に置換されていた。キレート剤や酸化剤を含む洗剤溶液中で澱粉汚れを効果的に分解できる酵素として今後の利用展開が期待される。しかし，Caを含まない本酵素の弱点として熱安定性が低いことが挙げられた。そこでタンパク工学による本酵素の熱安定性の向上を試みたところ，Tyr11のPheへの置換[48]や，Gln167及びY169のGlu及びLysへの置換[49]により，本酵素の安定温度領域を30℃から50℃付近まで向上させることに成功した（pH 10，30分間熱処理）。これによって衣料用洗剤のみならず，約50℃付近の温水での洗浄を行う自動食器洗浄機用洗剤用としても応用展開の可能性が生じた。この様に，特徴ある新規酵素の探索とそのタンパク質工学的改良の組み合わせは新規酵素の開発にとって重要な技術と言える。

最近，好熱性・好アルカリ性*Bacillus*属細菌[50,51]や中性*Bacillus*属細菌[52]においてpH 9～10に最適pHを有するアルカリα-アミラーゼが報告されている。更に，好熱性・好アルカリ性の*Anaerobranca*属細菌[53]の培養液，並びに好熱性の*Thermotoga*属細菌[54]においても作用至適pH 8.5～9.0の弱アルカリα-アミラーゼの報告例がある。

6　その他のアルカリ酵素

洗剤用としては，脂質汚れを分解する*Humicola*属カビ由来のアルカリリパーゼが衣料用洗剤に実用化されている[6]。最近，中性や好アルカリ性の*Bacillus*属細菌において新たなアルカリリパーゼも報告されている[55,56]。一方，洗剤用以外の用途として製紙パルプ漂白用のアルカリキシラナーゼ[57～59]が精力的に探索されている。優れたアルカリキシラナーゼ開発によってパルプ漂白プロセスのバイオ法への転換が加速するかもしれない。また，CD生産においても好アルカリ性*Bacillus clarkii*のγ-CD産生型アルカリCGTaseが報告されている[60]。その他，詳細は割愛するが，ペクチナーゼやマンナナーゼなど，多様なアルカリ酵素の探索が広く行われている。微生物は様々な自然環境に適応しており，そのために生産される酵素の多様性が高い。自然界の多様な酵素の中から用途，目的に応じて優れた特性や機能を持つ酵素をいかに効率的に探索するかが，洗剤用をはじめとする産業用酵素を開発する重要なポイントのひとつであろう。

7　アルカリ酵素の高生産化

優良酵素を洗剤用として実用化するためには，酵素を安価で大量に製造する技術が必要であり，通常は酵素生産性を野生株の数千倍にまで向上させなければならない。その方法として突然変異法による生産菌の育種改良が行われており，前述のアルカリセルラーゼ生産菌では細胞壁膜合成を阻害する抗生物質に対する耐性株が野生株の数倍の生産性を示すことが報告されている[33]。また，生産微生物に応じて培地や培養条件の最適化検討も行われる。一方，遺伝子組換え技術はより効率的な高生産化方法としての期待が大きく，目的酵素を高生産するための宿主・ベクター系の開発検討が行われている。筆者らは好アルカリ性*Bacillus* sp. KSM-64株のアルカリセルラーゼ遺伝子の上流領域が *B. subtilis* 宿主において高い発現を示すことを明らかにし，発現ベクターとしての有用性を示した[61]。更に，微生物のゲノム情報を利用して酵素等の生産に不要な遺伝子群を除去し，必要な遺伝子を強化することによって，酵素高生産に特化した産業用宿主の開発研究を産官学の共同で進めている[62]。特性・機能が優れた酵素の探索・改良に加えて，酵素生産性の飛躍的な向上を図ることによって酵素コストの大幅な低減が達成されれば，洗剤やその他分野における酵素利用が益々展開するものと思われる。環境に優しい本格的バイオ洗剤やバイオ法による有用素材や化学品の開発など，今後もアルカリ酵素の応用展開が進んでいくと期待されている。

文　献

1）跡見晴幸，今中忠行，生化学，**75**, 561 (2003)
2）K. Horikoshi, *Agric. Biol. Chem.*, **35**, 1407 (1971)
3）K. Horikoshi, *Microbiol. Mol. Biol. Rev.*, **63**, 735 (1998)
4）S. Ito *et al.*, *Extremophiles*. **2**, 185 (1998)
5）掘越弘毅ら，好アルカリ性微生物，学会出版センター (1993)
6）上島孝之，酵素テクノロジー，p.2，幸書房 (1999)
7）M. Matsuzawa *et al.*, *Starch*, **27**, 410 (1975)
8）福永信幸，紙パ技協誌，**54**, 1190 (2000)
9）T. Kobayashi *et al.*, *Appl. Microbiol. Biotechnol.*, **43**, 473 (1995)
10）R. J. Siezen and J. A. M. Leunissen, *Protein Sci.*, **6**, 501 (1997)
11）T. Shirai *et al.*, *Protein Eng.*, **10**, 627 (1997)
12）K. Saeki *et al.*, *Biochem. Biophys. Res. Commun.*, **279**, 313 (2000)
13）K. Saeki *et al.*, *Extremophiles*, **6**, 65 (2002)
14）K. Saeki *et al.*, *Curr. Microbiol.*, **47**, 337 (2003)
15）A. Ogawa *et al.*, *Biochim. Biophys. Acta*, **1624**, 109 (2003)
16）M. Okuda *et al.*, *Extremophiles*, **8**, 229 (2004)
17）T. Nonaka *et al.*, *J. Biol. Chem.*, **279**, 47344 (2004)
18）S. Jasvir *et al.*, *Appl. Biochem. Biotechnol.*, **76**, 57 (1999)
19）N. Hutadilok-Towatana *et al.*, *J. Biosci. Bioeng.*, **87**, 581 (1999)
20）C. G. Kumar, *Lett. Appl. Microbiol.*, **34**, 13 (2002)
21）H. S. Joo *et al.*, *J. Appl. Microbiol.*, **95**, 267 (2003)
22）A. A. Denizci *et al.*, *J. Appl. Microbiol.*, **96**, 320 (2004)
23）D. J. Clark *et al.*, *Protein Expr. Purif.*, **18**, 46 (2000)
24）S. Mitsuiki *et al.*, *Biosci. Biotechnol. Biochem.*, **66**, 164 (2002)

25) L. Kulakova *et al.*, *Appl. Environ. Microbiol.*, **65**, 611 (1999)
26) R. Zeng *et al.*, *Extremophiles*, **7**, 335 (2003)
27) N. Sashihara *J. Bacteriol.*, **158**, 503 (1984)
28) S. Ito *et al.*, *Agric. Biol. Chem.*, **53**, 1275 (1989)
29) K. Ozaki *et al.*, *J. Gen. Microbiol.*, **136**, 1327 (1990)
30) T. Yoshimatsu *et al.*, *J. Gen. Microbiol.*, **136**, 1973 (1990)
31) 伊藤進, 尾崎克也, 新しい酵素研究法, p.176, 東京化学同人 (1995)
32) E. Hoshino and S. Ito, Enzymes in detergency, p.149, Marcel Dekker (1997)
33) S. Ito *et al.*, *Agric. Biol. Chem.*, **55**, 2387 (1991)
34) S. Shikata *et al.*, *Agric. Biol. Chem.*, **54**, 91 (1990)
35) N. Sumitomo *et al.*, *Biosci. Biotechnol. Biochem.*, **56**, 872 (1992)
36) Y. Hakamada *et al.*, *Extremophiles*, **1**, 151 (1997)
37) Y. Hakamada *et al.*, *Biosci. Biotechnol. Biochem.*, **64**, 2281 (2000)
38) K. Endo *et al.*, *Appl. Microbiol. Biotechnol.*, **57**, 109 (2001)
39) Y. Hakamada *et al.*, *Biochim. Biophys. Acta*, **1570**, 174 (2002)
40) B. Henrissat and A. Bairoch, *Biochem. J.*, **316**, 695 (1996)
41) T. Shirai *et al.*, *J. Mol. Biol.*, **27**, 1079 (2001)
42) Y. Hakamada *et al.*, *FEMS Microbiol. Lett.*, **195**, 67 (2001)
43) T. Ozawa *et al.*, *Protein Eng.*, **14**, 501 (2001)
44) K. Igarashi *et al.*, *Appl. Environ. Microbiol.*, **64**, 3282 (1998)
45) H. Hagihara, *et al.*, *Appl. Environ. Microbiol.*, **67**, 1744 (2001)
46) H. Hagihara, *et al.*, *Eur. J. Biochem.*, **268**, 3974 (2001)
47) T. Nonaka *et al.*, *J. Biol. Chem.*, **278**, 24818 (2003)
48) H. Hagihara *et al.*, *J. Appl. Glycosci.*, **49**, 281 (2002)
49) T. Ozawa *et al.*, *J. Appl. Glycosci.*, 投稿中
50) L. L. Lin *et al.*, *Biotechnol. Appl. Biochem.*, **28**, 61 (1998)
51) S. O. Hashim *et al.*, *Biotechnol. Lett.*, **26**, 823 (2004)
52) K. Das *et al.*, *Biotechnol. Appl. Biochem.*, **40**, 291 (2004)
53) M. Ballschmiter *et al.*, *Appl. Environ. Microbiol.*, **71**, 3709 (2005)
54) M. Ballschmiter *et al.*, *Appl. Environ. Microbiol.*, **72**, 2206 (2006)
55) H. K. Kim *et al.*, *Biosci. Biotechnol. Biochem.*, **62**, 66 (1998)
56) E. H. Ghanem *et al.*, *World J. Microbiol. Biotechnol.*, **16**, 459 (2000)
57) A. Gessesse, *Appl. Environ. Microbiol.*, **64**, 3533 (1998)
58) H. Balakrishnan *et al.*, *J. Biochem. Mol. Biol. Biophys.*, **6**, 325 (2002)
59) P. Chang *et al.*, *Biochem. Biophys. Res. Commun.*, **319**, 1017 (2004)
60) M. Takada *et al.*, *J. Biochem.*, **133**, 317 (2003)
61) N. Sumitomo *et al.*, *Biosci. Biotechnol. Biochem.*, **59**, 2272 (1995)
62) 尾崎克也, バイオサイエンスとインダストリー, **62**, 93 (2004)

第2章　耐熱性DNAポリメラーゼ

北林雅夫[*1]，西矢芳昭[*2]

1　耐熱性酵素の宝庫：極限環境微生物

われわれの生活になじみのある微生物，あるいは各分野の研究対象となってきた微生物のほとんどは，常温，中性付近，豊富な栄養条件の下で活発に増殖できる。しかし，これらは地球に存在する微生物のごく一部であって，通常の培養設備で増殖可能な微生物は土壌中の全微生物の約1～10%に過ぎないことが分かってきた。そして，火山付近などの高温環境，深海などの高圧環境，北極や南極域などの低温環境にも，その環境に見事に適応した極限環境微生物が多数生息していることが明らかになった。これらの極限環境微生物は，従来の微生物に見られない特性を有し，基礎・応用両面で興味深い研究対象になっている。

極限環境微生物の中でも，好熱菌（thermophile）は，一般に55℃以上で生育可能な微生物をいう。好熱菌は高温環境下で生育できるため，その構成成分であるタンパク質も変性し難い性質を持ち，耐熱性酵素の宝庫といえる。

耐熱性酵素は，その熱安定性ゆえにさまざまな産業で利用されている。その用途は，高温反応での触媒にとどまらず，常温で長期間保存可能な試薬などへと広がっている。例えば，ウリカーゼ（尿酸酸化酵素）は，腎疾患の指標となる尿酸の測定試薬に用いられているが，中等度好熱菌 *Bacillus* sp. TB90株由来のウリカーゼは耐熱性に優れ，本酵素の使用により長期間保存可能な液状体外診断薬が実現できている[1)]。

好熱菌のうち，75℃以上で生育できるものが高度好熱菌（extreme thermophile）であり，その例としては，*Taq* DNAポリメラーゼの生産菌として有名な*Thermus aquaticus*などが挙げられる。これらに対し，90℃以上で生育できるのが超好熱菌（hyperthermophile）である。超好熱菌は生物の進化系統樹の源流に位置しており，現存する生物の中で原始生命体に最も近いと考えられている。その生育条件は，水素，硫化水素，硫黄，2価鉄イオンなどをエネルギー源とし，二酸化炭素を唯一の炭素源として化学独立栄養増殖を行なうものが多く，火山活動の盛んな原始地球環境（高温，嫌気的，無機的）に近いと考えられる。これまでに報告された超好熱菌の生

＊1　Masao Kitabayashi　東洋紡績㈱　敦賀バイオ研究所　チームリーダー

＊2　Yoshiaki Nishiya　東洋紡績㈱　敦賀バイオ研究所　グループリーダー

育最高温度は，1997年に同定された*Pyrolobus fumarii*の113℃であった。しかし2003年，米シアトルの北西沖深海底にある熱水噴出口で採取した細菌（strain121）は，高圧蒸気滅菌では死滅せず，121℃で増殖できることが見出されている[2)]。科学技術の発展に伴い，現在の常識では考えられない微生物が更に発見される可能性がある。

超好熱菌には，真正細菌（bacteria）に属するものと始原菌（archaea）に属するものが存在するが，今までに同定された超好熱菌のほとんどが始原菌に属するものである。始原菌は真正細菌，真核生物とならんで第三の生物と言われ，1977年にWoeseらによって提唱されたものである。始原菌は，原核生物として真正細菌と類似した形態をとりながらも，複製，修復，転写，翻訳などの遺伝情報伝達系に関係するタンパク質因子の構造は，真核生物に類似しており，真核生物の祖先に位置する生物と思われる。

超好熱性始原菌由来の耐熱性酵素も，最近，そのユニークな基質特異性や高い安定性から産業利用が研究されている。例えば，*Aeropyrum pernix*由来のシステイン合成酵素は，常温菌の酵素とは異なり，ホスホセリンとスルフィドからシステインを合成することができるため，システイン誘導体合成に用いることができる[3)]。また，*Pyrococcus horikoshii*由来のセルラーゼは，繊維産業において，高温で行なわれる綿布の改質に利用されている。本酵素は，他の超耐熱性セルラーゼとは異なり，結晶性セルロース等の不溶性セルロースを分解することができるため，農産廃棄物などのソフトバイオマスの有効利用に広く用いられることが期待されている[4)]。また，超好熱菌由来の耐熱性酵素は，常温菌由来の酵素では困難であった疎水環境や超臨界流体環境下でも比較的安定に働くことができ，産業利用が研究されている。

ここでは，超好熱性始原菌からの耐熱性酵素の探索と産業利用の一例として，我々の耐熱性DNAポリメラーゼ開発への取り組みについて紹介する。

2　産業用酵素としての耐熱性DNAポリメラーゼ

DNAポリメラーゼは，デオキシリボヌクレオチド三リン酸（dNTP）を基質にしてDNA鎖を合成する。DNAの複製や修復を行なうため，生物にとって必須な酵素である。現在，DNAポリメラーゼはそのアミノ酸配列をもとに6つのファミリー（A，B，C，D，X，UmuC/DinB）に分類されている。始原菌はファミリーB酵素を保持し，複製酵素として働くと推測されている。

耐熱性DNAポリメラーゼは，産業利用の目的からよく研究されている。例えば，Sanger法によるシーケンシングでは，耐熱性DNAポリメラーゼを用いることにより，鋳型鎖とDNA伸長鎖を高温で解離して再びDNA伸長反応をすることができ，伸長産物を大量調製することができる。現在，触媒ドメインを機能改変して，蛍光色素の結合したジデオキシヌクレオチドの取り込み効率を向上させた耐熱性DNAポリメラーゼが汎用されている。

産業利用の中で，特定のDNA断片だけを増幅するPCR法は，最も重要な用途である。PCR法の開発当初は，*Taq* DNAポリメラーゼおよび*Tth* DNAポリメラーゼといった高度好熱性細菌*T. aquaticus*，*T. thermophilus*由来のファミリーA DNAポリメラーゼが使用されてきた。これらの酵素は，DNA伸長能力が高いが，合成の間違いを校正するための3'–5'エキソヌクレアーゼ（プルーフリーディング）活性を保有していない。もし，PCR中に誤った塩基を連結してしまった場合は，そこで反応を停止するか，あるいは，それを乗り越えてDNA合成反応が進み，最終的に誤ったDNA配列が増幅される（図1）。

そこで，近年，超好熱性始原菌に属する*Pyrococcus furiosus*と*Thermococcus litoralis*由来のファミリーB DNAポリメラーゼ（*Pfu* DNAポリメラーゼ，*Tli* DNAポリメラーゼ）が実用化されてきた。これらの酵素は，*Taq* DNAポリメラーゼと比べても極めて高い耐熱性を有する。そして，その3'–5'エキソヌクレアーゼ活性に基づく高いPCR正確性（*Pfu* DNAポリメラーゼの場合で*Taq* DNAポリメラーゼの32倍の正確性）を保持しているために，広く使用されるようになってきた。

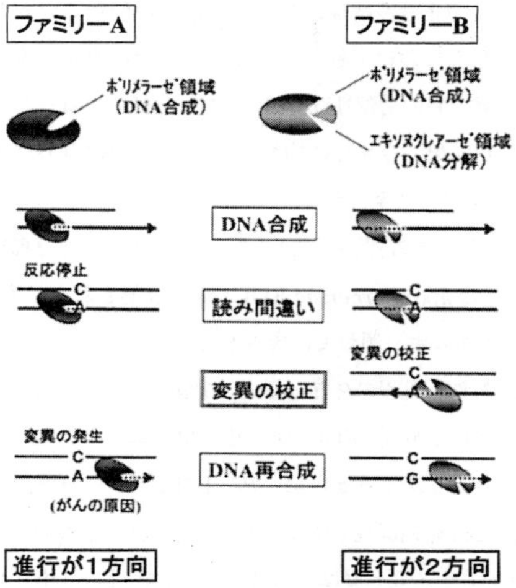

図1　DNA合成モデル

ファミリーA型DNAポリメラーゼとファミリーB型DNAポリメラーゼのDNA合成法を表す模式図。ファミリーA型は進行方向が1方向しかなく，誤った塩基を導入しても，それを切除できない。ファミリーB型は誤った塩基を校正する機能を有するため，正確なDNA合成産物を得ることができる。

ファミリーB DNAポリメラーゼは，その酵素内にポリメラーゼ領域とエキソヌクレアーゼ領域を保持している。ファミリーA DNAポリメラーゼと同様にDNA合成反応を行なうが，もし間違った塩基を連結させてしまった場合には，これをエキソヌクレアーゼ領域で除去し，正しい塩基に校正してDNA合成を継続する（図1）。これにより，高いPCR正確性が得られるのである。

しかし，これらのファミリーB DNAポリメラーゼは，DNA合成とDNA除去の2方向の反応を行なうために，ファミリーA DNAポリメラーゼと比べてDNA伸長能力が低く（*Pfu* DNAポリメラーゼのDNA合成速度は*Taq* DNAポリメラーゼの約40%），PCR増幅性能において劣っていた。そのため，PCR時間が長くなる，PCR成功率が低下するなどの問題点があった。PCRを更に発展性のある技術とするために，高いPCR正確性を保ちながら高いDNA伸長能力を保持するDNAポリメラーゼが待望されていた。

3　新規な耐熱性DNAポリメラーゼの探索

我々が研究を始めた当初は，PCR酵素を題材にした総説には，上記のようにファミリーB DNAポリメラーゼはDNA合成時の正確性は高いが，伸長性能は低いことが常識として記載されていた。10年以上が経過した現在においても，大筋においてその事実に変化はないが，この常識を常識とせず，多数の始原菌由来の耐熱性DNAポリメラーゼのクローニング，タンパク質の発現精製，特性評価を行なった結果，今までに類を見ない高いDNA伸長能力を保持するファミリーB DNAポリメラーゼを発見するに至った。

大阪大学今中教授（現京都大学教授）の研究グループにより，鹿児島県小宝島の硫気孔より超好熱性始原菌*Thermococcus kodakaraensis* KOD1株が分離された。本菌は，65～100℃で生育し，現時点では有機物をエネルギー源および炭素源とし，硫黄を電子受容体にした嫌気的従属栄養生育のみが確認されており，既報の*P. furiosus*，*Thermococcus litoralis*と菌体の生理特性は極めて類似していた。しかしながら，KOD1株からクローニングされた新規なファミリーB DNAポリメラーゼ（KOD DNAポリメラーゼ）は，*Pfu* DNAポリメラーゼ，*Tli* DNAポリメラーゼとアミノ酸レベルにおいて高い相同性（約80%）を有しているものの，その特性は大きく異なっていた。このKOD DNAポリメラーゼは，表1に示すように，DNA合成速度とプロセッシビティー（DNAポリメラーゼが基質DNAに結合してから離れるまでに合成できるヌクレオチドの数）のいずれにおいても，既報の耐熱性DNAポリメラーゼの中で，最高水準の特性を保持しており，例外的に高いDNA伸長性能が認められた[5]。

そこで，このKOD DNAポリメラーゼの特長を明らかにするため，X線結晶構造解析が行なわ

表1　KOD DNAポリメラーゼの特性

DNAポリメラーゼ	KOD	*Pfu*	*Taq*
起源	*Thermococcus kodakaraensis* KOD1	*Pyrococcus furiosus*	*Thermus aquaticus*
分子量	90.0kDa	90.1kDa	93.9kDa
至適温度	75℃	75℃	75℃
至適pH (at 75℃)	6.5	6.5	8.0～8.5
熱安定性 (半減期)	95℃, 12hr	95℃, 6 hr	95℃, 1.6hr
変異導入率 (PCR)	0.10%	0.15%	4.8%
3'-5'エキソヌクレアーゼ活性	+	+	−
ターミナルトランスフェラーゼ活性	−	−	+
プロセッシビティー (塩基数／反応)	＞300	＜20	n. t.
DNA合成速度 (塩基／秒)	100～130	20	54

れ，その立体構造が明らかにされた[6)]。DNAポリメラーゼにはPalm領域とFingers領域と呼ばれる領域があり，基質となるdNTPの取り込みに関与している。KOD DNAポリメラーゼのFingers領域にはリジン，アルギニンなどの＋荷電の塩基性アミノ酸がPalm側に向かって数多く並んでおり，これが－荷電のdNTPの効率的な取り込みに関与していることが示唆された。

これまでに報告されている超好熱性始原菌由来のファミリーB DNAポリメラーゼは，すべて低いDNA伸長能力を持った酵素であり，この点，真核生物のファミリーB DNAポリメラーゼに類似していた。一方，KOD DNAポリメラーゼは高いDNA伸長能力を保有しており，既報の真核生物のファミリーB DNAポリメラーゼとは明らかに異なることから，進化的により生命の源流に近いのかもしれない。

4　KOD DNAポリメラーゼのPCRへの応用

上述のように，KOD DNAポリメラーゼは，強力なDNA伸長性能に見合った強力な3'-5'エキソヌクレアーゼ活性を保持していた。我々が，KOD DNAポリメラーゼを開発した当初は，その強すぎる3'-5'エキソヌクレアーゼ活性のためPCRの制御が難しく，PCR組成およびサイクル条件がピンポイントになり使いづらいという欠点があった。そこで，3'-5'エキソヌクレアーゼ活性の強さを制御する研究を行なった。

まず，ファミリーB DNAポリメラーゼのエキソヌクレアーゼ活性領域に共通して存在する

ExoIドメインそのものを改変することにより，3'–5'エキソヌクレアーゼ活性の強弱を制御することを試みた。その結果，3'–5'エキソヌクレアーゼ活性が様々な強さを持った変異体を取得でき，幾つかの変異体ではPCRの成功率を格段に向上することができた。しかし，その3'–5'エキソヌクレアーゼ活性の強さに応じて，PCRでの正確性が低下する現象が見られた（表2）。

Exoドメインそのものを改変するとExoドメインのDNAとの親和性が変化して，3'–5'エキソヌクレアーゼ活性が低下し，PCRでの正確性のダウンに繋がっていることが推測された。そこで，このExoIドメインそのものではなく，近接するアミノ酸を改変してEクレフト（校正の際にDNAが入る溝）の構造変化を引き起こし，3'–5'エキソヌクレアーゼ活性を制御することを考えた。その結果，3'–5'エキソヌクレアーゼ活性が1/3〜1/4に低下してPCR成功率を向上でき，しかもPCR正確性が低下しない変異体の取得に成功した[7]。ユニークなことに，ExoIドメインそのものを改変した場合には，3'–5'エキソヌクレアーゼ活性を低下させる変異体は取得できたが，この活性を増大させる変異体は取得できなかった。一方，ExoIドメイン近接部を改変してEクレフトを構造変化させた場合には，3'–5'エキソヌクレアーゼ活性が増大する変異体が得られ，この変異体ではそれに伴いPCR正確性の向上も見られた（表2）。KOD DNAポリメラーゼは，研究者の用途に応じて，様々な性能を持った耐熱性DNAポリメラーゼ改変体を提供できる素地が確立できている。現在は，PCR成功率と正確性のバランスを考えて，最適な変異体がPCR専用酵素として使用されている。

また，我々は，KOD DNAポリメラーゼのPCR性能をさらに高めるために，PCRの最初の昇温の際に起こる非特異的な酵素反応を抑制するホットスタートPCR技術の導入を検討した[8]。それぞれDNAポリメラーゼドメインと3'–5'エキソヌクレアーゼドメインを認識する2種類のモノクローナル抗体をKOD DNAポリメラーゼに結合させて，常温での酵素活性を完全に封じ込んだ。そして，高温で抗体が変性してPCRサイクル時のみ正確な酵素反応を行なえるように改良

表2　KOD DNAポリメラーゼ変異体の特性

変異箇所		エクソヌクレアーゼ	変異導入
ドメイン	部位	／ポリメラーゼ活性比	相対比
ExoI	WT	1.0	1.0
	I142E	0.76	2.4
	I142D	0.52	3.8
	I142R	0	31.6
ExoI周辺	H147A	0.30	0.96
	H147E	0.25	1.0
	H147K	4.0	0.26
	H147R	3.0	0.36

変異導入相対比：WT（野生型）の変異導入率を1として相対比を表している。

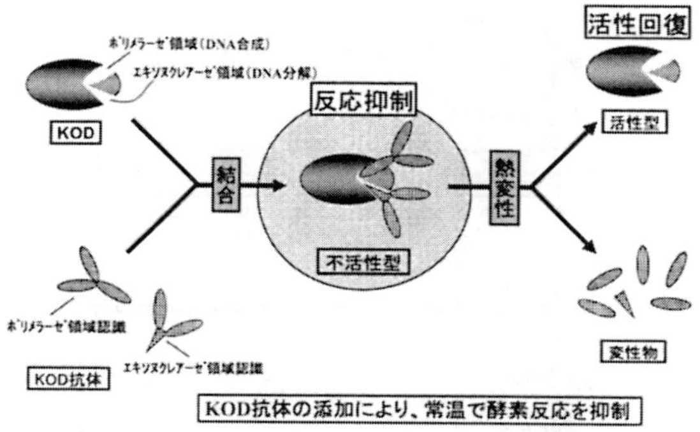

図2　KOD-Plus DNAポリメラーゼの酵素活性化モデル
KOD DNAポリメラーゼに，ポリメラーゼ領域とエキソヌクレアーゼ領域を認識する2種類のモノクローナル抗体を混合して，常温での非特異的な酵素反応を完全に抑制した。PCRサイクル移行時に，抗体が変性・解離して，KOD DNAポリメラーゼが本来の特性を発揮する。

したところ，高い成功率で，目的とするDNA断片のみを潤沢に得ることが可能となった（図2）。

これら中和抗体とKOD DNAポリメラーゼ改変体を組み合わせた改良型酵素はKOD-Plus DNAポリメラーゼとして販売されている。このKOD-Plus DNAポリメラーゼは，DNA合成速度が速く，*Pfu* DNAポリメラーゼの約7倍，*Taq* DNAポリメラーゼの約2.5倍の速度を保持している。そのため，PCRの成功率，正確性が格段に高い（図3）。そのPCR産物が表現型に変異を導入する頻度は，*Taq* DNAポリメラーゼのものと比べて約50倍低くなっていた[9)]。

5　KOD DNAポリメラーゼの更なる改良：耐熱性アクセサリータンパク質の探索

DNAポリメラーゼが連続的に効率のよいDNA合成を行なうためには，DNAポリメラーゼをDNA鎖上に留めておくクランプと呼ばれる分子が必要である。クランプはドーナツ型のリング構造を形成し，DNAポリメラーゼと結合して，DNAポリメラーゼのDNA鎖上におけるスムーズな移動を助けると考えられている。DNA鎖がクランプの輪の中に組み込まれるためには，リング構造が一度開く必要があり，そのためにクランプローダーと呼ばれる分子が働いている。真核生物では，増殖細胞核抗原（proliferating cell nclear antigen；PCNA），複製因子C（rep1ication factor C；RFC）がそれぞれクランプ，クランプローダーの働きをすることがわかっている（図4）。最近，始原菌におけるゲノムプロジェクトの結果，始原菌のゲノム中にも真核生物のPCNA，RFCに類似したタンパク質の遺伝子が存在することが見いだされている。始原菌

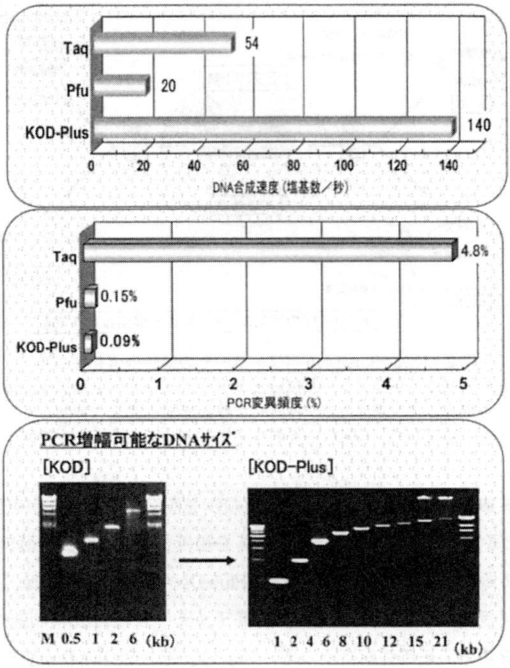

図3　KOD-Plus DNAポリメラーゼの特性

KOD-Plus DNAポリメラーゼと*Taq* DNAポリメラーゼ（ファミリーA型），*Pfu* DNAポリメラーゼ（ファミリーB型）のPCRに関する重要特性であるDNA合成速度とPCR変異頻度を比較した。また，KODとKOD-PlusのPCR増幅可能なDNAサイズを比較した。

のDNA複製過程の研究結果を真核生物のものと比較することにより，真核生物における複雑なDNA複製過程の分子認識機構の解明に役立つものと期待されている。

始原菌由来のほとんどのファミリーB DNAポリメラーゼは低いプロセッシビティーしか持っておらず，最近これらがPCNAとRFCの存在により改善されることが報告されている[10]。また，応用研究として，PCNA関連ドメインを持ったキメラ*Taq* DNAポリメラーゼがPCRパフォーマンスを向上させた例も報告されている[11]。

我々は，*T. kodakaraensis*のPCNA（*Tk*-PCNA），RFC（*Tk*-RFC）をそれぞれクローニングした。*Tk*-RFCは，大小2種類のポリペプチド（*Tk*-RFCL：大サブユニットと*Tk*-RFCS：小サブユニット）から構成されており，*Tk*-RFCLと*Tk*-RFCSの2つの遺伝子を大腸菌で共発現させて産生したタンパク質は，複合体を形成していた。また，*Tk*-RFCは，DNA鎖が存在しない条

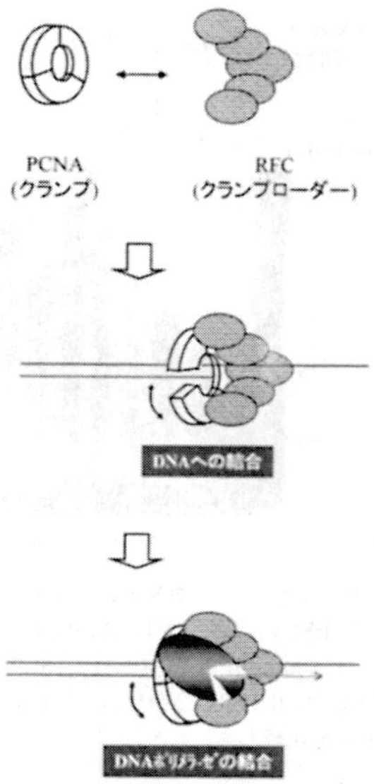

図4　PCNAとRFCの構造と反応機構を示す模式図
PCNAとRFCが結合して，鋳型DNA上にローディングされる。そこに，DNAポリメラーゼが結合してDNAポリメラーゼ複合体が形成される。

件でも，*Tk*-PCNAと相互作用する可能性が示された。

そして，これらのアクセサリータンパク質が共存する際のKOD DNAポリメラーゼの性能向上を期待して検討を行なった。鋳型DNAが過剰に存在する条件下で*Tk*-PCNAと*Tk*-RFCの効果を調べたところ，モル比でKOD DNAポリメラーゼの10倍量以上の*Tk*-PCNAが存在する場合，KOD DNAポリメラーゼの合成速度が3倍以上増大した。更に，*Tk*-PCNAと*Tk*-RFCが共存する場合には，合成されるDNA量が増大し，しかも大部分の合成DNAが高分子側にシフトする現象が見られた（図5）。KOD DNAポリメラーゼは，ファミリーA DNAポリメラーゼを含む全ての耐熱性DNAポリメラーゼの中で圧倒的に高いプロセッシビティー（300bases以上）とDNA合成速度（約140bases/sec）を保持している。それにもかかわらず，*Pfu* DNAポリメラーゼと同様に，*Tk*-PCNA，*Tk*-RFCのようなアクセサリータンパク質を共存させることによりDNA伸長性能が更に増大して，PCRの信頼度も向上できることはたいへん興味深い[9]。

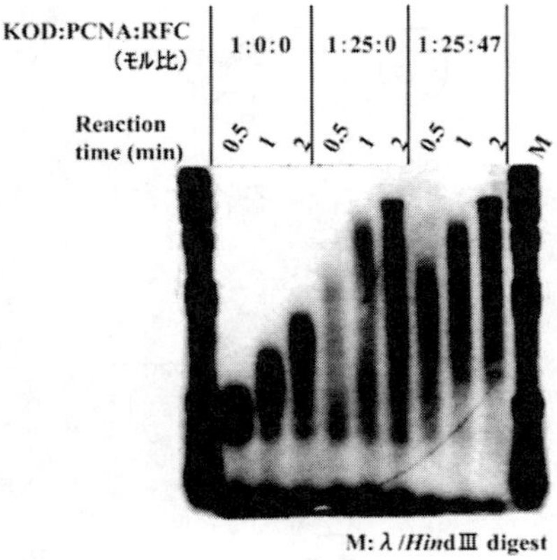

図5　KOD DNAポリメラーゼのプライマー伸長能に及ぼす*Tk*-PCNA，*Tk*-RFCの効果
Tk-PCNAまたは，*Tk*-PCNAと*Tk*-RFCの存在下でDNA合成速度を調べた。プライマーをアニーリングした環状M13一本鎖DNA（1200fmol）を基質として，KOD DNAポリメラーゼ（120fmol）の添加により反応（70℃）を開始した。0.5，1，2分後に反応液の一部を分取して，伸長反応を停止した後，合成されたDNAサイズを比較した。

6　今後の展望

現在，モデル生物のDNA配列情報を利用して，それぞれの遺伝子がコードするタンパク質の機能を解明する試みが急速な勢いで行なわれている。そこで，特定の遺伝子を正確に増幅して，クローニングする技術がますます重要になってきている。

耐熱性DNAポリメラーゼを用いたPCR基本技術は，その発表から20年以上の歳月を経た。その用途は多岐に渡り，目的DNAのクローニング，シーケンシングに始まり，遺伝子組み換え作物などの品質管理，SNP(Single nucleotide polymorphism)の遺伝子診断など，さまざまな局面で利用されるようになった。耐熱性DNAポリメラーゼの応用研究は，ファミリーA DNAポリメラーゼからファミリーB DNAポリメラーゼにシフトしつつあり，今後なお，様々なDNAポリメラーゼが開発されるものと思われる。

我々には，自然界からのスクリーニングにより，素直に，その恩恵を享受すべき事象は未だ数多く残されている。また，今後，さらに生命現象の解明が進み，生命の仕組みを駆使した応用研究の発展が期待されている。

文　　献

1) 手嶋眞一ほか, 酵素：診断薬, 微生物利用の大展開, エヌ・ティー・エス, 767–774 (2002)
2) Kashefi, K. and Lovley, D. R., *Science*, **301**, 934 (2003)
3) Mino, K. and Ishikawa, K., *FEBS Lett.*, **551**, 133–8 (2003)
4) Ando S., *et al.*, *Appl. Environ. Microbiol.*, **68**, 430–3 (2002)
5) Takagi, M., *et al.*, *Appl. Environ. Microbiol.*, **63**, 4504–4510 (1997)
6) Hashimoto, H., *et al.*, *J. Mol. Biol.*, **306**, 469–77 (2001)
7) Kuroita, T., *et al.*, *J. Mol. Biol.*, **351**, 291–298 (2005)
8) Hizuguchi, H., *et al.*, *J. Biochem.*, **126**, 762–768 (1999)
9) Kitabayashi, M., *et al.*, *Biosci. Biotechnol. Biochem.*, **66**, 2194–2200 (2002)
10) Matsumiya, S., *et al.*, *Genes Cells*, **7**, 911–922 (2002)
11) Motz, M., *et al.*, *J. Biol. Chem.*, **277**, 16179–16188 (2002)

第3章　好冷性酵素

栗原達夫＊1，江﨑信芳＊2

1　低温適応生物と好冷性酵素

地球上の生物圏の約80％は極地・深海・高山など常時0℃付近以下に保たれた低温環境である。このようなわれわれにとっては極限的な環境にも，微生物，昆虫，魚類など多くの生物が生息する。体温調節機構をもたないこれらの生物では細胞の内部も外界と同じ低温にさらされており，あらゆる分子が低温環境に適応するよう進化を遂げてきたものと考えられる。

生物の低温適応機構に関しては，現在も生化学的解析や構造生物学的解析のほか，ゲノム解析やプロテオーム解析などを駆使した多面的なアプローチによって研究が進められている。これまでに明らかにされた主な低温適応機構としては以下のようなものがあげられる[1,2]。①低温で高い活性をもつ好冷性酵素を生産する。②不飽和度の高い脂肪酸，分岐のある脂肪酸，*cis*型二重結合を含む脂肪酸，炭素鎖長の短い脂肪酸などの膜内での含有率を高め，低温での膜の流動性を保持する。③低温では核酸の塩基対が安定化されるため不適切なRNAの二次構造が生じやすい。これを抑制する効果のあるRNAシャペロンを生産する。④不凍タンパク質を生産する。このほか，低温適応微生物[注]において低温生育時に恒常的に発現し，より高い温度での生育時には発現量が少なくなる低温馴化タンパク質が多数同定されており，今後，これらのタンパク質の機能解析を通して，生物の低温適応機構に関するより深い理解が得られるものと期待される。

生物の低温適応において主要な役割を担う好冷性酵素は，より高い温度で生育する生物の酵素に比べて低温域での活性が高く，また，その多くは熱安定性が低く，反応至適温度も低い。このような特性を生み出す構造的基盤を明らかにする研究のほか，このような特性を活かして，好冷

＊注　Moritaは，0～5℃で生育可能な微生物のうち，最適生育温度が15℃以下で生育上限温度が20℃以下のものを好冷菌（psychrophile），生育上限温度が20℃より高いものを低温菌（psychrotroph または psychrotolerant）と定義した[3]。しかし，このような温度を境界線とすることの妥当性は必ずしも明確ではなく，定義を再検討すべきという議論もある[4]。ここでは好冷菌と低温菌を区別せず，0℃付近の低温で生育する微生物をまとめて低温適応微生物と呼ぶ。

＊1　Tatsuo Kurihara　京都大学　化学研究所　助教授
＊2　Nobuyoshi Esaki　京都大学　化学研究所　教授

性酵素を産業的に利用する試みが精力的に行われている。本章では低温適応生物が生産する好冷性酵素の特性，構造的特徴，利用法，将来展望について述べる。

2　好冷性酵素の特性[5, 6]

酵素反応に限らず，あらゆる化学反応の速度定数は以下のアレニウスの式で表される。

$$k = A\exp(-E_a/RT) \tag{1}$$

k：反応速度定数，A：頻度因子，E_a：活性化エネルギー，R：気体定数，T：絶対温度

この式から明らかなように，反応速度は温度の低下とともに低下する。

反応速度定数は，遷移状態理論に基づくと以下のように書き表すことができる。

$$k = (\mathrm{k_B}T/\mathrm{h})\exp(-\Delta G^{\ddagger}/RT) \tag{2}$$

$\mathrm{k_B}$：ボルツマン定数，h：プランク定数，$\Delta G^{\ddagger}$：活性化自由エネルギー

$\Delta G^{\ddagger}$は反応原系と遷移状態の間の活性化自由エネルギーであるが，低温で高い活性を示す好冷性酵素は，この値を低くすることによって低温での高い触媒効率を実現している。

$\Delta G^{\ddagger}$は，活性化エンタルピー変化（$\Delta H^{\ddagger}$）と活性化エントロピー変化（$\Delta S^{\ddagger}$）によって以下のように書き表される。

$$\Delta G^{\ddagger} = \Delta H^{\ddagger} - T\Delta S^{\ddagger} \tag{3}$$

$\Delta G^{\ddagger}$を小さくするためには$\Delta H^{\ddagger}$を小さくするか，$\Delta S^{\ddagger}$を大きくすればよいことがわかるが，ほとんどの好冷性酵素は，$\Delta H^{\ddagger}$を小さくすることによって$\Delta G^{\ddagger}$を小さくし，高い触媒効率を達成している。その一方，好冷性酵素の$\Delta S^{\ddagger}$は，常温性酵素や耐熱性酵素の$\Delta S^{\ddagger}$よりも小さく，これにより，$\Delta H^{\ddagger}$の減少による$\Delta G^{\ddagger}$減少効果の一部が相殺されている。そのため，$\Delta H^{\ddagger}$の減少から期待されるほどの反応速度の上昇は見られないのが一般的である。

なお，上述の式(2)と式(3)からは以下の式が導かれ，$\Delta H^{\ddagger}$が小さい酵素では反応速度が温度の影響を受けにくくなり，温度が低下しても反応速度が比較的高いレベルで維持されることがわかる。

$$k = (\mathrm{k_B}T/\mathrm{h})\exp(\Delta S^{\ddagger}/R)\exp(-\Delta H^{\ddagger}/RT) \tag{4}$$

好冷性酵素では，反応原系から遷移状態への移行に伴って切断される結合（切断にエンタルピー変化を伴うような結合）の数が少なくなっており，これにより$\Delta H^{\ddagger}$が小さくなっているが，これは，酵素の活性部位が高いフレキシビリティーをもつということにもつながる。高いフレキシビリティーは高い触媒効率を生み出すための要件であるが，同時に，酵素の熱安定性の低下を引き起こす要因ともなる。実際，これまでに解析された好冷性酵素の多くは高い触媒活性を示すが，熱安定性は低く，大部分の好冷性酵素の50℃における半減期は10分程度以下である。

産業的な利用を考える場合，熱安定性の低さが有利な場合もあるが，高い熱安定性と低温での高い活性の両方が望まれる場合も多い。人工的に酵素を改変し，高い触媒活性を保持しつつ熱安定性を向上させることができれば，その意義は大きい。しかしながら，多くの場合このような試みは不成功に終わっており，高い触媒活性と高い熱安定性は互いに相容れない性質であると考えられることが多い。高い触媒活性を示すための高いフレキシビリティーは，必然的に低い熱安定性をもたらすという考え方である。しかし，分子進化工学的な手法によって，高い触媒活性を保持しつつ熱安定性を向上させることに成功した例もあり[7]，両者を兼ね備えた酵素の創製は必ずしも不可能ではないと考える研究者もいる。天然の好冷性酵素は，低温環境で働く必要はあったが，高温にさらされることはなく，高い熱安定性を保持する必要はなかったため，熱安定性に関しては淘汰圧がかからず，そのため熱安定性の低いものが多いという考察がなされている。活性部位のフレキシビリティーを保持しつつ，それ以外の部位の堅牢さを増加させることで，高い触媒活性と高い熱安定性を兼ね備えた酵素を創製できれば，好冷性酵素の用途はさらに広がるものと期待される。

3　好冷性酵素の構造的特徴[5, 6]

好冷性酵素にみられる構造的特徴の多くは，活性部位に高いフレキシビリティーをもたらすことで高い触媒効率の実現に寄与していると考えられる。以下に，多くの好冷性酵素に見られる特徴を述べる。ただし，個々の好冷性酵素がこれらの特徴のすべてを備えているわけではなく，これらのうちのいくつかの特徴を備えることで低温での高い触媒能力を獲得していることに留意されたい。

3.1　疎水性相互作用

タンパク質内部における疎水性残基同士の相互作用や，タンパク質表面における疎水性残基と溶媒の水分子との相互作用は，タンパク質の安定性やフレキシビリティーに大きな影響を与える。

好冷性酵素の内部に存在するアミノ酸残基は，常温性酵素や耐熱性酵素に比べて小さく，疎水性が低い傾向がある。側鎖が小さいため側鎖間の距離が長くなり，側鎖間に働くファンデルワールス力が小さくなる。これが，好冷性酵素が高いフレキシビリティーをもち，熱安定性が低いことの一因と考えられている。Ile は分岐のある大きな側鎖をもつため，タンパク質内部でパッキングされやすく，タンパク質の安定化に寄与する。いくつかの好冷性酵素では，常温性酵素や好熱性酵素に比べてIleが少ない傾向が見られ，タンパク質不安定化の一因と考えられている。

逆に，好冷性酵素の表面では，疎水性アミノ酸残基が多い傾向が見られる。表面に疎水性アミノ酸残基が多いと，疎水性アミノ酸残基周辺の水分子が排除され，排除された水分子が周辺に規則的に配置するため，系のエントロピーが減少する。これにより酵素が不安定化すると考えられる。

3.2　表面親水性

好冷性酵素の表面には電荷を持ったアミノ酸残基，特に負電荷を持ったアミノ酸残基が多い。溶媒である水分子との相互作用によるフレキシビリティーの増大，同じ電荷を持った残基間の反発による不安定化といった効果があると考えられている。耐熱性酵素においても表面に電荷を持ったアミノ酸残基が多い傾向があるが，この場合，荷電アミノ酸残基は塩橋形成によってタンパク質を安定化するのに寄与しており，好冷性酵素表面における荷電アミノ酸残基とは異なる役割を担っている。

3.3　静電相互作用

好冷性酵素にはArg/(Lys＋Arg) の値が小さいものが多い。ArgはLysに比べてグアニジノ基を介して周辺残基とより多くの塩橋形成，水素結合形成が可能であり，これによってタンパク質を安定化する傾向がある。したがってフレキシビリティーを高くする必要のある好冷性酵素では，Argの比率が低い傾向がみられる。ただし，好冷性酵素の中にはArgの比率の高いものも存在する。このような酵素においては塩橋形成に関与しないArgがタンパク質表面に存在する場合が多い。このようなArgは，溶媒の水分子と相互作用することによって，むしろタンパク質のフレキシビリティーを高める効果がある。Arg以外が関与する塩橋，特にドメイン間やサブユニット間の塩橋も，Argが関与する塩橋と同様，好冷性酵素において少ない傾向が見られる。

Trp，Tyr，Pheの側鎖にある芳香環では，環の部分が π 電子によってわずかに負に帯電し，周辺部がわずかに正に帯電する。こうして形成された双極子間の静電相互作用や，双極子とアミノ基の静電相互作用が，タンパク質の安定性やフレキシビリティーに影響を与える。好冷性酵素の中には，芳香環－芳香環相互作用や芳香環－アミノ基相互作用の数が，対応する常温性酵素と比べて少なく，それによってフレキシビリティーを維持していると考えられるものがある。

3.4　二次構造

α-ヘリックスはN末端側が正，C末端側が負の双極子をもつ。したがって，α-ヘリックスのN末端側に正電荷をもつアミノ酸残基が多い場合(あるいは負電荷をもつアミノ酸残基が少ない場合)や，C末端側に負電荷をもつアミノ酸残基が多い場合（あるいは正電荷を保つアミノ酸残基が少ない場合)，電荷－双極子相互作用が弱まり，その結果フレキシビリティーが増加する。好冷性酵素の中には，このような特徴をもつものが見られる。

Proはα–ヘリックスの構造を不安定化する効果があり，好冷性酵素の中にはα–ヘリックス中のProの数が常温性酵素や耐熱性酵素に比べて多くなっているものがある。

3.5 ループ構造

好冷性酵素の中には，ループ内のProの数が少ない，ループ内のGlyが多い，ループの数が多い，ループが長い，などの特徴をもつものがあり，これらがフレキシビリティーを高める効果を有する。

3.6 その他の構造的特徴

好冷性酵素には，常温性酵素や耐熱性酵素と比べて，Metの数が多いという傾向が見られる。Metは側鎖に分岐がなく，電荷間相互作用や双極子間相互作用にも関与しないため，タンパク質のフレキシビリティーを高める効果があり，このことが好冷性酵素においてMetが多く見られる理由と考えられる。

金属イオンは二次構造間の架橋やドメイン間の架橋によって酵素を安定化する。好冷性酵素の中には金属イオンに対する結合能が低く，これによる安定化が起こりにくいものがある。

好冷性酵素の中にはジスルフィド結合をもたないことで高いフレキシビリティーを保持しているものがあるが，逆に，ジスルフィド結合が多いものもある。ジスルフィド結合の形成が活性部位の構造に影響を及ぼし，活性部位内のイオン間相互作用が妨げられることで，活性部位のフレキシビリティーが高くなっている例が知られている。

4 好冷性酵素の利用[8, 9]

好冷性酵素は低温で高い活性を示し，また，その多くは熱安定性が低い。このような特性は，低温で行うことが望ましい反応や，使用後に穏和な条件で酵素を失活させることが望ましい場面で有用である。低温で反応を行うことにより，反応系を加熱するのに要するエネルギーを節約できるというメリットや，望ましくない副反応を抑制できるといったメリット，反応系に共存する熱安定性の低い，あるいは揮発性の高い有効成分を保持できるといったメリットがある。以下に，好冷性酵素の特性を活かした具体的な利用法の例をあげる。

4.1 洗剤用酵素

日本国内では家庭用洗剤のほとんどが加温しない水道水中で使用される。そのため，洗剤に配合される酵素は低温で高い活性を示すことが望ましい。このような観点から好冷性酵素の利用が検討され，好冷性プロテアーゼ，好冷性アミラーゼ，好冷性リパーゼなど，汚れの除去効果をもつ種々の酵素が低温適応微生物から得られている。ただし，実際に洗剤への添加剤として利用するためには，洗剤に含まれる界面活性剤や漂白剤などに対する耐性，強アルカリ溶液に対する耐性といった要件をも満たす必要があることに留意する必要がある。

4.2　食品加工用酵素

食品加工では，食品に含まれる熱安定性の低い成分や揮発性の高い成分を保持する観点から，低温での酵素処理が望まれる場合が多く，好冷性酵素の用途は広い。酵素を使用後に失活させる必要があることからも比較的安定性が低く，穏和な条件で失活させられるという好冷性酵素の特性が適している。具体例としては，ラクトース不耐症の人に供するための牛乳中のラクトースを好冷性β-ガラクトシダーゼで分解する方法が特許化されている。また，パンの生地作り（通常35℃以下で行われる）に用いられるキシラナーゼを好冷性のものとすることで，よりふっくらとしたパンを作るという製法が特許化されている。このほか，食肉を柔らかくするためのプロテアーゼ，フルーツジュースなどの粘度を下げ，清澄度を増すためのペクチナーゼ，食品に風味を持たせるために利用されるリパーゼなどがあげられる。

4.3　分子生物学研究用酵素

分子生物学実験では生体分子を酵素処理することが多いが，研究対象とする分子を変性させないために低温で反応を行う必要のある場合が多い。また，使用後は次の操作に影響を与えないため，使用した酵素を変性させる必要のあることが多く，そのため，比較的安定性の低い酵素が望まれる場合も多い。このような理由で，好冷性酵素には，分子生物学研究用酵素として利用価値の高いものが多いと考えられる。実際に数種の好冷性酵素が分子生物学研究用試薬として市販されている。

遺伝子クローニング実験では，ベクターDNAに目的のDNAを挿入する必要がしばしば生じる。このような実験では，ベクターDNAのセルフライゲーションを抑制するために，あらかじめベクターDNAの5′-リン酸基をアルカリホスファターゼによって除去しておくことが多い。ただし，用いた酵素は，インサートDNAのライゲーション反応前には失活させておく必要がある。活性が残っているとインサートDNAの5′-リン酸基も除去され，ベクターDNAとインサートDNAのライゲーション反応が起こらなくなるからである。このプロセスには，従来大腸菌由来のアルカリホスファターゼが用いられてきたが，この酵素は安定性が高く，完全に失活させることが困難である。最近，市販された好冷性アルカリホスファターゼを用いるとベクターDNA処理後の失活操作が容易で，クローニング効率の向上に有用である。

細胞抽出液中のタンパク質やRNAを研究対象とするときは，混在するDNAを効率よく除去することが望まれる。低温適応微生物由来のDNaseが市販されており，これを用いると，研究対象とする分子を変性させないような低温で効率よくDNAを分解除去できる。

4.4 その他の利用法

皮革加工に用いられるプロテアーゼ（なめし加工前のタンパク質除去に利用），繊維加工に用いられるセルラーゼ（毛羽を除去するバイオポリッシングなどに利用）などに関しては，好冷性酵素への置き換えにより，反応液の加温に要するエネルギーの節約を見込める。

5 将来展望

上述のように，好冷性酵素は産業用酵素として大きな潜在能力を秘めている。しかしながらこれまでに実用化された好冷性酵素の数は常温性酵素や耐熱性酵素と比べてはるかに少ない。研究の歴史が浅いことが要因の一つであるが，好冷性酵素特有の安定性の低さが，生産，流通，使用の妨げになる場合もある。低温での高い触媒活性を保持しつつ，安定性を向上させることができれば，好冷性酵素の使用範囲は飛躍的に広がるものと考えられる。2節で述べたように，分子進化工学的な手法で触媒活性を保持しつつ安定性を高めることに成功した例もあり[7]，今後，同様な試みが成功すれば，好冷性酵素の用途がさらに広がるものと考えられる。

好冷性酵素の生産系としては，既存の大腸菌を宿主としたシステムなどが利用可能であるが，熱安定性の低さなどが原因で高生産が難しい場合もある。最近，低温適応微生物を異種タンパク質生産の宿主として開発する試みがいくつかのグループで行われており[10]，このようなシステムを用い，好冷性酵素を低温で効率よく高生産することも近い将来，可能になることが期待される。

文　献

1) S. D'Amico *et al.*, *EMBO Rep.*, **7**, 385 (2006)
2) R. Cavicchioli, *Nat. Rev. Microbiol.*, **4**, 331 (2006)
3) R. Y. Morita, *Bacteriol. Rev.*, **39**, 144 (1975)
4) G. Feller & C. Gerday, *Nat. Rev. Microbiol.*, **1**, 200 (2003)
5) K. S. Siddiqui & R. Cavicchioli, *Ann. Rev. Biochem.*, **75**, 403 (2006)

6）G. Feller, *Cell. Mol. Life Sci.*, **60**, 648 (2003)
7）P. L. Wintrode & F. H. Arnold, *Adv. Protein Chem.*, **55**, 161 (2000)
8）C. Gerday *et al.*, *Trends Biotechnol.*, **18**, 103 (2000)
9）R. Cavicchioli *et al.*, *Curr. Opin. Biotechnol.*, **13**, 253 (2002)
10）栗原達夫, 江崎信芳, 化学と生物, **4**, No. 1, 4 (2006)

第4章　有機溶媒耐性酵素

伊藤伸哉*1，牧野祥嗣*2

1　はじめに

有機溶媒中での酵素反応は，その工業的応用範囲の広さからさまざまな試みがなされてきた。特に，1984年のZaksとKlivanovによる乾燥ブタすい臓lipaseを使用した有機溶媒中（heptanolなどは基質でもある）での酵素反応の報告[1]をきっかけに多くの研究者の注目を集めることになった。しかしながら，lipaseを含む各種esteraseやsubtilisinで代表される一部のproteaseを除けば，その応用例はさほど多くはない。これは，本質的に大多数の酵素は各種有機溶媒に感受性であり，また有機溶媒を使用する反応は主に化学合成プロセスでの使用が中心になり，生化学的な使用例は少ないためだと考えられる。

有機溶媒を生体触媒反応やバイオプロセスに用いる利点は，①多くの脂溶性基質の溶解度を上げることができる，②非水系溶媒では，加水分解反応を逆の合成反応に利用できる，③基質や生成物阻害を含めた副反応の低減が可能となる，④生成物の分離・精製などのダウンストリームが容易となる，⑤環境に優しいグリーンケミストリーの観点から水ー極性有機溶媒系での触媒反応の推進につながる，などが挙げられる。本章では，有機溶媒を生体触媒反応にいかに上手に使用するかという見地から，酵素触媒を有機溶媒に耐性もしくは有機溶媒中での機能を向上させる手法について概説する。

2　有機溶媒耐性について

一般に酵素触媒が有機溶媒に耐性になれば，色々と酵素の使用範囲も広がると考えられるが，この言葉に専門家でも幾らか誤解があるようである。実は酵素触媒の水ー極性有機溶媒中での安定性（有機溶媒中での蛋白質としての安定性）と有機溶媒中での酵素触媒活性の維持とは，時に別物であり，これらを分けて考える必要がある。一般に多くの酵素蛋白質水溶液にアルコールのような極性溶媒を添加していくと，酵素蛋白質は結合水を失うか結合水に影響を受け，α-ヘリッ

*1　Nobuya Itoh　富山県立大学　工学部　生物工学科　教授

*2　Yoshihide Makino　富山県立大学　工学部　生物工学科　助手

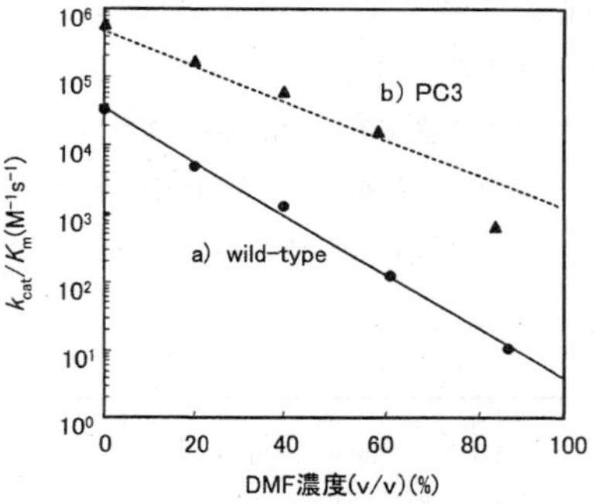

図１　SubtilisinEのDMF中での活性（文献２）のデータを改変）
a）野生型酵素，b）変異酵素（PC3）

クス構造の誘発によるコンフォメーション変化を起こし，容易に活性を消失するとともに変性するか凝集して沈澱する。ただし，この変性の分子メカニズムはまだ不明確な点を残している。水と任意に混合するDMF中でのsubtilisinの活性低下の例を図１のa)に示した。k_{cat}/K_m値は，DMFが０％の時，$38\times10^3(M^{-1}\cdot s^{-1})$，20％では$1.4\times10^3$，40％では$0.16\times10^3$と激減する。DMF濃度と$k_{cat}/K_m$の対数はほぼ比例関係となる。subtilisinの場合DMFが存在するとK_m値が増大することから，k_{cat}値で比較しても，それぞれ，$21(s^{-1})$，17，3.3と減少する。また，40％DMF中での酵素活性の半減期は６時間でしかない[2)]。おそらく，一般的な酵素では，これとほぼ同等かこれよりも悪い傾向を示すものと推定される。しかし，かなりの酵素蛋白質は，例えばアルコール沈澱後に緩衝液に再溶解させると酵素活性を回復するように，この変性は可逆のものであり，極性溶媒の存在下で比活性は著しく低下するものの，こうした処理に比較的耐性な酵素も存在する。特に，こうした極性溶媒の存在下で，長期間安定性を維持するprotease[3)]が近年報告されている。多くの読者が望んでいる有機溶媒耐性酵素は，水ー極性有機溶媒中で高安定性（長い半減期）かつ高活性（高いk_{cat}またはk_{cat}/K_m）を同時に，またはどちらかを実現する酵素と思われる。こうしたスーパー酵素には既知のリパーゼなどが該当するが，これら以外にも少数ではあるが，超好熱菌や極性有機溶媒中での活性を選択圧とした進化分子工学的改変により有機溶媒耐性酵素が得られている。これらの例を５および６節で述べる。

3　酵素反応に使用する有機溶媒について

有機溶媒についてもその種類は多種であり，酵素触媒の有機溶媒耐性は溶媒の種類や性質により著しい影響を受ける。今日までの多くのデータから，一般的に溶媒と酵素触媒との関係を最も良く反映しているパラメーターは溶媒の$\log P_{ow}$値である[4)]。これは，各溶媒の水と1–octanolの2相間における分配係数P_{ow}の常用対数であり，溶媒の極性を表している。極性が低く疎水性が高い有機溶媒ほど1–octanolに相分配されるため，その$\log P_{ow}$値は大きくなる。各種有機溶媒の$\log P_{ow}$値を表1に示すが，通常その範囲は－1.3～13程となる。また$\log P_{ow}$が未知の溶媒や化

表1　一般的に使用される有機溶媒の$\log P_{ow}$値

溶媒	$\log P_{ow}$	溶媒	$\log P_{ow}$	溶媒	$\log P_{ow}$
dimethylsulfoxide	－1.3	*m*–phthalic acid	1.5	cyclohexane	3.2
dioxane	－1.1	triethylamine	1.6	benzophenone	3.2
N,N–dimethylformamide	－1.0	benzyl acetate	1.6	propoxybenzene	3.2
methanol	－0.76	butyl acetate	1.7	diethylphthalate	3.3
acetonitrile	－0.33	chloropropane	1.8	nonanol	3.4
ethanol	－0.24	acetophenone	1.8	decanone	3.4
acetone	－0.23	hexanol	1.8	hexane	3.5
acetic acid	－0.23	nitrobenzene	1.8	propylbenzene	3.6
ethoxyethanol	－0.22	heptanone	1.8	butyl benzoate	3.7
methyl acetate	0.16	benzoic acid	1.9	methylcyclohexane	3.7
propanol	0.28	dipropyl ether	1.9	ethyl octanoate	3.8
propionic acid	0.29	hexanoic acid	1.9	dipentyl ether	3.9
butanone	0.29	chloroform	2.0	benzyl benzoate	3.9
hydroxybenzylethanol	0.40	benzene	2.0	decanol	4.0
tetrahydrofuran	0.49	methylcyclohexanol	2.0	heptane	4.0
diethylamine	0.64	methoxybenzene	2.1	cymene	4.1
ethyl acetate	0.68	methyl benzoate	2.2	pentyl benzoate	4.2
pyridine	0.71	propylbutylamine	2.2	diphenyl ether	4.3
butanol	0.80	pentyl acetate	2.2	ocatane	4.5
pentanone	0.80	dimethyl phthalate	2.3	undecanol	4.5
butyric acid	0.81	octanone	2.4	ethyl decanoate	4.9
diethylether	0.85	heptanol	2.4	dodecanol	5.0
benzylethanol	0.90	toluene	2.5	nonane	5.1
cyclohexanone	0.96	ethyl benzoate	2.6	dibutyl phthalate	5.4
methypropionate	0.97	ethoxybenzene	2.6	decane	5.6
dihydroxybenzene	1.0	dibutylamine	2.7	undecane	6.1
methylbutylamine	1.2	pentyl propionate	2.7	dipentyl phthalate	6.5
propyl acetate	1.2	chlorobenzene	2.8	dodecane	6.6
ethyl chloride	1.3	octanol	2.9	dihexyl phthalate	7.5
pentanol	1.3	nonanone	2.9	tetradecane	7.6
hexanone	1.3	dibutyl ether	2.9	hexadecane	8.8
benzyl formate	1.3	styrene	3.0	dioctyl phthalate	9.6
phenyl ethanol	1.4	tetrachloromethane	3.0	butyl oleate	9.8
cyclohexanol	1.5	pentane	3.0	didecyl phthalate	11.7
methylcyclohexanone	1.5	ethylbenzene	3.1	dilauryl phthalate	13.7
phenol	1.5	xylene	3.1		

合物も実験的に求めることができる[5]。この中で，例えば，1–propanolと2–propanolのように官能基の位置が異なるものは同じ値（0.28）となる。また，logP_{ow}値と各有機溶媒の水の溶解度についてもおおよそ表 2 のような関係がある。良く知られている有機溶媒耐性微生物の場合も耐性を示すのは，logP_{ow} が 2.5 のトルエン以上の有機溶媒である[6]。

さて，非水（微量の水は含む）有機溶媒中における生体触媒反応の活性については，①logP_{ow}＜ 2 以下では非常に低い，②logP_{ow} が 2 ～ 4 では普通または大きく影響を受ける，③logP_{ow} ＞ 4 以上の非極性溶媒中では高いまたはほとんど影響を受けない，というデータが知られている。図 2 は，酵母 lipase の tributyrin と heptanol のエステル交換反応における酵素活性と使用した非水溶媒との関係を示しているが[4]，酵素活性と使用する溶媒のlogP_{ow}の間に非常に良い相関が認められる。ただし，lipase は粉末のまま反応系に添加されているので不均一系での反応である。また Zaks らは，lipase 以外にも alcohol dehydrogenase（ADH）（馬肝臓），polyphenol oxidase（キノコ），alcohol oxidase（*Pichia pastoris*）のような一般的な酵素においても微水溶媒の不均一反応で十分な活性を認めている[7]。さらに各種溶媒系をスクリーニングした結果，alcohol oxidase が 10%water–*tert*–amyl alcohol 系で水系の 21%の活性，polyphenol oxidase が 3 %water–

表 2　有機溶媒の水溶解度と log P_{ow} 値との関係

log P_{ow}	溶解度（20℃）（wt%）
log P_{ow} ≦ 2	＞ 0.4
2 ＜ log P_{ow} ＜ 4	0.04 ～ 0.4
log P_{ow} ≧ 4	＜ 0.04

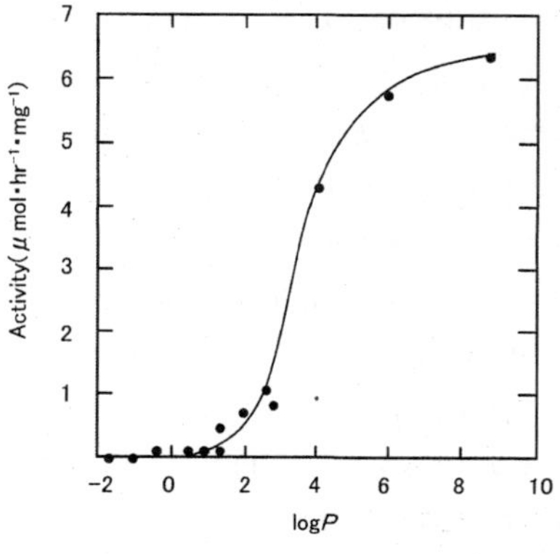

図 2　各種有機溶媒中でのリパーゼ（酵母由来）が触媒するエステル変換反応（文献 4 ）を改変）

octanol ($\log P_{OW}$：2.9) 系で40%の活性，ADHでは0.5%water-isopropyl ether系で水系の25%の活性を報告している[7)]。こうした一連の研究結果から，多くの酵素は特定の有機溶媒中でも活性は示すものと推定される。しかし，酵素蛋白質が有する活性維持に必要な蛋白質結合水を奪ったりそれに影響を与える有機溶媒の場合は，生体触媒反応系には適さないと判断できる。これは，有機溶媒の$\log P_{OW}$値から見ると，$\log P_{OW} < 2$以下の極性溶媒に該当する。中迫と肥後の解説[8)]によれば，多くの蛋白質表面原子の4Å以内に第一層水和水が観察されており，その量は0.34～0.39g水和水/g蛋白質と見積もられている。特に，水と任意に混合するエタノールのような溶媒では，モル分率が0.2 (45% (v/v)) 近辺から溶媒のミクロ構造が大きく変化し，蛋白質の変性を一層強く誘因すると推定されており[9)]，こうした極性有機溶媒の耐性の上限濃度と考えられる。

他方，$\log P_{OW}$が2～4の溶媒では酵素は活性や立体選択性などさまざまな影響を受けるものの，蛋白質結合水への影響は比較的少ない。さらに$\log P_{OW} > 4$以上のdecaneやhexadecaneでは生体触媒への影響は著しく低減される。*Rhodococcus corallina*（旧*Nocardia corallina*）で報告されているアルケンからのエポキシアルカンの製造の溶媒にhexadecane等が使用されている理由はここにあり[10)]，細胞内の酵素系は特に影響を受けることなく，細胞にとっては有害なエポキシアルカンを溶媒層に移動させることが可能となる。

このように，$\log P_{OW}$値は非常に有効なパラメーターである。しかし残念なことに，我々になじみが深くまたグリーンケミストリーの見地からも重要な多くの極性有機溶媒群が酵素触媒反応には適さない$\log P_{OW} < 2$以下の溶媒（蛋白質の変性剤）に該当するのも事実である。

4　有機溶媒耐性からみた酵素の修飾と固定化

酵素の固定化や有機溶媒での酵素反応については，第4編以降で詳しく紹介されると思うので詳細は割愛するが，酵素をPEG（ポリエチレングリコール）で修飾したり，エマルジョン系で利用したり，ポーラスな無機性の担体に結合したりして利用すれば，当然有機溶媒の影響を物理的にかなりの程度排除することが可能である[11)]。また固定化により，酵素活性や立体選択性，酵素の使用安定性を向上させることができる場合も多い。例えば，多孔性のアルキル化処理した無機担体に酵素を吸着固定させ，これを極性の低いhexaneのような溶媒に分散し反応させると，多孔性粒子の内部は事実上有機溶媒相とは隔離され，酵素触媒は安定に保持され，有機溶媒中で使用することが可能となる（図3）。また，6で述べるように大腸菌などの細胞内に酵素触媒を高効率に発現させ，これをポリエチレンイミン（PEI）とグルタルアルデヒド（GA）で固定化した*E. coli*菌体（ADHを高濃度に発現）は，10%の2-propanol中で500時間以上連続使用が可能である（図4）[12)]。Oyamaらは，AmberliteXAD-7/8に物理的に吸着させたthermolysinを触媒とし，含水酢酸エチル中で，アスパルテームの前駆体の効率的ペプチド合成反応を行っている[13]。一般に，結合水を保持するという観点から，含水ゲル内や細胞内，多孔性粒子内に酵素触媒を固定化する方法は有機溶媒中での安定性と操作性を向上するためには非常に有効な手法である。詳細は成書[11, 14]を参照されたい。

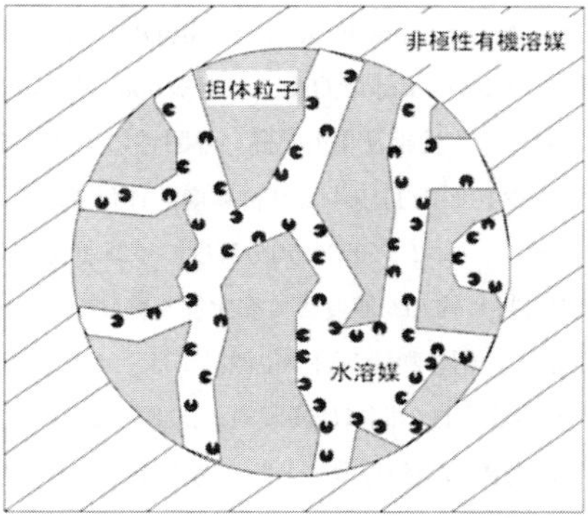

図3　非水溶媒系での固定化酵素の反応様式

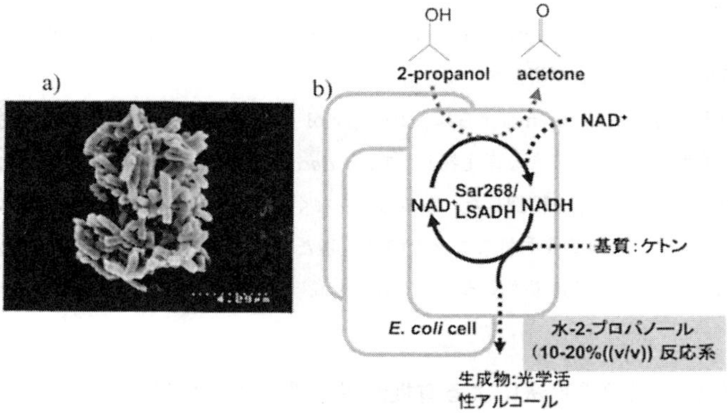

図4　PEIとGAによる固定化組換え *E. coli* 触媒（文献12)を改変）
a）SEM写真，b）水-2-プロパノール系での酵素触媒反応（Sar268は文献22)，LSADHは文献21)を参照）

5　有機溶媒耐性酵素のスクリーニング戦略

有機溶媒に耐性な酵素は簡単に見出せるだろうか？　この答えは程度の差こそあれ，イエスである。その回答の一部は，超好熱菌由来の酵素群と少数ではあるが有機溶媒耐性微生物が分泌する菌体外酵素である。また一般の中温菌からも2-propanolやacetoneを含有する反応液での酵素活性の検出といった比較的地道なスクリーニング方法でも可能である。

超好熱菌由来のNADP$^+$-glutamate dehydrogenase（GluDH）は，イオンペアネットワークで耐熱性を示すことが知られているが，KujoとOshimaは*Pyrobaculum*からNAD$^+$依存性のGluDHを見い出し，サブユニット間の疎水性相互作用が高い熱耐性に寄与していると推定している[15)]。同酵素は，15%のacetonitrileや10%のTHF中で2倍程度活性化され，エタノール中では約50%程度まで100%以上の活性を示す。また，50℃，10分程度のインキュベーションではメタノール，エタノール，DMSO，DMFに対し約40%濃度まで安定性を維持している。本酵素は，当然他の変性剤に対しても抵抗性を示す。超好熱菌の耐熱化機構には，さまざまな戦略が隠されているようであるが[16)]，耐熱性と有機溶媒耐性の間には物理的／化学的変性に対する耐性という共通点があり，超好熱菌由来の酵素は有機溶媒耐性酵素としても有望なソースと考えられる。

また，Oginoらは有機溶媒耐性の*Pseudomonas aeruginosa*が分泌生産するmetalloendopeptidaseが有機溶媒中で安定なことを見出している。PST-01と命名されたこのproteaseは，約25%の各種極性有機溶媒中（メタノール，エタノール，DMSO，DMF，2-propanol）で100日以上の半減期を示す[3)]。同様に，DoukyuとAonoは，*Burkholderia cepacia*から分泌性の有機溶媒耐性cholesterol oxidase[17)]を取得し解析している。

中温菌からの例として，Stampferらは，2-propanol（50%）もしくはacetone（20%）中でケトンの不斉還元反応を触媒できる微生物として*Rhodococcus ruber* DSM44541を選択した[18)]。さらに，同菌から目的の酵素を精製した。この際，少なくとも7種の2級アルコール脱水素酵素活性を認めているが，有機溶媒耐性であったのは1種だけであった。この酵素は80%濃度の2-propanol（溶媒と同時に基質でもある）に対しても高い活性を示す[19)]。

6　進化分子工学的手法による有機溶媒耐性酵素の創製

酵素触媒の進化分子工学的改変は近年盛んに行われ，利用目的にかなった触媒酵素を開発するための重要な手段になっている。しかし，極性有機溶媒耐性に関する進化分子工学的な報告例は非常に少ない。

この最初の例は，1993年のChenとArnoldによる図1にも示したsubtilisin EのDMF中での活性の改変である[2]。この論文ではsubtilisinの酵素遺伝子をエラー一プローンPCRにより変異し，DMF中で活性が高い変異酵素を順次選抜し，それらの変異を順次組み合わせ蓄積させてPC3を得たものである。変異酵素のスクリーニングは，DMFを含むカゼインプレートでのハローの大きさという簡便な方法が採用されている。最終的に得られたPC3変異酵素は，図１のb)に示した反応性を示した。端的に言えば，酵素の活性が上昇し，0～85%のDMF濃度の全範囲でk_{cat}/K_m値が上昇している。また，DMF濃度が上がるにつれて顕著であるk_{cat}/K_m値の減少が緩やかになっている。表３にそれらの結果をまとめたものを示したが，特に著しいのは，野生酵素と比較した場合のK_m値の減少である。このように，「DMF中で高活性を示す」という選択圧に対して，酵素遺伝子は，野生酵素と比較して「DMF中でのK_m値を下げ，k_{cat}を上げる」という進化分子工学的な方向性で答えたのである。PC3は10個の変異点を有している。これらは活性中心や基質結合部位に近い蛋白質表面のループ構造に集中して存在しているが，構造学的にこれらの変異点を予想したり，野生酵素とPC3の構造的差異を示すデータは得られていない。MooreとArnoldは*p*-nitorbenzyl esteraseのDMF中での改変も行っている[20]。この場合は基質特異性を変えるという選択圧も同時に加えられているが，最終的にはターゲット基質に対して，15%DMF中で野生酵素と比較してk_{cat}/K_m値が約25倍向上した変異酵素が得られている。この場合はK_m値の減少よりもk_{cat}の上昇が著しい。

さて，著者らは2-propanolを水素源とするケトン類の不斉還元プロセスの研究開発を行ってきた。図４に示したように同反応は１つの酵素が補酵素NADHの再生を行うと同時に目的ケトンを光学活性アルコールに変換するプロセスであり，100～350g/Lという高収率で99%e. e. 以上の光学純度で各種光学活性アルコールの生産を可能とする理想的なプロセスである[21]。この場合の2-propanolはケトン還元のための水素源としての機能だけではなく，水難溶性のケトン類の溶解度と触媒である組換え大腸菌膜の透過性を上げるという機能を併せ持っている。また生産物を１～２Mと高濃度に蓄積するためには，2-propanolは10～20%（v/v）（1.34～2.7M）必要である。しかし，(*S*)-アルコールを作るために見出した*Rhodococcus*（旧*Corynebacterium*）のphenylacetaldehyde reducatse（ADHの一種）は10%以上の2-propanol中では活性が不十分で生産性の限界が認められた。そこで，当該酵素の2-propanol耐性の向上を進化分子工学的改変で

表３　ズブチリシンＥとその変異酵素のDMF中での動力学定数

	0%DMF			20%DMF			40%DMF		
	k_{cat}	K_m	k_{cat}/K_m $M^{-1}\cdot s^{-1}$	k_{cat}	K_m	k_{cat}/K_m $M^{-1}\cdot s^{-1}$	k_{cat}	K_m	k_{cat}/K_m $M^{-1}\cdot s^{-1}$
	s^{-1}	mM	$\times 10^{-3}$	s^{-1}	mM	$\times 10^{-3}$	s^{-1}	mM	$\times 10^{-3}$
Wild type	21	0.56	38	17	12.2	1.4	3.3	20.9	0.16
PC3	27	0.10	274	73	0.7	99	62	2.96	21

行った。選択圧は「20% 2-propanol中で高基質変換率を示す。ただし，立体選択性は維持する」である。約5×10^3クローンから選抜した4クローンの9変異点を蓄積させ，その後各変異点を野生酵素のアミノ酸に復帰変異させ，最終的に6変異点を有するSar268を得た[22]。その後，立体選択性の維持を確認した。アルコールの生産性は数倍から10倍程度向上し，現在，*E. coli*(Sar268)触媒は工業化のための開発研究が行われている。*E. coli*(EAR2：野生酵素)と*E. coli*(Sar268)では，菌体当たりの可溶性酵素蛋白質量が後者では3倍程度上昇していた。精製酵素の解析データは未報告であるが，その一部を図5に示した。相対活性でみると変異酵素の方が，極性溶媒の濃度上昇に伴う活性の低下の程度が緩慢であり，10% 2-プロパノール中での反応性の向上が確認された。また，各種基質に対してK_m，V_{max}値の著しい減少が認められた。他方V_{max}/K_m値は同等かやや増加した。しかし，予想に反して，各種溶媒中での酵素の安定性はSar268の方がEAR2よりも劣っていた。実は，野生型酵素は元々各種極性有機溶媒中での安定性が高く，エタノール，アセトン，1-/2-propanol，DMFについては20%程度まで24時間インキュベーションしても活性低下はほとんど認められない。しかし，野生型酵素は極性溶媒中での活性は低かったわけである。この場合，5節で述べた耐熱性酵素の例とは異なり，安定性と活性のベクトルは一致していない。安定性と溶媒中での物質生産性の向上のための反応性のトレードオフが起こった可能性が考えられる。我々の研究結果は，極性溶媒中での酵素触媒の安定性が必ずしも溶媒中での活性とはパラレルではない興味深い例となった。

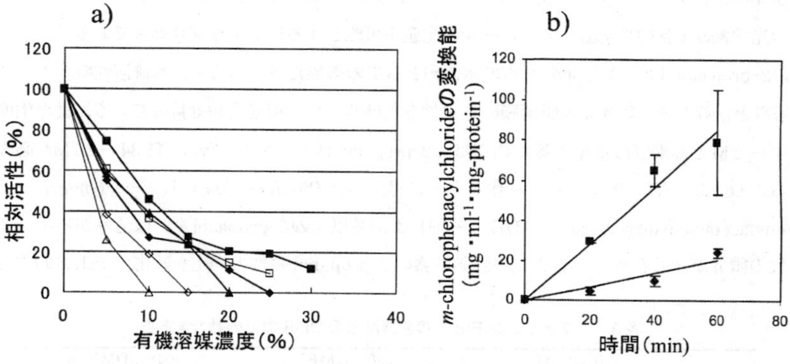

図5　各種極性有機溶媒中でのa）酵素活性とb）10% 2-プロパノール中でのケトンの変換能
a）塗りつぶしは変異酵素（Sar268），塗りつぶしなしは野生型酵素（EAR2），(■/□)：エタノール，(◆/◇)：1-プロパノール，(▲/△)：DMF
b）(■)：Sar268，(◆)：EAR2

7 おわりに

21世紀の化学にはグリーンケミストリーの考え方[23]が必要であり，水または水ー極性有機溶媒系での触媒反応は非常に重要な研究分野となりつつある。酵素触媒反応は水系が中心であるため，こうした合成プロセス分野へ酵素触媒を積極的に応用し，効率的なバイオプロセス生産を行う技術への期待は年々高まっている。本章を読んで頂くと，酵素の極性有機溶媒中での反応の限界や適切な反応場の選択，こうした酵素触媒をどのようにスクリーニングし，また改変すればよいか，おおよその考え方や開発の手法がつかんでもらえたと思う。著者の浅学のため洩らした論文や資料も多いと思われるが，忌憚のないご意見を賜れば幸甚である。

文　　献

1） A. Zaks and A. M. Klibanov, *Science*, **24**, 1251 (1984)
2） K. Chen and F. H. Arnold, *Proc. Natl. Acad. Sci.*, **90**, 5618 (1993)
3） H. Ogino *et al.*, *Appl. Environ. Microbiol.*, **67**, 942 (2001)
4） C. Laane *et al.*, *Biotechnol. Bioeng.*, **30**, 81 (1987)
5） M. Harnisch *et al.*, *J. Chromatogr.*, **282**, 315 (1983)
6） A. Inoue and K. Horikoshi, *Nature*, **338**, 264 (1989)
7） A. Zaks and A. M. Klibanov, *J. Biol. Chem.*, **263**, 8017 (1988)
8） 中迫雅由, 肥後順一, 現代化学 **8**, No.413, 48 (2005)
9） 山口敏男, 片山幹雄, 現代化学 **6**, No.411, 55 (2005)
10） 古橋敬三, 発酵と工業, **45**, 468 (1987)
11） 山根恒夫, 生物反応工学(第 2 版), 産業図書 p.109 (1991)
12） N. Itoh *et al.*, *J. Biotechnol.*, 投稿中
13） K. Oyama *et al.*, *J. Org. Chem.*, **46**, 5242 (1981)
14） 田中渥夫, 松野隆一, 酵素工学概論, コロナ社 (1995)
15） C. Kujo and T. Ohshima, *Appl. Environ. Microbiol.*, **64**, 2152 (1998)
16） 櫻庭春彦ら, 化学と生物, **44**(5), 305 (2006)
17） N. Doukyu and R. Aono, *Appl. Microbiol. Biotechnol.*, **57**, 146 (2001)
18） W. Stampfer *et al.*, *Angew. Chem. Int. Ed.*, **41**, 1014 (2002)
19） B. Kosjek *et al.*, *Biotechnol. Bioeng.*, **86**, 55 (2004)
20） J. C. Moore and F. H. Arnold, *Nature Biotechnol.*, **14**, 458 (1996)
21） K. Inoue *et al.*, *Tetrahedron*：*Asymmetry*, **16**, 2539 (2005)
22） Y. Makino *et al.*, *Appl. Environ. Microbiol.*, **71**, 4713 (2005)
23） 御園生誠, 村橋俊一, グリーンケミストリー, 講談社 (2002)

第5章　深海微生物からの有用酵素の探索

秦田勇二[*1], 大田ゆかり[*2], 日高祐子[*3], 能木裕一[*4]

1　はじめに

深海は我々の身近にありながら簡単に手が届かない世界である。一般的には水深200mを超える水域を深海と呼んでいる。地球の表面積の約7割は海洋で，そのうちの約9割が水深1,000mを超えている事から，深海が非常に大きな容積を占めている事が分かる。また，深海は多種多様な環境を有していることから，そこに棲息する微生物も非常に多様な物が分離されてくる。これら深海微生物の生産する酵素もまた多岐に渡っている。本章では深海微生物から検出された有用酵素について幾つか紹介したい。

2　深海環境と微生物多様性

深海が浅海と大きく異なる点は，高水圧，暗黒，低温または局部的な超高温の3点が挙げられる。水中では10m深くなるにつれ約0.1MPa（1 atm＝1 kg/cm^2）ずつ水圧が高くなる。世界の海の平均水深は約3,800mなので，平均でも38MPa（1 cm^{2}当たり380kg）の水圧が掛かっていることになる。世界で最も深いマリアナ海溝チャレンジャー海淵の水深約10,900mでは実に109MPa（1 cm^{2}当たり1.1t）の水圧が掛かっている。水圧は微生物の増殖を抑制するが，10MPa程度であればほとんどの微生物の増殖に大きな影響を与えない。それ以上の水圧は微生物の種に因って影響が異なるが，40MPa以上ではほとんどの微生物の増殖を抑制する。しかし，120MPa

---

＊1　Yuji Hatada　㈱海洋研究開発機構　極限環境生物圏研究センター　深海バイオ事業化推進計画　グループリーダー

＊2　Yukari Ohta　㈱海洋研究開発機構　極限環境生物圏研究センター　深海バイオ事業化推進計画　研究推進スタッフ

＊3　Yuko Hidaka　㈱海洋研究開発機構　極限環境生物圏研究センター　深海バイオ事業化推進計画　研究員

＊4　Yuichi Nogi　㈱海洋研究開発機構　極限環境生物圏研究センター　微生物系統解析研究グループ　グループリーダー

以上でも良好に増殖できる好圧性微生物[1]も存在する。次に暗黒，海域にも依るが水深200m以下ではほとんど太陽光が届かない，光合成による物質生産はほとんど浅海30mまでしか行われていない。もう一つの特徴として低温または超高温の環境が挙げられる。太陽光によって暖められる表面海水と異なり四季の変化はほとんど無く，深度1,000m以上ではそのほとんどの場所が一年を通じて２～４℃である。しかし，熱水噴出口など特殊な場所ではマグマで暖められた水が水圧のため沸騰することなく噴出している。インド洋の深海底には360℃の熱水を噴出する場所も存在する。この様な場所でも周りの水温が低いため噴出孔から数ｍ離れれば２～４℃の世界になる。このように厳しい深海環境でも溶存酸素は十分にあり，多くの場所で生物が生育している。マリアナ海溝の底でも魚類は確認されていないが，ヨコエビやナマコなどの生物が活発に活動している。深海に溶存酸素が十分に在る理由は極域などの海水が冷やされて沈み込むことから始まる深層海流に含まれた酸素が供給されているためである。

また，深海には特有の生物圏や場所が存在している。熱水噴出域や冷湧水域は湧出してきたメタンや硫化水素を微生物が化学合成し，一次生産者となる独自の生物圏が形成されている場所である。大型生物の遺骸が沈んで出来る生物圏は，数年から数十年にわたる生物分解過程で化学合成生物群集やその他の生物・微生物を繁殖させる。陸由来の動植物からゴミ，重油も含めて多様な物が堆積する場所では微生物によってその多くがやがて分解されている。深海はその容積の大きさ，多様な環境と堆積物が存在する事から非常に多くの微生物が棲息している。それ故，多様な酵素を生産する様々な微生物を分離する事が出来る（図１）。

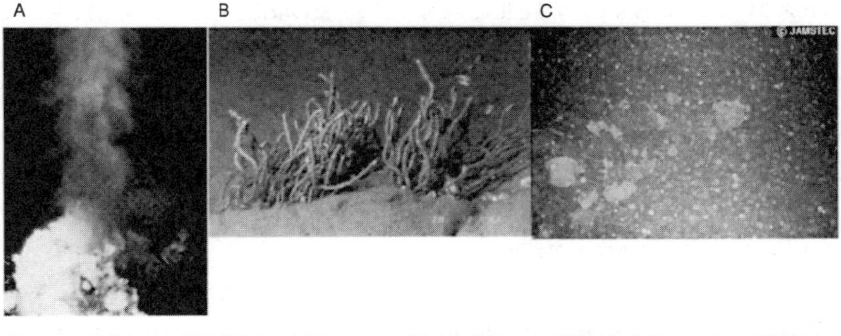

図１　A：沖縄トラフ伊是名海穴；水深1,337mの熱水噴出孔，B：相模湾；水深1,160mの冷湧水域に棲息するチューブワーム，C：駿河湾沖に堆積するゴミ

3　深海微生物由来アガラーゼの探索

3.1　海洋未利用資源としての紅藻類

現在知られている藻類の中で最も種類の多いのは紅藻類で，約500属6,000種が知られており，海洋の大型藻類の約60%に相当する。これらの紅藻類は潮間帯上部から漸深部まで広く生息しており，特にオゴノリ目に属する藻類は，海洋バイオマス資源としても褐藻類のジャイアントケルプや緑藻類のアオサなどと並んで注目されている。しかし，一部の品種を除いて，多くの紅藻類は今だ未利用のままであり，さらに利用されている品種に関しても，その用途は生食用，あるいは加工食品やゲル化剤原料などに限定されている。藻類の大きな特徴は，陸上植物と共通のグルコースのホモポリマーであるセルロースやデンプンに加え，藻類に固有の複雑なヘテロポリマーを多く含んでいることである。ある種の紅藻類においては，ガラクタンと総称されるガラクトースを構成糖の基本とした多糖をセルロースよりも豊富に含んでいる。これらの紅藻類特有の成分の有用性を十分に生かした高度利用を進めるための研究開発はとても有意義である。

3.2　新規アガラーゼの探索

寒天の主成分はアガロースであり，これを分解する酵素はアガラーゼ[2]と呼ばれている。寒天を分解して得られるオリゴ糖には，ガン抑制効果，免疫機能調節，保湿，美白効果など様々な生理的機能があることが報告され，注目され始めている。オリゴ糖の有する機能はその分子量(あるいは重合度)と密接な関係があることも知られてきており，既報酵素では効率よく生成することの出来ない重合度の寒天オリゴ糖を生成できるアガラーゼの取得を目的として，著者らは多様な微生物群を含む深海底泥サンプルからアガラーゼ生産菌の探索を行った。その結果，γ-*Proteobacteria*を中心に，多くの新規アガラーゼ生産菌を単離することが出来た。分離株には新属，新種と考えられる菌が多く含まれており，これまでにアガラーゼが単離された報告例の無い属に分類される菌株には特に注目し，アガラーゼの単離，解析を行った。その結果，数種の新規性の高いアガラーゼを検出した。

3.2.1　ネオアガロ6糖生成β-アガラーゼ

まず，ネオアガロ6糖生成β-アガラーゼを検出することを目的として探索を行った。その結果，駿河湾の深度2,406mの海底泥から分離した*Microbulbifer* sp. JAMB-A94株からネオアガロ6糖を効率良く生成する酵素（AgaO）を世界で初めて発見した[3]。図2に本酵素を用いてアガロースを分解して得られるオリゴ糖の形成状態を，その反応時間経過を追って示した。本酵素の寒天分解活性の最適pHは7.5で最適温度は45℃であった。JAMB-A94株からショットガンクローニング法で本酵素をコードする遺伝子(*agaO*)を単離し，これを利用して組み換え酵素(75kDa)

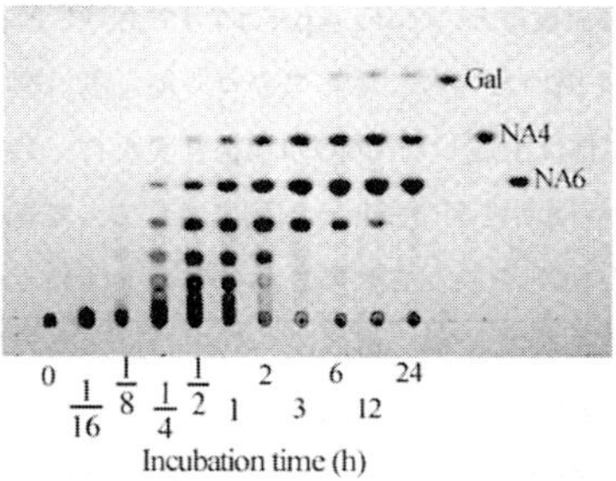

図2　AgaO酵素によるネオアガロオリゴ糖生成
AgaO酵素を用いてアガロースを分解した際に生成されたオリゴ糖を，反応時間経過を追って薄層クロマトグラフィーにより分析。

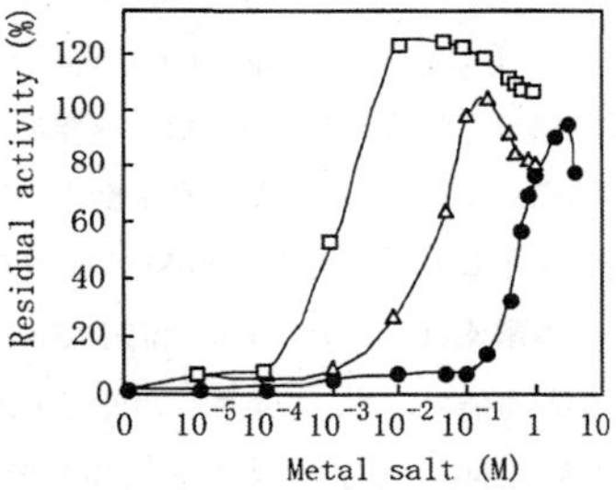

図3　AgaO酵素の熱安定性に対する塩の影響
AgaO酵素を40℃で15分間熱処理した後の残存活性。熱処理は以下に示す各塩を含む緩衝液中で行った。□：$CaCl_2$，△：$MgCl_2$，●：NaCl。

を大量に生産させた。本酵素はデータベースに登録されている全てのタンパク質とのアミノ酸配列の相同性が31%以下であり，配列上の新規性も高い。本酵素は，触媒に関すると推定される部分以外に，基質との結合に関与すると推定される領域（Carbohydrate Binding Module様配列）を2つ並列して有しており，これらの2つのCBM様配列は，原核生物では殆ど検出されないセリン残基に富んだ領域（ポリセリンリンカー）で連結されていた。本酵素の活性や熱安定性は海水中に豊富に存在する塩（Na^+，Mg^{2+}，Ca^{2+}塩）濃度に強く依存しており，興味深いことに，酵素活性に対する最適濃度は各塩の海水中濃度にほぼ一致していた[3)]。図3には本酵素の熱安定性と各塩の濃度との関係を示す。

3.2.2　耐熱性ネオアガロ4糖生成β-アガラーゼ

52℃という高温まで生育が可能な*Microbulbifer* sp. JAMB-A94株から耐熱性の高いアガラーゼの取得を試み，ショットガンクローニング法により*agaA*遺伝子をクローニングした[4)]。本酵素（AgaA）はそのアミノ酸配列からGlycoside hydrorase family 16に属されると推定された。*agaA*遺伝子を利用して生産した組換え酵素（32kDa）は，JAMB-A94株の生育温度の高さからも期待された通り，高い反応最適温度と耐熱性（60℃で15分間処理しても殆ど活性は低下しない）を有していた（図4）。研究用試薬として市販されている酵素と比較した場合，

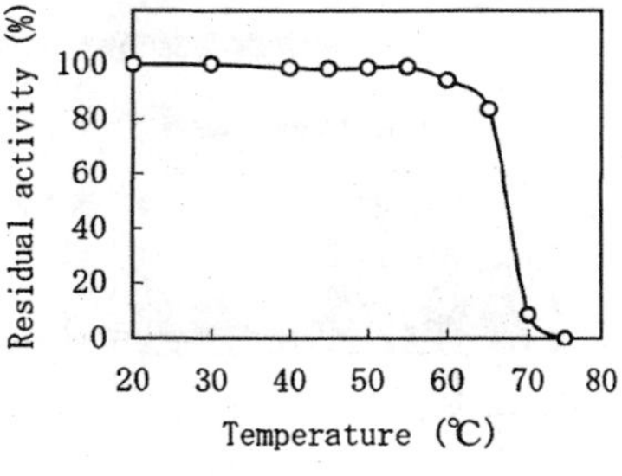

図4　耐熱性ネオアガロ4糖生成β-アガラーゼAgaAの熱安定性
各温度で15分間熱処理した後の残存活性。

高温度領域で特に優れた比活性を示した。反応の最適温度は55℃，最適pHは7.0であり，酵素比活性は高く517units/mg proteinであった。本酵素を用いた場合，ネオアガロ4糖を高い選択性で生成できることが判明した。本酵素の活性や安定性は上述したAgaOの場合と異なり，共存する塩濃度に対してほとんど依存せず，また高濃度の界面活性剤やキレート剤に対して大変高い安定性を示した。例えば100mMのEDTAや30mMのSDSを共存させても活性の低下は見られない。本酵素は，寒天のゲル化温度である約40℃よりも約15℃高い温度での効率の良い寒天分解反応が可能であることから，寒天オリゴ糖の工業生産用，また電気泳動後アガロースゲルからのDNAの回収など分子生物学研究用酵素として有用であることが示された。さらに，枯草菌を宿主[5]とした本酵素の大量生産にも成功している。

3.2.3　ネオアガロ2糖生成β-アガラーゼ

美白作用を持ち，化粧品の素材原料等として期待されるネオアガロ2糖を効率良く生成する酵素の探索を行った結果，*Agarivorans* sp. JAMB-A11株が，目的酵素を生産していることを見出した[6]。図5に本酵素のアガロース分解の様子を示す。本菌株は千島海溝南端，深度4,152mの海底泥より分離した菌株で，23℃前後で最も良く増殖し，寒天を分解する速度が非常に速い微生物であった。本菌株からネオアガロ2糖生成酵素をコードする遺伝子（*agaA11*）をクローニングし，これを利用して組換え酵素（分子量105kDa）の生産を行った。本酵素（AgaA11）はアガロースのβ-1,4結合をエンド型に開裂させるβ-アガラーゼであり，比較的幅広いpH範囲（pH 5.0～9.0）で効率良くアガロースを分解する酵素であった（図6）。酵素活性最適温度は40℃であった。様々なサイズのアガロース由来オリゴ糖を基質として酵素反応を行った結果，本酵素はネオアガロ4糖も効率よく分解することが判り，要するにアガロース中に存在する全てのβ-1,4結合を分解し得ることになる。アガロースを基質として反応を行った結果，全酵素反応生成物の

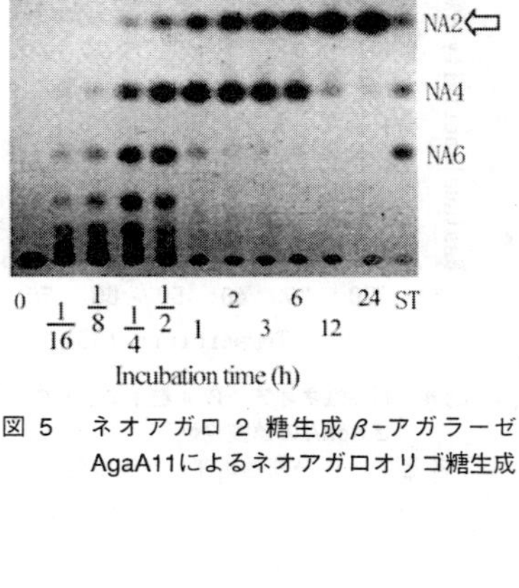

図5　ネオアガロ2糖生成β-アガラーゼ AgaA11によるネオアガロオリゴ糖生成

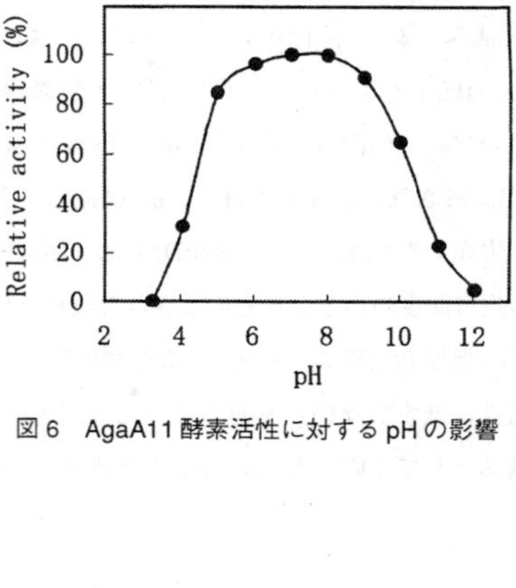

図6　AgaA11酵素活性に対するpHの影響

90mol%以上の収率でネオアガロ２糖を得ることが可能であった。

3.2.4　α-アガラーゼの探索とその利用

アガロースは，図７に示した様に，D-ガラクトースと3,6-アンヒドロ-L-ガラクトースがα-1,3，β-1,4結合で交互に繋がったヘテロ多糖であるが，上述した３種の酵素は全てβ-1,4結合を切断する酵素である。α-結合のみを切断する酵素に関する論文はこれまでにも稀であり，続いて著者らはα-結合を切断するα-アガラーゼの探索を行った。その結果，深度230mの海底泥より分離した *Thalassomonas* sp. JAMB-A33株がα-アガラーゼ（85kDa）を多量に生産していることを発見した[7]。本菌は培地中に寒天を添加しなければα-アガラーゼを殆ど生産しないことから，α-アガラーゼは誘導生産されていると判断された。本酵素は弱アルカリ性で比較的高い活性を示し，寒天分解反応の最適pHは8.5であった。また最適温度は45℃であった。これらの条件での酵素比活性は40units/mg proteinであった。本酵素はエンド型分解様式で寒天を分解し，その最終生成物の主成分はアガロ４糖であった。本酵素の一つの特徴としてポルフィランを効率よく分解した。ポルフィランは抗酸化能を有することが以前から報告されているが，図８に見られるように本酵素で処理したポルフィラン分解物は，活性酸素除去能等の抗酸化能が著しく向上した[8]。

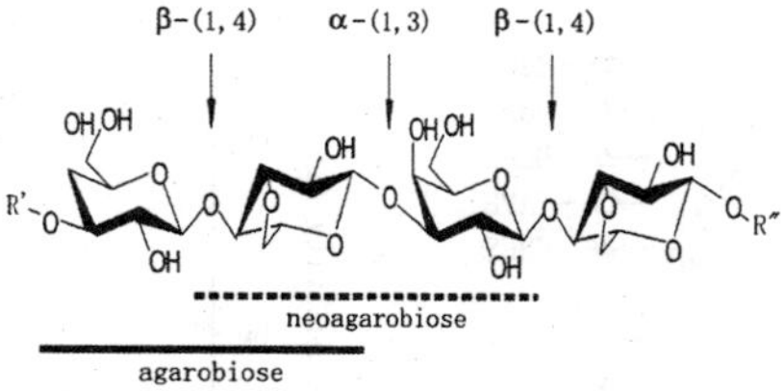

図７　アガロースの構造と繰り返し単位

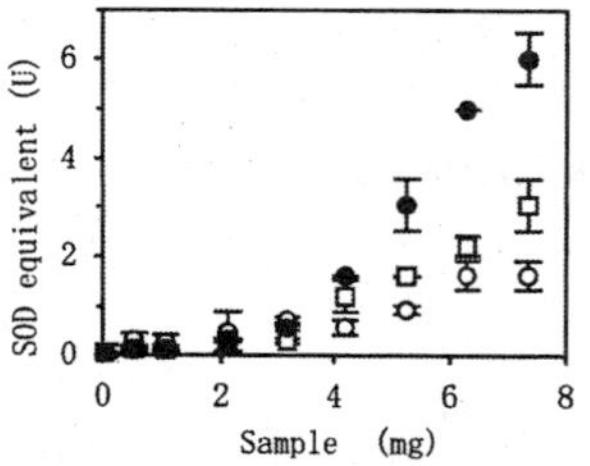

図８　α-アガラーゼ処理によるポルフィランの活性酸素除去能の向上
ポルフィランの示す活性酸素除去能をスーパーオキシドジスムターゼ（SOD）単位に換算。未処理のポルフィラン（○），α-アガラーゼで処理したポルフィラン（●），β-アガラーゼで処理したポルフィラン（□）の持つ活性酸素除去能を比較。

4 ラムダカラギナーゼの発見

海洋性藻類の中にはその細胞壁中にアガロースではなくカラギーナンを主成分糖質として含むものも多い。カラギーナンはその構造からι,κ,λ-タイプに分類される。これまでにιあるいはκ-カラギーナンを分解する酵素は論文上でも見受けられるが，λ-カラギーナンを分解する酵素の性質やその配列が記されている報告例は無かった。そこで深海由来のサンプルからλ-カラギーナンを分解する酵素を生産する微生物を探索したところ，深度2,409mの海底泥サンプルより分離した*Pseudoalteromonas* sp. strain CL19株がλ-カラギナーゼ（分子量100kDa）を生産していることを発見した[9]。本酵素（CglA）の精製には，その全ての精製ステップで用いられる緩衝液中にソルビトールを添加することが酵素の安定性を保つ上で大変重要であった。SDS-PAGE解析やゲル濾過などの解析結果から本酵素はモノマーとして存在していると判断された。酵素活性の最適pHは7.0（図９）で最適温度は35℃（図10），酵素比活性は253units/mg proteinであった。本酵素はエンド型分解様式を示す酵素であり，反応後の主生成物は４糖（図11）であった。またNMRを用いた生成物の構造解析の結果から，λ-カラギーナン基本骨格のβ-1,4結合を切断する酵素であることが判明した。本酵素はι,κ-タイプのカラギーナンを分解せず，基質特異性が高い

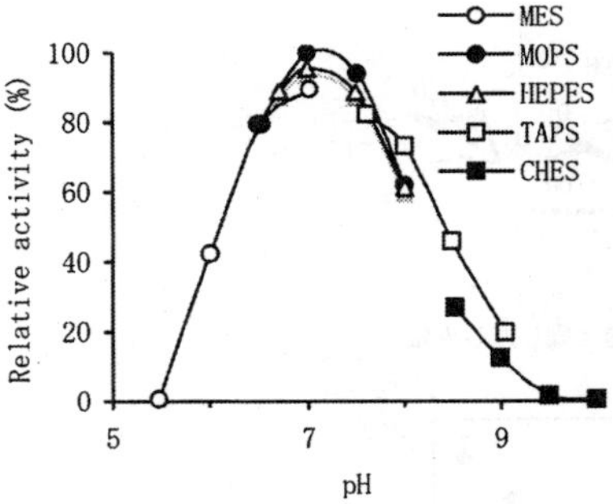

図９ λ-カラギナーゼCglA酵素活性に対するpHの影響

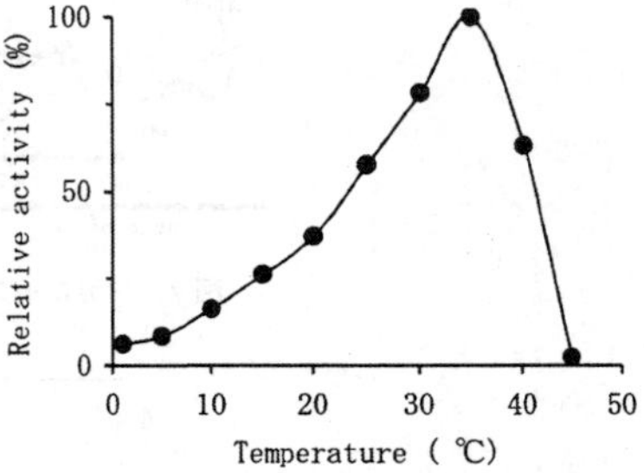

図10 λ-カラギナーゼCglA酵素活性に対する温度の影響

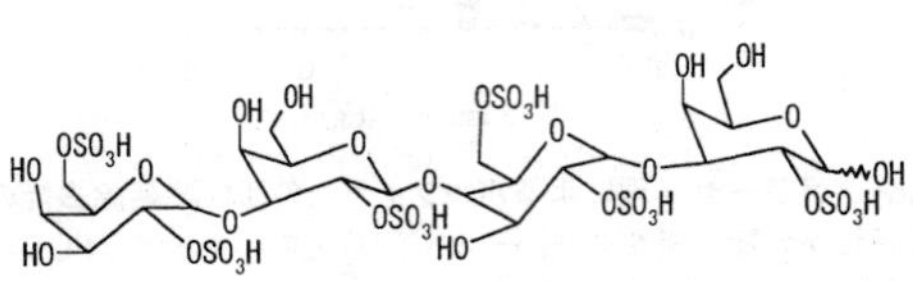

図11 λ-カラギナーゼCglAによるλ-カラギーナン分解反応の主な反応生成物の構造

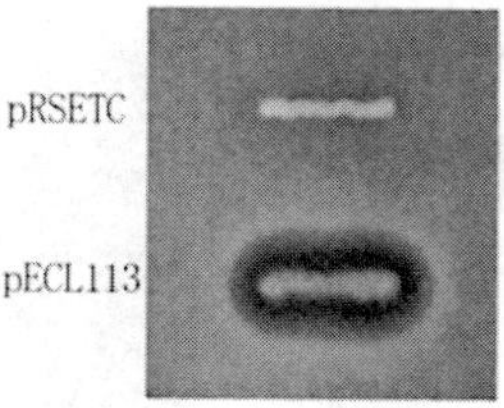

図12　組換えλ-カラギナーゼの大腸菌による生産
λ-カラギナーゼ遺伝子 *cglA* を挿入したプラスミド（pECL113）での大腸菌形質転換体（下），組換え用ベクター（pRSETC）のみを有する大腸菌形質転換体（上）をλ-カラギーナンを含む培地で増殖させた後，塩化セチルピリジニウムで染色。本染色法では未分解のλ-カラギーナンは白く染色されるが，分解を受けた場合は染色されない。すなわち組換え大腸菌（下）で発現されたλ-カラギナーゼの活性によって周囲のλ-カラギーナンが分解された様子を示している。

酵素であると判断された。本酵素の遺伝子のクローニングにも成功した。その配列決定を行ったところ本遺伝子のG＋C含量は37.3%であり，本遺伝子は942アミノ酸をコードしていた。CL19株の培養上清から精製された酵素のN末端アミノ酸配列から判断すると，開始メチオニン以降の25アミノ酸配列は菌体外分泌に関するシグナル配列であると推定された。データベースに対して本酵素のアミノ酸配列相同性検索を行ったところ，驚いたことに相同性を示した対象は１件もなく，本酵素の新規性が非常に高いものであることが判明した。大腸菌を生産宿主として，本酵素の遺伝子組換え生産も行えた（図12）。

5　酸化剤耐性アミラーゼの発見

深度6,000mの深海底泥サンプルからマルトペンタオース生成α-アミラーゼ（55kDa）を生産している微生物（*Bacillus* sp. strain JAMB-204）を単離した。本酵素（Amy204）の最も大きな特徴は強い酸化剤耐性を有することである。図13に示す通り本酵素は1.0Mの過酸化水素水と１時間共存させても活性の低下は見られない。例えば漂白剤への配合など酸化剤と共存して使用しなければならない場合に非常に有利なデンプン分解酵素であると言える。可溶性デンプンを基質とした際の分解反応最適pHは6.5で最適温度は60℃であり，酵素比活性は高く4,200units/mg proteinであった。アルカリ性側でも酵素安定性が高く（pH10.5の緩衝液中で１時間処理しても残存活性は80%以上），等電点電気泳動解析の結果，酵素の等電点が比較的高い（pH8.6）酵素であった。本酵素はマルトヘキサオース（G６）以上のマルトオリゴ糖は効率よく分解するが，マルトース（G２）からマルトペンタオース（G５）までの低分子オリゴ糖をほとんど切断しない酵素であり，この性質によってマルトペンタオースを主成分として蓄積するものと推定され

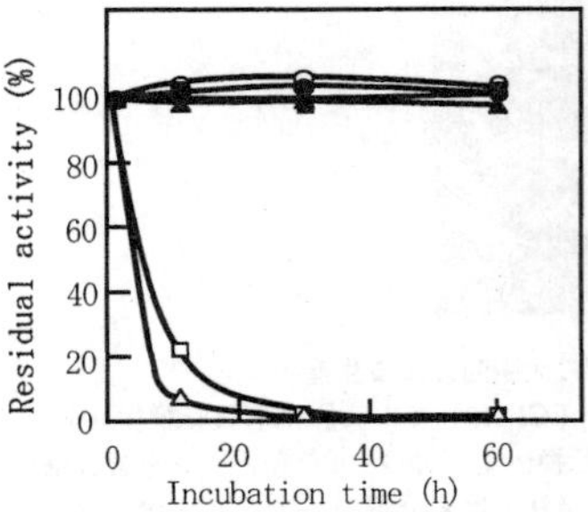

図13　酸化剤耐性アミラーゼAmy204への過酸化水素の影響
Amy204酵素を各濃度の過酸化水素溶液において1時間処理した後の残存活性。●：0 M H_2O_2，■：0.5M H_2O_2，▲：1.0M H_2O_2
対象として市販アミラーゼも同様に実験を行った（○： 0 M H_2O_2，□：0.5M H_2O_2，△：1.0M H_2O_2）。

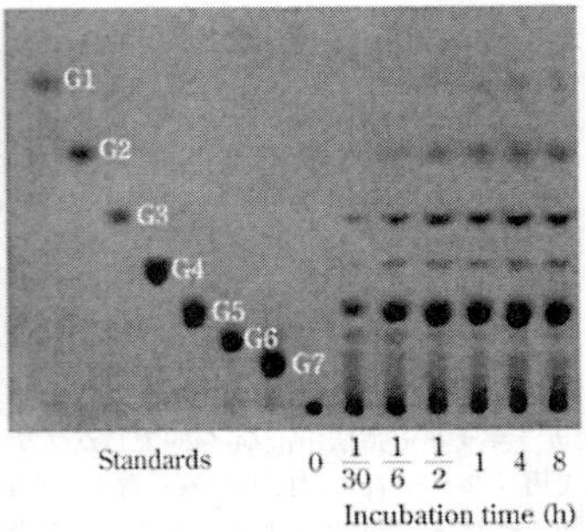

図14　Amy204を用いたデンプン分解によるオリゴ糖の形成
Amy204酵素を用いて可溶性デンプンを分解した際に生成されたオリゴ糖を，反応時間経過を追って薄層クロマトグラフィーにより分析。

る（図14）。

6　トレハロース生成酵素の発見

トレハロースはミュータンス菌での低酸生成など様々な良い効果があることから多種の食品に添加されている。また保湿効果なども認められており，加工食品だけでなく，化粧品など幅広い分野で利用されている。著者らは深海底泥サンプルからマルトースホスホリラーゼ[10]とトレハロースホスホリラーゼ[11]を同時に生産している微生物の単離に成功した。本微生物は*Paenibacillus*に属する新規微生物であり，「しんかい2000」を用いて，水深1,174mから採取した底泥から単離されたものである。この二つの酵素は，それぞれマルトース中のα-1,4-グルコピラノシド結合およびトレハロース中のα-1,1-グルコピラノシド結合を可逆的に加リン酸分解し，グルコースとβ-D-グルコース-1-リン酸を生成するという活性を有する。従って，リン酸の存在下でマルトースにこれらの二つの酵素を組み合わせて作用させると，効率よくトレハロースを生産することができる(図15)。同一微生物由来であることが幸いして，二つの酵素の最適pH，温度範囲が重複しているためトレハロース生成反応における制御が容易である。さらに，作用温度範囲が～60℃と比較的高い温度での使用が可能であるため，雑菌汚染の恐れが少なくトレハロースを生産することができる。この方法によればマルトースから約60%の収率でトレハロースを

図15　マルトースホスホリラーゼとトレハロースホスホリラーゼを用いたトレハロース生成
β-G1P：β-D-グルコース-1-リン酸，Pi：無機リン酸

生成することができる。原料としてのマルトースは比較的安価であり，酵素反応後の生成物中の不純物が少なく，生成物の精製が容易である。著者らは両酵素の遺伝子を取得し，その配列解析を行い，両酵素が新規性の高い酵素であることを示している[11)]。

7　おわりに

以上，深海に棲息する微生物から発見されたアガラーゼ，カラギナーゼ，アミラーゼ，トレハロース生成酵素などについて述べたが，現在著者らは鹿児島沖に沈降した鯨の遺骸周辺（図16）から新規有用酵素生産菌の分離を行っている。深海にはまだ無数の有用酵素生産菌の存在が示唆されており，今後の発展が期待される。

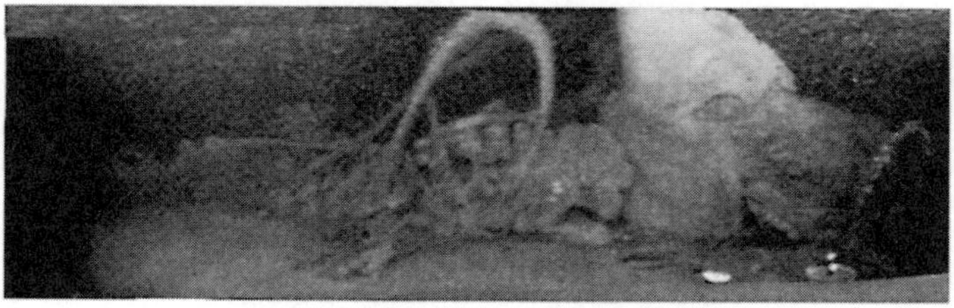

図16　鹿児島沖に沈降した鯨の遺骸

文　　献

1) Y. Nogi and C. Kato, *Extremophiles*, **3**, 71–77 (1999)
2) K. Ishimatsu *J Ferment Technol*, **30**, 472–481 (1952)
3) Y. Ohta *et al*., *Appl Microbiol Biotechnol*, **66**, 266–275 (2004)
4) Y. Ohta *et al*., *Biosci Biotechnol Biochem*, **68**, 1073–1081 (2004)
5) Y. Hatada *et al*., *Appl Microbiol Biotechnol*, **65**, 583–592 (2004)

6） Y. Ohta *et al.*, *Biotechnol Appl Biochem*, **41**, 183–191 (2005)
7） Y. Ohta *et al.*, *Curr Microbiol*, **50**, 212–216 (2005)
8） Y. Hatada *et al.*, *J Agric Food Chem*, (2006) in press.
9） Y. Ohta and Y. Hatada, *J Biochem*, **140**, 475–481 (2006)
10） Y. Hidaka *et al.*, *Enzyme Microb Technol*, **37**, 185–194 (2005)
11） 特許WO2005/003343

第6章　メタボローム解析の原理と応用

福崎英一郎*

1　はじめに

生物個体の基本的運命は，ゲノム情報により規定されているはずだが，同一ゲノム情報を有する生物個体が，同一の表現型を示すとは限らない。これは，実際の形質（表現型）がゲノムによって規定される遺伝形質だけではなく，環境要因等により後天的に得る獲得形質の影響を強く受けるからである。遺伝形質と獲得形質を明確に区別するのは一般に困難である。そこで，ゲノム情報を理解するためには，ゲノム情報実行の媒体であるmRNAおよびタンパク質の各総体解析，すなわち，トランスクリプトミクスとプロテオミクスが重要であると考えられてきた。しかしながら，両オーム解析は，動的情報を扱うために，満足できる実験再現性を担保するためには，膨大な実験試行数が求められる。残念ながら，現状では，費用対効果に見合った結果が必ずしも得られていない。そこで，近年，ゲノム情報実行の結果である代謝物総体（メタボローム）に基づくオーム科学であるメタボロミクス（メタボローム解析）が注目されている。

さて，メタボロミクスは，ゲノム情報にもっとも近接した高解像度表現型解析手段と言えるが，その応用範囲はポストゲノム科学にとどまらず，医療診断，病因解析，品種判別，品質予測

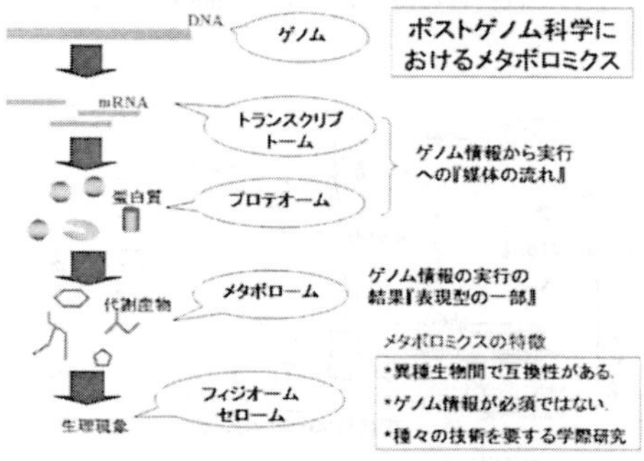

図1　ポストゲノムオーム科学におけるメタボロミクス

*　Eiichiro Fukusaki　大阪大学大学院　工学研究科　生命先端工学専攻　助教授

等の多岐におよぶ。今ひとつのメタボロミクスの特長は，その一般性である。基幹代謝物は，当然のことながら生物間で互換性を有するので，ゲノム情報が利用出来ない実用植物や実用微生物にも適用可能な唯一のオーム科学といえる。さらに，メタボロミクスの技術は，生物以外の対象にも適応可能である。例えば，食品や，生薬原料のプロファイリングによる品質予測，あるいは，酵素反応混合物のプロファイリングによる反応機構推定などの応用分野も想定できる。

さて，上記のように有望技術として期待されているメタボロミクスであるが，トランスクリプトミクスやプロテオミクスと異なり，観測対象の代謝物の化学的性質が多岐にわたる故に，手法の標準化が困難であり，自動化も進んでいない。高度な解析手段として運用するためには，高い定量性が望まれるが，メタボロミクスの各ステップ(生物の育成，サンプリング，誘導体化，分離分析，データ変換，多変量解析によるマイニング）は，すべてが誤差を発生する要素を含み，標準技術の確立が極めて困難である。また，得られた膨大なデータから有用な結論を導く作業，すなわち，「データマイニング」についても標準技術は確立されていない。結果として研究対象ごとに各論が展開されている。当該状況が，メタボロミクスの正しい理解を困難とし，一般の研究者に普及しない一因となっている。

本章では，メタボロミクスの戦術単位の中で，定量性の確保に関する技術的見地から解説することを目的とした。加えて，データマイニングの実際について，できるだけわかり易く解説することを試みた。

2　メタボロミクスに用いる質量分析

質量分析の利点は，大量の定性情報が得られる上に，高感度で定量可能であることである。そ

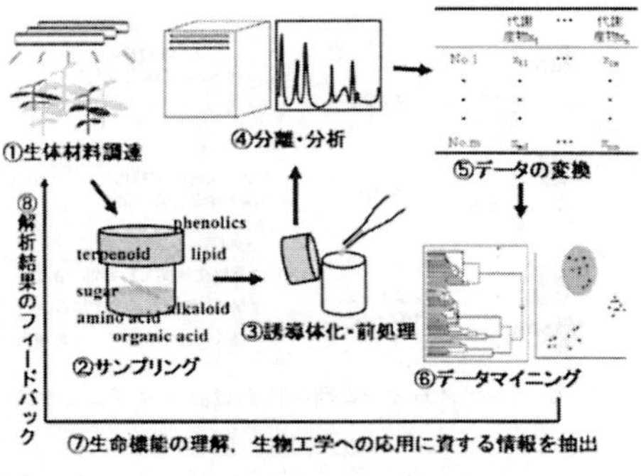

図２　メタボロミクス研究のスキーム

の利点を生かして，薬物体内動態解析や，残留農薬検定試験，環境分析等の分野で，確立された手法として用いられている。それらの分析では，観測標的が決まっているため，しかるべき内部標準化合物を用いた厳密な定量分析手法が適用可能である。しかしながら，特定の標的を決めずに網羅的に解析することを主眼とするメタボロミクスにおいては，従来の内部標準法による標準化は困難である。いかにして定量性を検証するかが重要となる。また，大量に存在する代謝物に混在する微量代謝物を網羅するためのノウハウも必要である。

メタボロミクスに用いる質量分析は特に限定されないが，種々の分離手段と組み合わせて運用し，「保持時間」と「質量分析データ」の両方のデータを代謝物情報とする場合が多い。メタボロミクスでは通常，網羅性を優先するためいかにして高解像度の分離分析系を構築するかが肝要となる。「解像度」と「再現性」に最も優れた手法としてガスクロマトグラフィー質量分析（GC/MS）が挙げられる。GC/MSは，ほぼ完成した分析システムであり，質量分析の経験の無いバイオサイエンス分野の研究者にも容易に扱えることが特長である。キャピラリー電気泳動質量分析（CE/MS）は，イオン性代謝物を観測するのに適した手法でありメタボロミクスにおける重要手法のひとつであるが，残念ながらGC/MSほど一般化した観測手法とは言えず，実用運用には若干のノウハウが必要である。特に，アニオン分析は，質量分析計側からバイアル側に生じる電気浸透流によって質量分析計側から溶液が逆流し，絶縁ゾーンが形成されやすいため，特別の工夫が必要である。電気浸透流回避のために，カチオンを内面に被覆したキャピラリーを用いた方法や，エアーポンプで強制的に送液する優れた分析手法が曽我らにより開発されている[1,2]。筆者らのグループも，極性を反転させることにより，未修飾のキャピラリー管でも分析可能なアニオン分析システムを開発し，実用化を試みている[3]。

上記の他にも，対象代謝物の性質に応じて種々の分離手法が用いられる。HPLC質量分析（LC/MS）は，低分子から高分子まであらゆる化合物に対応したすぐれた分離分析系だが，ピークキャパシティがGCやCEに劣ることから，定量メタボロミクスでは十分に活用されていなかった。近年，マイクロHPLC技術の発展により分離能の向上が図られてきた。特にモノリスシリカゲルカラムを用いた高解像度システムは魅力的であり，いくつかの先駆的なプロファイリングが報告されている[4,5]。今後の技術革新に期待したい。最近，超臨界流体を媒体とするクロマトグラフィー（超臨界流体クロマトグラフィー（SFC））がHPLCで分離困難な疎水性化合物の分離に有用であることから注目されている。さらに，疎水性高分子の分離にも有用であることが示されている[6,7]。脂質類をはじめとした分析が困難だった代謝物への適用が期待される。近年開発されたフーリエ変換イオンサイクロトロン質量分析計（FT-ICR-MS）等の高解像度質量分析計を用いて，精密質量数を観測し，クロマトグラフィーによる分離を行うことなく，多数の代謝物を同時一斉分析する試みがなされている[8,9]。これらの方法論は，目的によっては，極めて有用である。

3　質量分析計を用いる場合の定量性について

定量性は当然のことながら用いる観測システムのダイナミックレンジ（直線性範囲）に依存するので，目的に応じて適切な検出器を採用する必要がある。もう一つ，忘れてはならない重要なポイントが夾雑物による影響である。質量分析は，ソフトイオン化を採用した場合，「イオン化サプレッション」と呼ばれる致命的な欠点により定量性が損なわれる場合がある。「イオン化サプレッション」は，イオン化時の環境や夾雑物の影響によってイオン化が抑制される現象だが[10,11]，完全回避は，一般に困難である。そこで，便宜的にイオン化サプレッションによる悪影響を回避する手法として，安定同位体希釈法が検討されている。当該手法は，安定同位体標識化物を内部標準として用いて標的化合物（非標識化物）とクロマトグラフィー等で同時溶出させ，質量分析計により分離しそれらのピーク面積比から相対的な定量を行おうとするものである。内部標準同位体化合物と標的化合物とでほぼ同一にイオン化サプレッションが起こるため，正確な相対定量が達成されるという原理である。プロテオームにおいてはIsotope coded affinity tags（ICAT）[12]がよく知られている。著者らも^{13}Cメチル化標識によるポストラベル化法のメタボロミクスへの応用を検討している[13]。また，煩雑なポストラベル化ではなく，同位体化合物を栄養源として植物に取り込ませることにより，標識を行う方法論も可能である。例は少ないが，^{34}Sを用いた硫黄代謝研究[14]が報告されており，著者らのグループも^{15}Nインビボ標識による含窒素代謝物解析を検討している[15,16]。酵母が対象であるがインビボ^{13}C標識の例も報告されている[17]。図3に安定同位体標識による安定同位体希釈法の概念を示した。

4　メタボロミクスにおけるデータ解析

膨大な変量を同時に扱うメタボロミクスにおけるデータの解析には多変量解析が必須である。多変量解析を行うためには，種々の分析手法により得られた生データ（主としてクロマトグラム）を数値データに変換する必要がある。メタボロミクスでは，当該第一ステップが極めて重要となる。クロマトグラフィー等により観測したデータは，ピークを同定し，ピーク面積を積分することにより，ピークリストを作成すれば，それがそのまま多変量解析に適用可能なマトリクスデータになる。その場合，説明変数は代謝物名で，従属変数は各代謝物のピーク面積になる。分離が不十分な場合でもピークの重なりを多変量解析により分離することが原理的には可能である。GC/MSを用いた系においては，実際にコエリューションした代謝物ピークを質量分析情報からデコンボリューションする方法論が開発されており，抽出スペクトルを用いた高精度のピーク同定が可能になっている[18]。

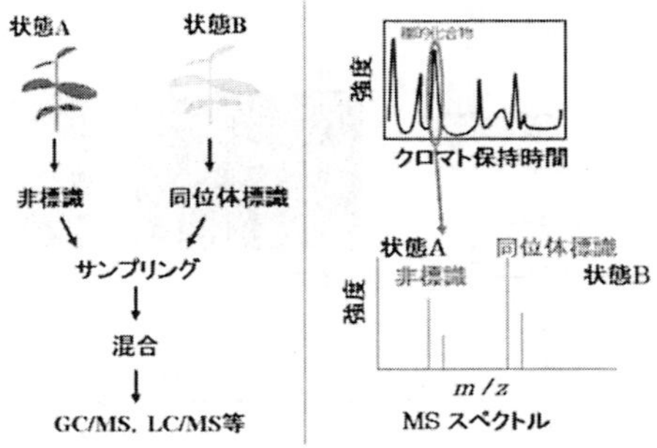

図3　安定同位体希釈による比較相対定量システムの概念図
通常の培地で育成した状態Aの生物（微生物，植物等）から抽出した代謝物と安定同位体（^{15}N，^{34}S等）を与えた培地で育成した状態Bの生物から抽出した代謝物を混合し，LC-MS等に供する。同位体標識された代謝物は，非標識体と同一保持時間に溶出するが，質量分析計で容易に分離定量することができる。本操作によりイオン化サプレッションの影響を受けずに精密相対定量が可能となる。

観測対象生物により，観測される代謝物の種類は異なるために，観測対象生物毎にピークリストの整備が必要なのだが，ピークリスト作成は煩雑で時間を要するピーク同定作業を伴う。また，代謝改変等により，デッドエンドの代謝物が変化し，ピークリストに無い代謝物が観測される事態が生じた場合，新たに生じたピークを見落とす可能性がある。危険回避のためには，マスクロマトグラムの目視によるチェックが安全確実であるが，技術的な問題が多く，一般的な方法ではない。そこで，筆者らは，GC/MSクロマトグラムの結果をスペクトロメトリーと同様のデータ処理に供することによる解決策を開発した。具体的には，クロマトグラムの保持時間を独立変数とし，対応するピーク強度を従属変数としたクロマトデータ行列を作成し，サンプル間で，データセット（個々のサンプルのデータの数）標準化する作業を行い，ピークリストを作ることなく，多変量解析を実施し，クラスター分離に寄与したピークを集中的に同定するシステムを開発した[19]。当該操作は，一般に，前処理の善し悪しがその後の解析の成否を左右することもしばしばある。前処理法は，①ノイズ除去法，②ベースライン補正法，③resolution enhancement法，④規格化法；などに分けることができる。一般的にスペクトルデータに用いられる代表的な前処理法として，スムージング，差スペクトル，微分処理，ベースライン補正，波形分離，中央化とスケーリングなどがある。当該方法は，代謝物フィンガープリンティングにも適応可能である（図4）。Moritzらのグループからも GC-MSクロマトグラムのデータ処理に関する優れた論文が発表されているので参照されたい[20]。

多変量解析によるデータマイニング手法には重回帰分析，判別分析，主成分分析，クラスター

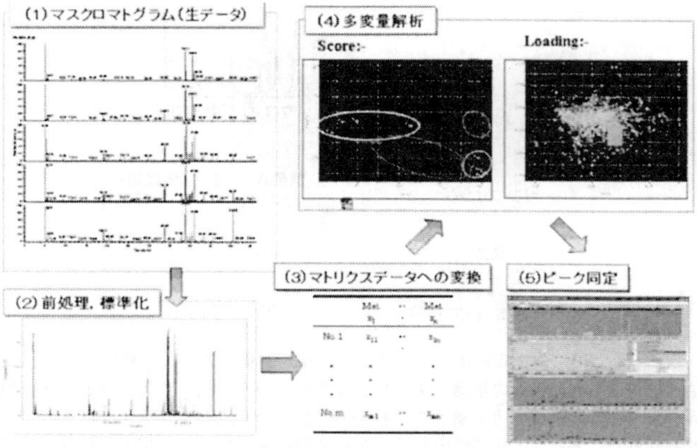

図４　データマイニングの基本的スキーム

①生体サンプルから代謝物を抽出し，適当な誘導体化処理等を施した後，GC-MS，LC-MS等の分析系に供する。②マスクロマトグラムの生データは，まず，保持時間のずれや，ベースライン補正を行い，サンプル間での差異を標準化する。③マスクロマトグラムのデータを基にして，実験全体のデータを行列で表現する。サンプル毎に保持時間（独立変数）×ピーク強度（従属変数）のベクトルとする（図を一部改変；MetをRTとした）。④多変量解析（主成分分析等）を行う。⑤クラスター分離に寄与したピークを同定し，データマイニングに活用する。

分析，因子分析，正準相関分析などがあり，データ構造や解析の目的によって選択される。現在，メタボロミクスで，もっともよく用いられている多変量解析手法は，探索的データ解析（Exploratory Analysis）であり，その目的は，膨大な量のデータの特性を調査し，データが含んでいる情報の内容を判断することにある。また，探索的データ解析では，回帰分析や分類のモデルを構築する前に，データセットの可能性を確認できる。探索的データ解析の手法として主成分分析（Principal Component Analysis；PCA），および自己組織化マッピングが（Self Organizing Mapping；SOM）がもっとも頻繁に用いられる。図５は，シロイヌナズナ培養細胞T87に軽度の塩ストレス（100mM食塩）を加えた後，経時的にサンプリングし，細胞内部メタボロームの経時変化を追跡し，親水性代謝物に注目してGC/MS分析を行い，結果を主成分分析（PCA）で解析したものである[21]。主成分分析（PCA）は，なるべく少ない合成変数で，なるべく多くの情報を把握するという情報の縮約を目的とする。線形変換によりデータの次元数を削減する多変量解析の手法である。元の変数の線形関数の中で，元のデータの分散（ばらつき）をできるだけ保存する指標（主成分）を求める計算を行う。実際の計算は，前述のクロマトデータ行列の固有値問題の解答に他ならない。結果は，固有値と固有ベクトルとして得られるが，固有ベクトルは，クロマトグラフィーの各ピークにかかる係数ベクトルを意味し，固有値は，その固有ベクトルの寄与率を意味する。固有ベクトルは多くの場合，主成分あるいは，ファクターと呼ばれる。一般に，生命科学者は，「主成分」という言葉からは，「主たる成分」をイメージするが，主成分分析における主成分とは，固有ベクトルを表すものであることを銘記されたい。図５ Aは，経時毎のサンプルの主成分得点を第１主成分（Factor1：横軸）と第２主成分（Factor2：縦軸）でプロットしたものである。この図からサンプルのばらつきの傾向ならびに，類似性を知ることができる。本例の場合，サンプル（72時間）は，その他のサンプルと，第１主成分で明確にクラスター分離している。また，サンプル(24時間)は，他のサンプルと第２主成分でクラスター分離している。両者の分離にどのような代謝物が寄与しているかは，ローディング(主成分の係数)を見れ

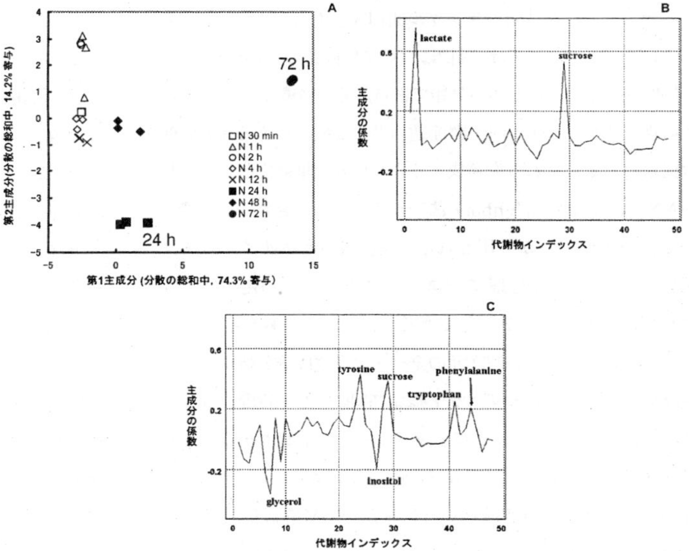

図５　塩ストレスを与えた植物培養細胞におけるメタボロームの経時変化
シロイヌナズナ培養細胞T87株に100mMのNaClストレスを加えた後，30分，１，２，４，12，24，48，72時間後にサンプリングし，親水性低分子代謝物をGC/MSにより網羅的に分析し，保持時間（独立変数）vs. 質量分析強度（従属変数）のマトリクスデータに変換し，主成分分析に供した。A；主成分スコアを第１主成分 vs. 第２主成分でプロットした。第１主成分でサンプル（72時間）が他サンプルとクラスター分離した。また，第２主成分でサンプル（24時間）が他サンプルとクラスター分離した。B；第１主成分のローディング。サンプル（72時間）には，シュークロースと乳酸が多く含まれているために他サンプルとクラスター分離したことが示唆される。C；第２主成分のローディング。サンプル（24時間）には，チロシン，シュクロース，トリプトファン，フェニルアラニンが少なく，グリセロール，イノシトールが多く含まれているために他サンプルとクラスター分離したことが示唆された。（Kim, J. K., *et al.*, *J Exp Bot.*, (2006), in press. 記載の図を改変）

ば容易に類推することができる。図５Ｂからは，サンプル（72時間）の特徴が，図５Ｃからは，サンプル（24時間）の特徴がそれぞれ類推できる。主成分について，正に大きい係数と負に大きい係数に注目し，それらの係数に対応する代謝物を同定し，図中に記入した。例えば，図５Ｂでは，チロシン，シュクロース，トリプトファン，フェニルアラニン等が正に大きい係数の代表であり，グリセロール，イノシトール等が負に大きい係数の代表である。高得点クラスターを形成するサンプル（72時間）は，正に大きい係数に対応する代謝物が多く，かつ，負に大きい係数に対応する代謝物が少ないことにより，他サンプルとメタボロームレベルで分離したと考えられる。

メタボローム解析を行う際，実験条件を増やすことにより，より多くの情報を得て，解釈を深めようとするのが普通である。代表的な例は，ある刺激に対する応答の経時変化の観測である。この際，各サンプリング時間のサンプル間相違を主成分分析で調べるだけでは十分ではない。よく行われる解析は，すべての代謝物について時間毎の量的変化の相対値をもとめ，その変動パターンの類似性に基づく代謝物の分類である。分類結果は，同様の増減挙動を示す代謝物同士は，なんらかの関連（たとえば，同一調節遺伝子の支配下にある等）を有するのではないかという仮説立案の材料となる。それらを達成するための多変量解析として，以前は，k–平均クラスター解析や，k–NN（k–nearest neighbor）法等が用いられてきたが，近年，Batch–Lerning自己組織化マッピング法（BL–SOM）が頻用される。自己組織化マッピングは，ニューラルネットワークの手法を用いたパターン学習認識のアルゴリズムである。BL–SOMは，計算の際の入力順序により，計算結果のトポロジーが一定になるための工夫が加えられている[22]。簡単に原理を説明する。まず，コマ数を設定し，M次元の全データを主成分分析する。平均値ベクトルと第１主成分と第２主成分による定めた参照ベクトルを初期値とし，実際のメタボローム観測データのベクトル（X）に近づくようにニューラルネットワークで学習させる。Xを格子点との距離に応じて分類し，二次元表面で表現する。図６は，前述のシロイヌナズナの培養細胞に軽微な塩ストレスを与えた際の代謝物毎の経時増減パターンをBL–SOM解析した結果である。本ケースでは，観測対象の代謝物を４つの増減パターンに分けて分類し，考察することにより有用な仮説を導くことができた[21]。

探索的データ解析の他に，種々の多変量解析手法が用いられる。その中で，SIMCA（Soft Independent Modeling of Class Analogy）は，トレーニングセット（既知試料）の各カテゴリーに作成した主成分モデルを用いて，未知試料を分類する手法であり，メタボロミクスに有用な解析手法と思われる。その他，主成分回帰（Principal Component Regression；PCR）や，PLS回帰分析（Partial Least Squares Projection to Latent Structure；PLS）等の回帰分析手法も有用と思われる。近年，生体サンプルの分析結果のばらつきを積極的な情報として用いるデータマイニング法が開発されている。すなわち，観測値が高い相関を示す代謝物の組み合わせを検索することによ

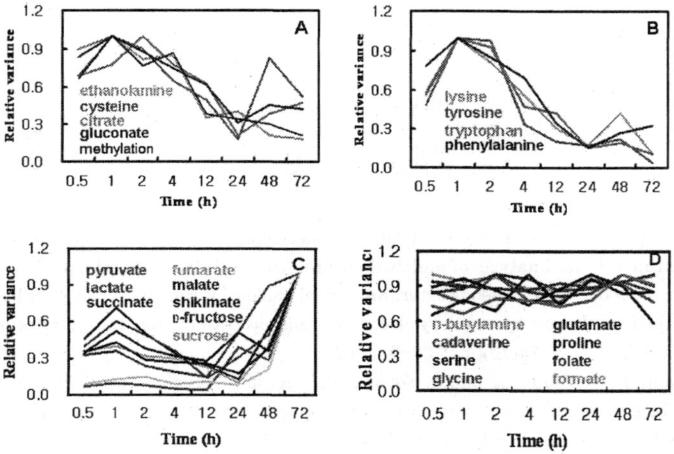

図６　シロイヌナズナ培養細胞（T87）の塩ストレス応答パターンによる代謝物の分類
GC/MS分析およびCE/MS分析結果をBL-SOM解析に供した。（文献１）；Kim, J.K., *et al.*, *J Exp Bot.*, (2006), in press. 記載の図を改変）

り，代謝経路発見，代謝制御機構の解明につなげようとするものである[23]。今後も新たなアルゴリズムの開発が望まれる[24]。

5　おわりに

メタボロミクスが将来有望な技術であることは間違いないが，技術的に発展途上であり，標準的な運用方法は確立されていない。当然のことながら，メタボロミクスをモデル生物を使った機能ゲノム学のツールと限定して考える必要は全く無い。例えば，筆者らは，メタボロミクスの手法を食品分析，生薬分析に応用し，品質予測への応用を検討している。例えば，複数の基質を複数の酵素で反応させる複雑系酵素反応混合物などは，好適なサンプルである。メタボロミクスの手法によれば，数百種類の酵素生成物混合物を同時一斉分析し，データマイニングすることが可能である。今まで，ブラックボックスだった複雑な酵素反応の様式を解明する手がかりを掴めるのではないかと確信している。メタボロミクスという確立されていない方法論を研究ツールに用いることを躊躇される方が多いと思われるが，未確立の今だからこそ，独自の運用方法を開発し，競争者に先んじて，ご自分の研究を大きく推進できる可能性がある。数多くのバイオサイエンス，バイオテクノロジーの研究者がメタボロミクスに興味を示し，ツールとして使われることを期待したい。

文　　献

1) Soga, T., *et al.*, Pressure–assisted capillary electrophoresis electrospray ionization mass spectrometry for analysis of multivalent anions., *Anal Chem*, **74**(24), p.6224–9 (2002)
2) Soga, T., *et al.*, Simultaneous determination of anionic intermediates for Bacillus subtilis metabolic pathways by capillary electrophoresis electrospray ionization mass spectrometry., *Anal Chem*, **74**(10), p.2233–9 (2002)
3) Harada, K., E. Fukusaki and A. Kobayashi, "Pressure–Assisted Capillary Electrophoresis Mass Spectrometry" using a Combination of Polarity Reversion and Electroosmotic Flow for the Metabolomics Anion Analysis., *J. Biosci. Bioeng*., in press (2006)
4) Tolstikov, V. V., *et al.*, Monolithic silica–based capillary reversed–phase liquid chromatography/electrospray mass spectrometry for plant metabolomics., *Anal Chem*., **75**(23), p.6737–40 (2003)
5) Bamba, T., *et al.*, Separation of polyprenol and dolichol by monolithic silica capillary column chromatography., *J Lipid Res*., **46**(10), p.2295–8 (2005)
6) Bamba, T., *et al.*, High–resolution analysis of polyprenols by supercritical fluid chromatography. *J Chromatogr A*., **911**(1), p.113–7 (2001)
7) Bamba, T., *et al.*, Analysis of long–chain polyprenols using supercritical fluid chromatography and matrix–assisted laser desorption ionization time–of–flight mass spectrometry. *J Chromatogr A*., **995**(1–2), p.203–7 (2003)
8) Aharoni, A., *et al.*, Nontargeted metabolome analysis by use of Fourier Transform Ion Cyclotron Mass Spectrometry., *Omics*, **6**(3), p.217–34 (2002)
9) 及川彰, *et al.*, FT–ICR MSを用いたメタボローム解説, 日本生物工学会誌, **84**, p.219–222 (2006)
10) King, R., *et al.*, Mechanistic investigation of ionization suppression in electrospray ionization. *J. Am. Soc. Mass Spectrom*., **11**, p.942–950 (2000)
11) Mueller, C., *et al.*, Ion suppression effects in liquid chromatography：electrospray–ioniztion transport–region collision induced dissociation mass spectrometry with different serum extraction methods for systematic toxicological analysis with mass sectra libraries., *J Chromatogr B*, **773**, p.47–52 (2002)
12) Han, D. K., *et al.*, Quantitative profiling of differentiation–induced microsomal proteins using isotope–coded affinity tags and mass spectrometry., *Nat Biotechnol*., **19**(10), p.946–51 (2001)
13) Fukusaki, E. i., *et al.*, An isotope effect on the comparative quantification of flavonoids by means of methylation–based stable isotope dilution coupled with capillary liquid

chromatograph/mass spectrometry., *J. Biosci. Bioeng.*, **99**(1), p.75–77 (2005)

14）Mougous, J. D., *et al.*, Discovery of sulfated metabolites in mycobacteria with a genetic and mass spectrometric approach., *Proc Natl Acad Sci U S A*, **99**(26), p.17037–42 (2002)

15）Harada, K., *et al., In vivo* (15)*n*–enrichment of metabolites in suspension cultured cells and its application to metabolomics., *Biotechnol Prog.*, **22**(4), p.1003–11 (2006)

16）Kim, J. K., *et al.*, Stable Isotope Dilution–Based Accurate Comparative Quantification of Nitrogen–Containing Metabolites in Arabidopsis thaliana T87 Cells Using *in Vivo* (15)*N*–Isotope Enrichment., *Biosci Biotechnol Biochem.*, **69**(7), p.1331–40 (2005)

17）Wu, L., *et al.*, Quantitative analysis of the microbial metabolome by isotope dilution mass spectrometry using uniformly 13C–labeled cell extracts as internal standards., *Anal Biochem.*, **336**(2), p.164–71 (2005)

18）Halket, J. M., *et al.*, Deconvolution gas chromatography/mass spectrometry of urinary organic acids—potential for pattern recognition and automated identification of metabolic disorders., *Rapid Commun Mass Spectrom.*, **13**(4), p.279–84 (1999)

19）Fukusaki, E., *et al.*, Metabolic Fingerprinting and Profiling of Arabidopsis thaliana Leaf and its Cultured Cells T87 by GC/MS., *Z Naturforsch [C].*, p.267–272 (2006)

20）Jonsson, P., *et al.*, A strategy for identifying differences in large series of metabolomic samples analyzed by GC/MS., *Anal Chem.*, **76**(6), p.1738–1745 (2004)

21）Kim, J. K., *et al.*, Time course metabolic profiling in Arabidopsis thaliana cell cultures after salt stress treatment., *J Exp Bot.*, in press (2006)

22）金谷重彦, 自己組織化マップ(SOM)：比較ゲノムと生物多様性研究への新規な情報学的手法, in ゲノム・プロテオミクスの新展開　～生物情報の解析と応用～, 今中忠行, Editor. 株式会社エヌ・ティー・エス, 東京. p.890–896 (2004)

23）Weckwerth, W., *et al.*, Differential metabolic networks unravel the effects of silent plant phenotypes., *Proc Natl Acad Sci U S A.*, **101**(20), p.7809–14 (2004)

24）Abe, T., *et al.*, Informatics for unveiling hidden genome signatures., *Genome Res.*, **13**(4), p.693–702 (2003)

chromatography/mass spectrometry, *J Biosci Bioeng*, 98(1), p.75-7 (2004).
14) Mougous J.D. et al., Discovery of sulfated metabolites in mycobacteria with a genetic and mass spectrometric approach, *Proc Natl Acad Sci U S A*, 99(26), p.17037-42 (2002).
15) Harada K. et al., ^{13}C-enrichment of metabolites in suspension culture cells and its application in metabolomics, *Biotechnol Prog.*, 22(4), p.1003-11 (2006).
16) Kim J.K. et al., Stable Isotope Dilution-Based Accurate Comparative Quantification of Nitrogen-Containing Metabolites in Arabidopsis thaliana T87 Cells Using in Vivo ^{15}N-Isotope Enrichment, *Biosci Biotechnol Biochem*, 69(7), p.1331-40 (2005).
17) Wu L. et al., Quantitative analysis of the microbial metabolome by isotope dilution mass spectrometry using uniformly ^{13}C-labeled cell extracts as internal standards, *Anal Biochem*, 336(2), p.164-71 (2005).
18) Halket J.M. et al., Deconvolution gas chromatography/mass spectrometry of urinary organic acids--potential for pattern recognition and automated identification of metabolic disorders, *Rapid Commun Mass Spectrom*, 13(4), p.279-84 (1999).
19) Fukusaki E. et al., Metabolic Fingerprinting and Profiling of Arabidopsis thaliana Leaf and Its Cultured Cells T87 by GC/MS, *Z Naturforsch [C]*, 61, p.267-272 (2006).
20) Jonsson P. et al., A strategy for identifying differences in large series of metabolomic samples analyzed by GC/MS, *Anal Chem*, 76(6), p.1738-45 (2004).
21) Kim J.K. et al., Time-course metabolic profiling in Arabidopsis thaliana cell cultures after salt stress treatment, *J Exp Bot*, in press (2006).
22) [illegible] GC/MS [illegible] p.300-306 (2004).
23) Weckwerth W. et al., Differential metabolic networks unravel the effects of silent plant phenotypes, *Proc Natl Acad Sci U S A*, 101(20), p.7809-14 (2004).
24) Abe T. et al., Informatics for unveiling hidden genome signatures, *Genome Res*, 13(4), p.693-702 (2003).

第２編　酵素の改変

第1章　進化工学的手法による酵素の改変

宮崎健太郎*

1　はじめに－蛋白質は進化の所産である－

蛋白質は20種類のアミノ酸がペプチド結合により連結した紐状の分子である。その一次元構造は非常に単純であるが，紐が巻き上がり，立体的な構造をとるや否や非常に多彩で複雑な機能を発揮する。蛋白質研究の中心課題は，単純な構成から多彩で複雑な機能を生み出す仕組み「配列－構造－機能の関係」を解き明かすこと，さらにはそれを理解した上で，自在に所望の蛋白質を作ることである。「作れないものは理解したことにならない（What I cannot create, I do not understand. ファインマン）」は，蛋白質研究者にとっての金言であり，理解の証しとしての「蛋白質工学」[1] は20年以上の歴史を持ち今なお続いている。このように「理解」と「もの作り」が一体となった方法がある一方，「理解」のステップを踏まずに機能のみを先取りして蛋白質を作り出す方法がある－「進化」である。蛋白質がいかに精密・精巧な分子であろうと，それらはすべて進化－変異と選択－により育まれてきたという事実がある。この自然界での成功に裏打ちされた「ものづくり技術」を「工学」として利用するのが進化（分子）工学である。1990年代初頭より始まった蛋白質の進化工学は，定方向進化（Directed Evolution）[2] という工学理論の確立と，変異PCR[3, 4]・DNAシャフリング[5]などの遺伝子変異技術の発展により一気に成熟した。「進化」には立体構造をはじめとする詳細な分子機構は一切介在しない。対象となる蛋白質をコードする遺伝子・蛋白質の機能スクリーニング系を準備した上で，遺伝子の変異と機能選択を繰り返せばよい。しかし，やみくもに〈変異－選択〉を繰り返すことは「工学」ではない。速い進化を促す適切な遺伝子変異，進化を正しくガイドする選択圧を与えてこそ「工学」としての進化が成り立つ。では適切な遺伝子変異とは何か？　正しいガイドとは何か？　本章では，これらの問題について明らかにし，進化工学に取り組む姿勢について概説する。

＊ Kentaro Miyazaki　㈱産業技術総合研究所　生物機能工学研究部門　酵素開発研究グループ　グループ長；東京大学大学院　新領域創成科学研究科　メディカルゲノム専攻　連携助教授

2　定方向進化ー蛋白質分子の優生学ー

蛋白質を目的の方向に進化させるには，定方向進化を実践する。親分子とは少しずつ配列の異なる子孫分子集団(変異ライブラリ)を生み出し，この中から目的機能を持つものを選りすぐる。選ばれた分子は次世代の親となり(遺伝)，このサイクルが繰り返される(図1)。定方向進化とは，各世代で親よりも機能的にすぐれた子孫を選択するタイプの進化をいう(図2)。分子レベルの優生学である。ではなぜ定方向進化でなければならないのか？　自然界の生物進化では，個体の生存にとって可もなく不可もない中立的な変異が進化の一大駆動を与えるのに対し，蛋白質工学ではなぜ世代ごとに改良などと性急な方法をとるのか？　中立的な変異の組合せ次第では大

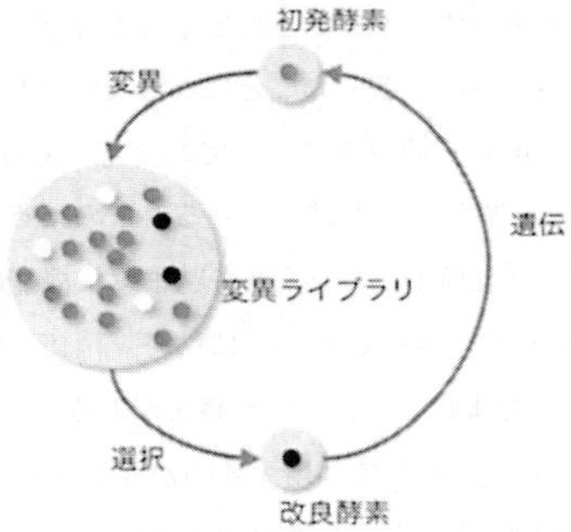

図1　進化実験系
遺伝子の変異，変異ライブラリの機能スクリーニング，選択された分子の遺伝を繰り返す。

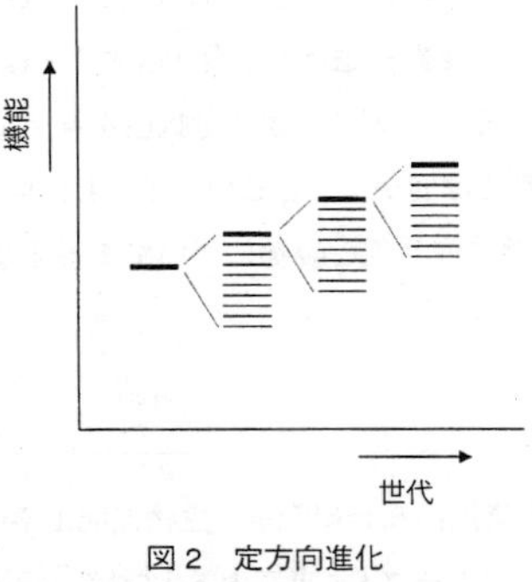

図2　定方向進化
変異ライブラリのスクリーニングにより，機能の最も高い分子（太いバー）を同定し，次世代の親とする。

きなゲインを得ることもありそうだが，そのような経路を排して定方向でなければならない理由とは何か？　まずこの点を明らかにしておこう。

蛋白質にランダムな変異を導入し，その機能がどのように変わるかを見てみよう。好冷菌細菌の生産するセリンプロテアーゼ（サチライシン）を例にとる。図3はサチライシンを変異PCR（後述）により処理し，変異ライブラリの活性をスクリーニングしたときの“フィットネスランドスケープ（適応度地形）”である。変異率は蛋白質全体（309残基）に対しごくわずかな（1～2個）アミノ酸変異が入るように設定した。各変異体の活性を測定し，高いものから低いものへとデータを並び替えてある。配列の変化は機能の変化をもたらし，子孫分子集団は，(i)活性の向上するもの，(ii)現状維持のもの，(iii)低下するものと分類される。重要なことは，大部分が(ii)，(iii)に属することである。少しでも変異が入ると機能はせいぜい現状維持か，多くの場合低下するのである。この傾向は蛋白質の種類，機能の種類を問わず多くの場合であてはまることが経験的に知られている。実はこの傾向こそが定方向進化を実践すべき理由である。(ii)，(iii)のフラクションの中からいずれかの分子を選び，新たな変異を導入すれば機能の飛躍があるかもしれない。少なくともその可能性はゼロではない。しかし任意に選んだ中立・劣性変異体に次なる変異を重ねて優性変異体の出現を期待する大穴狙いは，少なくとも論理的ではない。ごく稀な優性変異を一つずつ着実に集積していく定方向進化こそが工学として成り立つ唯一の方法論である。

定方向進化ではいくつかの適応変異が一つの配列に集積された場合に相加的な効果を示すことを前提としている。つまり，変異同士は互いに影響を及ぼさないものとする。実際には適応変異

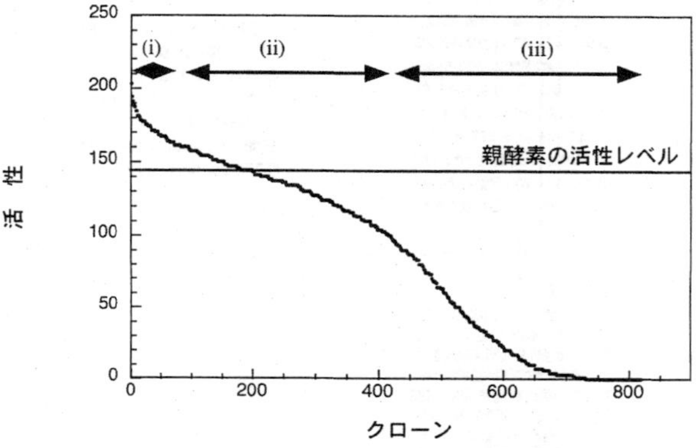

図3　フィットネスランドスケープ

ある遺伝子にランダムな変異を加えた場合に得られる変異ライブラリのスクリーニング結果。(i)元の機能よりも優れたもの，(ii)変わらないもの，(iii)劣るものがこのような割合で出現するのが一般的である。

アミノ酸が立体障害を起こしたりすることもあるが，このようなケースは稀で，通常は適応変異が加算的に機能向上をもたらすとして事をすすめる。

3　遺伝子バリエーションを生み出すさまざまな変異方法

先の例で見たように，大抵の蛋白質は幸いにも少なからず機能改善の余地を残してくれている。この余地が進化を保証する。蛋白質に「進化」を促すための〈はじめの一歩〉は遺伝子変異である。いかなる一歩が「余地」を埋めるのに相応しいかを念頭に，親遺伝子に対し変異を導入する。図4によく用いられる3つの変異法についてまとめた。これらの変異法を進化の局面に合わせてどのように使い分けるかについて解説する。

3.1　点突然変異（ランダム点変異）

はじめに遺伝子を手にしたとき，まずは遺伝子全体にランダムな点変異を導入する。「ここをこう変えれば機能が上がる」という情報がない以上，ある意味至極まっとうなアプローチである。変異導入にはPCRベースの方法（変異PCR）を用いる。本方法では，通常の*Taq*ポリメラーゼ

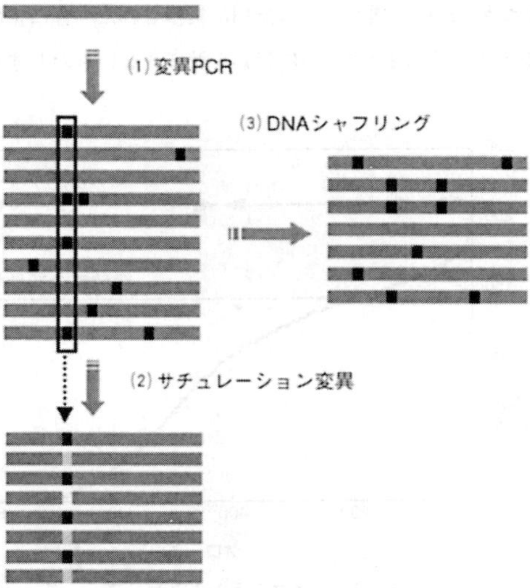

図4　進化工学でよく用いられる遺伝子変異法
変異PCRは遺伝子全体に広く薄くランダム変異を導入する。サチュレーション変異は特定領域に対し，全アミノ酸サーチを行う。DNAシャフリングは点変異の組合せライブラリを生み出す。

を用いて対象遺伝子をPCR増幅するが，あえて忠実度の落ちる条件を与えることで，遺伝子の不特定の位置にランダムに変異を入れる[3, 4]。ただし重要なことは，この「非最適条件」の再現性はよいということである。一度条件をセットアップすると，同様の変異率，変異バイアスで変異の導入を行うことができるのであり，非最適条件だからと言って，増幅のたびに変異率，バイアスが変わるわけではない。では，変異の最適条件はどのように見出すか？　先にも述べたが，点突然変異の多くは，その蛋白質，機能によらず概して中立・劣性である。そのため，一遺伝子内に1～2個程度の低い変異率で変異を誘発し，ごく稀な優性変異をスクリーニングにより一つずつ見つけ出すのが通例である。優性変異がわずかならば，変異率全体を高めて何とかたくさん得ようという考えるかもしれない。しかしこれは逆効果である。優性変異の発生率が高まったところで，中立・劣性変異の発生率も連れて高くなるのであり，優性変異を含む遺伝子にはきっと中立・劣性変異も共存することになるであろうから。すると，中立・劣性変異が足かせとなり，結果，優性効果が隠れてしまうというはめになろう。結局は，優先変異に中立・劣性変異が混在してこない条件，すなわち低変異率を与え，稀に発生する優先変異を一つずつ同定するしかない，ということになる。

されど「一遺伝子内に1～2個の変異」という変異率は，遺伝子の長さや配列にも依存するため，画一的な実験条件を与えることは困難である。また，遺伝子によっては変異に対する耐性が高いものもある。「一遺伝子に1～2個」をデフォルトとして，その前後の条件を幾通りか試すのがよい。最適変異率はフィットネスランドスケープから判断する。小規模(400クローン程度)なスクリーニングでも，陽性クローンの出現率の高い条件，あるいは機能レベルの高さに関してはフィットネスランドスケープからあらかた見当がつく。その上で最適条件のライブラリをハイスループットスクリーニングすればよい。実験上のテクニックは他書に譲る[6]。

3.2　サチュレーション変異（Saturation mutagenesis）

変異PCRは低い変異率で遺伝子全体にくまなく変異を導入する。そのため，一つのアミノ酸コドンに複数の塩基変異が入ることはない。例えばUUU(Phe)から一塩基置換で変わりうるコドンは，UUA(Leu)，UUG(Leu)，UCU(Ser)，UAU(Tyr)，UGU(Cys)，CUU(Leu)，AUU(Ile)，GUU(Val)であり，アミノ酸レベルでは6種類だけである。残り13個のアミノ酸へは到達し得ないのである。他のコドンについてもおしなべて同様で，あるコドンのうちの1つの塩基が別のものに置換された場合に，もとのアミノ酸からアクセス可能な別のアミノ酸の数を計算してみると平均して5.7残基にすぎない[7]。つまり，一見，網羅的なライブラリを作ることができるかのように思えるランダム点変異でも，実際に可能なアミノ酸置換全体のうちのわずかな配列しか探索できないのである。それでは，アクセスされない配列を探索するにはどのようにすればよいであろうか？　その方法がサチュレーション変異法である。変異の対象となるアミノ酸を－NNN－などの縮退コドンでコードし，定法に従い部位特異的アミノ酸置換を行うと，出現頻度に程度の差こそあれ，20種全てが網羅されたライブラリができあがる。完全に全てを網羅するにはオーバーサンプリングで対処する。一残基あたり20種類のアミノ酸置換を含むため，対象となる残基も限られるが（変異対象残基nカ所に対し，20^nの多様性が生まれる。実際には塩基レベルでの多様性が重要なため，NNNでコードした場合，$(4^3)^n=64^n$の多様性が発生する），限られた領域内での最適解を探るのには適した方法である。

サチュレーション変異は，変異の"ホットスポット"が見つかった場合に特に有効である。すなわち，変異PCRで得られた陽性クローンが遺伝子解析の結果，非常に隣接したアミノ酸に変異を有していた場合，あるいは同一アミノ酸に色々な変異が見られた場合などにおいて有効である。このようにホットスポットが見つかるのも，そこが蛋白質の弱点だからである。変異PCRで偶然に得た一つのアミノ酸変異だけでなく，こうした弱点部位に対しては計画的にコドンの至適化を図り，速い進化を勝ち得たい。サチュレーション変異が進化を加速する仕組みは以下のようである。サチュレーション変異では，コドン内に複数の塩基置換が起きるため，元のアミノ酸とは側鎖の性質が大きくかけ離れた性質のアミノ酸（非相同アミノ酸変異）への置換が可能となる（通常，コドン内の一塩基置換では相同アミノ酸への変異が多い）。元々のアミノ酸で不具合があるということは，とりもなおさず，そのアミノ酸（に類した残基）ではダメなのであり，大きく性質を変える必要があるということであろう。サチュレーション変異で非相同アミノ酸変異を導入することは，こうしたニーズに応えるのである。点突然変異ではマルチステップを踏まなければ到達し得ないアミノ酸に一回の実験操作で可能にすることが，サチュレーション変異を有効なツールとならしめている。実際の適用例については文献[7, 8]を参照して欲しい。

3.3 DNAシャフリング（ランダム遺伝子組換え）

以上，配列中に変異を一つずつ加算していくストラテジーについて述べてきた。はたして，思惑通りに分子内に優性変異のみが蓄積されていくのならばよいのであるが，実際には優性変異以外に中立・劣性変異が組み込まれてしまうアクシデントは避け難い。こうした劣性変異は適応度（機能レベル）向上の足かせであり，取り除きたい。では点突然変異を繰り返して劣性変異の除去を期待できるか？　答えはNoである。劣性変異をもたらした塩基置換と逆方向の変異（リバータント）を期待することは，変異PCRがtargeted mutagenesisでない以上，確率的に期待しにくい。そこで活躍するのが遺伝子組換えである。自然界でも「性」の存在により相同染色体がさまざまに組換えられ，爆発的な多様性を生み出す源となっている。蛋白質の分子進化に於いても組換えを利用することで，点変異のかき混ぜ，機能多様性の拡大が見込める。DNAシャフリングはこのような遺伝子組換えを人工的に実現する方法として1994年に誕生した[5]。定方向進化においてDNAシャフリングが有効なのは，優性変異の集積と劣性変異の排除を一度に行える点である。望ましくない変異がある場合，その前後領域ごと正常なものと入れ替えることで，そうした部位を排除できる（図 5）。先にも少し触れたが，独立な適応変異がひとつの配列に乗ることで劣性効果をあらわすこともある（立体障害や電荷の反発などの影響）。この場合にも，点変異のコンビナトリアルライブラリをスクリーニングすることことで，不利な組合せを排除できる。

DNAシャフリングのメリットは中立・劣性変異の排除にとどまらない。シャフリングを使わない点変異蓄積型の方法では，最も優れた遺伝子のみを次世代の親遺伝子として用いる。数千，数万とスクリーニングしてNo. 1 のみ採用というのはいかにも非効率だが，DNAシャフリングを用いることにより複数の優秀な子孫を次世代の親遺伝子として用いることができる。捨て去る運命にあったNo. 2 以下の遺伝子も有効利用できるようになるのである。さらに自然界では雌雄 2 種の遺伝子のかき混ぜであるが，*in vitro*の世界では親遺伝子の数に制約はない[注]。こうした遺伝子組換えによる蛋白質進化の加速効果は非常に大きい[5]。実験手法としては，ステマーの方法を皮切りにこれまでに 4 種類の手法が開発されている。各手法の詳細，それらの使い分けに関しては他書を参照されたい[6, 9, 10]。

注　実際には掛け合わせる親遺伝子の数が多いほど，掛け合わせの効果は薄れるというパラドクスがある[12]。各遺伝子に存在する点突然変異が一つの遺伝子に集積される効果は低くなる。合計 M 個の独立な変異をもつ N 個の親配列をランダムに組み合わせた場合に，子孫配列中に μ 個の変異が含まれる割合（P_μ）は次の式で与えられる。

$$P_\mu = {}_M C_\mu (1/N)^\mu [(N-1)/N]^{M-\mu}$$

M，N の数が大きくなるほど一つの配列に対する変異の集積効果は薄まり，すべての変異が組み入れられる確率（$\mu = M$）は $1/N^M$ となる。例えば 6 種類の配列をシャフルする場合（$M = N = 6$），すべての変異を含む子孫遺伝子（$\mu = 6$）が形成される確率は非常に低く（0.002%），6 つのうち 4 つが含まれる場合（$\mu = 4$）でさえ 0.8%程度に過ぎない。実際には，親配列と変わらないもの（$\mu = 1$）が最も多くなり，求める変異の数 μ が多くなるほど配列の存在率は劇的に低下してしまう。通常，われわれがDNAシャフリングを用いるのは，すでに同定されている優性変異を一つの配列に集積させることを狙いとしているので，掛け合わせたつもりが元のもくあみにならないように注意しなければならない。数多くの親遺伝子を一挙に掛け合わせるのは誤りで，スクリーニング可能な数に照らして組み合わせる親遺伝子の数を設定する。スクリーニングできる規模が $10^{3\sim4}$ クローン程度であれば，4 ～ 5 個の親遺伝子（各遺伝子に一つの変異とした場合）を掛け合わせるのが妥当であろう（$4^4 = 256$，$5^5 = 3125$）。

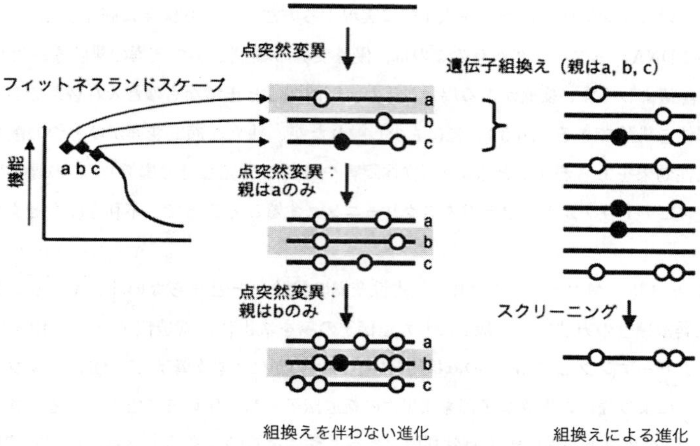

図5　組換えを伴う変異，伴わない変異
「組換えを伴わない進化」のグレーの背景の遺伝子が次世代に引き継がれる遺伝子。○は優性変異，●は劣性変異を示した。

4　選択圧の設定— What you get is what you screen for.

蛋白質分子の進む方向は選択圧によって決定されるため，あやふやな選択圧ではそれなりの機能しか得られない。スクリーニングの黄金律は "What you get is what you screen for" であり[2)]，実験者のガイドに従い蛋白質は進化する。好冷菌サチライシンの進化(目的は好冷菌サチライシンの安定性を強化し，広い温度で使える洗剤用酵素にすること)を例にとり正しくガイドされた例，不注意な選択圧の設定のため意に反した方向に進化が進んだ例を説明する。

4.1　正しいガイドに沿った例

好冷菌サチライシンの耐熱性は，カルシウムイオン濃度に依存する。結合定数は約30mMであり，高濃度のCa^{2+}存在下では60℃での酵素の熱失活の半減期は1時間程度と，好冷菌酵素としては非常に高い耐熱性を示す。ただし低濃度のCa^{2+}存在下では半減期は一気に短くなる。これらの情報に基き，蛋白質分子中にはCa^{2+}結合部位が存在し，その部位がCa^{2+}で完全に満たされれば分子全体の構造がしっかりし，満たされなければ分子構造の崩壊が起きると予想した。ならば，Ca^{2+}を飽和量添加して弱いアフィニティ部位を満たすかわりに，Ca^{2+}結合部位の構造を微調整してアフィニティを高めることで耐熱化できるのではないかと考えた。そこで耐熱性スクリーニングを10mMのCa^{2+}存在下で行った。天然酵素の結合定数よりやや低めの濃度であり，強固なCa^{2+}結合を示す変異体が得られやすい選択条件を与えたわけである。案の定，9つの耐熱変異酵素のうち5つが低Ca^{2+}濃度でも高い耐熱性を示す変異酵素であった[6, 11]。構造情報もないままランダムに与えた変異の中から，Ca^{2+}結合能の強化という表現型を与えるものを精度よくピックアップしたわけである。後年，本研究で用いたサチライシンと相同な常温菌由来サチライシンの立体構造が明らかとなったが，実際にこれらの変異部位がCa^{2+}結合ループの付け根部分に位置していることがわかった。直接のCa^{2+}リガンド残基はループ上に乗っているが，そのループの根元を固定することで，耐熱性の向上をもたらしたと解釈された[11]。その後，Ca^{2+}に対するアフィニティが十分に高くなったあとは思うように耐熱性の向上が見られなくなったが，初期のスクリーニング時にCa^{2+}濃度に頓着せずに（選択圧を意識せずに）スクリーニングをしたならば，同様に思うような耐熱性の向上は見られなかったのではないかと考えている。蛋白質分子に関する情報を利用することで進化を誘導し，見事にレスポンスした例である。

4.2　経路からそれてしまった例

好冷菌サチライシンの究極のゴールは洗剤用酵素としての利用であり，衣服に付着した蛋白質性の汚れを落とすことであった。実際の洗濯機，汚れた衣服を使ってのハイスループットスクリーニングは不可能なので，実験室でそれを再現すべく代替法を考えた。よく用いられるのはカゼイン等の高分子基質である。蛋白質性の汚れ＝ミルク成分と見立て，天然基質をミミックしたものとしてよく用いられる。しかし実際にはカゼインを用いたハイスループットスクリーニングは著しく煩雑なため，より簡便にスクリーニングすることのできる合成基質(suc-Ala-Ala-Phe-Phe-pNA)をもちいた。こうして活性スクリーニング(すくなくとも野生型の活性が失われないよう)と耐熱性のスクリーニング(高温処理後の残存活性と熱処理前との比をとり，高いものを選択)を行った。合成基質を用いることの懸念(基質特異性が合成基質に傾き，カゼインのような高分子基質に対する活性が低下すること)があったため，第一世代で得られた耐熱酵素の活性についてはすべて合成基質とカゼインとで再チェックし，9つの変異酵素はいずれも基質特異性の偏りは見られなかった。そのため，以後の世代はこの事後チェックを省き，合成基質オンリーで活性を評価し続けた。首尾よく3世代後には非常に耐熱性の高い変異酵素が得られたのだが，得られた酵素は合成基質に対する活性は元の3～4倍，カゼイン活性においては半減し，基質特異性の偏りが甚だしい結果となっていた。第2世代以降，正しいガイドを怠ったばかりにゴールからそれ，洗剤用酵素としては使い途のない酵素となってしまった。

5　おわりに

以上，好冷菌サチライシンを例にとり，進化工学による蛋白質の機能改変について概説した。進化とは「時間軸を伴った形質の変化」であり，時間軸を長くとれば，いずれ進化する。しかし，限られた時間の中での機能改変，改良は進化実験系を「設計する」という視点から取り組まなければならない。具体的な実験系については蛋白質の種類や機能により個別に異なるが，進化工学に共通した取り組み方という観点から本稿が少しでも役に立てば幸いである。

文　　献

1) K. M. Ulmer, *Science*, **219**, 666 (1983)
2) F. H. Arnold, *Acc. Chem. Res.*, **31**, 125 (1998)
3) D. W. Leung *et al.*, *Technique*, **1**, 11 (1989)
4) R. C. Cadwell, G.F. Joyce, *PCR Methods Appl.*, **2**, 28 (1992)
5) W. P. Stemmer, *Nature*, **370**, 389 (1994)
6) Directed evolution library creation. eds. F. H. Arnold, G. Georgiou, Humana Press, NJ, USA
7) K. Miyazaki, F. H. Arnold, *J. Mol. Evol.*, **49**, 716 (1999)
8) May *et al.*, *Nature Biotechnol.* **18**, 317 (2000)
9) K. Miyazaki, F. H. Arnold, *In vitro* DNA recombination. Phage Display：A Practical Approach (eds T. Clackson, H. B. Lowman, pp. 43-60, Oxford University Press, NY, USA) (2004)
10) A. A. Volkov, F. H. Arnold, *Methods Enzymol.*, **328**, 447 (2000)
11) K. Miyazaki *et al.*, *J. Mol. Biol.*, **297**, 1015 (2000)
12) J. C. Moore *et al.*, *J. Mol. Biol.*, **272**, 336 (1997)

第2章　極限酵素の分子解剖・分子手術 ―アルカリキシラナーゼを例にとり―

中村　聡*

1　はじめに

高温・低温環境，高pH・低pH環境，高塩濃度環境など，通常の生物が生育できそうにない極限環境に生息する微生物（極限環境微生物）の存在が知られている[1]。これらの極限環境微生物が生産する酵素（極限酵素）は極限条件においても機能するものが多く，既に実用化されているものも少なくない[2, 3]。しかしながら，極限酵素の極限条件における活性発現機構については不明な点が多い。これまでに，タンパク質の構造と機能の相関を明らかにしようとする試み，いわゆる「分子解剖」研究が精力的に行われてきた。さらに最近では，構造―機能相関に基づき，タンパク質の機能をさらに向上させようとする研究の成果も実を結ぼうとしている。分子解剖からさらに一歩進んだこのような研究は「分子手術」と位置づけられる[4]。

β-1,4-キシラン（キシラン）は陸上植物の細胞壁中に多く含まれる多糖であり，D-キシロースがβ-1,4結合を介して連なった主構造をとる（図1）。キシランのβ-1,4結合を加水分解する酵素がβ-1,4-キシラナーゼ（キシラナーゼ）である。近年，キシラナーゼの各種産業への応用が注目を集めている[3, 5]。キシロオリゴ糖・キシリトール製造などの医薬品・食品工業から，パルプ漂白補助剤としての利用といった製紙工業に至るまで，キシラナーゼの応用分野は拡大の一途をたどりつつある。一般にキシランなどの多糖類はアルカリ性で水に溶けやすくなることから，産

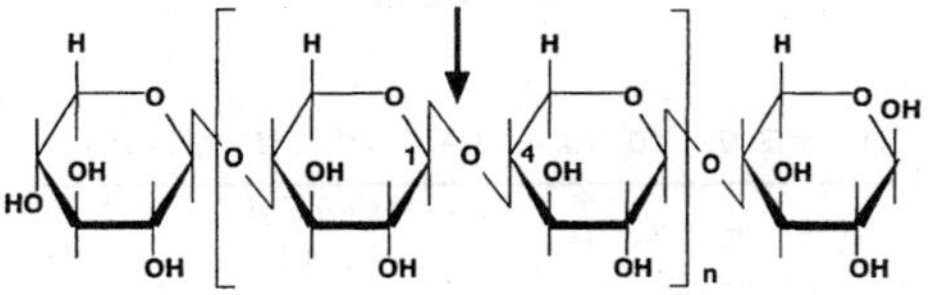

図1　β-1,4-キシランの化学構造

* Satoshi Nakamura　東京工業大学　大学院生命理工学研究科　生物プロセス専攻　教授；バイオ研究基盤支援総合センター長（兼務）

業応用を考えた場合，アルカリ性条件下で高活性を示すキシラナーゼが有利であることは論を待たない。

キシラナーゼは，多くの細菌や糸状菌などによって生産される[5)]。現在までに報告されている微生物由来のキシラナーゼのほとんどは，反応の至適pHを酸性から中性領域に有するものであった。一方，好アルカリ性微生物や耐アルカリ性微生物の生産するキシラナーゼも報告されている[6)]。これらのキシラナーゼの中には広い作用pH範囲をもつものもあるが，アルカリ性側に反応の至適を有する酵素はこれまで知られていなかった。

筆者らが分離した好アルカリ性*Bacillus* sp. 41M-1株は，アルカリ性領域に反応の至適を有する新規なアルカリキシラナーゼ（キシラナーゼJと命名）を生産する[7, 8)]。筆者らの研究室ではこれまで，アルカリ性条件下で高活性を示すキシラナーゼJに注目し，そのアルカリ性条件における機能発現機構の分子レベルでの解明とさらなる機能向上を目指した研究を行ってきた。本章では，タンパク質工学・進化分子工学の手法を用いたキシラナーゼJの分子解剖・分子手術研究のこれまでの経緯を紹介し，今後の応用展開について述べる。

2　アルカリ性条件下で高活性を示す新規アルカリキシラナーゼ

2.1　キシラナーゼの分類

キシラナーゼを含む糖質関連加水分解酵素は，触媒ドメインのアミノ酸配列の相同性に基づき107のファミリー（GHファミリー）に分類されている[9)]。キシラナーゼは7つのファミリーに分布しているが，ファミリー10およびファミリー11に属するものが大部分である。これら2つのファミリーに属するキシラナーゼの間にはアミノ酸配列上の相同性はなく，分子量や等電点なども異なっている（表1）[8)]。ファミリー10キシラナーゼの触媒ドメインの分子量はファミリー11より大きく，一部の例外はあるものの，その等電点は酸性側に寄っている。一方，ファミリー11キシラナーゼは，等電点により酸性・塩基性の2つのサブファミリーに細分される。現在までに

表1　GHファミリー10および11キシラナーゼの触媒ドメインの性質

GHファミリー	サブファミリー	平均分子量 ［分布］	平均等電点（p*I*） ［分布］
10	—	37,000 ［32,000～40,000］	pH 5.7 ［pH 4.7～6.8］
11	酸性p*I*	21,000 ［17,000～24,000］	pH 5.0 ［pH 3.8～6.0］
	塩基性p*I*	21,000 ［20,000～24,000］	pH 9.5 ［pH 8.8～10.0］

600を超えるキシラナーゼのアミノ酸配列がデータベースに登録されているが，これらは2つのファミリーにほぼ均等（より厳密には，ファミリー10：ファミリー11＝5：4）に分布している[9]。触媒ドメインのみからなるシングルドメイン酵素の性質比較において，一般にファミリー11よりもファミリー10キシラナーゼの方が高い耐熱性を有する。

2.2 アルカリキシラナーゼ生産菌の検索とキシラナーゼ遺伝子の解析

千葉県の森林土壌より，キシラナーゼ生産菌である好アルカリ性*Bacillus* sp. 41M-1株を分離した。本菌は培養上清中に複数のキシラナーゼを分泌生産する。そのうちの1つ，キシラナーゼJの精製を行い，その性質を調べた[7,8]。その結果，本酵素はアルカリ性領域（pH 9.0）に反応の至適を有していることがわかった。微生物に由来するキシラナーゼの反応至適pHは酸性から中性付近にあるのが通例であり，アルカリ性領域に至適を有する好アルカリ性キシラナーゼの報告は本酵素が初めてであった。また，41M-1株キシラナーゼJの活性は，他の多くのキシラナーゼと同様，*N*-ブロモコハク酸イミド（NBS）によって阻害された。NBSは芳香族側鎖を有するアミノ酸と相互作用することから，TrpやTyrといった芳香族アミノ酸の触媒活性への関与が示唆された。

41M-1株の染色体DNAよりクローニングしたキシラナーゼJ遺伝子には，1,062塩基からなる354アミノ酸をコードするオープンリーディングフレームが見出された[7]。遺伝子配列より類推されるキシラナーゼJのアミノ酸配列を，他のキシラナーゼのものと比較した。その結果，キシラナーゼJのアミノ末端（*N*末端）側2/3の領域は，中性細菌である*Bacillus pumilus*や*Bacillus circulans*などに由来するファミリー11キシラナーゼと高い相同性を有していることがわかった（図2）[7]。これより，キシラナーゼJの*N*末端2/3の領域は触媒活性を司る触媒ドメインであり，本酵素の触媒ドメインもファミリー11に属するものと考えられた。一方，糸状菌*Aspergillus kawachii*のキシラナーゼもファミリー11に属する[10]。この酵素の反応の至適はpH 2.0であり，同じファミリー11に属しながらアルカリ性領域に至適を有するキシラナーゼJと好対照である。

一方，キシラナーゼJの*N*末端側に存在するファミリー11触媒ドメインのさらにカルボキシル末端（*C*末端）側には，約100残基からなるポリペプチド領域が結合していた[7]。この*C*末端側1/3に相当する領域についてタンパク質データベースを用いた相同性検索を行ったところ，既知タンパク質との間にアミノ酸配列の相同性は認められず（1993年当時），その機能は不明であった。以上の解析結果に基づくキシラナーゼJのドメイン構成を図3に模式的に示す。

```
                                      *                *                    *                  *
41M-1 XynJ             1    AITSNEIGTHDGYDYEFWKDSGGSGSMTLNSGGTFSAQWSN--VNNILFRKGKKFDET-QTHQQIGNMSINYG   70
B. pumilus XynA            RTITNNEMGNHSGYDYELWKDYGNT-SMTLNNGGAFSAGWNN--IGNALFRKGKKFDST-RTHHQLGNISINYN
B. circulans XlnA                    ASTDYWQNWTDGGGIVNAVNGSGGNYSVNWSN--TGNFVVGKGWTTGSPFRT--------INYN
T. reesei XynII           QTIQPGTGYNNGYF-YSYWNDGHGG---VTYTNGPGGQFSVN--WSNSGNFVGGK-GWQPGT----KNKVINF-
A. kawachii XynC                   SAGINYVQNYNGNLADFTYDE--SAGTFSMYWEDGVSSDFVVGLGWTTGS--------SN-AISYS

                                *   **  ***  *  * * *   *  *       *   **  *      * * *** *  **
41M-1 XynJ            71   AT-YNPNG-NSYLTVYGWTVDPLVEFYIV-DSWGTWRPPGGTPK-GTINVDGGTYQIYETTRYNQPSIKGT-ATF  140
B. pumilus XynA            AS-FNPSG-NSYLCVYGWTQSPLAEYYIV-DSWGTYRPTGAY-K-GSFYADGGTYDIYETTRVNQPSIIGI-ATF
B. circulans XlnA          AGVWAPNG-NGYLTLYGWTRSPLIEYYVV-DSWGTYRP-TGTYK-GTVKSDGGTYDIYTTTRYNAPSIDGDRTTF
T. reesei XynII            SGSYNPNG-NSYLSVYGWSRNPLIEYYIV-ENFGTYNPSTGATKLGEVTSDGSVYDIYRTQRVNQPSIIGT-ATF
A. kawachii XynC           AEYS-ASGSSSYLAVYGWVNYPQAEYYIVED-YGDYNPCSSATSLGTVKSDGSTYQVCTDTRTNEPSITGT-STF

                            ** ***     *   *     *   *   *            *   * *
41M-1 XynJ           141   QQYWSVRTSKRTSG---TISVSEHFRAWESLGMNMGNMYE-VALTVEGYQSSGSANVYSNTLTIGG  202...
B. pumilus XynA            KQYWSVRQTKRTSG---TVSVSAHFRKWESLGMPMGKMYE-TAFTVEGYQSSGSANVMTNQLFIGN
B. circulans XlnA          TQYWSVRQSKRPTGSNATITFTNHVNAWKSHGMNLGSNWAYQVMATEGYQSSGSSNVTVW
T. reesei XynII            YQYWSVRRNHRSSGSVNTAN---HFNAWAQQGLTLGTM-DYQIVAVEGYFSSGSASITVS
A. kawachii XynC           TQYFSVRESTRTSG---TVTVANHFNFWAQHGFGNSDF-NYQVMAVEAW-S-GAGSASVTISS
```

図2　GHファミリー11キシラナーゼのアミノ酸配列比較

キシラナーゼJ（41M-1 XynJ）触媒ドメイン領域のアミノ酸配列を各種ファミリー11キシラナーゼのものと比較した。すべての酵素において保存されているアミノ酸残基はアスタリスクで示した。

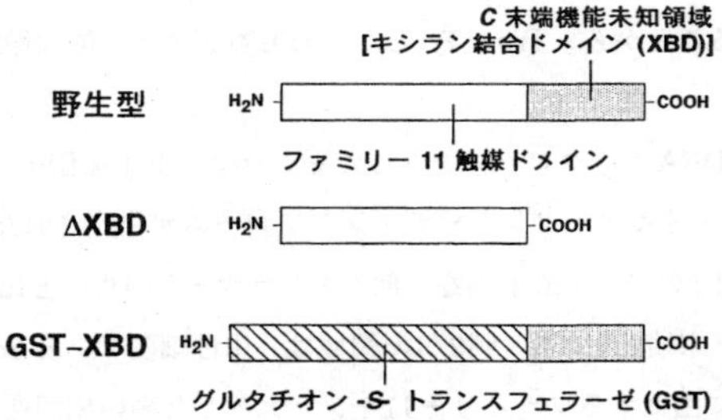

図3　野生型キシラナーゼJ，ΔXBD およびGST–XBDのドメイン構成

3　触媒ドメインの解析

3.1　キシラナーゼの反応機構と立体構造

細菌細胞壁分解酵素リゾチームに関しては，既に詳細な研究がなされており，2つのカルボキシル基が関与する触媒機構が提唱されている[11)]。そして，キシラナーゼの場合も，ファミリー10および11を問わず，リゾチームと同様な機構で反応が進行するものと考えられている。すなわち，2つのカルボキシル基は互いに向かい合って存在し，そのうちの片方が一般酸／塩基触媒として働き，もう一方が求核剤ならびに反応中間体のオキソカルボニウムイオンの安定化に機能するというものである(図4)。反応の前後において基質である糖の還元末端のアノマー型が変わらないことから，この反応機構はリテイニング機構とよばれる。リテイニング機構においては，

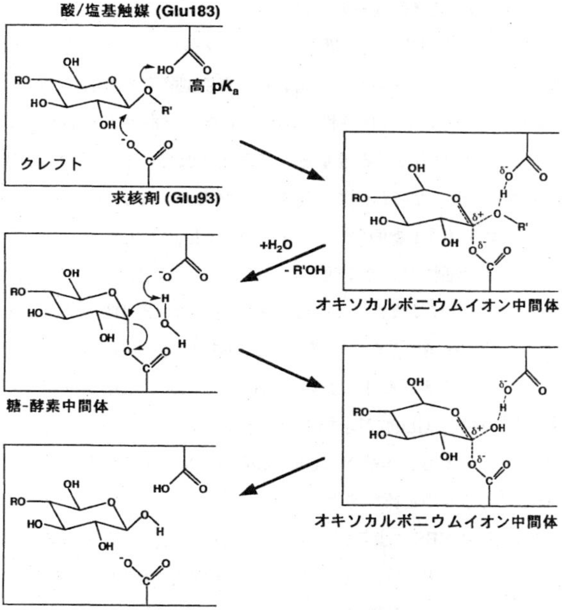

図4　キシラナーゼの反応機構（リテイニング機構）

酸／塩基触媒として働くカルボキシル基は少なくとも反応直前までプロトンを保持し続けることが必要となる。たとえば遊離型Gluの側鎖カルボキシル基のpK_aはpH 4程度であるから，反応の至適を中性付近に有するキシラナーゼにおいても，酸／塩基触媒残基の側鎖カルボキシル基のpK_aはかなり高まっていることになる。*B. pumilus*に由来するファミリー11キシラナーゼにおいては，タンパク質工学検討により触媒残基の2つのGluが同定されている[12]。

B. pumilus ファミリー11キシラナーゼのX線結晶構造解析[13]を皮切りに，キシラナーゼの結晶構造が相次いで解かれており，現時点でファミリー10および11合わせて120種類余りの立体構造が報告されるに至っている[14]。両ファミリーに属する酵素の基本骨格は互いに異なっており，ファミリー10キシラナーゼは（α/β)$_8$バレル構造をとるのに対し，ファミリー11キシラナーゼはβ-ジェリーロール構造をとる。加水分解反応が進行する活性部位はクレフトとよばれるが，ファミリー10キシラナーゼに比べ，ファミリー11キシラナーゼは深いクレフトを有する（後述，図5参照）。

3. 2　触媒活性に関与するアミノ酸残基の特定

41M-1株キシラナーゼJの触媒活性に関与するアミノ酸残基を特定する目的で，その触媒ドメインにアミノ酸置換を施した変異型酵素を調製し，野生型酵素との活性比較を行った。その際，ファミリー11キシラナーゼにおいて保存性の高い酸性アミノ酸残基を置換の対象とした。既に *B. pumilus* キシラナーゼにおいて触媒残基として同定されている2つのGlu残基は，他のすべてのファミリー11キシラナーゼにおいても保存されており，キシラナーゼJにおいてはGlu93およびGlu183が対応する（図1参照）。これら2つのGluのGlnへの置換（それぞれ，変異体E93QおよびE183Q）により活性が大きく低下したことから（表2）[7, 8]，本酵素においてもGlu93およびGlu183が触媒残基として機能していると考えられた。その後，*B. circulans* キシラナーゼの酸／塩基触媒および求核剤残基が，変異型酵素―基質複合体のX線結晶構造解析により，それぞれ同定された[15]。キシラナーゼJにおいても同様な機構で反応が進行するものと仮定すると，Glu183が酸／塩基触媒，Glu93が求核剤ということになる。キシラナーゼJはアルカリ性条件下で高活性を示すことから，本酵素のGlu183側鎖カルボキシル基は中性酵素に比べてさらに高い pK_a 値を有しているものと推察された。

キシラナーゼJの活性はNBSによる阻害を受け，TrpやTyrなどの芳香族アミノ酸残基の活性への関与が示唆されていた（2. 2節参照）。そこで，本酵素の触媒ドメイン中に存在するTrpおよびTyrのうち，11カ所にアミノ酸置換（いずれもPheへの置換）を施した。その結果，Trp18，Trp86，Tyr84およびTyr95の触媒活性への関与が示唆された（表2参照）[7, 8]。*B. circulans* キシ

表2　各種変異型キシラナーゼJの比活性

酵素	比活性（U/mg）		
	pH 5.0	pH 7.0	pH 9.0
野生型	106	115	140
D20N	59	60	19
E93Q	0.1	0.1	0.2
E183Q	＜0.008	＜0.008	＜0.008
W18F	27	31	19
W86F	15	15	14
W100F	104	104	120
W103F	93	100	140
W144F	81	104	62
W165F	54	52	85
Y80F	65	73	90
Y84F	0.03	0.04	0.02
Y95F	0.02	0.03	0.02
Y121F	72	78	94
Y143F	63	68	96
Y185F	85	92	110

ラナーゼにおいても，対応するTyr残基の触媒活性への関与が報告されている[15]。

X線結晶構造解析がなされている各種ファミリー11キシラナーゼの立体構造に基づき，キシラナーゼJ触媒ドメイン領域の立体構造モデルを構築した(図5)[4]。触媒残基と同定されたGlu93およびGlu183は，2枚のβシートに挟まれたクレフト内部に互いに向かい合って存在している。また，触媒活性への関与が示唆されたTrpおよびTyrは，いずれもクレフト内部の触媒残基近傍に位置していることがわかる。糖質関連加水分解酵素における基質の認識・結合には芳香族アミノ酸が重要な役割を果たすことが知られており[7, 8]，これらのTrpやTyrも基質キシランの認識・結合に関与していることが示唆された。最近になって，*B. circulans*や糸状菌*Trichoderma reesei*に由来するキシラナーゼの酵素ー基質複合体のX線結晶構造解析が行われ，基質結合に関与する5つのサブサイト（-2～+3）が同定されるに至っている[16, 17]。キシラナーゼJにおいても，対応するTrp18（-2），Tyr84（-1），Tyr95（+1），Trp144（+2）およびTyr124（+3）がサブサイトを形成している可能性が考えられた（図5参照）。結局のところ，キシラナーゼJにおいて触媒活性への関与が明らかにされた4つの芳香族アミノ酸のうち，3つはサブサイトの構成残基であったことになる。中でもアミノ酸置換により活性が大幅に低下したTyr84およびTyr95は，触媒活性発現にとりわけ重要な働きを担うと思われるサブサイト-1および+1に位置していた。

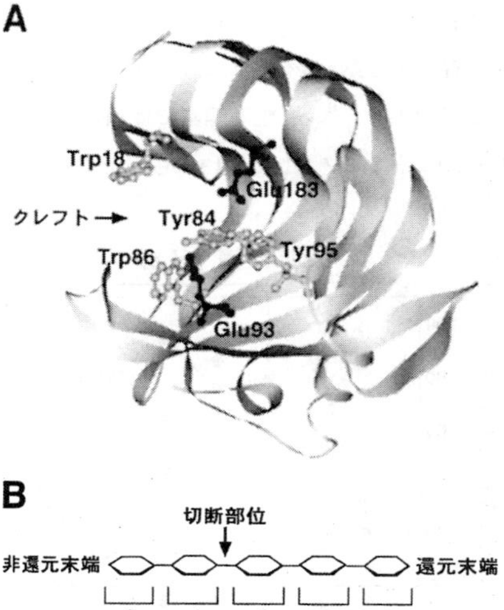

図5　キシラナーゼJの立体構造モデル：A，および類推されるサブサイト：B

3.3 アミノ酸置換による反応至適pHの変換

これまでは，酸性アミノ酸および芳香族アミノ酸にアミノ酸置換を導入した変異型酵素のpH 9.0における活性の大小から，キシラナーゼJの触媒機構を論じてきた。次に，各種変異型酵素のpH 5.0およびpH 7.0における活性測定を行い，pH 9.0での活性との比較を行った。その結果，Asp20のAsnへの置換あるいはTrp144のPheへの置換により（それぞれ，変異型酵素D20NおよびW144F），反応の至適が酸性側へとシフトすることがわかった(表2参照)[7, 8]。これより，キシラナーゼJの好アルカリ性という性質にAsp20およびTrp144が密接に関与していることが明らかとなった。しかしながら，これら2つのアミノ酸は他の中性キシラナーゼにおいても比較的保存されており(図2参照)，キシラナーゼJに特徴的な配列というわけではない。ただし，キシラナーゼJと対照的に，酸性領域に反応の至適を有する*A. kawachii*キシラナーゼ[10]においてはAsp20の位置にAsnが，Trp144の位置にはPheが存在している点は興味深い。また，キシラナーゼJの立体構造モデル（図5参照）において，Trp144はサブサイト+2に対応しており，基質認識に関与するサブサイトの化学的環境の変化が反応至適pHのシフトを引き起こした理由は不明である。

*A. kawachii*や*T. reesei*に由来するキシラナーゼは反応の至適を強酸性領域に有し，中性キシラナーゼとは触媒残基極近傍の化学的環境が異なっていることが指摘されていた[10, 17]。すなわち，強酸性キシラナーゼの酸／塩基触媒残基の極近傍にはAspが存在するのに対し，中性キシラナーゼではそれがAsnに置き換わっている（図2参照)。筆者らは，キシラナーゼJの酸／塩基触媒残基Glu183の極近傍に存在するAsn44をAspに置換することにより（変異型酵素N 44 D)，反応至適pHの大幅な変換に成功した[2, 4]。野生型酵素ではpH 9.0にあった反応の至適が，変異型酵素N44DにおいてはpH 6.0にまでシフトしたというものである(図6)。これより，本酵素の

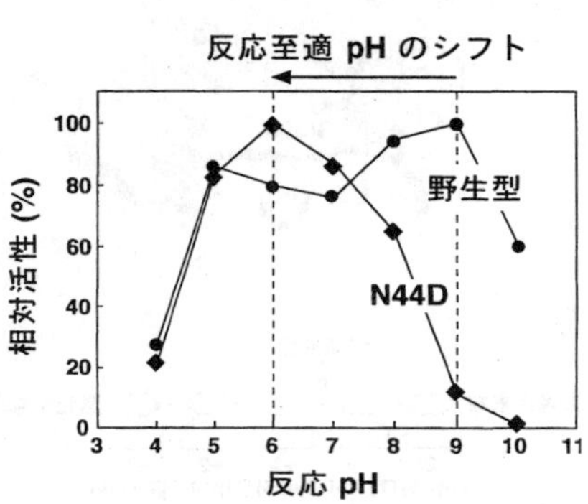

図6　野生型キシラナーゼJおよび変異型酵素N44Dの反応pH依存性

好アルカリ性という性質にAsn44が密接に関与していることが明らかとなった。おそらくは，Asn44のAspへの置換により，低いpH条件におけるGlu183からのプロトンの遊離が促進され(換言すれば，Glu183側鎖カルボキシル基のpK_aが下がり)，その結果として反応至適pHが酸性側へとシフトしたと考えられよう。

現段階では，キシラナーゼ J の好アルカリ性機構の全貌が解明されたわけではない。しかしながら，わずか 1 アミノ酸の置換により至適pHの変換を惹起できることを示すことができ，反応至適 pH の人工制御へ向けて大きな一歩を踏み出したといえよう。

4　キシラン結合ドメインの解析

4.1　キシラナーゼに見られる付加ドメイン

キシラナーゼの中には，触媒ドメインのみから構成されるシングルドメイン酵素以外に，他の機能ドメインを併せもつマルチドメイン酵素も多く存在する[8]。一般に，ファミリー10に属するキシラナーゼのドメイン構成は複雑なものが多い。マルチドメインキシラナーゼに含まれる触媒ドメイン以外の付加ドメインの中で，最初に同定されたのがセルロース結合ドメインである。セルロース結合ドメインはもともと多糖セルロースの加水分解酵素セルラーゼにおいて見いだされたものであり，基質であるセルロースに結合することにより，触媒ドメインによる加水分解反応を促進する。なぜキシラナーゼにセルロース結合ドメインが存在するかについては疑問が残るが，自然界においてキシランはセルロースに結合した形で存在しており，そのようなキシランの加水分解を効率的に行うために機能すると考えられよう。最近になって，キシランに結合するキシラン結合ドメイン (XBD) を含むキシラナーゼの報告がなされるようになった[8]。セルロース結合ドメインやXBD等の多糖結合ドメインに関しても，触媒ドメインと同様，そのアミノ酸配列に基づき 47 のファミリー (CBMファミリー) に分類されている[9]。その他の付加ドメインとしては，熱安定化ドメインなどが知られている。ある種の好熱性細菌キシラナーゼで見いだされた熱安定化ドメインは，酵素の耐熱性向上に寄与しているといわれている[8]。触媒ドメインのみからなるシングルドメイン酵素において，ファミリー11よりもファミリー10キシラナーゼの方が高い耐熱性を有することは先にも述べた (2.1節参照)。熱安定化ドメインはファミリー10キシラナーゼにおいてのみ見いだされており，もともと高い耐熱性を有するファミリー10キシラナーゼの耐熱性をさらに向上させている点は興味深い。その後の研究により，この熱安定化ドメインは XBD としても機能することが明らかにされている[18]。

4. 2　C末端機能未知領域の機能解明

41M-1株キシラナーゼJのファミリー11触媒ドメインのC末端側には，約100アミノ酸からなるポリペプチド領域が連結していた。このC末端側1/3の領域と既知タンパク質との間に顕著なアミノ酸配列の相同性は認められず，その機能は不明であった（2. 2節参照）[7]。また，キシラナーゼJはセルロースへの結合能を示さず，本酵素のC末端機能未知領域はセルロース結合ドメインではないことが推察された。このC末端領域の機能を調べる目的で，C末端欠失変異型酵素（ΔXBD：キシラナーゼJのAla1～Pro222領域に相当；図3参照）を調製した。野生型キシラナーゼJは不溶性キシランへの結合能を有していたが，C末端領域の欠失により，その性質は消失した(図7)[7, 8, 19]。従って，キシラナーゼJのC末端領域は，不溶性キシランへの結合に関与している可能性が考えられた。そこで，キシラナーゼJのC末端領域に対応するポリペプチドとグルタチオンS-トランスフェラーゼ（GST）との融合タンパク質GST-XBDを調製し（図3参照），キシラン結合能を調べた。その結果，GST-XBDも不溶性キシランへの結合活性を示したことから（図8），本酵素のC末端機能未知領域はXBDであると結論した[7, 8, 19]。キシラナーゼJのXBDはセルロースには結合せず，キシランに対して高い特異性を有していた。現時点では，本XBDはCBMファミリー36に分類されるに至っている。

キシラナーゼJに含まれる新規XBDの生理的役割を調べる目的で，野生型キシラナーゼJおよびΔXBDについて，可溶性ならびに不溶性キシランを基質に用いて活性比較を行った。可溶性キシランの加水分解活性については，野生型酵素とΔXBDとの間に顕著な差は認められなかった。しかしながら，不溶性キシランに対しては，野生型酵素が著しく高い活性を示した

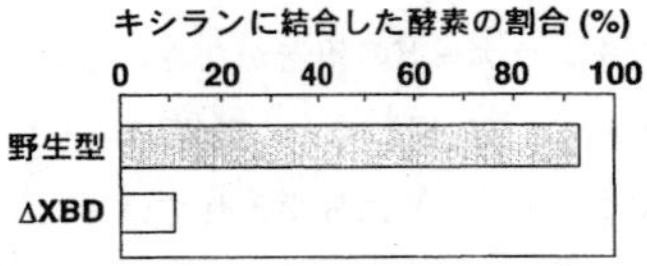

図7　野生型キシラナーゼJおよびΔXBDの不溶性キシラン結合能

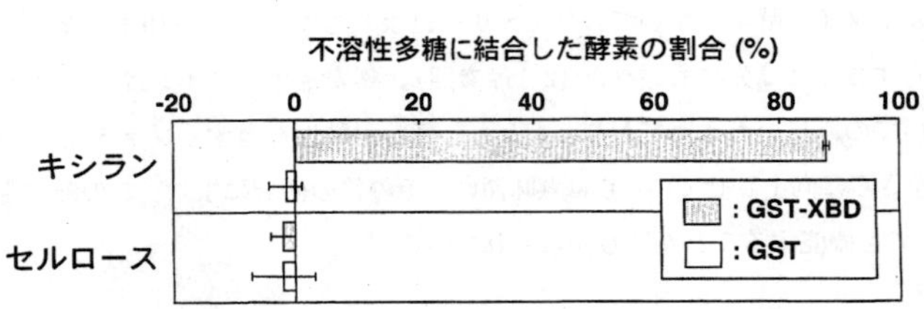

図8　GST-XBDおよびGSTの不溶性多糖結合能

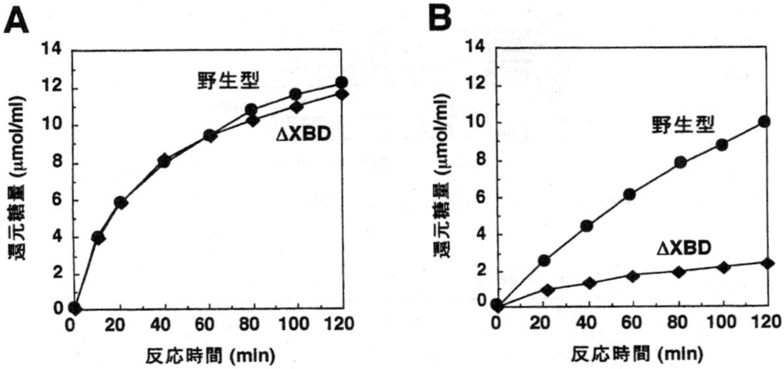

図９　野生型キシラナーゼＪおよびΔXBDによる可溶性：A，および不溶性キシラン：B加水分解の経時変化

(図９)[7, 8, 19]。以上より，キシラナーゼＪのXBDは，不溶性キシランに特異的に結合し，それに連結した触媒ドメインによる不溶性キシランの加水分解を促進する機能を有していることが明らかとなった。これまでに報告されたXBDに関しては，同様な不溶性キシランの加水分解反応促進効果が認められたものと認められないものがあり，XBDの生理的役割は一様ではないと考えられる[8, 19]。また，ΔXBDの反応至適pHは野生型酵素に比べてやや酸性側にシフトしていたものの，両酵素のpHプロファイルには顕著な差はなく，XBDの好アルカリ性への寄与はあまり大きくないことが示唆された[19]。

4.3　キシラン結合に関与するアミノ酸残基の特定

キシラナーゼＪの*C*末端機能未知領域はキシラン特異的結合ドメインであることが明らかとなったが，キシランの認識・結合機構は不明である。そこで，ファージディスプレイとランダム突然変異を組み合わせた進化分子工学の手法により，XBDのキシラン結合に関与するアミノ酸残基の特定を試みた[19]。fdファージベクターfNEL (fUSE[20] の誘導体) にXBD遺伝子を連結し，組換えファージベクター (fNEX2) を構築した。このfNEX2には，fdファージの外殻タンパク質gⅢpの*N*末端側に，リンカー配列(GlyGlyGlyGlyPro)を介して，XBD(キシラナーゼＪのSer195〜Ala342領域に相当) が連結した形の融合タンパク質がコードされている(図10)。fNEX2を導入した大腸菌より得られた組換えファージはキシランへの結合能を有しており，XBDがファージ表面に正しく提示されていることが示された(表３)。

エラープローンPCRを用いてランダム変異を導入したXBD遺伝子をfNELに連結した後，大

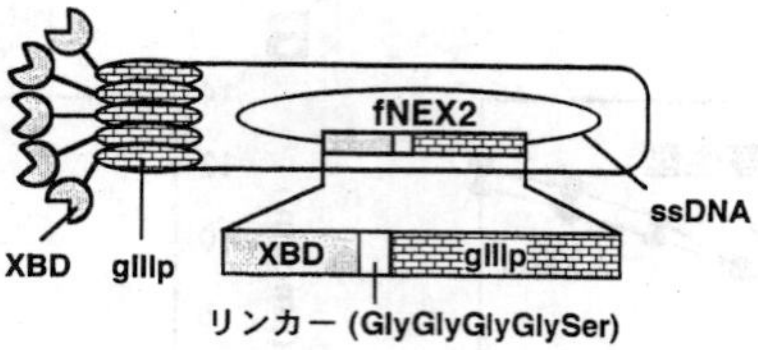

図10　キシラナーゼJのXBDを提示する組換えファージ

表 3　各種変異体ファージの不溶性キシラン結合能

変異体	変異	結合率（%）
(fNEL)	—	0.21
(fNEX2)	野生型	44
M17，22 & 46	F284S	0.91
M31 & 41	D313G	1.3
M35	N242D	9.7
M3	S255G/D313V	0.81
M4	P289L/W317C	3.9
M9	G285R/A290V	2.4
M11	F256Y/G302E	2.7
M12	G260R/N263I	0.95
M15 & 56	S244N/D286E	2.6
M21 & 43	N296S/W317R	2.6
M24	W317R/D318G	2.1
M60	E213D/D271V	0.51
M32	G201R/A238S/T316I	1.0
M36	Q203R/T250A/R269G	5.4
M40 & 47	N196I/A231V/D318E	2.0
M52	S60G/I103T/N104S	0.71

腸菌に導入し，各種XBD変異体を提示するファージライブラリーを構築した。このファージライブラリー溶液を不溶性キシラン充填カラムに通し，溶出した画分を回収することにより，キシランへの結合能を失った変異体を取得した。得られた変異体について不溶性キシランへの結合能を調べたところ，いずれの変異体もキシラン結合能が大きく低下していた(表3参照)[19]。また，多くの変異体では，2つないし3つのアミノ酸置換が生じていた。そこで，一部の多重変異体について変異箇所の一部を修復した変異体を調製し，不溶性キシラン結合能を調べた。その結果，少なくともPhe284，Asp286，Asp313，Trp317およびAsp318がキシラン結合に関与していることが明らかとなった。

4.4　変異型XBDを利用したキシラナーゼの機能向上

キシラン結合能が低下した変異体ファージを取得する過程で，3つのアミノ酸置換F249Y，N278KおよびT316Iを含む変異体A1が得られた[19)]。これら3つのアミノ酸置換は表3に示した変異とは全く異なることから，変異箇所の分離に基づく詳細な解析を行った。その結果，シングル変異体ファージA1-3(T316I) およびダブル変異体ファージA1-C(N278K/T316I) は，野生型XBD提示ファージに比して，キシラン結合能が向上していることがわかった(図11)[19)]。これより，キシラン結合能が向上した変異体ファージA1-3およびA1-Cに共通して含まれるアミノ酸置換T316Iが，ファージのキシラン結合能向上に重要な役割を果たしていることが推察された。そこで，アミノ酸置換T316Iが，可溶性タンパク質としてのXBDにおいてもキシラン結合能を向上させるか否かを確認することとした。すなわち，GSTの下流にアミノ酸置換T316Iを含む変異型XBDを連結した融合タンパク質 ($GST\text{-}XBD_{A1\text{-}3}$) を調製し，前述の野生型GST-XBDとの不溶性キシラン結合能比較を行った。その結果，変異型$GST\text{-}XBD_{A1\text{-}3}$は野生型GST-XBDの1/3程度の$K_d$値（それぞれ，0.251 mMおよび0.892 mM）を示し，導入した変異によりキシラン結合能が向上していることが示唆された[19)]。

次に，K_d値が向上したXBDを含む変異型キシラナーゼJ (T316I)を調製し，不溶性キシランの加水分解活性を野生型キシラナーゼJと比較した[19)]。T316Iは野生型キシラナーゼJの約1.3倍の，そしてXBDを欠失した変異型酵素ΔXBDの約2.9倍の加水分解能を示した(図12)[19)]。これより，キシラン結合能を向上させるアミノ酸置換により，キシラナーゼJの不溶性キシラン加水分解活性がさらに強化されることが明らかとなった。

キシラナーゼ J のXBDはCBMファミリー36に属すことは先に述べた。最近になって，

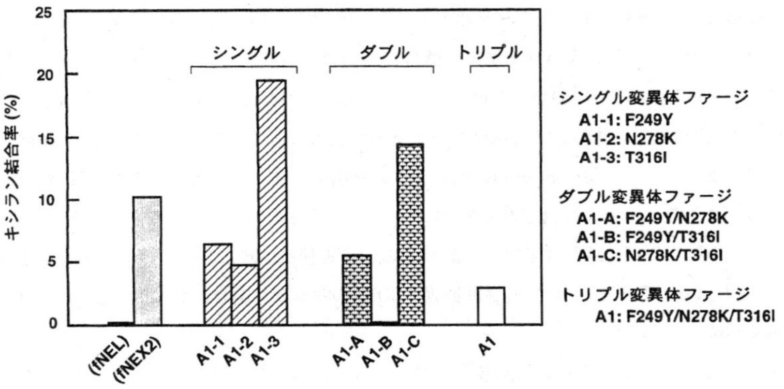

図11　トリプル変異体ファージA1およびその誘導体の不溶性キシラン結合能

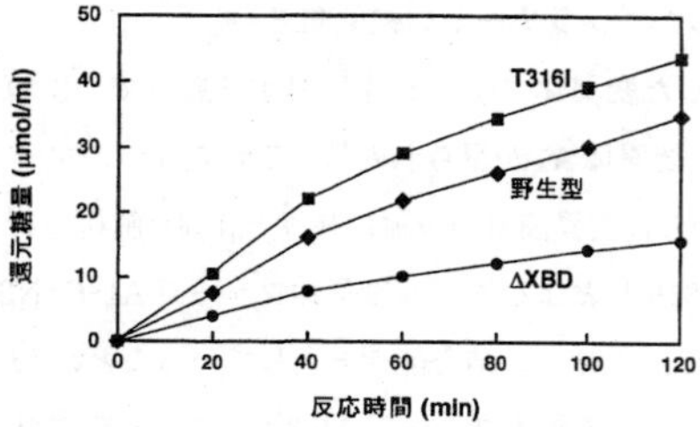

図12　野生型キシラナーゼJ，ΔXBD および変異型酵素 T316I の不溶性キシラン加水分解の経時変化

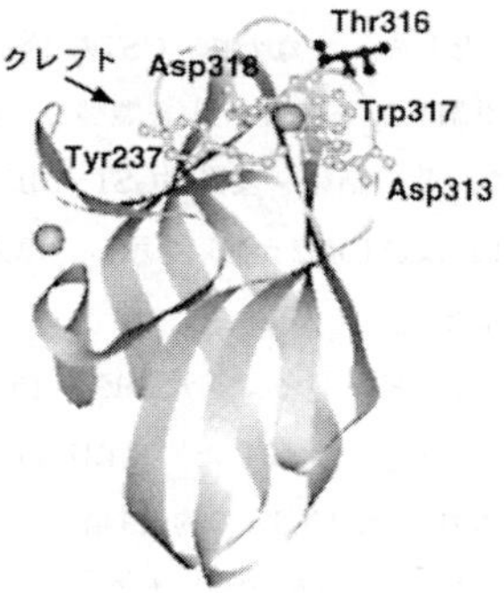

図13　*P. polymyxa*キシラナーゼ由来ファミリー36 CBMの立体構造
図中のアミノ酸残基はキシラナーゼJに対応し，*P. polymyxa*キシラナーゼ由来CBMの立体構造になぞらえて示した。2つの球はカルシウム原子を表す。

*Paenibacillus polymyxa*キシラナーゼ43Aのファミリー36CBMの結晶構造解析が解かれ，同時にキシランとの相互作用に関与するアミノ酸残基のいくつかが同定された(図13)[21]。キシラナーゼJにおいてはTyr237，Asp313，Trp317およびAsp318が対応するが，これら4つのアミノ酸残基のうち，Tyr237以外の3つは進化分子工学の手法によって得られた我々の実験結果に一致した（表3参照)。また，*P. polymyxa* キシラナーゼ由来ファミリー36 CBMの立体構造との類似性から，キシラナーゼJに含まれるXBDのキシラン結合能を向上させる変異箇所Thr316は，キシランとの相互作用に関与するアミノ酸残基のすぐ近傍に位置していることがわかった(図12参照)。これより，Thr316へのアミノ酸置換がXBDのキシラン結合に直接的に影響を及ぼすことが強く示唆された[19]。

今後は，XBDのキシラン結合に関与するアミノ酸残基の近傍に集中してアミノ酸置換を導入することで，キシラン結合能のさらなる強化を目指したい。

5　おわりに

アルカリ性条件において高活性を示す好アルカリ性 *Bacillus* sp. 41M-1株由来キシラナーゼJに焦点をあて，これまでに明らかにされた構造と機能の相関関係について概説した。キシラナーゼJについては，触媒活性や基質との相互作用に関与するアミノ酸残基が同定され，触媒機構に関する知見も蓄積されつつあるといえる。さらに，アミノ酸置換による反応至適pHの変換も達成された。しかしながら，キシラナーゼJの反応至適pH制御機構に関する研究は緒についたばかりである。本章で紹介した結果は，主としてタンパク質工学の手法を駆使して得られたものである。現在の研究の延長線上には，当然のことながら，より高アルカリ性条件下で機能する変異型キシラナーゼの取得という新たな課題が控えている。その挑戦的課題を達成するためには，進化分子工学の手法が有力なツールとなろう。筆者らの研究室では，サプレッサー突然変異によるキシラナーゼJのさらなる好(耐)アルカリ性強化を目指した研究を行っている。すなわち，本章で紹介した反応の至適が酸性側にシフトした変異型酵素に対し，さらにランダムなアミノ酸置換を導入したライブラリーを構築し，その中からアルカリ性での活性を回復した変異型酵素を取得するというものである。アルカリ性での活性が回復した変異型酵素に含まれるアミノ酸置換部位の解析により，本酵素にさらなる好(耐)アルカリ性を付与するためのアミノ酸残基の特定が可能となろう。

キシラナーゼJに含まれるXBDの生理的意義を明らかにすることができた。また，XBDのファージディスプレイを利用した進化分子工学的検討により，キシランの認識・結合に関与するアミノ酸残基が特定され，キシラン認識・結合機構に関する知見も得られつつある。さらに，キシラン結合能が向上した変異型XBDを用いることにより，キシラナーゼJの不溶性キシラン分解活性の強化に成功した。キシランへの結合能が強まったXBDと，アルカリ性での活性が強化された触媒ドメインとを組み合わせることにより，近い将来において，より高アルカリ性条件において効率的に不溶性キシランを加水分解するスーパーキシラナーゼの創製が達成されよう。

本稿の前半部分は月刊バイオインダストリー2003年10月号に掲載された筆者の原稿を参照し，後半部分で最近の研究成果をまとめて紹介した。文献は総説・単行本を中心に引用したので，それらの引用文献も併せてご参照いただきたい。本稿記載の研究の一部は，文部科学省科学研究費補助金特定領域研究「強相関ソフトマテリアルの動的制御」ならびに科学技術振興機構戦略的創造研究推進事業「環境保全のためのナノ構造制御触媒と新材料の創製」の助成により実施した。

文　献

1) 掘越弘毅ほか, 極限環境微生物とその利用, 講談社 (2000)
2) 中村 聡, バイオインダストリー, **18**, 14 (2001)
3) 中村 聡, 現代化学, **2002年4月号**, 14 (2002)
4) 中村 聡, バイオベンチャー, **3**, 92 (2003)
5) K. K. Y. Wong *et al.*, *Microbiol. Rev.*, **52**, 305 (1988)
6) 中村 聡, 好アルカリ性微生物, 学会出版センター, p.206 (1993)
7) S. Nakamura, *J. Appl. Glycosci.*, **45**, 147 (1998)
8) 中村 聡, 化学と生物, **36**, 632 (1998)
9) URL：http://194. 214. 212.50/CAZY/
10) 伏信進矢ほか, 応用糖質科学, **45**, 139 (1998)
11) A. J. Kirby, *Crit. Rev. Biochem.*, **22**, 28 (1987)
12) E. P. Ko *et al.*, *Biochem. J.*, **288**, 117 (1992)
13) Y. Katsube *et al.*, "Protein engineering：Protein design in basic research, medicine and industry", p.91, Japan Scientific Societies Press, Japan (1990)
14) URL：http://www. ebi. ac. uk/thornton-srv/databases/pdbsum/
15) W. W. Wakarchuk *et al.*, *Protein Sci.*, **3**, 467 (1994)
16) G. Sidhu *et al.*, *Biochemistry*, **38**, 5346 (1999)
17) A. Torronen and J. Rouvinen, *Biochemistry*, **34**, 847 (1995)
18) K. Meissner *et al.*, *Mol. Microbiol.*, **36**, 898 (2000)
19) T. Sakata *et al.*, *J. Appl. Glycosci.*, **53**, 131 (2006)
20) S. F. Parmley and G.P. Smith, *Gene*, **73**, 305 (1988)
21) S. Jamal-Talabani *et al.*, *Structure*, **12**, 1177 (2004)

第3章　酵素のハイブリッド化による新機能の付与

春木　満[*1]，金谷茂則[*2]

1　はじめに

酵素に様々な分子を連結するハイブリッド化は，アミノ酸残基置換では生じない変化をもたらすことができるので，酵素の活躍の場を広げたり，新しい機能を賦与する手段として有効である。例えば，ポリエチレングルコール（PEG）とのハイブリッド化が多く行われている[1)]。これにより，酵素を医薬品として用いる場合に問題となる抗原性がマスクされ，また体内における安定性が向上する。また，酵素をPEGで修飾すると有機溶媒に可溶となり，有機溶媒中での反応が可能になる。これを利用して，PEG−プロテアーゼによるペプチド合成反応，PEG−リパーゼによるエステル合成反応，エステル交換反応などが行われている。本章では，DNAとのハイブリッド酵素を作成した例について紹介する。

2　DNAを連結したリボヌクレアーゼHによるRNAの配列特異的切断法の開発

リボヌクレアーゼH（RNase H）は，RNA/DNA二本鎖のRNA鎖のみを特異的に加水分解する酵素である。本酵素はcDNAを合成する過程で不要になったmRNAを効率よく分解・除去する酵素の一つとして広く利用されている。他にも，本酵素はmRNAからのpolyA−tailの除去，RNAのエディティングなどに利用されている。我々は，RNase Hの新しい利用法の開発をめざして研究を進めている。DNAオリゴマーをRNase Hに連結したハイブリッドRNase Hにより，RNAを配列特異的に切断する方法の開発は，このような研究の一つである。RNAは，DNAから蛋白質へと遺伝情報を伝えるだけでなく，それ自身多様な構造をとったり修飾を受けたりすることにより，いろいろな機能を果たすので，RNAの配列特異的切断法の開発は，このようなRNAの構造や機能の研究に役立つと期待される。

＊1　Mitsuru Haruki　日本大学　工学部　物質化学工学科　助教授
＊2　Shigenori Kanaya　大阪大学大学院　工学研究科　生命先端工学専攻　教授

2.1 大腸菌RNase HIを用いたハイブリッド酵素の作成

まず，大腸菌RNase HIにDNAオリゴマーを連結し，ハイブリッド酵素の作成を行った(図1)[2)]。DNAオリゴマーとしては，切断後に断片が速やかに解離し，ターンオーバーできるように，鎖長が9merのもの（5'-GTCATCTCC-3'，$T_m = 49℃$）を用いた。このDNAに，マレイミド基を持つ21Åのリンカーを連結し，チオール基を介して酵素に連結した。導入する部位としては，分子表面に存在し，連結したDNAが触媒部位にアクセスできるような位置にあり，側鎖の配向が適当であることが必要である。しかしながら，酵素にもともと存在している3個のCys残基は，いずれも適当ではないためAla残基に置換し，触媒部位付近に存在するGlu135をCysに置換した。この酵素にマレイミド化したDNAオリゴマーを反応させ，チオール基とマレイミド基の間にできるスクシイミド結合を介してDNAオリゴマーを酵素に共有結合させた(図2)。連結したDNAと相補的なRNA（5'-GGAGAUGAC-3'）を基質として切断反応を解析したところ，

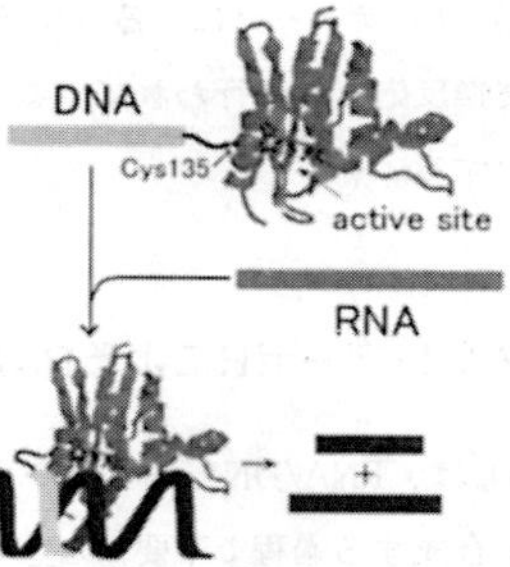

図1　DNAを連結したハイブリッドRNase H

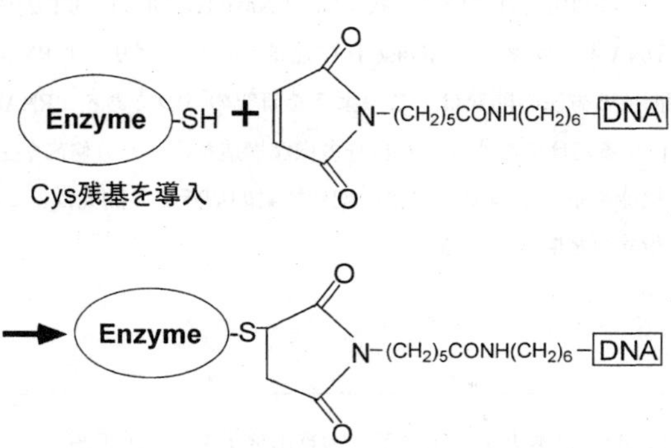

図2　RNase HへのDNAの連結方法

未修飾酵素とDNAを加えた場合ではA_5–U_6，U_6–G_7の２箇所で切断が生じるのに対し，ハイブリッド酵素ではA_5–U_6の１箇所で切断が生じていた。これは，RNA/DNA二本鎖がDNAに連結されたことにより，触媒部位と結合する範囲が制限されたためと考えられる。このハイブリッドRNase Hは連結したDNAオリゴマーが二本鎖を形成する領域内でのみRNAを分解するので，他の一本鎖部分のRNAに作用せず，高い配列選択性を示す。RNAが分解されるとRNA/DNA二本鎖の安定性は低下し，ハイブリッド酵素はRNAから離れやすくなるので，効率よくターンオーバーすることが示されている（図３）。実際，本ハイブリッド酵素は9mer RNAの配列を含む132–mer及び534–merのインビトロ転写産物を37℃で配列特異的に効率よく切断した[3)]。RNAに対するハイブリッド酵素のK_mはRNA/DNA二本鎖に対する未修飾酵素の約1/7となり，ハイブリッド化による酵素と基質の近接効果が生じていると考えられる。ハイブリッド酵素のk_{cat}は未修飾酵素の約1/4に低下しており，ハイブリッド化が触媒部位の立体構造に若干影響を及ぼしたのかもしれない。

さらに効率のよいハイブリッド酵素を作成するために，DNAの連結に使用するリンカーの長さ，および連結するDNAの鎖長について検討した。リンカーは，18Åから27Åまでの長さについて検討し，27Åの長さのリンカーを用いた場合が最も切断効率がよいことが明らかとなった[4)]。連結するDNAについては，9mer DNAの5’または3’末端を１～２残基欠失したものを用いた。これらのDNAを連結したハイブリッド酵素を用いて，12mer RNA（5’–CGGAGAUGACGG–3’，下線部は9mer RNAと同一配列）の切断について解析した[5)]。未修飾酵素とDNAを加えた場合では，複数箇所で切断が生じるのに対し，ハイブリッド酵素では単一箇所で切断が生じており，連結による切断部位の限定がみられた。また，5’末端を１残基欠失したDNA(5’–TCATCTCC–3’)

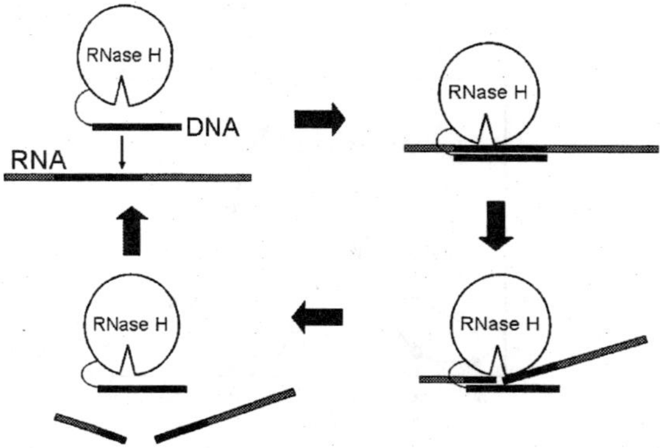

図３　DNAを連結したハイブリッドRNase HによるRNAの配列特異的切断

を連結したハイブリッド酵素が，最も高い切断効率を示した。また，連結するDNAの5'末端を欠失した場合は，9mer DNAの場合と比べて切断部位の変化はみられなかった。これに対し，3'末端を欠失した場合は切断部位が3'側へシフトし，RNA/DNA二本鎖の5'末端から5残基離れた部位で切断がみられた。

2.2 高度好熱菌RNase HIを用いたハイブリッド酵素の構築

天然に存在するRNAは高次構造をとっていることが多く，目的配列に酵素が接近できず，切断を行えない場合がある。このような場合，加熱により高次構造を破壊する必要がある。しかしながら，熱安定性の低い大腸菌RNase HIを用いて作成したハイブリッド酵素は，このような加熱に適していないと考えられる。そこで，熱安定性の高い高度好熱菌RNase HIを用いてハイブリッド酵素の作成を行った[6]。高温では，短いDNAはRNAと二本鎖を作れなくなってしまうため，鎖長が15merのものを用いた。ターゲット配列としてHIVのpolypurine tract（PPT）配列（5'-AAAAGAAAAGGGGGG-3'）を選び，これに相補的なDNAオリゴマーを高度好熱菌RNase HIに連結した。高度好熱菌RNase HIは，大腸菌RNase HIと類似の立体構造をもつので，大腸菌RNase HIのGlu135と相同な位置に存在する高度好熱菌RNase HIのArg135をCysに置換し，DNAオリゴマーを連結した。大腸菌RNase HIを用いたハイブリッド酵素は60℃の熱処理により失活するのに対し，高度好熱菌RNase HIを用いたハイブリッド酵素は90℃の熱処理に対しても安定であった。作成したハイブリッド酵素によるPPT配列の切断を解析したところ，切断反応の至適温度は，大腸菌ハイブリッド酵素では40℃付近であったが，高度好熱菌ハイブリッド酵素では65℃付近であり，50℃以上では高度好熱菌ハイブリッド酵素のほうが高い切断効率を示した（図4）。また，DNAオリゴマーを連結する部位についても検討を行った[7]。高度好熱菌

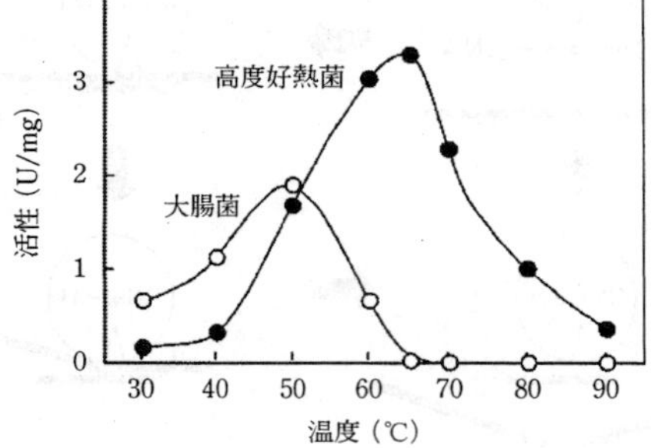

図4　高度好熱菌RNase HIを用いたハイブリッド酵素の活性の温度依存性

RNase HIの135～138番目の残基をCysに置換し，15mer DNAを連結して，PPT配列の切断を解析した。その結果，137番目に連結した場合には切断効率が大きく低下し，切断部位の特異性も低下した。137番目の部位は触媒部位に近すぎるために，連結した基質の結合が制約を受けていると考えられる。他の部位も切断効率の低下がみられ，135番目に連結した場合が最も高い切断効率を示した。

さらに，高度好熱菌ハイブリッド酵素を用い，実際に高次構造を有する天然のRNAに対して切断を試みた[7]。MS2 RNAは3569塩基から成るバクテリオファージRNAで複雑なstem-loop構造を有する。MS2 RNAの2781番目から2796番目までの領域はループ構造を形成すると予想されているが，この領域の塩基配列に相補的な8mer，12mer，16mer，20merのDNAを高度好熱菌RNase HIに連結したハイブリッド酵素を作成し，60℃においてMS2 RNAの切断を試みた（図5）。その結果，8mer，12merを連結したハイブリッド酵素では切断はみられず，20merのDNAを連結したハイブリッド酵素では複数の断片が生じた。16merのDNAを連結したハイブリッド酵素は目的配列内でMS2 RNAを切断した。したがって，8merおよび12merでは，短すぎて60℃で安定な二本鎖を形成できないと考えられる。20merでは目的配列以外にも部分的に一致する配列と二本鎖を形成し，切断が生じてしまうと考えられる。以上の結果から，連結するDNAの長さは16merが最適であり，切断反応の至適温度は65℃であった。ちなみに，大腸菌RNase HIを用いて構築したハイブリッド酵素はMS2 RNAを分解できない。以上の結果は，高次構造を形成するRNAの分解には耐熱性ハイブリッド酵素が有効であることを示す。したがって，この人工RNA制限酵素は，HIVウィルスのRNAなど，RNAの構造や機能を研究する上で有用な道具となると期待される。

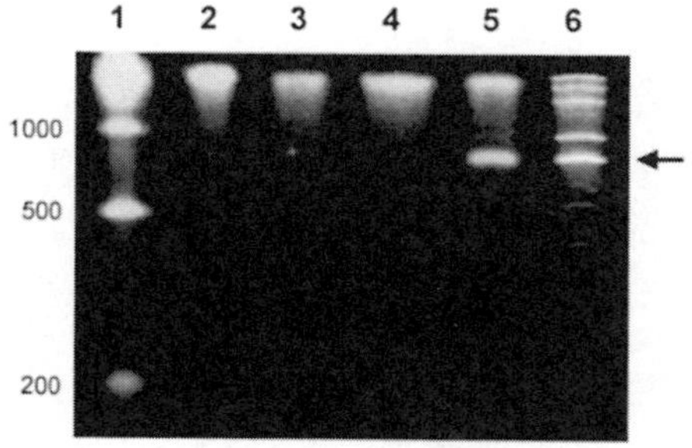

図5　耐熱性ハイブリッド酵素によるMS2 RNAの分解
レーン1：マーカー，レーン2：未切断MS2 RNA，レーン3，4，5，6：それぞれ，8，12，16，20残基のDNAを連結したハイブリッド酵素による切断。切断産物のバンドを矢印で示している。

3　おわりに

以上の結果は，DNAオリゴマーとRNase Hの種類をうまく組み合わせれば，どのようなRNAでも，連結したDNAと相補的な配列内でのみ特異的に切断するハイブリッドRNase Hを構築できることを示唆する。細胞内の特定RNA分子をターゲティングして分解除去する方法は，ガンやウィルス病など人類の健康を脅かす病気の治療法として大変有効である。なぜなら，このような方法が開発されれば，ガン遺伝子やウィルス遺伝子が体内で発現しても，これらのmRNAだけを特異的に分解できるからである。従って，ハイブリッドRNase Hを細胞内に導入し細胞内の特定のmRNAを分解できるかどうかを調べることは大変興味深い。

文　　献

1）稲田祐二，前田浩，和田博(編)，タンパク質ハイブリッド，Ⅰ，Ⅱ，Ⅲ巻，共立出版(1987, 1988, 1990)
2）S. Kanaya *et al.*, *J. Biol. Chem.*, **267**, 8492–8498 (1992)
3）C. Nakai *et al.*, *FEBS Lett.*, **339**, 67–72 (1994)
4）Y. Uchiyama *et al.*, *Bioconjugate Chemistry*, **5**, 327–332 (1994)
5）E. Kanaya *et al.*, *FEBS Lett.*, **354**, 227–231 (1994)
6）M. Haruki *et al.*, *Protein Eng.*, **13**, 881–886 (2000)
7）H. Chon *et al.*, *Protein Eng.*, **15**, 683–688 (2002)

第4章　ランチビオティック工学における新規酵素反応

麻生祐司*[1]，永尾潤一*[2]，中山二郎*[3]，園元謙二*[4]

1　はじめに

ランチビオティック（lantibiotic）は，グラム陽性細菌の生産する異常アミノ酸を含む抗菌性ペプチドである。これらは耐熱性・耐酸性に優れており，中には，酵素阻害活性，抗ウイルス活性，免疫増強作用など多様な生理活性を示すものも存在することから，ランチビオティックの優れた特性に異常アミノ酸が果たす役割が注目されている。ランチビオティックの生合成には一連の酵素群が関与しており，その反応様式などは未知の部分が多い。ランチビオティック生合成酵素の機能を解明・利用することで，既存のペプチド・タンパク質に異常アミノ酸を導入し，新しい機能を付与して生理活性物質へ自由に変換する技術を確立することは，従来の方法とは異なる，全く新しいタイプの生理活性物質の*de novo*デザインを可能にすると考えられる。著者らは，このような目的のために，普遍的な分子設計方法の確立，"ランチビオティック工学"の創製を目指している[1,2]。本章では，ランチビオティック工学における新規酵素反応について紹介する。

2　ランチビオティックの分類と生合成・自己耐性機構

1928年，Flemingが抗生物質penicillinを発見したのと時を同じくして，Rogersは*Lactococcus lactis*が生産するランチビオティックnisinを発見した。以後，現在に至るまで，様々なランチビオティックが発見・構造解析されている（図1）。ランチビオティックはその構造・特性から

* Yuji Aso　島根大学　教育学部　人間生活環境教育講座　講師

* Jun-ichi Nagao　京都大学大学院　農学研究科　応用生命科学専攻　分子細胞科学講座　エネルギー変換細胞学分野　博士研究員

* Jiro Nakayama　九州大学大学院　農学研究院　生物機能科学部門　応用微生物学講座　微生物工学分野　助教授

* Kenji Sonomoto　九州大学大学院　農学研究院　生物機能科学部門　応用微生物学講座　微生物工学分野　教授；九州大学　バイオアーキテクチャーセンター　機能デザイン部門　食品機能デザイン分野　教授

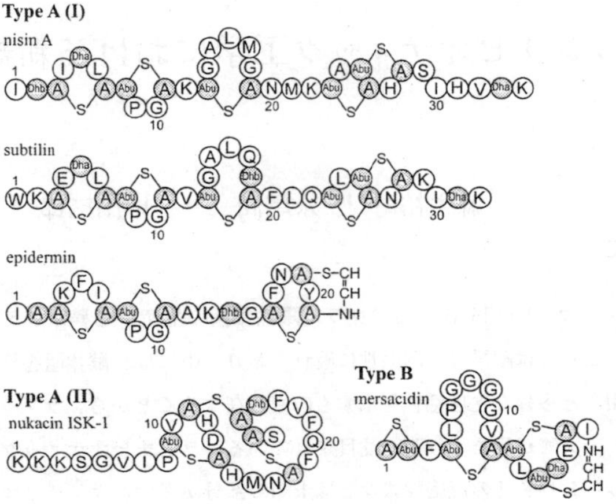

図1　代表的なランチビオティックの一次構造
A-S-A，ランチオニン；Abu-S-A，3-メチルランチオニン；Dha，デヒドロアラニン；Dhb，デヒドロブチリン；A-S-CH=CH-NH-，*S*-[(*Z*)-2-aminovinyl]-D-cysteine；Abu-S-CH=CH-NH-，*S*-[(*Z*)-2-aminovinyl]-(3*S*)-3-methyl-D-cysteine

大きくタイプAとタイプBに分類される[3, 4]。

2.1　タイプAランチビオティック

タイプAランチビオティックは分子量2.1 kDa以上で，直鎖状の構造を持つ。タイプAはその特徴からさらにタイプA(Ⅰ)およびタイプA(Ⅱ)に分類される。タイプA(Ⅰ)ランチビオティックとしては，*L. lactis*が生産するnisin，*Bacillus subtilis* ATCC 6633のsubtilin，*Staphylococcus epidermidis* Tü3298のepidermin，*S. epidermidis* 5のPep5などがある。また，タイプA(Ⅱ)ランチビオティックとしては，*Staphylococcus warneri* ISK-1が生産するnukacin ISK-1，*L. lactis* CNRZ481のlacticin 481，*Lactobacillus sake* L45のlactocin S，*L. lactis* DPC3147のlacticin 3147，*Enterococcus faecalis* DS16のcytolysinなどがある。タイプAランチビオティックは標的細菌の細胞膜に孔を形成し抗菌活性を示す。

2.2　タイプBランチビオティック

タイプBランチビオティックは分子量2.1 kDa以下で，球状の構造を持つ。また，作用機作もタイプAとは異なり，*Streptoverticillum* sp.および*Streptomyces griseoluteus*が生産するduramycin，*B. subtilis* HIL Y-85のmersacidin，*Actinoplanes*のactagardineはペプチドグリカ

ン合成阻害活性を示す。また，duramycin，*Streptomyces* sp.が生産するancovenin，*Streptomyces cinnamoneus*のcinnamycinは*B. subtilis*に作用し，細胞膜の透過性の増加，ATP依存的カルシウムおよびタンパク質輸送の低下を引き起こす。タイプBランチビオティックの中には抗菌活性のみならず，酵素阻害活性や増殖阻害活性など多様な生理活性を示すものも存在する。

2.3　ランチビオティックの生合成・自己耐性機構

ランチビオティック生合成遺伝子群は主として，プレペプチド(LanA)，異常アミノ酸形成酵素（LanB，LanC/LanM)，リーダーペプチダーゼ（LanP)，菌体外輸送タンパク質（LanT)，自己耐性タンパク質(LanI，LanFEG)，転写制御タンパク質(LanR，LanK)，脱炭酸酵素(LanD)などをコードする遺伝子から構成される(ランチビオティック生合成タンパク質の総称をLanと表記)[3]。タイプA(Ⅰ)ランチビオティックであるnisinの生合成機構は以下のように推定されている(図2)。まず，N末端にリーダーペプチドを持つプレペプチドがリボソーム上で合成された後，リーダーペプチド以外のプレペプチド部分に異常アミノ酸形成酵素により異常アミノ酸が導入され，プロペプチドに変化する[5](図3)。次に，菌体外輸送タンパク質によって菌体外に分泌された後，リーダーペプチダーゼによってリーダーペプチドの切断が行われ，活性型のランチビオティックになる。nukacin ISK-1のようなタイプA(Ⅱ)ランチビオティックの菌体外輸送タンパク質はそのN末端側（細胞内）にリーダーペプチダーゼを有しており，リーダーペプチドの切断後，菌体外

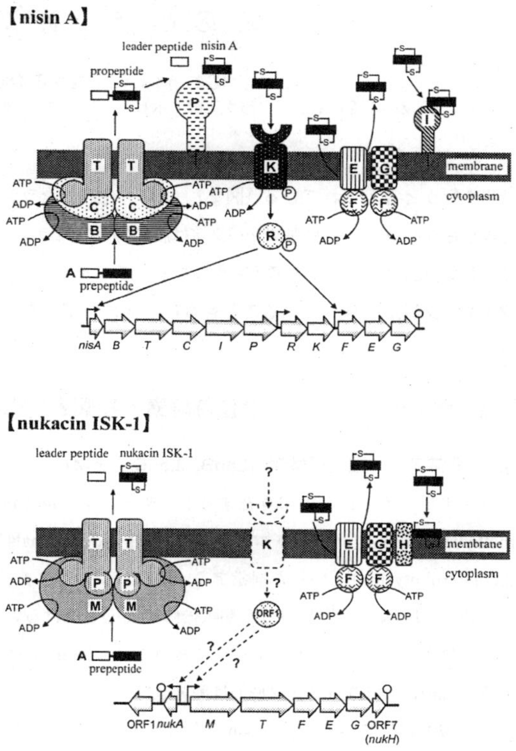

図2　nisin Aとnukacin ISK-1の生合成・自己耐性機構モデル

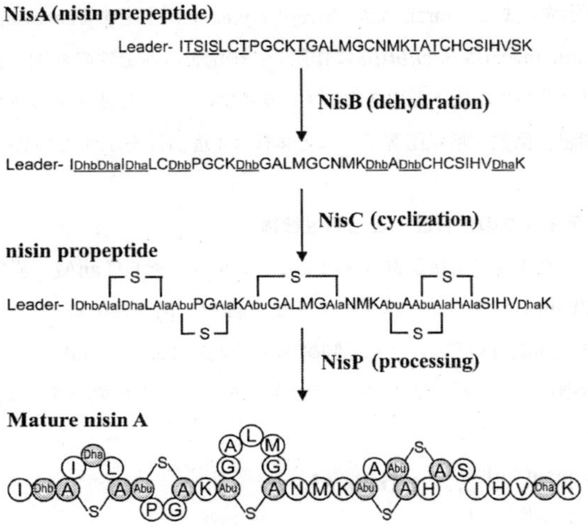

図３　nisin Aの推定生合成機構
修飾反応を受けるアミノ酸を下線で示した。異常アミノ酸の表記は図１の説明文を参照。

輸送を行うと考えられている（図２）。また，生産したランチビオティックにより自身の細胞膜も攻撃されるが，自己耐性タンパク質は膜に挿入したランチビオティックを排出もしくは捕捉することで自己耐性を示すと考えられている。ランチビオティックの生合成にはその他特殊な生合成タンパク質が関与していることもあり，ランチビオティック生合成機構には多様性がある。

3　ランチビオティック修飾酵素の種類と特徴

3.1　異常アミノ酸形成酵素（LanB，LanC/LanM）

ランチビオティック中に存在するランチオニン（lanthionine），3-メチルランチオニン（3-methyllanthionine），デヒドロアラニン（2,3-didehydroalanine），デヒドロブチリン（(*Z*)-2,3-didehydrobutyrine）といった異常アミノ酸は，プレペプチド中に存在する特定のセリン，トレオニン残基が脱水，環化といった翻訳後修飾反応を受けることにより形成される（図４）。

タイプA(I)ランチビオティックにおいては，LanBが脱水，LanCが環化反応を触媒するとされる。LanB（約1,000アミノ酸）は膜結合性であり，LanC（約400アミノ酸）は交互に疎水と親水の領域を有している[6, 7]。nisinの異常アミノ酸形成酵素NisBとNisCは菌体外輸送タンパク質NisTと細胞膜上で複合体を形成している（図２）[8]。また，近年，環化酵素であるNisCの結晶構

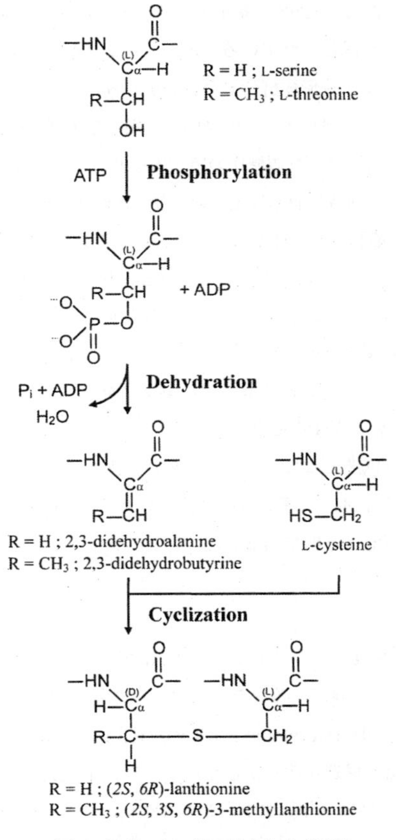

図4　異常アミノ酸の推定生合成機構
異常アミノ酸の生合成機構はLctMの研究（文献10～12）をもとに推定した。

造解析により，NisCがヒスチジン，システイン残基により亜鉛を配位する金属酵素であることが明らかとなった。また，その構造は哺乳類のファルネシル転移酵素と類似しており，活性部位の亜鉛イオンがランチオニン環形成過程でシステイン残基を活性化する機能を有することが明らかとなった[9]。

タイプA(Ⅱ)およびタイプBランチビオティックにおいてはLanBおよびLanCに相当するタンパク質をコードする遺伝子は生合成遺伝子群中になく，脱水・環化両反応は異常アミノ酸形成酵素LanMが単独で触媒する。LanM（約900～1,000アミノ酸）はLanBとは相同性を示さないが，

C末端側にはLanCと相同性（23～26%）を示す領域が6つ存在しており，亜鉛を配するヒスチジン，システイン残基も高く保存されている。近年，タイプA(II)ランチビオティックに属するlacticin 481において異常アミノ酸形成酵素LctMの*in vitro*での脱水・環化両反応の再構成が報告され[10]，その後，LctMによる異常アミノ酸形成の詳細な分子機構が明らかになっている[11, 12]。まず，ATPおよびMg^{2+}存在下でプロ領域中の特定のセリンとトレオニン残基がリン酸化され，その後リン酸基が脱離すると同時に脱水反応が起こり，それぞれデヒドロアラニンとデヒドロブチリンになる[11]。これら不飽和アミノ酸が分子内に存在するシステイン残基と分子内縮合し，それぞれランチオニンと3-メチルランチオニンになるとされている（図4）。LctMはリン酸化反応にはATPおよびMg^{2+}を，脱水反応にはADPおよびMg^{2+}を要求する[11]。また，LctMは全ての脱水反応を終了してから環化反応を行う[12]。さらに最近になって，nisinプレペプチド脱水産物とNisCを*in vitro*で反応させることによって，nisinプロペプチドの合成に成功したことが報告された[9]。NisCは環化反応にATPを必要としない[9]。しかし，これら異常アミノ酸形成酵素の位置特異性・立体特異性は依然として不明な点が多い。また，LctMはリン酸化反応にはATPを要求するが，LanBおよびLanMには既知のATP結合モチーフと相同性を示す領域は存在しておらず，酵素の詳細な分子機能は不明である。

3.2 脱炭酸酵素（LanD）

epidermin生合成タンパク質の一つであるEpiD（118アミノ酸）はフラビンモノヌクレオチド（FMN）をコファクターとして要求するフラビンタンパク質であり，epiderminのC末端に存在する（*S*)-[(*Z*)-2-aminovinyl]-D-cysteine（AviCys）（図1）の形成時に重要な酸化的脱炭酸反応を触媒する[13]。一方，結晶構造が明らかとなっているmersacidin生合成タンパク質の一つであるMrsD（194アミノ酸）はフラビンアデニンジヌクレオチド（FAD）をコファクターとして要求するフラビンタンパク質であり，mersacidinのC末端に存在する(*S*)-[(*Z*)-2-aminovinyl]-(3*S*)-3-methyl-D-cysteine（図1）の形成時に重要な酸化的脱炭酸反応を触媒する[14]。

3.3 リーダーペプチダーゼ（LanP）

タイプA(I)ランチビオティックのリーダーペプチダーゼはセリンプロテアーゼであり，プロペプチドが菌体外輸送タンパク質により菌体外輸送された後作用し，リーダーペプチドの切断を行うことで活性型のランチビオティックへと変化させる。nisinのリーダーペプチダーゼであるNisP（682アミノ酸）は菌体外の細胞表層リポタンパク質として存在し，菌体外輸送されたnisinプロペプチドのリーダーペプチドを切断し，活性型のnisinへと変化させる（図2）[15]。タイプA(II)ランチビオティックのリーダーペプチダーゼは菌体外輸送タンパク質のN末端側にコードされており，菌体外輸送とリーダーペプチドの切断の両反応が菌体外輸送タンパク質により触媒されると考えられている(図2)。このリーダーペプチダーゼはシステインプロテアーゼファミリーに属しており，プロペプチドに存在するダブルグリシンサイトを認識しリーダーペプチドを切断する[16]。

3.4　菌体外輸送タンパク質（LanT）

菌体外輸送タンパク質のC末端側にはWalker A，Bモチーフからなる2つのATP結合ドメイン，中央領域には6回の細胞膜貫通ドメインが存在しており，菌体外輸送タンパク質はABCトランスポーターとして機能していると推定されている[17]。

4　ランチビオティック nukacin ISK-1 に関する研究

著者らは360年以上続いていると伝承されているぬか床から抗菌性ペプチド，nukacin ISK-1を生産する*S. warneri* ISK-1を分離した[18]。nukacin ISK-1の構造解析の結果，分子量2,960Daで27アミノ酸からなり，2分子のランチオニン，1分子の3-メチルランチオニン，1分子のデヒドロブチリンを含む新規なタイプA(Ⅱ)ランチビオティックであることが明らかとなった(図1)[19]。nukacin ISK-1生合成遺伝子群を解析したところ，本遺伝子群は*nukAMTFEG*と機能不明なORF1（転写制御因子と推定）およびORF7からなっており，*nukA*はnukacin ISK-1プレペプチド，*nukM*は異常アミノ酸形成酵素，*nukT*は菌体外輸送タンパク質，*nukFEG*は自己耐性タンパク質をコードする遺伝子であると推定された(図2)[20～24]。NukA，NukM，NukTはそれぞれ互いに相互作用を示し，NukMおよびNukTは2分子以上のホモポリマーとして複合体を形成して細胞膜に局在している(図2)[25]。

5　ランチビオティック工学における新規酵素反応

現時点において，ペプチドに異常アミノ酸を導入する手法として，①ペプチドと異常アミノ酸形成酵素を*in vitro*で反応させて異常アミノ酸を導入する方法（*in vitro*異常アミノ酸導入法）と，②ペプチドと異常アミノ酸形成酵素をコードする遺伝子を適当な宿主で共発現・反応させて*in vivo*で異常アミノ酸を導入する方法（*in vivo*異常アミノ酸導入法）の2つがある。

5.1　nukacin ISK-1 における研究

nukacin ISK-1の異常アミノ酸形成酵素NukMを用いた異常アミノ酸導入法としては，現在のところ，*in vivo* 異常アミノ酸導入法が成功しているので紹介する。

著者らは，NukMとHis-tag融合nukacin ISK-1プレペプチドHis-NukAを大腸菌内で共発現・反応させることで，His-NukAに異常アミノ酸を導入することに成功した[26]。異常アミノ酸の導入位置はnukacin ISK-1のそれと同様であった。Niアフィニティー精製により，発現株の菌体粗抽出液から異常アミノ酸導入His-NukAをワンステップで精製することが可能であった。

さらに，著者らは，nukacin ISK-1生合成遺伝子群を異種菌株で発現させnukacin ISK-1を生産させることに成功しているが[24]，この発現系を用いて*in vivo*でNukAに任意に異常アミノ酸を導入してnukacin ISK-1変異体を作製する方法を確立し，nukacin ISK-1のN末端に存在する連続したリジン3残基を全てアラニン残基に変えたもの（K1-3A nukacin ISK-1）や，N末端にリジン残基をさらに2つ融合させたもの(＋2K nukacin ISK-1)を作製した。これらnukacin ISK-1変異体と陰イオン性リポソームとの親和性を調べたところ，抗菌活性が1/32に低下したK1-3A nukacin ISK-1はnukacin ISK-1と比べて低い親和性を示したが，逆に＋2K nukacin ISK-1は高い親和性を示した。よって，nukacin ISK-1のN末端に存在するリジン残基はnukacin ISK-1の標的細菌の細胞膜への親和性に深く関与していることが明らかとなった[27]。

5.2 他のランチビオティックにおける研究

他のランチビオティックでは，これまでに*in vitro*および*in vivo*異常アミノ酸導入法の両方が試みられている。

in vitro 異常アミノ酸導入法としては，lacticin 481のプレペプチドLctAを異常アミノ酸形成酵素LctMと反応させ，*in vitro*で異常アミノ酸形成に成功した報告がある[10]。この研究から，LctMは脱水・縮合の両反応を単独で触媒することが明らかとなった。また，LctMの基質特異性として，LctAリーダーペプチドのN末端から10〜24番目のアミノ酸配列が重要であること，LctAのC末端領域を部分欠失するとLctMの反応効率が低下し，反応中間体が生成することがわかっている[10]。LctMのLctAに対する位置特異性・立体特異性が解明されれば，LctAリーダーペプチドの下流に任意のペプチドを融合させ，LctMと*in vitro*で反応させることで，様々なペプチドへの異常アミノ酸の導入が可能になると期待される。*in vitro*法における他の例として，epidermin生合成タンパク質EpiDを用いてepiderminプレペプチドの酸化的脱炭酸反応を行い，epiderminのC末端に存在するAviCysの形成に成功した報告がある[28]。さらに，EpiDとepiderminプレペプチドを大腸菌内で共発現・反応させ，*in vivo*でのAviCysの形成にも成功している[29]。

*in vivo*異常アミノ酸導入法としては，ランチビオティック生合成遺伝子発現株を用いる方法が報告されている。nisinの異常アミノ酸形成酵素遺伝子*nisB*，*nicC*および菌体外輸送タンパク質遺伝子*nisT*発現株を宿主として，nisinリーダーペプチドの下流にペプチドホルモン（副腎皮

質刺激ホルモン，バソプレシン，エンケファリン，アンジオテンシンなど)の変異体を連結させた遺伝子を発現させることで各ペプチドホルモン変異体の脱水・ランチオニン環形成産物を分泌生産に成功させた[30, 31]。また，subtilin生産株を宿主として，subtilinのリーダーペプチドにnisinプロペプチド部分を連結させた遺伝子を発現させることで部分的なnisin脱水・環化産物の取得に成功している[32]。さらに，プロペプチドとしてnisinとsubtilinのキメラ体を連結させた遺伝子を発現させることで活性型のキメラランチビオティックが得られた。これらキメラ産物がnisinよりも強い抗菌活性を示したことは機能性を付与・強化するランチビオティックの分子設計の面からも興味深い。

5.3　ランチビオティック工学における自己耐性機構の解析

*in vivo*異常アミノ酸導入法によりランチビオティックを生産する場合，宿主自身が生産するランチビオティックに対して感受性であるとき，宿主に新たに自己耐性を付与する必要がある。そのため，ランチビオティック工学においてランチビオティック自己耐性機構を明らかにすることは重要である。ここでは，nukacin ISK-1の自己耐性に関する研究により，新しいタイプの自己耐性タンパク質の機能同定に成功したので紹介する。nukacin ISK-1生合成遺伝子群にコードされる機能不明なORF7タンパク質はその特性から自己耐性に関与することが示唆された。そこで，ORF7をnukacin ISK-1感受性株*L. lactis* NZ9000で発現させたところ，nukacin ISK-1と同じタイプのlacticin 481に対する耐性能の向上が確認された。よって，ORF7は新規なランチビオティック自己耐性遺伝子であることが明らかとなり，新たにORF7を*nukH*とした（図2）[33]。3つの膜貫通領域と2つのループ構造領域を有しているNukHは細胞膜上でnukacin ISK-1およびlacticin 481を吸着・不活化することで自己耐性に寄与していることが明らかとなった。しかし，異なるタイプのnisinについては吸着機能を示さず，NukHの吸着能には一種の基質特異性があることが示唆された[34]。さらに，ループ構造領域がNukHの機能に重要であることも明らかになった。

6　おわりに

ランチビオティックの中には，抗菌活性の他に多様な生理活性を示すものも存在することから，ランチオニンなどの異常アミノ酸の形成機構，構造一活性相関を解明することは基礎および応用の両面において非常に興味深い。すなわち，ランチビオティックの研究で得られた知見を基に，種々のペプチドや酵素の任意な位置にモノスルフィド結合や異常アミノ酸残基を導入し，全く新しいタイプの生理活性物質の*de novo*デザインを行うことや，pH安定性や熱安定性，溶解性など優れた物理化学的性質を任意に付与することが可能となるであろう。しかし，ランチビオティックの構造ー活性相関および異常アミノ酸形成酵素の諸特性は依然として不明な部分が多く，実用的な機能性ペプチドの分子設計法の確立には未だ至っていない。また，機能ペプチドを得るには，プレペプチドへ異常アミノ酸導入後にリーダーペプチドをリーダーペプチダーゼなどにより正確にかつ効率的に切断・除去する必要があるが，リーダーペプチダーゼの機能の詳細は不明である。さらに，自己耐性機構の多くも謎であることなどから，ランチビオティック工学の創製のためには，ランチビオティックの包括的な研究の進展が期待される。

文　献

1) 麻生祐司ほか, バイオサイエンスとインダストリー, **63**, 17 (2005)
2) J. Nagao *et al.*, *J. Mol. Microbiol. Biotech.*, in press (2007)
3) O. McAuliffe *et al.*, *FEMS Microbiol. Rev.*, **25**, 285 (2001)
4) J. Nagao *et al.*, *J. Biosci. Bioeng.*, **102**, 139 (2006)
5) 園元謙二, 指原紀宏, 酵素工学, **40**, 21 (1998)
6) C. Meyer *et al.*, *Eur. J. Biochem.*, **232**, 478 (1995)
7) G. Engelke *et al.*, *Appl. Environ. Microbiol.*, **58**, 3730 (1992)
8) K. Siegers *et al.*, *J. Biol. Chem.*, **271**, 12294 (1996)
9) B. Li *et al.*, *Science*, **311**, 1464 (2006)
10) L. Xie *et al.*, *Science*, **303**, 679 (2004)
11) C. Chatterjee *et al.*, *J. Am. Chem. Soc.*, **127**, 15332 (2005)
12) L. M. Miller *et al.*, *J. Am. Chem. Soc.*, **128**, 1420 (2006)
13) T. Kupke *et al.*, *J. Bacteriol.*, **174**, 5354 (1992)
14) M. Blaesse *et al.*, *Acta Cryst.*, **D59**, 1414 (2003)
15) J. R. van der Meer *et al.*, *J. Bacteriol.*, **175**, 2578 (1993)
16) L. S. Håvarstein *et al.*, *Mol. Microbiol.*, **16**, 229 (1995)
17) M. J. Fath, R. Kolter, *Microbiol. Rev.*, **57**, 995 (1993)
18) A. Ishizaki *et al.*, *J. Gen. Appl. Microbiol.*, **47**, 143 (2001)
19) H. Kimura *et al.*, *Biosci. Biotechnol. Biochem.*, **62**, 2341 (1998)
20) T. Sashihara *et al.*, *Biosci. Biotechnol. Biochem.*, **64**, 2420 (2000)
21) T. Sashihara *et al.*, *Appl. Microbiol. Biotechnol.*, **56**, 496 (2001)
22) Y. Aso *et al.*, *Biosci. Biotechnol. Biochem.*, **68**, 1663 (2004)
23) Y. Aso *et al.*, *Plasmid*, **53**, 180 (2005)
24) Y. Aso *et al.*, *J. Biosci. Bioeng.*, **98**, 429 (2004)
25) J. Nagao *et al.*, *Biosci. Biotechnol. Biochem.*, **69**, 1341 (2005)
26) J. Nagao *et al.*, *Biochem. Biophys. Res. Commun.*, **336**, 507 (2005)

27) S. M. Asaduzzaman *et al.*, *Appl. Environ. Microbiol.*, **72**, 6012 (2006)
28) T. Kupke *et al.*, *J. Biol. Chem.*, **269**, 5653 (1994)
29) T. Kupke *et al.*, *FEMS Microbiol. Lett.*, **153**, 25 (1997)
30) A. Kuipers *et al.*, *J. Biol. Chem.*, **279**, 22176 (2004)
31) L. D. Kluskens *et al.*, *Biochemistry*, **44**, 12827 (2005)
32) A. Chakicherla *et al.*, *J. Biol. Chem.*, **270**, 23533 (1995)
33) Y. Aso *et al.*, *Biosci. Biotechnol. Biochem.*, **69**, 1403 (2005)
34) K. Okuda *et al.*, *FEMS Microbiol. Lett.*, **250**, 19 (2005)

第3編　酵素の安定化

第1章　ナノ空間場におけるタンパク質の機能と安定化

梶野　勉[*1]，福嶋喜章[*2]

1　はじめに

酵素は生体内おいて化学反応を触媒する生体触媒であり，反応特異性や常温反応性において化学工業で用いられる化学触媒（金属触媒等）とは大きく異なる特徴を有する。生体内では一連の反応が正確に進行しなければ死に結びつくにもかかわらず，数多くの化学反応が同一反応場で同時に，しかも正確に制御されて進行していることが通常である。この特徴は，これらの反応を触媒する酵素の反応特異性に因るところが大きい。酵素反応は副産物をほとんど生じないため，酵素を工業的に利用できれば精製工程の簡略化や製造コストの低減等の大きなメリットが期待され，これの工業利用がかねてから切望されてきた。酵素は本来，温度やpH等の環境が制御された生体内で機能しており，反応場の環境変化に弱く，容易に活性を失ってしまうため，これまで，酵素が工業的に利用された例は数えるほどしか見あたらない。このように酵素を工業的に利用するためには酵素の安定性を高めることが不可欠であると考えられる。

酵素を安定化する試みは数多くなされているが，大きく2つに分けられる。一つはタンパク質自体の構造安定性を高めるよう改変するタンパク質工学的手法であり，もう一つはガラス表面等の担体表面に固定化して安定化する固定化法である。しかしながらタンパク質工学的手法に関しては安定化のための改変指針が確立されておらず，個々の酵素において試行錯誤を繰り返す必要がある。また，固定化法では酵素と担体とを結合させるための固定化反応により酵素の活性が著しく低下してしまう不具合があり，多くの酵素に適用可能な普遍性の高い安定化技術が望まれている。

2　メソポーラス多孔体が有するナノ空間場

シリカゲルや活性炭といった多孔体は，それの有する表面積が著しく大きいことから吸着材料として古くから知られている。これらの多孔体の有する細孔の孔径は均一ではなく単に高表面積

＊1　Tsutomu Kajino　㈱豊田中央研究所　福嶋特別研究室　主任研究員

＊2　Yoshiaki Fukushima　㈱豊田中央研究所　福嶋特別研究室　室長

を実現するために必要とされた構造にすぎなかった。これに対して1992年から1993年に相次いでモービル研究所[1]および早稲田大学と豊田中研[2]のグループから発表されたメソポーラスシリカ（MCM-48，FSM16など）は数nmの大きさの均一な細孔が蜂の巣状に規則的に配列した構造を有しており(図１)，全く新しいナノ材料として注目された。しかしながらこの材料の特徴は細孔径の均一性に留まらない。メソポーラスシリカは界面活性剤のミセルを細孔の鋳型として合成されるため，界面活性剤の炭化水素鎖長を変えることにより多孔体の細孔径を数～十数nmの範囲で制御可能であることがもう一つの大きな特徴である。近年では細孔の鋳型とトリブロックポリマー等を用いることにより20nmを超える大細孔を有するメソポーラスシリカも合成可能である。メソポーラス材料の出現により私たちは制御されたナノ空間を利用するチャンスを得た。メソポーラスシリカの有する細孔の大きさは，有機金属錯体や生体反応を担う酵素の大きさとよく一致していることから，メソ細孔をこれらの機能分子の反応場として利用する取り組みが注目されている（図２)。

3　ナノ空間場に固定された酵素の機能

3.1　細孔径に依存した酵素の安定化

酵素はメソポーラスシリカの粉末を酵素溶液に懸濁することにより容易に吸着固定される。メソ多孔体への固定化は化学反応を伴う共有結合法とは異なり，水素結合や疎水結合のような非共有結合で成されるため，固定化操作による酵素の失活はほとんど観察されないとともに，非共有結合による固定化であるにもかかわらず，酵素の漏出もほとんど観察されない。この特徴はメソ

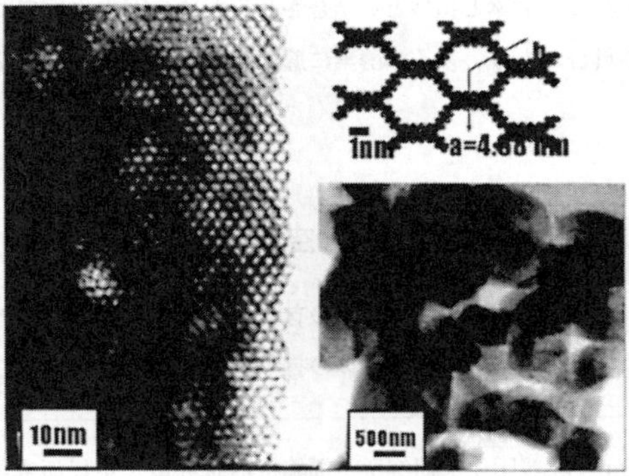

図１　メソポーラスシリカ（FSM）のTEM像と構造模型

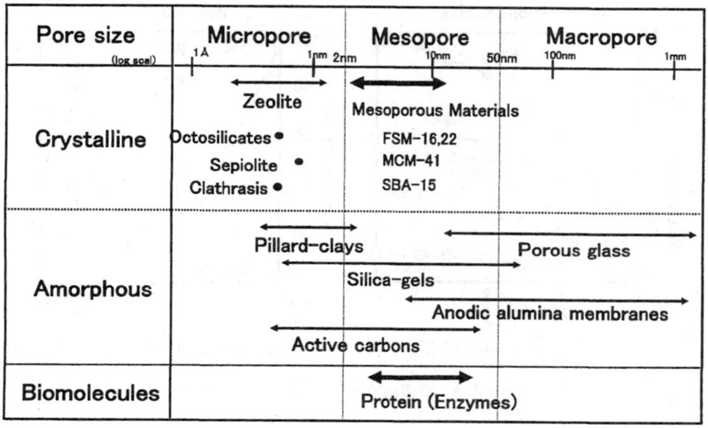

図２　多孔体の細孔径とタンパク質の大きさ

ポーラスシリカが酵素の固定化担体として優れていることの理由のひとつということができる。サイズの異なる３種類の酵素についてメソポーラスシリカの細孔内に酵素を固定化し，その触媒活性と熱安定性を評価した。はじめにHRP (Horse Radish Peroxidase) を細孔径の異なる３種類のFSMに吸着固定した[5, 8)]。FSMに固定化されたHRPはグアイヤコールを基質とする水溶液中での反応ではFSMの細孔径に因らず，固定化していない天然型のHRPと同様の活性を示し，メソ多孔体への固定化による失活はほとんど認められない。一方，1,2-diaminobenzeneを基質とするトルエン中での反応では，HRPの分子サイズ（4.4nm）よりわずかに大きく，酵素分子が一つ進入できる大きさの細孔に固定化することにより，高い酵素活性を示したのに対し，細孔径が酵素分子より小さく，明らかに進入できない細孔を持つ多孔体や，酵素分子に対し細孔が大きすぎる多孔体に固定した場合は反応が短時間で停止することが確認された。酵素は有機溶媒中ではその立体構造が維持できず，容易に失活してしまうことが知られており，FSM細孔内に固定化されることにより有機溶媒による構造崩壊が妨げられたためだと考えられる。さらに，細孔径の異なるFSMに固定化したHRPの温度安定性を評価したところ，有機溶媒耐性と同様に酵素の大きさに合った細孔を持つ複合体が高い安定性を示すことも確認されている（図３）。これらの結果から適切な大きさの細孔内に酵素を固定化することにより，酵素の安定性を向上できることが示唆された。そこで，メソポーラスシリカ固定による酵素の安定化効果の普遍性を確認するため，Subtilisin[5, 8)] と Manganese Peroxidase（MnP）[9)] についてFSM固定による熱安定化効果を評価した。Subtilisin，MnP共に酵素の大きさ（4.3nm，6.4nm）に合った細孔を有するFSM（5.1nm，

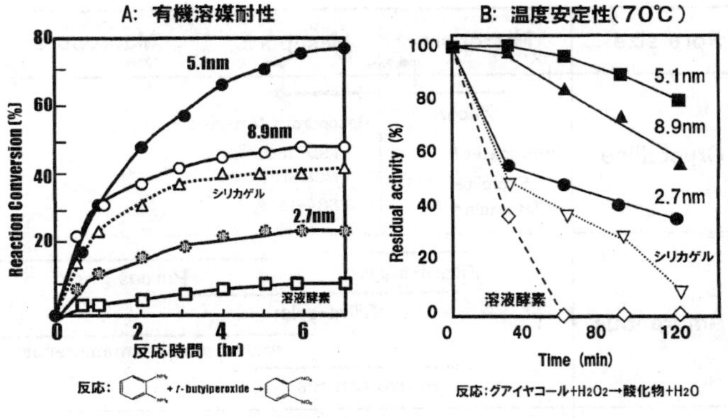

図3　HRPのA：有機溶媒耐性および，B：温度安定性

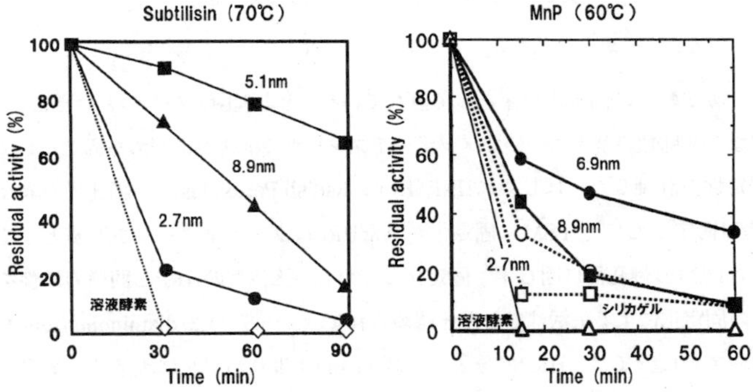

図4　Subtilisin および Manganese Peroxidase (MnP) の温度安定性

6.9nm）に固定化した場合に酵素の熱安定性が最も高くなり，酵素分子より小さすぎても大きすぎても安定化効果は低く（図4），酵素をメソポーラスシリカに固定化することにより普遍的に安定性を向上できる可能性を見出した。

3.2　FSM/Manganese Peroxidase (MnP) 複合体による連続酵素反応

FSMに固定した酵素の工業プロセスでの利用可能性を検討するため，MnPによるパルプの酵素漂白システムを構築した[9]。MnP漂白は，酵素によってMnイオンを酸化する酵素反応と活性化Mnによってパルプに含まれる有色物質を酸化分解する化学反応の2段階の反応に分けられる。各反応の最適温度は酵素反応が39℃，化学反応が70℃であることから，それぞれの反応を個別の

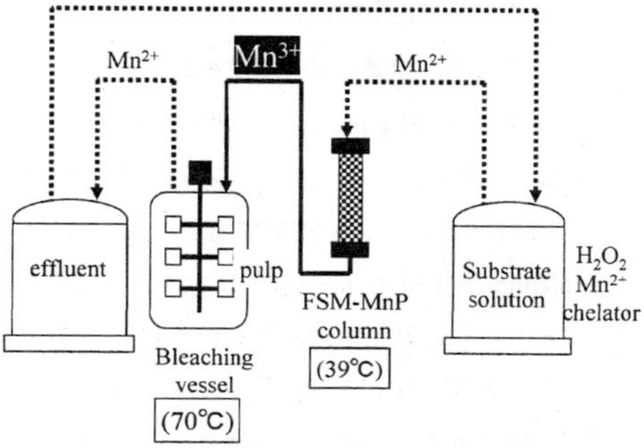

図５　Two Stage Reactor のイメージ図
酵素反応と化学反応を異なる反応槽で行うことにより，それぞれの最適条件で反応させられる。

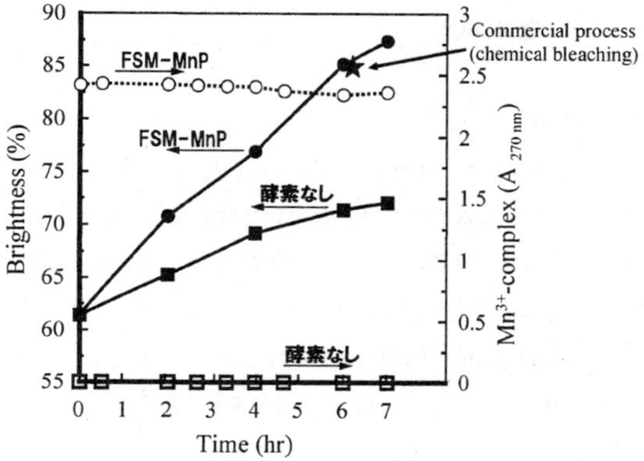

図６　MnP による酵素パルプ漂白
１時間の TSR システムによる酵素反応とアルカリ抽出操作を繰り返し行ったときの白色度の経時変化。

反応器で行い，これらをMn^{2+}イオンにより仲介するTwo Stage Reactor（図５）を採用した。これにより，各反応をそれぞれの最適条件で行うことがでるようになった。FSMに固定化されたMnPは39℃における１ヶ月間の連続反応後においても初期活性の80%を維持しており，さらにMnP処理とアルカリ抽出を繰り返すことにより７時間で現行の工業プロセスと同等の漂白活性（白色度88%）が得られることを確認した（図６）。

3.3　FSM/Myoglobin 複合体の基質特異性

酵素は金属錯体を反応中心に持ち，この錯体がタンパク質との相互作用により高い触媒活性や反応特異性を発現していると考え，天然の酵素におけるタンパク質の役割をナノ反応場を利用して代行させる取り組みがなされている。伊藤らはペルオキシダーゼの反応中心に含まれる鉄ポルフィリンを持つミオグロビンをFSMに固定化してペルオキシダーゼの基質選択性を付与できることを確認した[6]。ミオグロビンは弱いながらペルオキシダーゼ活性を有することが知られているが基質選択性は乏しい。このミオグロビンをFSMに固定化してグアイヤコールとABTS（2,2-azino-bis(3-methylbenzothiazoline)-6-sulfomic acid）に対する反応性を比較した。FSMに固定化したミオグロビンはグアイヤコールに対して非固定ミオグロビンと同様な活性を示したものの，ABTSに対しては反応性が著しく低下していた（図７）。この結果はFSMに固定化されたミオグロビンが基質選択性を有することを示している。この様な選択性発現のメカニズムについては明らかではないが，ゼオライト細孔により形状選択性を利用した反応性制御が報告されており，同様にFSM細孔の提供するナノ反応場が基質選択能を発揮したためではないかと考えられる。いずれにしても，ナノ反応場に固定化されたタンパク質が溶液中とは異なった新たな機能を発揮する可能性が示されたことは意義深い。

3.4　膜タンパク質の安定化

HRP等の可溶性酵素についてはシリカゲルのような担体への固定化により安定化を実現した報告が多くなされている。しかしながら生体内において物質輸送，センシング，エネルギー変換等の重要な生体機能を担うタンパク質の多くは不溶性の膜タンパク質であり，膜タンパク質の生体外安定化に関する報告はほとんどなされていない。光合成タンパク質を構成するLH2（Light-Harvesting Protein 2）は直径7 nmの円筒構造を有するタンパク質で，27分子のクロロフィルaと9分子のカルテノイド分子をタンパク質分子内に内包する膜タンパク質[10]で，膜から抽出す

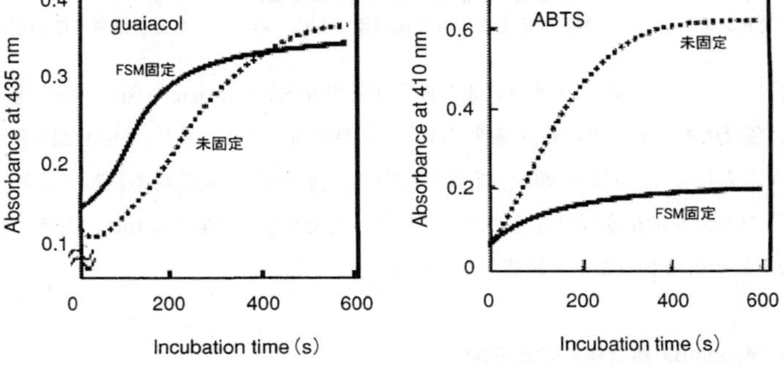

図７　FSM固定によるMyoglobinの基質特異性

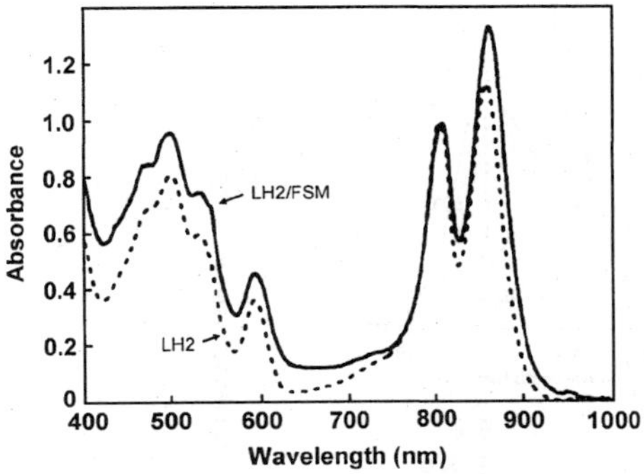

図8　LH2の吸収スペクトル

ると容易にタンパク質の立体構造が崩れて活性を失うことが知られている。

このLH2をモデルとしてFSM固定による膜タンパク質の安定化を試みた[7]。紅色硫黄細菌より抽出したLH2を細孔径が7.9nm，2.7nmの2種類のFSMに固定化し，可視吸収スペクトルを天然のLH2と比較解析した。両スペクトルはよく一致しており，FSMの細孔内でも生体膜と同様の立体構造を維持していることが確認された（図8）。さらに，これらの熱安定性を比較したところ，LH2の特徴的なリング構造を示す850nmの吸収（B850）がFSM固定されたLH2も天然のものと同様に熱処理により消失するものの，その度合いはFSMに未固定のものに比べて少ない事が分かった（図9）。このことから，膜タンパク質であるLH2もFSMに固定化されることにより立体構造の変化は溶液中に比べ抑制されると考えられた。

4　ナノ空間場における酵素の安定化メカニズム

ナノ空間場を利用することにより酵素やタンパク質の安定性を向上できることが明らかになった。しかしながら，その安定化のメカニズム関してはまだ明らかになってはいないのが実情である。酵素が細孔内に進入できないような小さな細孔を有するFSMの場合は，酵素は担体表面に吸着している状態と同じと考えられ，ナノ空間場の効果は現れないと理解できる。酵素を含むタンパク質が有する機能はアミノ酸の鎖が折りたたまれて形成される特定な立体構造により発現され，立体構造変化が失活の大きな要因と考えられる。タンパク質の失活過程に関する研究に因れば，タンパク質はアミノ酸の鎖がコンパクトに折りたたまれた天然型の構造と折りたたみ構造が少しゆるんで占有体積が大きくなった中間体（モルテングロビュール状態）との間で可逆的な構造変化をしていると考えられている。タンパク質の失活は体積膨張を伴うこの中間体を経由して起こ

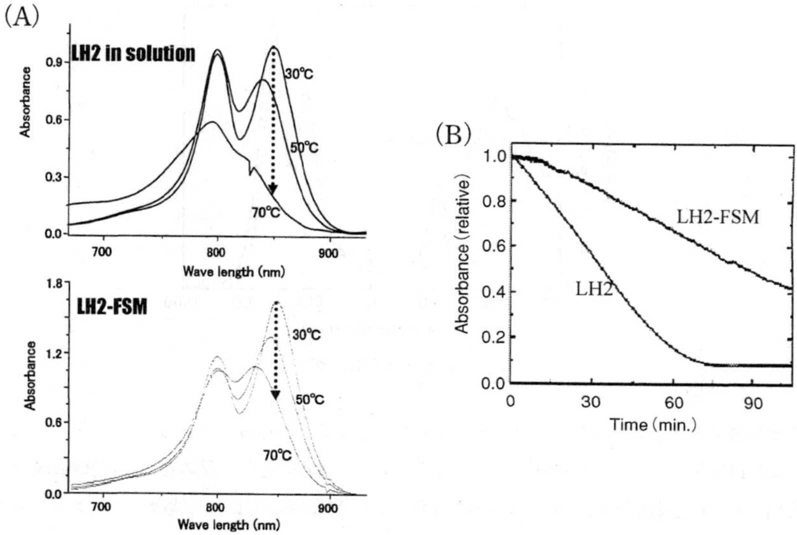

図9　LH2の温度安定性
(A) 加熱処理（60分）によるスペクトル変化，(B) 70℃処理によるB850の経時変化

ることから，タンパク質分子の大きさに合った細孔内にタンパク質を閉じこめることにより体積膨張を伴う構造変化を防止しているために安定性が向上したのではないかと考えている。固体表面に固定化されたタンパク質は表面官能基との間に水素結合やファンデルワールスによる非共有結合を形成する。分子サイズに合った細孔内に固定化されたタンパク質は細孔表面に広く覆われるため，単純な平面上に固定された場合に比べ，より多くの非共有結合が形成されることよりタンパク質の構造変化が抑制されることも構造安定化の要因のひとつであろう。これまで，細孔内に固定化されたタンパク質の構造は直接観察されていない。これらの安定化のメカニズムに関する仮説を明らかにするためには，シリカメソ細孔内に固定化されたタンパク質の構造変化を解析することが不可欠となる。

5　今後の展望

メソ多孔体が提供する細孔空間は，その細孔径を制御できるという点で分子のナノ反応場として注目されている。しかしながらその細孔空間を単なる「孔」としてではなく，細孔制御可能な特殊な「空間」として利用している例はほとんど報告されていない。今回ご紹介したタンパク質の細孔径依存的な安定化効果はメソ細孔を細孔径制御可能な「空間」として利用した数少ない例とすることができる。タンパク質の他にもクロロフィル等の有機金属錯体をメソ細孔内に固定化することにより，細孔径依存的に安定性が高まることを見出しており[3, 4]，ナノ空間に固定化された分子の安定化機構についてはさまざまなメカニズムが存在すると考えられる。さらにシリカメソ多孔体に固定化したクロロフィルの光機能を測定したところ，細孔径依存的なエネルギー移動が観察されている。このように細孔径を制御できるナノ空間場は，これまでのバルクな空間とは異なる新しい反応場と考えられ，様々な機能分子を固定化したメソ多孔体について，その新たな機能が見出されることが期待される。

文　　献

1) C. T. Kresge, M. E. Leonowicz, W. J. Roth, J. C. Vartuli, J. S. Beck, *Nature*, **295**, 710 (1992)
2) S. Inagaki, Y. Fukushima, K. Kuroda, *J. Chem. Soc., Chem. Commun.*, 680 (1993)
3) T. Itoh, K. Yano, Y. Inada, Y. Fukushima, *J. Mater. Chem.*, **12**, 3275 (2002)
4) T. Itoh, K. Yano, Y. Inada, Y. Fukushima, *J. Amer. Chem. Soc.*, **45**, 13437 (2002)
5) H. Takahashi, B. Li, T. Sasaki, C. Miyazaki, T. Kajino, S. Inagaki, *Chem. Mater.*, **12**, 3001 (2000)
6) T. Itoh, R. Ishii, T. Ebina, T. Hanaoka, Y. Fukushima, F. Mizukami, *Bioconjugate Chem.*, **17**, 236–240 (2006)
7) I. Oda, K. Hirata, S. Watanabe, Y. Shibata, T. Kajino, Y. Fukushima, S. Iwai, S. Itoh, *J. Phys. Chem. B*, **110**, 1114 (2006)
8) H. Takahashi, B. Li, T. Sasaki, C. Miyazaki, T. Kajino, S. Inagaki, *Microporous Mesoporous Mater.*, **44–45**, 755 (2001)
9) S. Sasaki, T. Kajino, B. Li, H. Sugiyama, H. Takahashi, *Appl. Environ. Microbiol.*, **67**, 2208 (2001)
10) R. J. Cogdell, P. K. Fyfe, S. J. Garret, S. M. Prince, N. W. Isaacs, A. A. Freer, P. McGlynn, C. N. Hunter, *Photosynth. Res.* **48**, 55 (1996)

関連する総説

Y. Fukushima, T. Kajino, T. Itoh, *Current Nanoscience*, **2**, 211–218 (2006)

第2章　超好熱菌由来シャペロニン共包括による固定化酵素の安定化

香田次郎＊1，矢野卓雄＊2

1　緒言

固定化酵素は1950年代に酵素の有効利用を目的としてその研究が開始され，1960年代には担体結合法，架橋法，包括法といった酵素固定化法の基盤技術が開発された[1)]。さらに，1960年代後半には固定化酵素の工業的応用が報告され，現在，バイオリアクターによる物質生産などの広い分野に利用されている。酵素を固定化することにより，基質特異性，至適pH，至適温度，Michaelis定数や最大反応速度といった動力学定数が変化するほか，変性剤，有機溶媒，阻害剤，プロテアーゼ，熱，pHなどに対する安定性も増加することがある[1)]。しかし，安定性が向上するものの固定化酵素も徐々に失活するほか，固定化酵素の活性が遊離酵素の活性に比べて低いなどの問題もあり，工業的な利用のためには高い活性と安定性を持つ固定化酵素を作製することが必要とされる。近年，遺伝子工学，タンパク質工学などの進展によって耐熱性，有機溶媒耐性など種々の特長を有する酵素の組換え体による大量生産や酵素の改変による安定化が可能となり，より安定性の高い固定化酵素の作製が試みられている。本章では，細胞内でのタンパク質の構造形成を促進するシャペロニンと酵素との包括共固定による固定化酵素の安定化を試みた。

2　シャペロニン

分子シャペロン（molecular chaperone）はもともと高温などのストレス条件下で発現が誘導されることから熱ショックタンパク質（heat shock protein；HSP），あるいはストレスタンパク質と呼ばれていた。その後，熱ショックタンパク質がタンパク質のフォールディングを介助していることが発見され，1980年代後半に分子シャペロンの概念が提案された[2)]。現在では，分子シャペロンは「他のタンパク質と一時的に相互作用して，その不安定なコンフォーマーを安定化させ，*de novo*合成や膜通過あるいはストレスによる変性後のフォールディング，オリゴマーア

＊1　Jiro Kohda　広島市立大学　情報科学部　情報機械システム工学科　助手
＊2　Takuo Yano　広島市立大学　情報科学部　情報機械システム工学科　教授

センブリー，他の細胞構成要素との相互作用，細胞内輸送，タンパク質分解を単独かあるいは他の補助因子の助けを借りて促進するタンパク質」と定義されている[3]。分子シャペロンは分子量や機能の点から多くのファミリーに分類されており，タンパク質の最終的なフォールディングを介助するシャペロニン（chaperonin）は分子量約60kDaのHsp60ファミリーに属する[2,3]。シャペロニンは古細菌，真正細菌，真核生物の細胞質やミトコンドリア，葉緑体に存在し，多数のサブユニットが会合した二重リング構造を形成している。

シャペロニンは真正細菌，ミトコンドリア，葉緑体に存在するグループⅠ型シャペロニンと古細菌や真核生物の細胞質に存在するグループⅡ型シャペロニンに分類される（表 1）。グループⅠ型シャペロニンは 1 種（葉緑体では 2 種）のサブユニット 7 個からなるドーナツ状のリングが二層に積み重なったシリンダー状構造を形成する。また，シャペロニンの補助因子であるHsp10ファミリーの分子シャペロン（コシャペロニン（co‒chaperonin））がシャペロニン二重リングと結合して弾丸状の構造を形成する（図 1）。一方，グループⅡ型シャペロニンは超好熱性古細菌では 1 ～ 3 種，メタン生成古細菌では 1 種，真核生物では 7 ～ 9 種のサブユニットが存在し，8 または 9 個のサブユニットで二重リング構造を形成することやコシャペロニンが存在しないことがグループⅠ型シャペロニンと異なる。大腸菌由来のシャペロニンGroELサブユニットは基質

表 1　グループⅠ型シャペロニンとグループⅡ型シャペロニン[3～5]

	グループⅠ型シャペロニン			グループⅡ型シャペロニン		
代表的なシャペロニン	大腸菌 GroEL	酵母 Hsp60	Rubisco subunit binding protein	TF55/TF56	Thermosome	TRiC，CCT
由来	真正細菌	真核生物	植物	古細菌（*Sulfolobus* 属）	古細菌	真核生物
局在性	細胞質	ミトコンドリア	葉緑体／プラスチド	細胞質	細胞質	細胞質
回転対称	7	7	7	9	8	8
サブユニット	1	1	2	3	1 ～ 3	7 ～ 9
コシャペロニン	大腸菌 GroES	Hsp10	植物 Cpn20	—	—	—

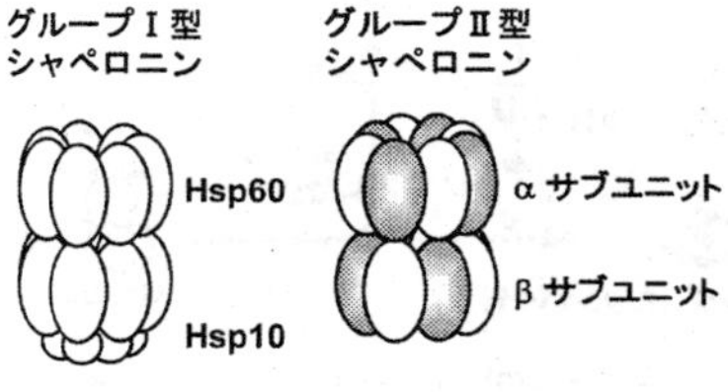

図 1　シャペロニンの構造モデル

タンパク質，コシャペロニンGroES結合部位を持つ頂点ドメイン，ATPの結合と加水分解によるGroELの構造変化に関与する中間ドメイン，他のGroELリングと結合して二重リングを形成するほか，ATP結合部位が存在する赤道ドメインからなる。グループⅡ型シャペロニンもグループⅠ型シャペロニンと同様に3つのドメインからなるが，その頂点ドメインにはシャペロニン空洞入口を覆うようにα-ヘリックスが存在しており，これがコシャペロニンの代わりに機能すると考えられている[6)]。

シャペロニンによるタンパク質フォールディング機構をグループⅠ型シャペロニンGroEL/ESを例として図2に示す[3)]。変性タンパク質あるいは分子シャペロンDnaK，DnaJ，GrpEによって部分的にフォールディングしたタンパク質はGroESが結合していないGroELリングと結合する（図2 ①)。その後，基質タンパク質が結合しているGroELリングにGroESが結合することでGroELの構造変化が起こり，GroELと結合していた基質タンパク質はGroELリング空洞内部に放出される（図2 ②)。このときGroEL空洞内表面はGroELの構造変化によって疎水的環境から親水的環境に変化しておりGroEL/ESで形成される空洞内でフォールディングが進行する。さらに基質タンパク質を収容していないGroELリングにATPが結合して，加水分解することによって，GroESが解離し，内部の基質タンパク質が放出される(図2 ③)。この時点でフォールディングが完成していないタンパク質は再度GroELと結合してこのサイクルを繰り返す(図2 ④)。一方，グループⅡ型シャペロニンはコシャペロニンが存在しないため，グループⅠ型シャペロニンとは異なったタンパク質フォールディング機構が予想される。前述のように頂点ドメインのα-ヘリックスがコシャペロニンの代わりに機能すると考えられているが，グループⅡ型シャペロニンによるタンパク質フォールディング機構に関しては未だ不明な点が多い。

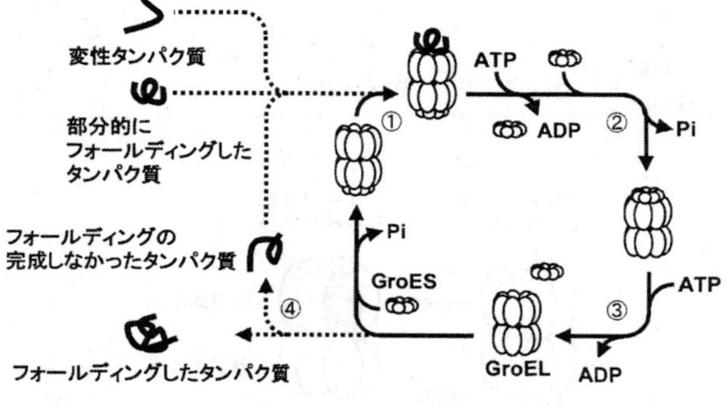

図2　シャペロニンGroEL/ESによるフォールディングサイクル
点線は基質タンパク質の流れを示す（文献3）を改変）。

3　シャペロニンによる遊離酵素，固定化酵素の安定化

酵素の熱失活に対する安定化法として，酵素の分子内架橋や化学修飾，中性塩，リガンド，糖やポリオールの添加などが挙げられる[7,8]。これまでに，シャペロニンの持つ変性タンパク質再生機能を利用した遊離酵素の安定化が試みられており，大腸菌由来のシャペロニンGroEL/ESは4～48℃までの広い温度範囲で酵素の失活を抑制した[9~11]。また，グループI型シャペロニンに属する好熱菌*Bacillus* strain MS由来の組換えシャペロニンは30℃と80℃で酵素の失活を抑制した[12]。一方，超好熱菌由来グループII型シャペロニンでは，*Sulfolobus solfataricus*由来シャペロニン[13]や*Thermococcus kodakaraensis* KOD1株由来の組換えシャペロニン[14,15]が50℃において酵素の失活を抑制した。このように，シャペロニンは酵素の熱失活抑制に有効であり，特に好熱菌あるいは超好熱菌由来のシャペロニンはそれ自身の高い熱安定性から高温における酵素の安定化に有効である。

酵素を固定化することで熱，pHなどに対する安定性が向上する。これは，酵素－担体間，あるいは酵素分子内に多数の化学結合を導入することで酵素の天然構造を保持して構造変化を抑制することで安定化し，ゲル包括法においては架橋度を高くして酵素の分子運動を抑制することで安定化するという多点結合の概念によって説明されている[7,8,16]。しかし，固定化によって酵素の安定性が向上するとはいえ，固定化酵素も徐々に失活する。また，多数の化学結合を導入した固定化酵素の活性は遊離酵素の活性に比べて低くなることが多い。よって，工業的利用の観点から，酵素活性が低下することなく固定化され，かつその活性が長期間維持できることが望ましい。近年，遺伝子工学，タンパク質工学などの進展によって耐熱性，有機溶媒耐性など種々の特長を有する酵素の組換え体による大量生産や酵素の改変による安定化が可能となり，より安定性の高い固定化酵素の作製が試みられている。一方で，シャペロニンの有効利用を目的としたシャペロニンの固定化も試みられてきた。その結果，固定化シャペロニンは変性酵素の再生を促進したほか[17,18]，遊離酵素の熱安定化[19]や熱失活した酵素の再活性化[20]にも有効であり，固定化シャペロニンを繰り返し使用することも可能であった[17,18,20]。したがって，シャペロニンは固定化された状態でもその機能を保持することができるため，固定化酵素の安定化に有効であると考えられる。また，シャペロニンは生体内で多くのタンパク質の機能維持に関与しており，基質タンパク質に対する特異性は低い。さらに，シャペロニン自体もタンパク質であり，シャペロニンと酵素を同一の方法で同時に固定化でき，酵素とシャペロニンの繰り返し利用が可能である。したがって，シャペロニンと酵素の共固定化は酵素の化学修飾やアミノ酸置換による安定化法や糖，ポリオールなどの安定化剤に比べて，多種多様な酵素を簡便な方法で安定化でき，その安定化効果が持続できることが利点であるため，固定化酵素を安定化する一手法として期待される。

分子シャペロンの共固定化による固定化酵素の安定化については分子シャペロンHSP70を用いて検討された。その結果，アミノシラン修飾したガラス表面に共有結合で固定化した組換えヒトHSP70は熱変性したホタルルシフェラーゼを再活性化したが，HSP70とルシフェラーゼを共固定化した場合には，ルシフェラーゼの熱安定性を増加させることはできなかった[21]。したがって，シャペロニンとの共固定化により固定化酵素の安定化を行う場合，シャペロニンによるタンパク質の構造形成メカニズムを考慮する必要がある。図3に担体結合法，架橋法，包括法による酵素とシャペロニンの共固定化の模式図を示す。酵素がシャペロニンによって安定化されるには酵素とシャペロニンが接触することが必要であるが，共有結合による担体結合法（図3（a））や架橋法（図3（b））では固定化後の酵素とシャペロニンの自由度が制限されるため，十分な安定化効果が得られない可能性がある。また，酵素やシャペロニンに共有結合が導入されることにより，各々の機能が低下する恐れもある。これに対して，包括法（図3（c））はタンパク質と担体との間に直接結合を生じないので，シャペロニンと酵素が同じゲル格子内に保持できればシャペロニンによる安定化効果が期待できる。ゲル包括法にはポリアクリルアミドゲルなどの合成高分子やカラギーナン，アルギン酸カルシウム，アガロースなどの天然高分子が使用される。ポリアクリルアミドゲルは架橋剤である*N,N'*–メチレンビスアクリルアミドの組成によって架橋度を自由に制御できる利点があるが，重合時に発生するラジカルや重合熱によって酵素が失活する可能性がある。カラギーナンやアガロースなどの多糖類ゲルは加熱・冷却に伴うコイルードメイン転移によってゲル化するが[22]，ゲル化温度が高い場合にはゲル化の際に熱失活する可能性がある。一方，アルギン酸は2種類のウロン酸のブロック共重合体であり，カルシウムイオンを包括してegg box junctionを形成してゲルに転移する[22]。アルギン酸のゲル化を低温で行うことにより，固定化時の酵素の熱失活を防ぐことが可能である。そこで，アルギン酸カルシウムゲルに超好熱菌*Thermococcus* KS–1株由来シャペロニン（以下，*T.* KS–1 cpnと略）と酵素を共包括するこ

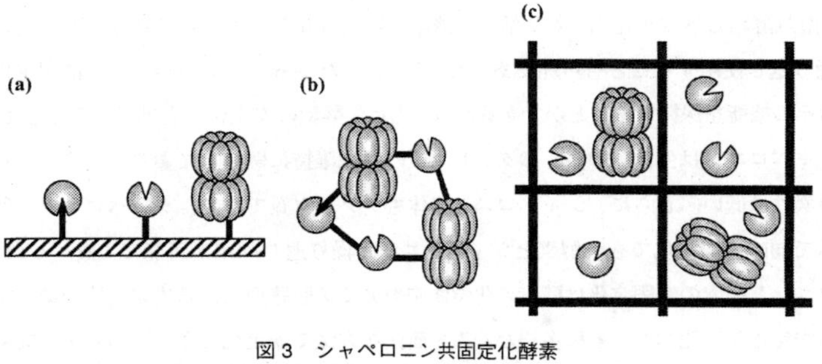

図3　シャペロニン共固定化酵素
(a) 担体(共有)結合法，(b) 架橋法，(c) ゲル包括法。

とで固定化酵素の安定化を試みた事例を紹介する。

4　シャペロニンによる高温における遊離酵素の安定化効果

T. KS-1 cpnはα, βの2種のサブユニット（以下，それぞれ*T.* KS-1 α cpn，*T.* KS-1 β cpnと略）8個でリングを形成するヘテロオリゴマーであり，各々のサブユニットを大腸菌で発現させた場合，ホモオリゴマーを形成する[23,24]。大腸菌で発現させた*T.* KS-1 cpnは70℃での加熱処理によって精製した後，多量の単量体が存在した[25]。グループⅠシャペロニン単量体[26]や*T.* KS-1 cpn単量体[25]がタンパク質のフォールディングを介助したことから，*T.* KS-1 cpnの16量体と単量体が混在した状態で酵素の安定化に使用した。*T.* KS-1 cpn共固定化による固定化酵素の安定化に先立ち，*T.* KS-1 cpnによる遊離酵素の安定化効果について検討した。図4には酵母由来のアルコール脱水素酵素（alcohol dehydrogenase；ADH）の50℃における*T.* KS-1 cpnの失活抑制効果を示す。酵素に対して5倍モル量の*T.* KS-1 cpnを添加した時には，ADHの失活はわずかに抑制され，*T.* KS-1 α cpnと*T.* KS-1 β cpnによる失活抑制効果に差は見られなかった。一方，*T.* KS-1 cpnとATPを添加した場合には，ADHの失活は著しく抑制され，*T.* KS-1 α cpnによる失活抑制効果は*T.* KS-1 β cpnに比べて高くなった。また，ナタマメ由来のウレアーゼを65℃で加熱した場合や好熱菌*Thermus flavus*由来のリンゴ酸脱水素酵素（malate dehydrogenase；MDH）を85℃で加熱した場合においても，*T.* KS-1 cpnによる高い失活抑制効果が確認されており[27]，*T.* KS-1 cpnが他の超好熱菌由来シャペロニン[13,15]と同様にATP存在下において常温性および好熱性の酵素の安定性を著しく促進したことが示唆された。使用した酵素

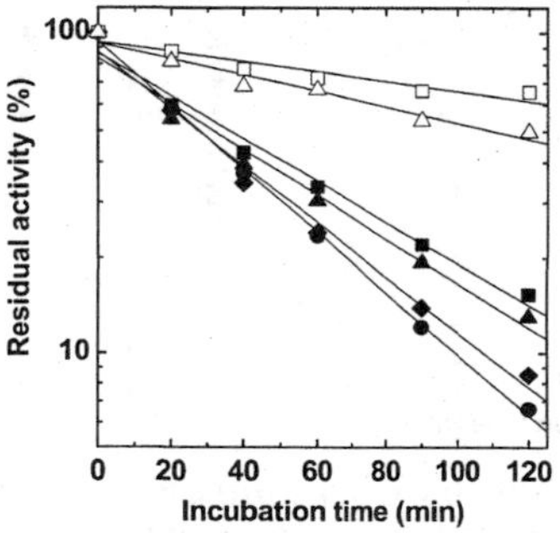

図4　50℃における残存ADH活性の経時変化[27]

●：無添加，◆：BSA添加，■：*T.* KS-1 α cpn添加，□：*T.* KS-1 α cpn＋ATP添加，▲：*T.* KS-1 β cpn添加，△：*T.* KS-1 β cpn＋ATP添加。*T.* KS-1 cpn，BSAはADHの5倍モル量を添加。

によって*T*. KS–1 α cpnと*T*. KS–1 β cpnとの間で失活抑制効果に違いが見られたが，これは*T*. KS–1 α cpn 16量体と*T*. KS–1 β cpn 16量体のATP加水分解活性の温度依存性が異なることと[24,28]，酵素の特性によるものと考えられる。

T. KS–1 cpnはATP非存在下においてもウレアーゼやMDHの熱失活を抑制した[27]。他の超好熱菌由来のグループII型シャペロニンについても同様にATP非存在下で酵素を安定化したことが報告されている[13,15]。そのメカニズムについては明らかではないが，*T*. KS–1 cpn 16量体が50℃以上でATP加水分解活性を有することを考慮すると，この安定化効果はおそらく*T*. KS–1 cpn単量体によるものと思われる。したがって，*T*. KS–1 cpn 16量体がATP加水分解活性を有する温度における安定化効果は，*T*. KS–1 cpn 16量体によるATP依存的な効果と*T*. KS–1 cpn単量体によるATP非依存的な効果によるものと推測される。

5 シャペロニンによる低温における酵素の長期安定化効果

多くの酵素が，バイオリアクター内において常温付近で使用されていること，4℃や−20℃といった低温下で保存されていることから，これらの温度範囲における*T*. KS–1 cpnによる酵素の安定化効果について検討した。ADHを30℃で保存した場合（図5 (a)），*T*. KS–1 cpnと大腸菌由来のシャペロニンGroEL/ESはATP非存在下でADHの失活をわずかに抑制した。一方，ATP存在下では*T*. KS–1 cpnによるADHの失活抑制効果が見られ，*T*. KS–1 α cpnによる失活抑制

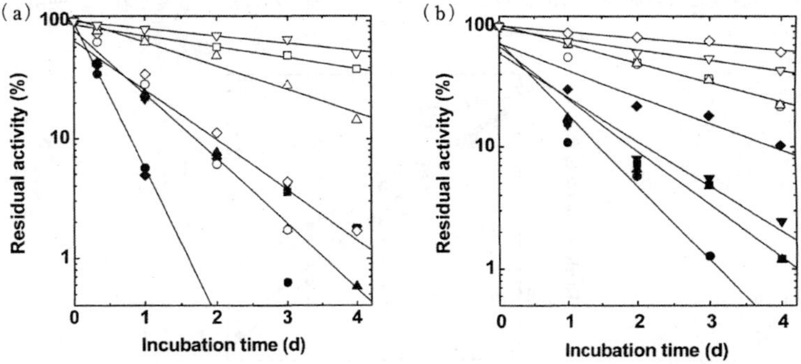

図5　30℃（a）および4℃（b）における残存ADH活性の経時変化[27]
●：無添加，○：ATP添加，◆：BSA添加，◇：BSA＋ATP添加，■：*T*. KS–1 α cpn添加，□：*T*. KS–1 α cpn＋ATP添加，▲：*T*. KS–1 β cpn添加，△：*T*. KS–1 β cpn＋ATP添加，▼：GroEL/ES添加，▽：GroEL/ES＋ATP添加。*T*. KS–1 cpn，BSA，GroEL/ESはADHの5倍モル量を添加。

効果は *T.* KS–1 β cpn に比べて高くなった。また，このときの *T.* KS–1 cpn の失活抑制効果は GroEL/ESに比べて低くなった。ADHを 4 ℃で保存した場合（図 5 (b)）には，ATPの有無にかかわらずBSAによる失活抑制効果が*T.* KS–1 cpnやGroEL/ESを添加した場合に比べて高くなった。ATP 存在下での *T.* KS–1 cpn および GroEL/ES による失活抑制効果は 30℃の場合と比べて低くなるものの，*T.* KS–1 cpn による失活抑制効果が確認された。

T. KS–1 cpn 16 量体は 30℃や 4 ℃においてATP 加水分解活性をほとんど持たないと考えられ[24,28]，また *T.* KS–1 cpn 単量体は ATP 加水分解活性を持たない[28]。したがって，30℃や 4 ℃における安定化効果は *T.* KS–1 cpn 16 量体ではなく，主に *T.* KS–1 cpn 単量体によると推測される。これらの温度においてもみかけのATP依存性が観察されたが，これはATPによる安定化効果と*T.* KS–1 cpn単量体による安定化効果との協同的な効果によるものと思われる。一方，大腸菌由来の GroEL/ES は 30℃で ATP 加水分解活性を有しているために[29]，GroEL/ESによる安定化効果は *T.* KS–1 cpn よりも高くなったものと考えられる。また，GroELの ATP 加水分解活性は52℃以下では温度低下に伴って低下することから[29,30]，4 ℃における*T.* KS–1 cpnやGroEL/ESによる安定化効果が30℃の場合に比べて低くなったものと思われる。これらの結果から，*T.* KS–1 cpn が ATP 加水分解活性を持たない温度における安定化効果は，主に *T.* KS–1 cpn 単量体による ATP 非依存的な効果によるものと推測される。

6　ゲル包括酵素に対するシャペロニンの安定化効果

T. KS–1 cpn と ADH をアルギン酸カルシウムゲルで包括共固定した直径約 2.5 ～ 3.5mm のゲルビーズからの ADH および *T.* KS–1 cpn の漏出は見られなかった。そこで，これらのゲルビーズを 4 ℃で保存したときの *T.* KS–1 cpn による ADH の安定化効果について検討した。BSA や *T.* KS–1 cpn を共固定した ADH ゲル（以下，それぞれ BSA–ADH ゲル，*T.* KS–1 cpn–ADH ゲルと略）のゲル調整 1 日後の活性は ADH のみを固定化したゲル（以下，ADH ゲルと略）の約 1.3 倍であった。これは BSA や *T.* KS–1 cpn が固定化時の ADH の失活を抑制したものと考えられる。一方，ADH ゲルを寒天で作製したときには，ゲル調整 1 日後で ADH 活性は検出されなかった。アルギン酸カルシウムに包括固定した ADH ゲルの残存 ADH 活性は 5 日後には 15％にまで低下したが，BSA–ADHゲル，*T.* KS–1 α cpn–ADHゲルおよび*T.* KS–1 β cpn–ADHゲルの残存ADH 活性はそれぞれ42％，72％，77％に維持されていた（図 6）。また，*T.* KS–1 cpn–ADH ゲルの失活速度はBSA–ADH ゲルに比べて低くなった。したがって，*T.* KS–1 cpn はBSAに比べて固定化酵素の安定化に有効であったことが示唆された。

T. KS–1 cpn は ATP 非存在下でゲル格子中の ADH の失活を抑制したが，遊離 ADH の場合に

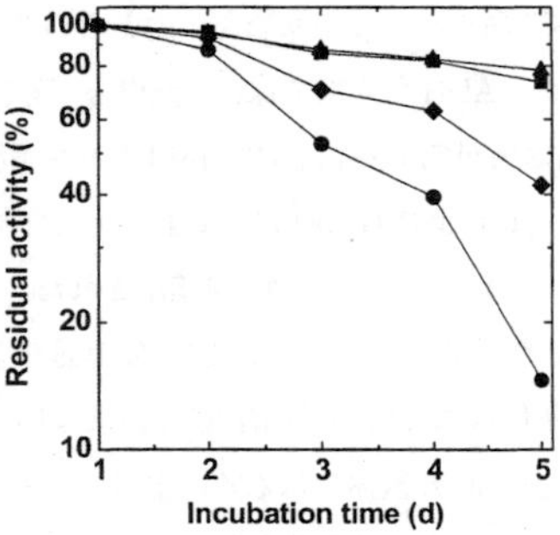

図6　4℃における固定化ADHゲルの残存ADH活性の経時変化[27)]
●：ADHゲル，◆：BSA-ADHゲル，■：*T.* KS-1 α cpn-ADHゲル，▲：*T.* KS-1 β cpn-ADHゲル。*T.* KS-1 cpn，BSAはADHの2倍モル量を添加。

はATP非存在下で著しい安定化効果は見られなかった（図5(b)）。4℃では*T.* KS-1 cpn 16量体がATP加水分解活性を持たないことから，*T.* KS-1 cpn 16量体のATP依存的な機能は抑制されていると考えられる。したがって，ゲル格子内に局所的に濃縮された*T.* KS-1 cpn単量体が溶液中よりも強くADHと相互作用することで，ADHの失活を抑制したものと考えられる。これらのADHゲルをADH活性測定に繰り返し用いた場合，残存ADH活性はADHゲルで35%，*T.* KS-1 α cpn-ADHゲルで45%，*T.* KS-1 β cpn-ADHゲルで35%となった。酵母由来ADHの反応の至適pHは9付近であるが，この付近のpHにおけるADHの安定性は高くはない。したがって，固定化ADHの活性測定を行ったpH9.5の緩衝液中においては*T.* KS-1 cpn存在下であってもADHが徐々に失活したものと考えられる。

7　結言および今後の展望

以上の結果から，*T.* KS-1 cpnは遊離酵素だけでなくゲル包括法により固定化された酵素の安定化にも有効であったことが示唆された。超好熱菌由来のシャペロニンは，大腸菌で発現させた場合にはその精製が比較的簡便であること，コシャペロニンが存在しないためグループⅠ型シャペロニンに比べて共固定化系が簡素化できること，酵素の安定化にATPを必要としない場合があることから，固定化酵素の安定化に有効であると思われる。

共有結合を介した担体結合法や架橋法による固定化酵素の安定化は困難であることが予測されるが，これらに有効な技術が開発されている。これはフォールディングが進行する場であるシャペロニン空洞内に目的タンパク質を融合タンパク質として包括発現するもので，具体的には，数個の*T*. KS-1 α cpnサブユニットと目的タンパク質をペプチドリンカーで連結した発現系を構築した[31)]。*T*. KS-1 cpnのリングは8個のサブユニットからなるため，シャペロニン空洞内に収容可能であれば，8個，4個，2個および1個のサブユニットを連結することによりそれぞれ，単量体，2量体，4量体および8量体の酵素の包括が可能である。発現したタンパク質は常にシャペロニン空洞内に存在して保護されるため，その安定性が向上するものと考えられる。さらに，外側のシャペロニンを介して共有結合させれば，空洞内の酵素は構造変化を起こすことなく，酵素の活性を保持したまま架橋法や共有結合法によって高い活性と安定性を持つ固定化酵素の作製が可能となる。このように，超好熱菌由来のシャペロニンには未だ不明な点が多く，その構造や機能が解明されることで更なる応用が期待される。

文　　献

1) 千畑一郎編, 固定化生体触媒, 講談社 (1986)
2) 永田和宏ほか(編), 分子シャペロンによる細胞機能制御, シュプリンガー・フェアラーク東京 (2001)
3) R. H. Pain(編), 崎山文夫(監訳), タンパク質のフォールディング(第2版), シュプリンガー・フェアラーク東京 (2002)
4) H. Kubota *et al.*, *Eur. J. Biochem.*, **230**, 3–16 (1995)
5) A. J. L. Macario *et al.*, *Microbiol. Mol. Biol. Rev.*, **63**, 923–967 (1999)
6) L. Ditzel *et al.*, *Cell*, **93**, 125–138 (1998)
7) A. M. Klibanov *et al.*, *Anal. Biochem.*, **93**, 1–25 (1979)
8) A. M. Klibanov, *Adv. Appl. Microbiol.*, **29**, 1–28 (1983)
9) Y. Kawata *et al.*, *FEBS Lett.*, **345**, 229–232 (1994)
10) J. A. Mendoza *et al.*, *J. Biol. Chem.*, **267**, 17631–17634 (1992)
11) D. J. Hartman *et al.*, *Proc. Natl. Acad. Sci. USA*, **90**, 2276–2280 (1993)
12) T. Teshima *et al.*, *Biotechnol. Prog.*, **16**, 442–446 (2000)
13) A. Gaugliardri *et al.*, *J. Biol. Chem.*, **270**, 28126–28132 (1995)
14) H. Atomi *et al.*, *Archaea*, **1**, 263–267 (2004)
15) Z. Yan *et al.*, *Appl. Environ. Microbiol.*, **63**, 785–789 (1997)
16) 山根恒夫, 生物反応工学(第2版), 産業図書 (1991)
17) T. Teshima *et al.*, *J. Ferment. Bioeng.*, **86**, 357–362 (1998)
18) T. Teshima *et al.*, *Biotechnol. Bioeng.*, **68**, 184–190 (2000)
19) M. Izumi *et al.*, *J. Biosci. Bioeng.*, **91**, 316–318 (2001)
20) T. Teshima *et al.*, *Appl. Microbiol. Biotechnol.*, **48**, 41–46 (1997)
21) Y. Yang *et al.*, *Biosens. Bioelectron.*, **18**, 311–317 (2003)

22) 荻野一善ほか，ゲルーソフトマテリアルの基礎と応用ー，産業図書 (1991)
23) T. Yoshida *et al.*, *J. Mol. Biol.*, **273**, 635–645 (1997)
24) T. Yoshida *et al.*, *J. Mol. Biol.*, **299**, 1399–1400 (2000)
25) J. Kohda *et al.*, *Biochem. Eng. J.*, **18**, 73–79 (2004)
26) H. Taguchi *et al.*, *J. Biol. Chem.*, **269**, 8529–8534 (1994)
27) J. Kohda *et al.*, *J. Biosci. Bioeng.*, **101**, 131–136 (2006)
28) T. Yoshida *et al.*, *Mol. Microbiol.*, **44**, 761–769 (2002)
29) J. A. Mendoza *et al.*, *Biochem. Biophys. Res. Commun.*, **229**, 271–274 (1996)
30) J. A. Mendoza *et al.*, *Cryobiology*, **41**, 319–323 (2000)
31) M. Furutani *et al.*, *Protein Sci.*, **14**, 341–350 (2005)

第3章　セリシンによる酵素の安定化

岸本高英*1，佐々木真宏*2

1　はじめに

酵素の産業利用において，酵素の安定性を向上させることは，その使用量低減によるコスト削減や，物質変換時の反応温度を上げることによる触媒効率改善などにつながることから，酵素機能改良の重要なターゲットとなっている。その目的のため，耐熱性酵素のスクリーニングやタンパク質工学的手法による試みがなされてきており，近年の技術の進展や成果は目覚ましいものがあるが，安価な安定化剤を共存させるだけで簡便に酵素を安定化することができれば，そのメリットは大きい。本章では，最近筆者らが酵素安定化剤として有効であることを見出したセリシンについて，その特性と臨床検査薬用酵素への適応例を紹介する。

2　酵素安定化剤

臨床検査薬では，含有する酵素や抗体を安定化させる目的で各種添加剤が使用されるケースが多い。添加物質としては，各酵素の補酵素や界面活性剤，溶媒，アミノ酸，糖類，塩類，金属，プロテアーゼ阻害剤，合成高分子，タンパク質などが個々の酵素特性や環境に応じて選択されるが，なかでも牛血清アルブミン（BSA）は，溶解性が高いことや比較的安価に入手できることなどから一般的に使用されている。BSAは対象タンパク質の分子表面と相互作用したり，外部の不活性化要因（熱，酸化還元物質，プロテアーゼ，容器への吸着など）に対する代替標的となることで酵素を安定化すると考えられる[1,2]。

しかし，近年の牛海綿状脳症（BSE）の発生を受けて，安全面から牛由来原料の産業利用が制限される傾向があり，臨床検査薬用途においても例外ではない。筆者らは安全かつ高機能な次世代タンパク質添加剤として，近年生理作用に関する研究が進み，繊維製品や化粧品をはじめとする多くの分野に利用され始めているセリシンに着目した。

＊1　Takahide Kishimoto　東洋紡績㈱　バイオケミカル事業部

＊2　Masahiro Sasaki　セーレン㈱　研究開発センター　主任

3 セリシンとは

繭は蚕（*Bombyx mori*）の絹糸腺から吐き出された糸で作られ，カイコの蛹を保護している。この糸は中心部のコアに相当する部分のフィブロインと，その周りを取り囲む，セリシンというタンパク質から構成されている（図1）。

これまで衣料素材として利用する際には，絹独特の光沢を生み出すために，セリシンの大部分が除去され，主にフィブロインが使われてきた。一方セリシンの役割は，糸作りの過程で液晶状態のフィブロインを保護し流動性を高める潤滑剤，蚕の自力紡糸のための繊維固定などである。この除去されるセリシンは繭糸の約30%とかなりの量であり，長い間有効利用が望まれていたが，絹（シルク）に関する研究はフィブロインが中心であった。

精練とは繭糸からセリシンを除去する作業のことで，セーレンは創業より100年以上もの間，絹の精練に携わっており，社名の由来でもある。この精練作業の従事者は水仕事にもかかわらずとてもきれいな手をしているが，この理由として作業員が直接触れている精練液中の高濃度に存在するセリシンが関与しているのではと推察した。なぜならセリシンは親水性のアミノ酸を多く含み，その優れた保水・保湿性が要因と考えたからである。実際，繭に存在するセリシンを見てみると中の蛹を外界から守る，あるいはフィブロインを保護する“ディフェンスプロテイン”としての役割があっても不思議ではない。セーレンではこれまで廃棄してきた精練液から，安定にセリシンを分離精製する技術への取り組みを開始し，1993年にセリシンの量産化に成功した。

3.1 セリシンの特徴

セリシンはカイコの中部絹糸腺にて合成されるが，主な成分だけでも3種類存在し，セリシンの成分によって中部絹糸腺内腔での分布が異なることが報告されている[3]。しかしいずれも類似

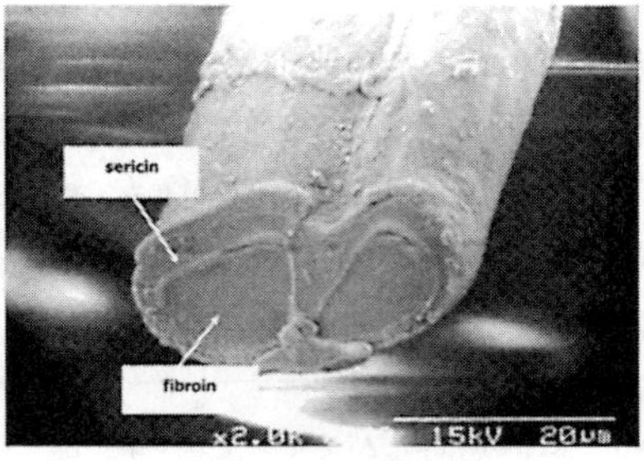

図1 繭糸の断面

したアミノ酸組成を示すこと，さらに抽出に伴うセリシンの分解が成分の分離精製を困難にするため明確な結果は得られていないが，セリシン本来の分子量はおおよそ150～400kDaである[4]。しかし熱水あるいは弱アルカリ条件下での溶出条件によっては加水分解の程度が異なるためセリシンの分子量が大きく変化し，物性にも影響を及ぼす。本章ではセーレンが抽出・精製している加水分解セリシン（平均分子量約30kDa）に関する特徴を中心に記載した。

3.2　保湿性

セリシンはそのアミノ酸組成に特徴があり，セリンが約30%と高い。スレオニンとあわせると実に40%が水酸基を有するアミノ酸ということになる。なお，アミノ酸の「セリン」は，1865年にE. Cramerによってセリシンの加水分解物から初めて単離され，セリシンにちなんで名づけられたものである。

またセリシンのアミノ酸組成は，図2に示すようにヒトの皮膚の天然保湿因子として知られているNMF（natural moisturizing factors）と類似しており，セリシンは保水性，保湿性に優れたスキンケア素材として繊維製品や化粧品に利用されている。実際にセリシンの水への溶解性は50%（w/w）以上であり，吸湿性は化粧品用の保湿剤として汎用されているフィブロインやコラーゲンよりも高いことが確認されている。

3.3　熱安定性

絹精練液中のセリシンはアルカリ加水分解を受け，平均分子量が約30kDaに低分子化される。セリシン水溶液をオートクレーブにて121℃，20分間熱処理を行った場合，沈殿物が生じず，分子量にもほとんど変化がない。またCDおよびIRスペクトルによる立体構造解析では，セリシン水溶液はわずかにβ構造を含むが，その多くはランダム構造であることが報告されている[5]。その要因としてセリシンは親水性アミノ酸を多く含んでいるため，水溶液中において分子内での

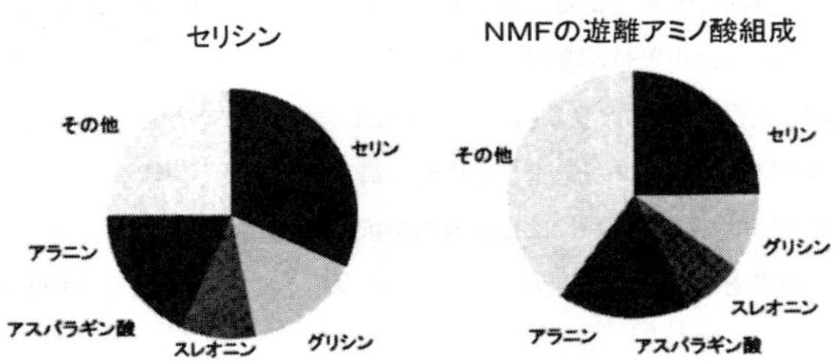

図2　セリシンのアミノ酸組成

疎水結合等，特徴的な高次構造は取りにくいと推察される。従って絹精練液中ですでにセリシンはランダム構造で安定に存在しているために，オートクレーブ処理後も分子量や立体構造に大きく変化は生じないと考えられる。

医療用途においては安全性の制約が強まる中で，絹糸は古くから生体親和性に優れた素材として手術用の縫合糸などに利用されている。オートクレーブ滅菌が可能というセリシンの特徴は安全性の面からも非常に有用な素材である。

3.4 セリシンペプチド

これまでに報告されているセリシン遺伝子*Ser 1*には，セリシンに特徴的なセリンリッチの反復配列が存在している[6]。*Ser 1*からは複数種のセリシン分子が合成されると推測されているが，この特徴的な反復配列領域は，*Ser 1*由来の全てのセリシン分子種に共通に含まれると考えられており，セリシンの機能性にとって重要な構造の一つであることが示唆される。そこで，*Ser 1*の情報を基に，このセリシンの特徴的な反復配列を含むセリシンペプチドをデザインし，大腸菌のタンパク質発現系でセリシンペプチドを生産した[7]。

通常，繭や生糸から抽出されるセリシンは，複数の分子種を含んでおり，抽出の過程で加水分解される場合もあることから，様々な分子種の混合物として得られる。そのため，単一なセリシン分子を精製し，構造機能解析を行うことは困難であることが知られている。一方，遺伝子組換えによって生産したセリシンペプチドは，構造が明らかであり，セリシンの構造機能解析に有用であると考えている。

4 セリシンによる酵素の安定化

コレステロール，中性脂肪，尿酸，クレアチニンなど，酵素法が主流となっている生化学検査薬では，その取り扱いの簡便さから既に液状での流通・保管が主流となっており，そこで使用される酵素については長期間安定であることが要求される。臨床検査用酵素においても，先に述べたような好熱性細菌からの耐熱性酵素のスクリーニングや，タンパク質工学的手法による改良によって，実用に適した酵素を選択する試みがなされてきている[8,9]。しかし，測定精度の向上など検査薬としてのパフォーマンスを追求した場合の最適条件など，実用の場で十分な安定化を図ることは必ずしも容易でなく，実際には緩衝液の選択や添加剤の工夫といったケースバイケースの検討が必要となることが多い（表1）。このような点から安全性が高く汎用的に使用できる安定化剤として，セリシンを検討した。

表１　酵素安定化の手段

酵素自体の選択・改良
・耐熱性酵素のスクリーニング
・タンパク質工学・分子進化工学による改良
・化学修飾による改良
酵素使用条件の工夫
・緩衝液，pHの適正化
・不安定化物質の抑制（プロテアーゼインヒビター添加など）
・安定化剤の選択（タンパク質，グリセリンなど）
・酸化防止剤の選択

4.1　凍結保護作用

セリシンを構成する主なアミノ酸組成は，セリン33%，グリシン17%，スレオニン９%，アスパラギン酸19%などであり，極めて親水性に富んでいる。一般的に，親水性アミノ酸に富んだタンパク質群が，細胞内の水の保持に関与し，凍結や乾燥条件で引き起こされる脱水ストレスから，細胞を保護すると考えられている。また，植物のストレスタンパク質として知られる親水性タンパク質群が，凍結融解条件などの脱水状況下におけるタンパク質の活性の保護に関与していることが報告されている[10)]。

そこで，セリシンを用いて，乳酸脱水素酵素の凍結融解による失活に対する保護作用を調べた[11)]。乳酸脱水素酵素は凍結に関して感受性であり，液体窒素で１分間凍結し30℃で５分間融解するという処理を繰り返すことによって，活性が著しく低下する。凍結保護剤を添加しない条件で，５回の凍結融解処理を行なった場合の残存活性は10%以下であった。一方，セリシンを添加することによって，乳酸脱水素酵素の活性低下は抑制され，凍結融解処理後も約80%の活性が維持されていた（図３）。これらのことから，セリシンは凍結保護剤として広く知られている

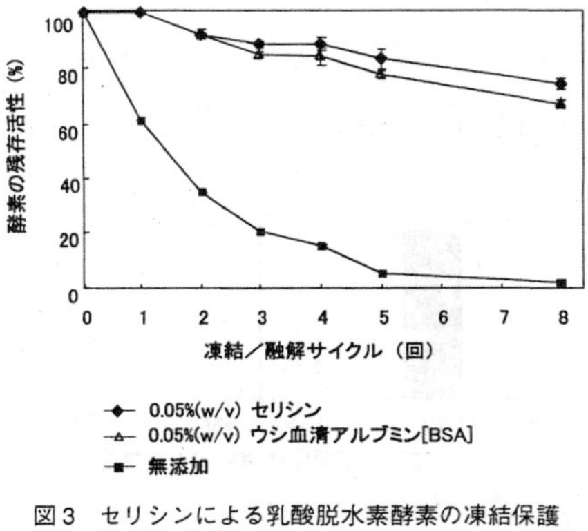

図３　セリシンによる乳酸脱水素酵素の凍結保護

BSAと同等の，高い凍結保護活性を示すことが明らかになった。セリシンの凍結保護活性の作用機序は，親水性アミノ酸に富む領域が水分子と結合することにより，氷結晶の形成を抑制している可能性が考えられる。

4.2　酵素安定化作用

セリシンは，酵素の保存安定性の改善にも有効である。図4は臨床検査薬で汎用的に使用される西洋わさび由来ペルオキシダーゼ，図5は中性脂肪測定用に使用される*Pseudomonas*属細菌由来リポプロテインリパーゼの各溶液に，セリシンを添加した場合の安定性を調べたものである。ペルオキシダーゼ，リポプロテインリパーゼともに，セリシンによって，BSAを添加した場合と比べても優れた安定化効果を示すことが明らかとなった。

また，セリシンによる酵素安定化効果は，乾燥状態の酵素においても期待することができる。

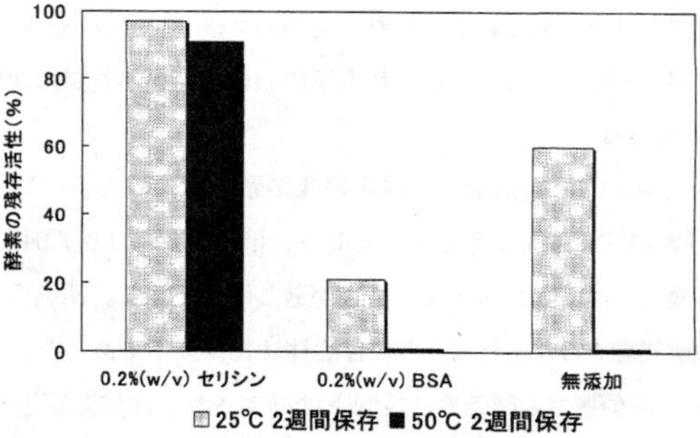

図4　セリシンによるペルオキシダーゼ溶液の安定化

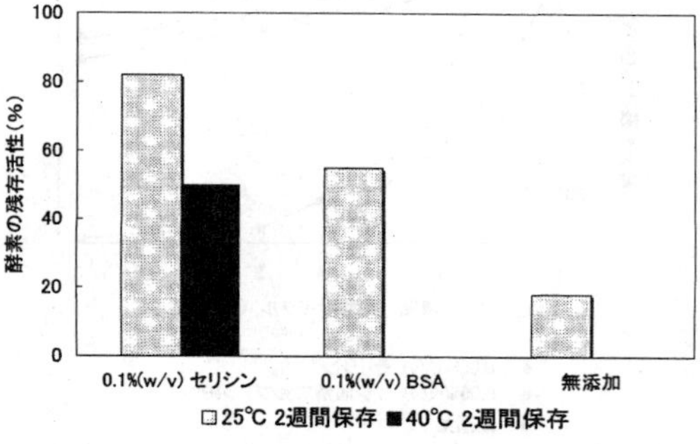

図5　セリシンによるリポプロテインリパーゼ溶液の安定化

第３章　セリシンによる酵素の安定化

図６は血中コレステロールの測定などに使用される*Streptomyces*放線菌由来コレステロールオキシダーゼの凍結乾燥粉末について安定性を調べた結果である。酵素と等量のセリシンを添加剤に使用した場合，添加剤なし或いはBSAを使用した時と比べて安定性が向上することが示された。

セリシンが，タンパク質としては極めて熱安定性が高いことは上述の通りであるが，このことはセリシン自体の優れた保存性にもつながる。図７はセリシン粉末を常温で１年間保管しても機能変化がないことを，図４で示したペルオキシダーゼの安定化効果を指標に示したもので，セリシンが常温でも十分に流通・保管可能であることがわかった。

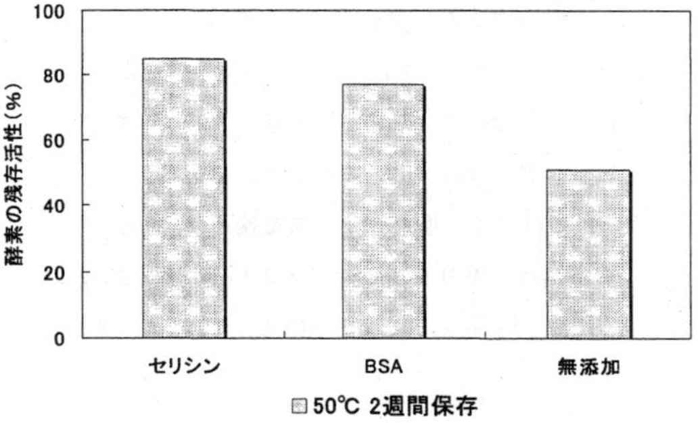

図６　セリシンによるコレステロールオキシダーゼ粉末の安定化

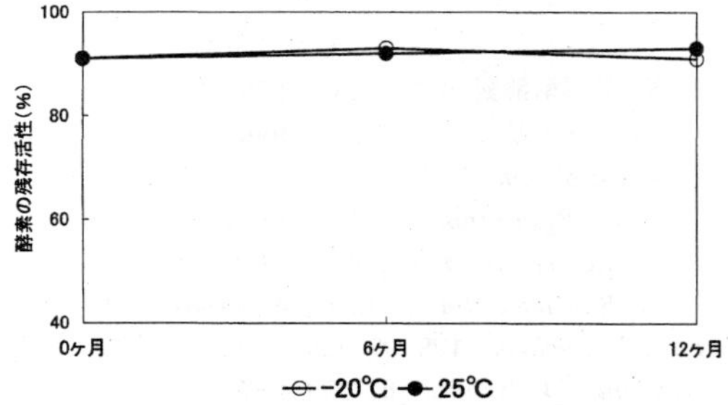

図７　セリシン粉末の安定性（ペルオキシダーゼ安定化作用）

5　おわりに

酵素の安定化技術は，本章で述べた臨床検査薬用途のみならず，酵素の産業利用全般において重要なテーマである。セリシンは，今回筆者らが示した安定化剤としての有用性に加えて，高純度のものが比較的安価に大量入手できることや，安全性の高さといった観点からも，従来のBSAなどに替わるものとして有望であると考え，東洋紡では臨床検査薬用添加剤として商品化し，2005年より販売している。

セリシンは，近年その生理作用に関する研究も進み，繊維製品や化粧品をはじめとする多くの分野に利用され始めている。現在，廃棄処分されているセリシンの量は世界中で10万トン以上と推定されている。これまで絹織物産業の廃棄物として扱われてきたセリシンを有効活用することは，ゼロエミッションの生産システムでもあり，環境対策の観点からも重要であると考えられ，新規バイオマテリアルとして，今後セリシンの応用が進展すれば，経済的および社会的にも大きく寄与できるものと考える。本章がその一助となれば幸いである。もちろん，セリシンが酵素安定化剤として万能というわけではなく，個々のケースで適用検討が必要なことは従来の添加剤と同様であるが，この点については，セリシンペプチドの構造機能解析が進展することで，今後，さらに高機能な改良型セリシンのデザイン・創出が可能となることを期待したい。

文　　献

1) 森田雄平ら, 別冊蛋白質核酸酵素, **76**(2), 187 (1976)
2) 相坂和夫, バイオインダストリー, **13**(11), 20 (1996)
3) T. Gamo *et al.*, *Insect Biochem.*, **7**, 285 (1977)
4) Y. Takasu *et al.*, *Biosci. Biotechnol. Biochem.*, **66**, 2715 (2002)
5) E. Iizuka, *Biochim., Biophys. Acta*, **181**, 477 (1969)
6) Garel A *et al.*, *Insect Biochem. Mol. Biol.*, **27**, 469 (1997)
7) K. Tsujimoto *et al.*, *J. Biochem.*, **129**, 979 (2001)
8) Rubingh. D., *Curr. Opin. Biotechnol.*, **8**, 417 (1997)
9) 西矢芳昭, 臨床検査, **46**(8), 853 (2002)
10) Dure Ⅲ. L. *et al.*, *Plant Mol. Biol.*, **12**, 475 (1989)
11) K. Tsujimoto *et al.*, *J. Biochem.*, **129**, 979 (2001)

第4章　酵素をラッピングする糖アミノ酸誘導体型ヒドロゲル

浜地　格*

1　はじめに

改めて述べるまでもなく，酵素やタンパク質は生体内では水分子に囲まれた環境で機能を果たしている。従って，これらを固定化して利用する場合には非生体的な環境にさらすことは避けられない。即ち，固定化した酵素／タンパク質では，その一部あるいは大部分が変性を受け，酵素本来が示す水溶液状態での高活性や高い選択性が失われてしまう危険性が常に伴っている。特に微細な環境変化に敏感な酵素／タンパク質をターゲットにした場合にはこれは深刻な問題となることがある。固定化による変性を避けつつ，しかし固定化による便利さをもった酵素／タンパク質システムとして，最近我々のグループでは，ある種の小分子が自発的に自己組織化して形成するヒドロゲル(いわゆる一般の共有結合型の高分子から出来たヒドロゲルと区別するために，超分子ヒドロゲルと呼んでいる)に非共有結合的に包み込む手法を開発している。本章では，我々の例を中心に糖アミノ酸誘導体の自己集合による超分子ヒドロゲル材料の概略およびそれを用いた酵素／タンパク質のラッピング，さらにはセミウエットなタンパク質／酵素アレイへの応用展開に関して解説する。

2　糖アミノ酸誘導体から形成される自己組織的なヒドロゲル

超分子ヒドロゲルとは，分子量数百程度の有機小分子が非共有結合的な相互作用を介して自己組織化的に集合した結果，水をゲル化したものであり，いわゆる物理ゲルの一種に分類される。これらはゲル内部に大量の水を含むので，酵素やタンパク質にとって水と類似の居心地の良い環境を提供できる可能性がある。また，出来上がる巨視的なゲルの物性や特性を分子レベルの設計によってコントロールすることが比較的容易なので，従来用いられて来た高分子ゲルとは異なった新規なバイオ材料として興味が持たれている。超分子ヒドロゲルを形成する有機小分子には，二次構造骨格を形成しやすいオリゴ（ポリ）ペプチド類，DNA部分構造を組み込んだ両親媒性

---

*　Itaru Hamachi　京都大学　工学研究科　合成・生物化学専攻　教授

分子，ペプチド脂質や糖脂質類似分子などがリストアップされて来ているが，当初から小分子ゲル化剤を意図してデザインされたというよりは，油を固めるオイルゲル化剤合成の過程で偶然発見されたものがしばしばである。ゲルは一般に不溶性固体と溶液状態の中間のような領域であり，微妙な分子構造の違いによって不溶性固体になってしまったり，溶け過ぎて溶液のままであったりすることが多く，精密な分子設計から狙って合成することが不可能なのが現状である[1]。

我々は，糖とアミノ酸誘導体からなる糖脂質類似の両親媒性分子の化合物ライブラリーを，脂質の固相合成法を開発することによって構築し，このライブラリーのゲル化能をスクリーニングするという戦略によって，糖アミノ酸誘導体型の超分子ヒドロゲルを開発する戦略をとった。具体的には，糖アミノ酸誘導体分子を幾つかのモジュールに分けて，これらのモジュールを液相合成あるいは固相合成によって順次つなぎ合わせるという合成手法を確立した（図１）。構成モジュールとしては糖親水部，疎水テールの他に，これらをつなぐスペーサーやコネクターに分けて，ペプチド固相合成類似の方法論によって（糖）脂質類似体のライブラリーを合成した。得られた分子ライブラリーのゲル化能力は，少量を水中に加熱分散後に室温まで冷却して放置し，その後の溶液物性を肉眼で評価することによって一次スクリーニングとした。すなわちこの時点で，最初から不溶のままのもの，沈殿や結晶として相分離したもの，水溶液のままのものを除外し，透明あるいは白濁したゲルを形成する分子をセレクションした。調製した糖アミノ酸誘導体ライブラリーから数種類のヒドロゲル化剤が実際に見いだされた。わずかな糖鎖構造の差異によってゲル化するものやしないものがあり，また他のモジュールも微妙な構造の違いが対照的な結果を与える場合がしばしば見られた。これらの結果を総合すると，このコンビナトリアル化学を基盤にした方法論は，これまで広く適用されてきた創薬開発目的だけでなく，明瞭な構造ー機能相関が明らかになっていない分子性材料を見つけて最適化するのにも優れた戦略であることを実証することとなった[2]。

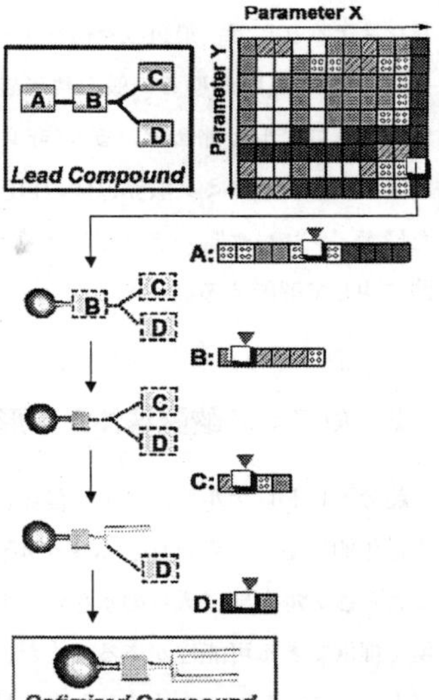

図１　機能性超分子バイオ材料を見つけ出すためのケミカルライブラリー構築のための合成戦略のスキーム
具体的な合成ルートは参考文献２）を参照のこと。

偶然の発見の産物をヒントに合理的な設計指針を確立するためには，構造と機能（この場合，ゲル化能）の相関を可能な限り付けていくことが望まれる。我々は得られたゲル化剤の中から代表的な糖アミノ酸誘導

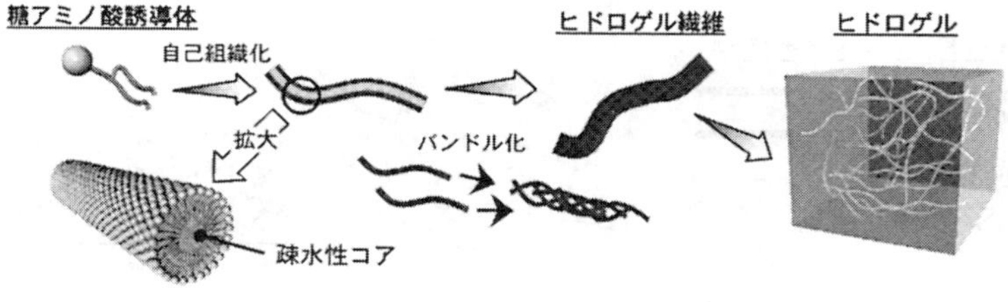

図 2　超分子ヒドロゲルの階層的形成過程の概念図

体型超分子ゲルの構造をTEM，SEM，CLSMなどの各種顕微鏡やX線回折によって解析することによって明らかにし，小分子からなるゲルの形成機構を大まかに理解できるスキームを提案した（図2）。それによると，糖アミノ酸誘導体は，水中に加熱分散してその後室温に放置すると自己組織化して繊維状の会合体を形成する。その繊維の基本単位は5～10nm以下であり，2分子層に相当する程度の細さであることがTEMやAFM観察から示された。粉末X線回折（XRD）のピークから得られる長周期は約4 nmであり，顕微鏡観察結果と良好な一致を示した。またSEMからはより太い繊維状会合体が無数に絡まっている状態が見られ，極細の繊維がバンドル化して太いファイバーへと成長していることを窺わせる。これらが絡まって形成されたマイクロメートルサイズの空間に大量の水分子が閉じ込められてヒドロゲルとなると推測される。実際に，ドライなゲルではなくウエットなままの状態を観測できる共焦点レーザー顕微鏡（CLSM）を用いると，ゲル状態でも明瞭な繊維状会合体の存在が確認できた(微分干渉画像データとして)。また，興味深いことに，疎水的な環境で蛍光の量子収率が大きくなり強い蛍光を発するようなプローブ分子をこのヒドロゲルに少量混合すると，大きな蛍光強度の増大が見られた。また，この蛍光を指標にしてCLSM観察を行うと（蛍光画像データとして）連続してつながる蛍光像が得られ，明らかにヒドロゲル繊維自身が環境応答性の蛍光プローブで染色されている。このことは，糖アミノ酸誘導体からなる超分子ヒドロゲル中に自己組織化によって形成された繊維の中に疎水的なミクロ環境が連続的に広がっていることを意味している。

このヒドロゲルを過飽和状態で調製するとゲルから結晶への転移が起こり，その中から単結晶が得られた。これをX線構造解析すると，上記の推論に一致するような分子配列構造が現れた(図3)。即ち，2分子の糖アミノ酸誘導体が疎水的なテール部分を向け合って入れ子構造で組み合わされて，van der Waals相互作用の距離で綺麗にパッキングしていた。一方，糖親水部は複数の水分子との水素結合を介して整然と配向し，安定な界面形成に寄与している。さらにスペーサーとコネクター部位のアミド結合が分子間でよく発達した水素結合帯を形成していた。この水素結合はゲル状態の赤外分光(IR)からも示唆されたものであり，またテール部分の入れ子構造

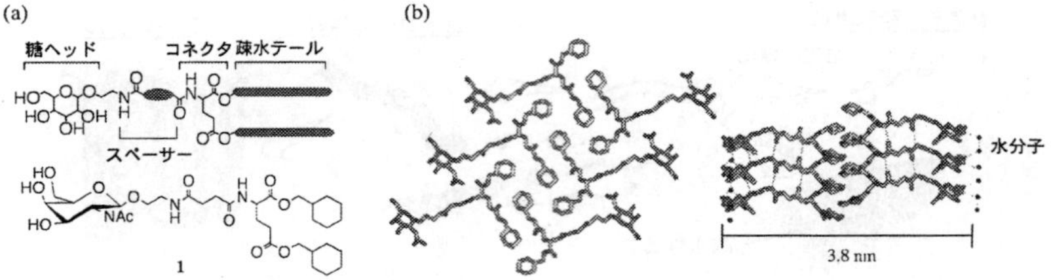

図3　糖アミノ酸誘導体の構造モジュール（a）と，1の単結晶中でのパッキング（b）

はCLSM観察で見いだされた発達した疎水性ミクロ環境の実体として理解される。以上のような構造解析から総合的に考察すると，超分子ヒドロゲルの形成機構は図2に模式的に示されたような過程によって起こると考えるのが最も妥当であろう[3)]。

3　糖アミノ酸誘導体型ヒドロゲルによる酵素／タンパク質のラッピング

糖アミノ酸誘導体型の超分子ヒドロゲルでは0.1～0.2wt%程度の低濃度でゲル形成が可能である。これはゲル化剤1分子に20,000個以上の水が固められている計算になり，水が豊富な準固体的な環境と捉えることが出来る。また，形成されたヒドロゲルは透明性が高く，それ自身の色調の変化を肉眼や紫外可視分光スペクトルや蛍光スペクトルで定量的にモニターすることが出来る。このような特徴は，ゲル中に閉じ込められた分子の機能・特性評価に適した材料を提供することになる。特に，ゲル化剤の分子構造が糖鎖やアミノ酸誘導体から成るため酵素類の変性を抑制すると期待できること，また電荷的に中性の分子なので，様々なpH（pH 5～8程度の範囲）や塩強度（0～250mM）条件でもほぼ同様のゲルとなるなど，酵素やタンパク質の閉じ込め（固定化）に魅力的な分子材料となると思われた。

そこでまず，糖アミノ酸誘導体型ヒドロゲル中でのタンパク質の安定性挙動をミオグロビン酸素錯体を用いて評価した。酸素貯蔵タンパク質であるミオグロビンは，高度に折り畳まれた立体構造が酸素貯蔵能（即ち，安定な酸素錯体の生成）に不可欠であり，この構造が歪むと酸素錯体はすぐに自動酸化されて不活性なメト体へと戻ってしまう。従ってミオグロビン酸素錯体の寿命は，タンパク質構造変化を敏感に感知する良い指標となる。実際に水溶液中とヒドロゲル中でのミオグロビン酸素錯体寿命の半減期を求めると，水溶液中で6.9時間であったのに対し超分子ヒドロゲル中では8.7時間といくらか長寿命化し，変性を受けるどころかヒドロゲル中の方がタンパク質にとっては居心地のよい安定な環境であることが示唆された。これらの結果から，糖アミノ酸誘導体からなる超分子ヒドロゲルは，タンパク質を変性させることなく本来の活性を保持したままで簡便に固定化できることが明らかにされた。さらに，酵素に関しても同様の実験を行った。例えば，アルカリフォスファターゼを包摂したヒドロゲルに蛍光性基質を添加して活性を評価すると，リン酸エステル部分の加水分解の進行が蛍光変化として観測される。見かけの反応速度は，ミリリットルサイズのバルクゲルでは基質の拡散が律速となって，1時間以上かかってしまうが，マイクロリットルサイズまで小型化されたゲル中では酵素反応は5分程度で終了し，水溶液中とほとんど変わらなかった。即ち，水溶液中での酵素反応をそのままミクロなゲル中での定量的な解析に適用することが可能となった（図4）。また，超分子ヒドロゲル繊維が持っている疎水的なミクロ環境を利用すると，酵素本来の天然基質に近い基質を用いてコントラストよくゲル中での酵素活性を評価することも可能となり，種々の読み出しモードを酵素に合わせて適用できる柔軟なバイオ材料であることも示されつつある[4, 5]。

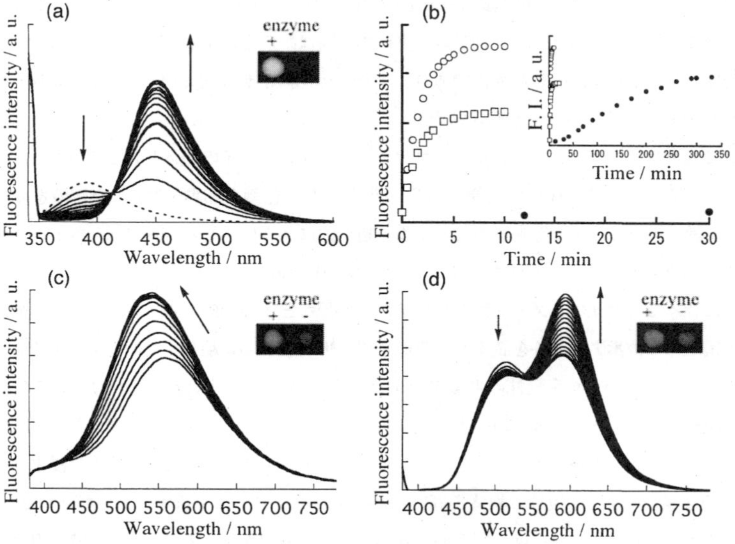

図4　各種酵素による蛍光基質分解に伴う蛍光スペクトル変化とゲルスポットの蛍光色調変化
アルカリ性ホスファターゼによるフルオロジェニック基質の加水分解（a）と各種条件下での酵素反応速度の比較（b）；マイクロリットルサイズヒドロゲルスポット中（○），水溶液中（□），ミリリットルサイズバルクヒドロゲル中（●）。環境応答性色素導入基質を利用したリジルエンドペプチダーゼの活性評価（c）。蛍光共鳴エネルギー移動を読み出しに適用したキモトリプシンの活性評価（d）。

4　セミウエットな酵素／タンパク質チップへの応用[3, 4]

ゲノミクスをはじめとするオーム科学(プロテオミクス，メタボロミクス等)において，多種類の検体を微量ずつ基板上に並べて網羅的に解析するマイクロアレイ技術が有用なツールとなると期待されている。その成功例の代表格は，生物ゲノムにおける転写効率や変異／異常を簡便に検出するための強力なツールとして数万個の短いDNA鎖を一枚のガラス基板の表面に並べて固定化したDNAチップであろう。しかしながら，化学的に安定でタフなDNAとは異なり，酵素やタンパク質の場合，生体内環境とは異なるドライな基板上に生理活性を有する状態のまま固定化するのが困難である場合が多い。例えば，乾燥や界面吸着によるタンパク質の３次構造の不可逆的な変性がプロテインマイクロアレイの構築においてしばしば問題となる。また，基板への２次元的な固定には，一般的に共有結合が用いられるが，反応性が一定しなかったり操作が煩雑だったりするだけでなく，２次元的に限られた表面ではシグナルが弱いという問題点が避けられない。一方，我々の開発した超分子ヒドロゲルは生体内と同様に豊富に水を含んでいるため，タンパク質を包埋しても活性を保持したままであり，また，ゲル構造が３次元的であるため読み出すべきシグナル強度も十分強いことがわかった。

そこで我々は，超分子ヒドロゲルをプロテインマイクロアレイの担体として応用することにした。アレイの調製方法は極めて簡便である（図５）。ゲル化剤を加熱分散させた溶液をガラス基板上に，適量滴下し室温で静置することにより自発的にゲル化させる。得られた各ゲルスポット中にタンパク質を注入するとプロテインアレイの完成である。

実際に我々は，グリコシダーゼ類やプロテアーゼ類など複数の酵素をアレイ化して蛍光基質を用いて網羅的な酵素アッセイを試みた。その結果，透明度の高い超分子ヒドロゲル上ではバックグランドノイズが小さく定量性のあるアウトプットを得ることができた（図６）。さらにゲルアレイは巨視的には固体であるため，ガラス基板を丸ごと水に浸してもゲルスポットの形状は崩れず，隣り合うスポットが混ざることもない。従って，アレイを検査対象の水溶液に浸すという極めて簡便な操作によって複数の検体を同時にハイスループットに分析することも可能であった。また，このヒドロゲルアレイは，酵素の活性ベースでの情報を与えることから，酵素阻害剤のス

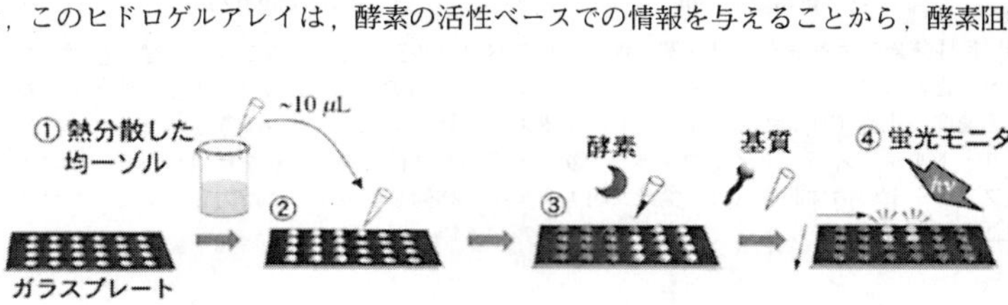

図５　超分子ヒドロゲルを用いたセミウエットプロテインアレイの調製法（酵素検出アレイの調製例）

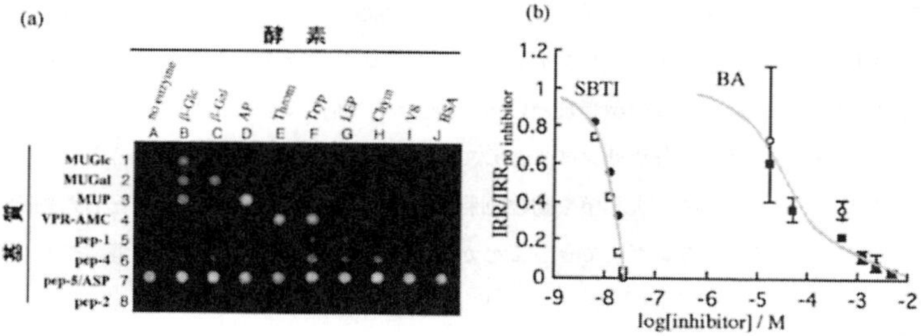

図６　セミウエットプロテインアレイによる酵素アッセイ結果（a）と，ヒドロゲル中・水溶液中でのトリプシン阻害剤活性の比較（b）
大豆由来トリプシン阻害剤（SBTI，水溶液中：●，ヒドロゲル中：□），ベンズアミニジウム塩酸塩（BA，水溶液中：■，ヒドロゲル中：○）

クリーニングにも適用可能である。ヒドロゲルスポットに対象とする酵素と種々の阻害剤候補化合物をともに固定化したプロテインアレイを同様な手法で調製し，それに蛍光性の基質を添加して各スポットの基質分解に伴う蛍光変化を評価する。蛍光変化が見られないスポットでは，添加した候補化合物が阻害剤として作用していることが分かる。モデル実験として加水分解酵素トリプシンを固定化した酵素アレイでの，低分子型阻害剤およびタンパク質型阻害剤の阻害活性を濃度依存プロットとして評価すると，前者はマイクロモルレベルの阻害能，後者はナノモルの阻害活性が得られ，水中での値と良好な一致を示した。もちろんアレイを使って阻害剤の酵素選択性を簡便に評価することも可能であった。このように，超分子ヒドロゲルの分子レベルの自己組織化によって構築された巨視的な物性が，活性ベースで評価可能な酵素／プロテインマイクロアレイ用の担体に適していることが実証された[3, 4)]。

同様なアレイ化は，酵素だけでなく特定の生理活性物質に結合活性を有するタンパク質にも適用できる。我々はレセプタータイプのタンパク質のアレイにも成功し，バイオセンシングに応用している[5~7)]。酵素アレイと同様に，シグナルの読み出しにはチップ上での蛍光変化を利用している。レクチンは糖を高選択的に識別することが出来る糖結合タンパク質であり，現在，腫瘍マーカーなどの検出に用いられている。これに蛍光色素（例えばFluorescein）修飾を施し，超分子ヒドロゲルを用いてアレイ化した。次にレクチンに特異的に結合する糖鎖の末端に消光剤（Dabsyl）を修飾したものをそれぞれのゲルスポットに注入すると，修飾糖鎖がレクチンと結合し，レクチンに修飾したFluoresceinから糖鎖上のDabsyl消光剤へと蛍光エネルギー移動が起こり各スポットの蛍光が消える。このように消光した各ゲルスポットに，分析対象となる種々の糖を添加したところ，レクチンに結合する糖のスポットでのみレクチンの糖結合ポケットから消光剤付き糖鎖が追い出されて，選択的に蛍光が回復した。レクチンと結合しない糖を添加したスポットでは蛍光回復は見られなかった（図７）。糖認識能の異なる６種類の蛍光修飾レクチンとそれに対応する消光剤をアレイしたレクチンチップを調製し，網羅的な糖種の分析を行うと，単純な糖だけでなく糖タンパク質や糖脂質といった配糖体の簡便な検出とパターンニングが可能となった。また，細胞破砕液を分析サンプルとしてレクチンチップでの評価を行うと，各スポットの蛍光回復パターンを指標に，大腸菌や動物細胞の糖鎖の存在量／比率を基本とした細胞種のプロファイリングやクラスタリングもできることが分かって来た。このように，酵素やタンパク質

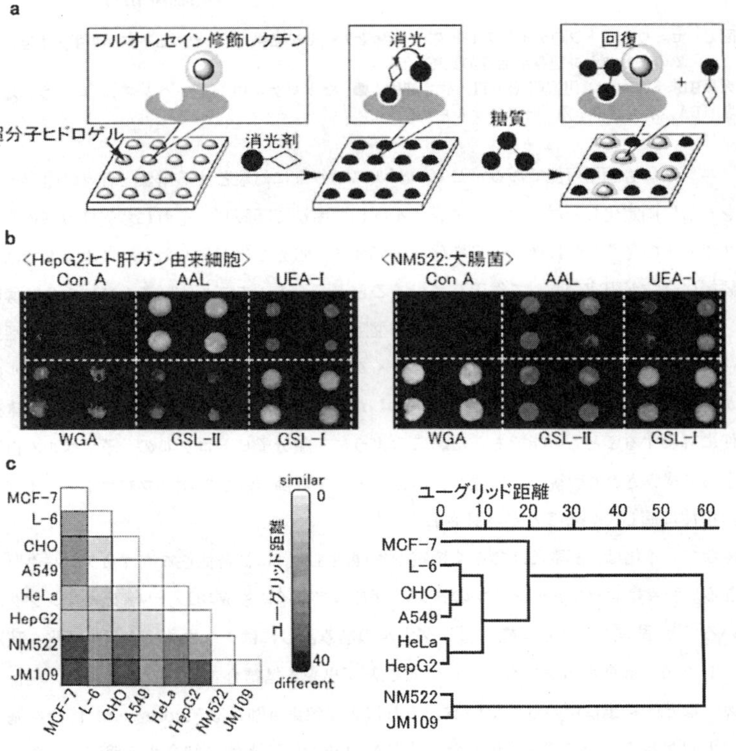

図７　セミウエットレクチンチップによる糖質の検出

a：レクチンチップの検出機構。フルオレセイン修飾レクチンをヒドロゲル中に固定し，消光剤により消光させた後に，検出対象の糖質が消光剤を追い出すことで蛍光の回復として読み出す。b：レクチンチップによる細胞破砕液の分析。６種類の蛍光標識レクチンと対応する消光剤を固定したチップにより細胞破砕液（HepG2，NM522）を分析した。c：レクチンチップによる細胞破砕液間の相同性。５種類の哺乳類細胞（MCF-7，L-6，CHO，A549，HeLa，HepG2）および２種類の大腸菌（NM522，JM109）の破砕液の分析結果より，細胞間のユーグリッド距離の算出（左）とデンドグラム（右）を作成した。

の本来の機能をほぼ完全に保持した状態でのヒドロゲルタイプのタンパク質アレイはさらに多様な応用展開の潜在性を秘めていると期待できる。

文　　献

1) As a review：Estroff, L. A., Hamilton, A. D., *Chem. Rev.*, **104**, 1201–1217 (2004)
2) Kiyonaka, S., Shinkai, S., Hamachi, I., *Chem. Eur. J.*, **9**, 976–984 (2003)
3) Kiyonaka, S., Sada, K., Yoshimura, I., Shinkai, S., Kato, N., Hamachi, I., *Nature Mat.*, **3**, 58–64 (2004)
4) Tamaru, S. –i., Kiyonaka, S., Hamachi, I., *Chem. Eur. J.*, **11**, 7294–7304 (2005)
5) Tamaru, S. –i., Yamaguchi, S., Hamachi, I., *Chem. Lett.*, 294–295 (2005)
6) Yoshimura, I., Miyahara, Y., Kasagi, N., Yamane, H., Ojida, A., Hamachi, I., *J. Am. Chem. Soc.*, **126**, 12204–12205 (2004)
7) Yamaguchi, S., Yoshimura, I., Kohira, T., Tamaru, S. –i., Hamachi, I., *J. Am. Chem. Soc.*, **127**, 11835–11841 (2005)
8) Koshi, Y., Nakata, E., Yamane, H., Hamachi, I., *J. Am. Chem. Soc.*, **128**, 10413–10422 (2006)

第4編　酵素の反応場・反応促進

第1章　イオン液体を反応媒体に用いる酵素触媒反応

伊藤敏幸*

1　はじめに

化学反応はなんらかの反応媒体中でおこなう必要があり，反応媒体の適切な選択が化学反応の成否を決めると言って過言ではない。最近では環境に優しい有機合成の観点から，化学反応の媒体が注目されるようになり，脱有機溶媒化学を目指して，水を反応媒体とすることを売り物とする反応開発も盛んに行われている。しかし，水を反応媒体とする化学反応＝環境に優しい合成法というわけではない。反応そのものは水中で進行しても，目的の有機化合物を有機溶媒で抽出すれば，今度は有機溶媒を含む排水を出すことになる。有機溶媒がとけ込んだ水溶液の無害化処理は困難であり，これでは環境に優しい合成反応とは到底言えない。たとえ有機溶媒を反応媒体としていても，きちんとした溶媒リサイクル系が構築できる場合は，単なる水を反応媒体とする反応より，環境調和という観点からはるかに好ましい有機合成反応システムといえよう。従って，化学反応では反応システム全体を総合的に吟味する必要がある。従来，酵素反応の場はもっぱら水媒体と考えられ，反応媒体に関する検討はおざなりであった。しかし，酵素の活性中心付近は疎水的な環境にあり，触媒活性が発現する場で水が不可欠というわけではない。溶媒リサイクル系を構築できれば，伝統的な水媒体の酵素反応より，有機溶媒中の酵素反応の方が環境に優しい有機合成反応になると期待できる。

イオン液体は最近，超臨流体とともに注目を浴びている新しい反応媒体である[1]。一般に塩としてイメージされる無機塩の多くは水溶性であり，溶融状態にするには高温を要するが，アンモニウム塩やホスホニウム塩などの有機塩の中には，常温でも結晶化せずに溶融しているものが存在する。このような塩を「イオン液体」と総称し，イオン液体のなかではイミダゾリウム塩が溶媒として最も利用されている。イミダゾリウム塩は安定であるとともに，組み合わせる対アニオンにより性質が大きく変化する。たとえば，1,3-ジメチルイミダゾリウム＝ヘキサフルオロホスフェート（[dmim][PF_6]）は室温で固体であるが，イミダゾリウム環上の置換基が非対称の1-ブチル-3-メチルイミダゾリウム塩 [bmim][PF_6] は室温で液体であり，しかもその液体状を示

---

*　Toshiyuki Itoh　鳥取大学　工学部　物質工学科　精密合成化学講座　教授

す温度範囲は融点－61℃，沸点300℃以上と極めて広い。さらに，[bmim][PF_6] はエーテルにも水にも溶けないという面白い溶解特性も示す。酵素の反応には最適温度や至適pHがあり，高濃度の塩の水溶液中ではタンパク質の変性を伴うことが良く知られている。従って，「塩」そのものであるイオン液体を酵素反応の溶媒として使おうというアイデアは，生物学的には常識はずれの発想と言えよう。ところが，イオン液体溶媒中で酵素反応が進行することがわかってきた[1)]。イオン液体の特徴を活かした反応がもっとも進展しているのはリパーゼ触媒反応[2)]であり，本章ではイオン液体中のリパーゼ触媒反応について概要を述べる。

2　イオン液体と生体触媒

2000年7月にロンドン大学Cullらが [bmim][PF_6]：水（1：4）という2相系溶媒中で *Rhodococcus* によるベンゾニトリルからベンズアミド化の反応が進行することを報告した[3a))]。続いてピッツバーグ大学RussellらはCbz保護したアスパラギン酸とL–フェニルアラニンメチルエステルの *Thermolysin* 触媒アミド化が [bmim][PF_6]–リン酸緩衝液混合液中で実現することを明らかにした[3b))]。ただし，これらの研究ではいずれも水–[bmim][PF_6] の混合溶媒を用いており，[bmim][PF_6] は水と全く混じり合わず，酵素反応はもっぱら水中で進行している。イオン液体のみを反応媒体に用いた最初の酵素反応はオランダ，デルフト工科大Sheldonらが2000年12月に報告したものである[4)]。Sheldonらは，イミダゾリウム塩 [bmim][BF_4] 溶媒中でオクタン酸とアンモニアによるアミド化が，酵母 *Candida antarctica* 由来のリパーゼ（CAL–B）により進行することを見いだした。また，CAL–B触媒によりオクタン酸と過酸化水素から過オクタン酸が生成することを利用し，系内で発生させた過オクタン酸でシクロヘキセンのエポキシ化が良好な収率で進行することも明らかにした（図1）[4)]。ただし，いずれの反応も不斉反応ではない。筆者らは，イオン液体を反応媒体としてリパーゼによる2級アルコールの不斉アシル化反応

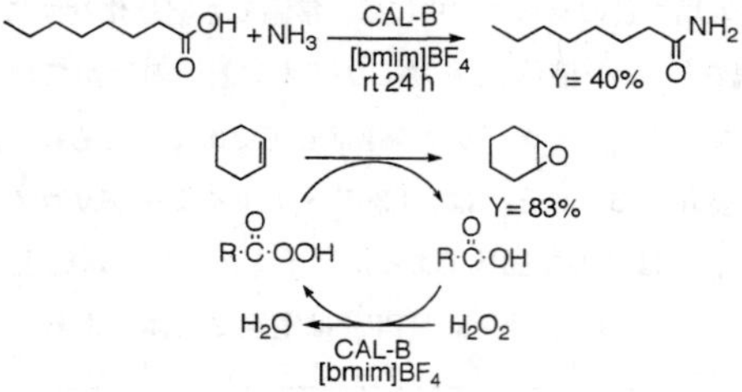

図1　純イオン液体溶媒中の最初の酵素反応

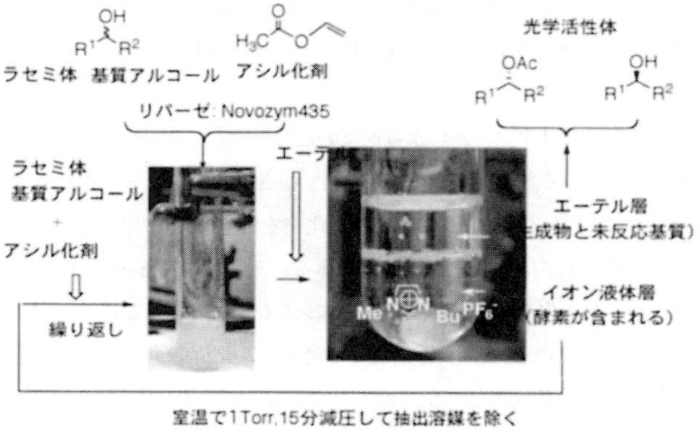

図2　リパーゼ繰り返し利用システム

を検討し，[bmim][BF_4]，[bmim][PF_6] が良い溶媒になり，CAL（Novozym435も同じ酵素）や*Burkholderia cepacia*[5] リパーゼ（PSと略記）で不斉アシル化反応が進行することを明らかにした[6a)]。反応終了後エーテルを加えると，エーテル層とイオン液体層に綺麗に分離し，未反応アルコールと生じたエステルはエーテル層に移り，イオン液体には酵素が残る。そこで，基質アルコールとアシル化剤を加えると再度アシル化が進行し，酵素を再利用することができた(図2)[6a)]。筆者らとほぼ同時にドイツ，ロストック大学のKraglらもイオン液体中でのリパーゼ触媒不斉アシル化反応を報告し[7a)]，さらに2ヶ月後には韓国ポーハン工科大のKim[7b)]，ついでスペイン，マルシア大学のLozanoとフランス，レンヌ大学のIborraらの合同チーム[7c),e)]，さらにMacGill大Kazlauskas (現在ミネソタ大)[7d)] がイオン液体中のリパーゼ触媒反応を報告し，世界中でイオン液体を反応媒体に用いてリパーゼ不斉触媒反応の研究が始まった。

3　イオン液体溶媒中のリパーゼ触媒不斉反応

イオン液体のなかでいわば酵素を「固定化」して再利用できることがわかったが，リサイクルを繰り返すと反応速度が低下してくるという問題が生じた。リパーゼ触媒アシル化反応では，アシル化剤によりacyl–enzyme complexが生じ，これをアルコールが攻撃してアシル転移が起こる。酢酸ビニルがアシル化剤として広く利用されている理由は，アシル化後に生じたビニルアルコールが直ちに互変異性しアセトアルデヒドとなるため逆反応が起こらず円滑にアシル化が進行するためである。アセトアルデヒドはタンパク中のアミノ酸残基とシッフ塩基を形成するため酵素阻害を起こすことが知られているが，揮発性のため反応系から速やかに逃げていき問題を起こすことはない。ところが，再使用を繰り返した[bmim][PF_6]にはアセトアルデヒドオリゴマーが蓄積しており，実際に，アセトアルデヒドが蓄積した[bmim][PF_6]がリパーゼを阻害することがわかった[6c)]。

メチルエステルは生じたメタノールによる逆反応速度が大きくリパーゼ触媒のアシル化剤には適さないことが知られている。減圧条件で反応を行い，生じたメタノールを直ちに反応系から除去すれば問題は起きないが，減圧条件ではアシル化剤を溶媒兼用で大過剰使用する必要があった[8)]。イオン液体は蒸気圧がほとんどない溶媒である。そこで，[bmim][PF_6] 溶媒中でフェニルチオ酢酸メチルをアシル化剤に用いて減圧条件アシル化を行ったところ，効率的に不斉アシル化が実現し，基質あたり0.5当量という理論量で不斉アシル化反応が実現し，反応を繰り返しても反応速度，エナンチオ選択性ともに全く低下しないことがわかった(図３)[6b),c)]。最近，加藤らもCAL-B触媒によるアミンとアルコールの不斉アミド化がイオン液体を溶媒に用いて減圧条件で行うことで効率的に進行することを報告している[9)]。

イオン液体中でアセトアルデヒドが蓄積する理由を考察したところ，イオン液体を構成するイミダゾリウム塩の２位のプロトンの酸性度が高く[10)]，酸触媒として作用してアセトアルデヒドのオリゴマー化を促進していると予想された。そこで，２位をメチル化した [bdmim][BF_4] を反応溶媒に用いたところ，期待通りアセトアルデヒドオリゴマーの蓄積が認められなくなり，10回反応を繰り返しても反応速度が低下せず酵素を再利用することができた (図４)[6d)]。

スルホン酸を対アニオンにできれば，イオン液体の種類を飛躍的に増やすことができる。そこでスルホン酸アニオンを持つイオン液体を各種合成しリパーゼ触媒反応を検討した結果，メトキシエトキシスルホン酸イオンを持つイミダゾリウム塩が良い溶媒になることがわかった[6e)]。ただし，スルホン酸のイミダゾリウム塩は親水性のため含水量が高く，不斉アシル化反応速度が遅くなるという問題があった。そこで，フッ素化アルキル硫酸イオンを対アニオンとするイミダゾリウム塩を合成したところ，疎水性のアルキルスルホン酸イミダオゾリウムを合成でき，この溶媒中でリパーゼ触媒不斉反応が円滑に進行することがわかった[11)]。

Kimらは，Lipase-Ruthenium combo 触媒による動的光学分割 (Dynamic kinetic resolution：DKR) がイオン液体 [bmim][PF_6] 中で効率的に進行することを報告している (図５)[12)]。Lipase

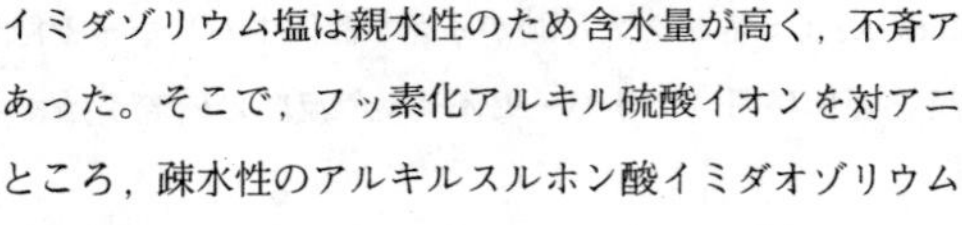

図３　減圧条件リパーゼ触媒不斉アシル化反応

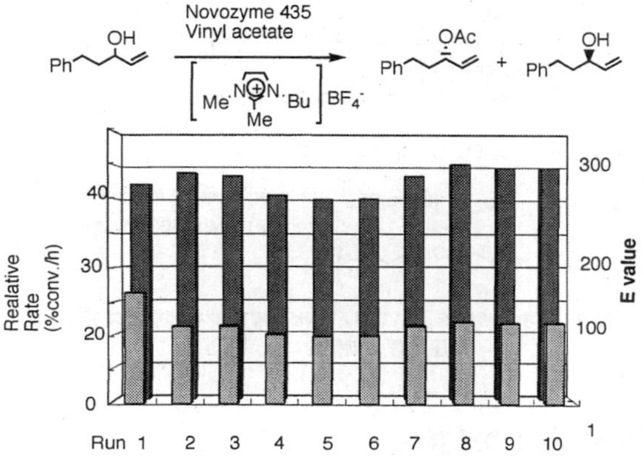

図4　[bdmim][BF_4] 溶媒を用いるリパーゼ再使用反応結果

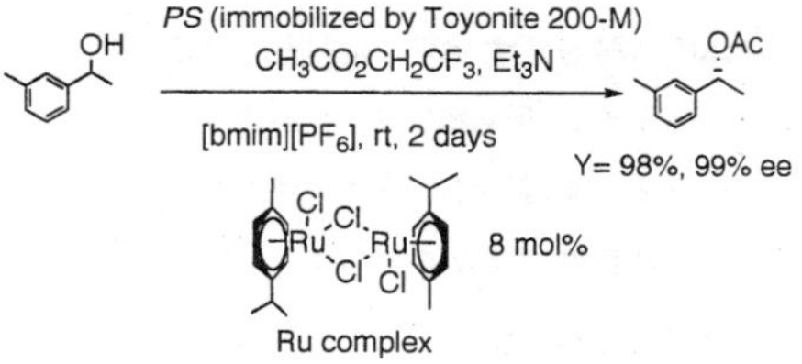

図5　イオン液体を用いる効率的なDKR反応

PSを用いると（*R*)-体，プロテアーゼSubtilisinを用いると（*S*)-体が収率よく得ることができる。この反応では，イオン液体中でラセミ化が速やかに進行することが効いている。DKRはイオン液体の特徴を活かすことができる反応であり，今後の進展が大いに期待される。

リパーゼは，不斉反応のみならずポリエステル合成にも利用でき，この場合もイオン液体システムが有効である。小林，宇山らは[bmim][BF_4]を溶媒に用いてε-カプロン酸の開環重合反応やアジピン酸エチルと1,4-ブタンジオールのポリエステル化を達成している。後者の反応では減圧条件が有効なことを明らかにした（図6）[13]。さらに，Russel[14] やNara[15] もイオン液体を溶媒に用いるポリエステル化反応を報告している。

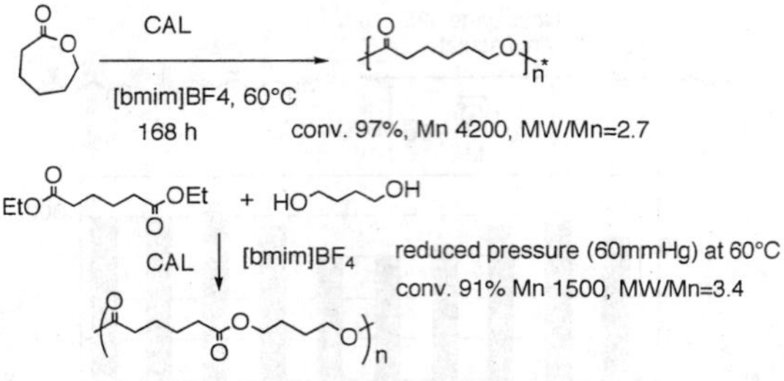

図6　イオン液体を用いるリパーゼ触媒によるポリエステル合成
減圧条件が効果的に使用できる。

4　イオン液体の純度の重要性

筆者らが研究を開始した時点はイオン液体が市販されておらず，全て，自前で合成する必要があった。純イオン液体中でリパーゼによる不斉アシル化反応が進行することを2000年春には見いだしていたが，イオン液体の特徴をだすため，是非とも酵素のリサイクル使用を実現しようと実験を進めたところ，合成したイオン性液体のバッチが違うと全く反応が進行しなくなるという深刻な問題に直面した。不斉反応が実現していたので酵素が作用したことは間違いないと思われたが，少しばかり収率が変化する程度ではなく，パタリと反応がいかなくなるという再現性のなさでは投稿を躊躇せざるを得なかった。そこで，イオン液体のきちんとした精製法を確立し，実験再現性を確認するために時間を費やしたため，完全に自信を持って論文を投稿できたのが2000年12月末になった[6a)]。この間にSheldonらの論文[4)]がでてしまい悔しい思いをした（ただし，不斉反応としてはもちろん筆者らの例が最初の報告になる）。これは，イオン液体を使う反応を展開する場合，綺麗なイオン液体を使う重要性を端的に示している。イミダゾリウム塩を例に精製方法を簡単に紹介する。

1）ヘキサン－酢酸エチル混合液（2：1もしくは4：1）で洗浄する

2）アセトンもしくはエタノール溶液として活性炭処理，セライト濾過，ついで減圧濃縮

3）アセトン溶液として活性アルミナ（TypeⅠ，中性）カラムを通し，減圧濃縮して溶媒除去

4）乾燥（凍結乾燥ののち50℃，0.2Torrで12時間以上減圧）

アルミナ処理は塩交換で残っていた微量の塩化物イオンを除くのに効果がある。イオン液体中の塩化物が酵素活性を阻害するという報告がRogersやLeeらによってなされており[16)]，筆者らが研究初期に経験した酵素反応の再現性の問題はイオン液体中に残存した塩化物イオンが原因であったと思われる。最終工程は初期は50～60℃で12時間以上減圧していただけであったが，現在は凍結乾燥したのち仕上げに減圧処理を行っている。ただし生体触媒反応の溶媒に用いる場合

は乾燥はここまでこだわる必要はない。再生処理もこれに準じて行うことができる。再生処理の場合は，アセトン中で対応するナトリウム塩やリチウム塩（$NaPF_6$やTFSILi）とともに1日攪拌処理したのちに1)～4)の操作を行う。筆者らの研究室ではこのようにして再生処理して繰り返してイオン液体を使用しており，まだ廃棄したことはない。イオン液体の有機溶媒や水への溶解性は，カオチンとアニオンとの組み合わせて大きく変化する。再生処理のためにも，使用するイオン液体の溶解性の特徴を掴んでおくことが大切である。なお，イオン液体同士を混合するともはや分離不可能となる場合が多く注意が必要である。

5　イオン液体の種類と酵素活性

Lozanoらは，CALによる酪酸ビニルと1-ブタノールとの反応による酪酸ブチル合成をイオン液体中で検討し，[bmim][PF_6]中では酵素が徐々に失活するが，基質が存在すると半減期7,500時間と顕著に安定化することを明らかにした[7 c),e)]。さらに，超臨界二酸化炭素中でリパーゼを反応させる場合，イオン液体を補助溶媒とすると酵素の寿命が大幅に延びることを見いだし，イオン液体と超臨界二酸化炭素を組み合わせた効率的な酵素連続使用システム構築に成功した（図7）[17 a)]。Reetzらも超臨界CO_2にイオン液体を補助溶媒とすると同様の安定化効果を報告している[17 b)]。さらに，Lozanoらは興味深いイオン液体による酵素安定化効果を報告している。50℃で，水中でCALを保存する場合，ヘキサン中では4日後に25%まで活性が低下するが，[emim][TFSI]中では75%の活性を保持していた。CD測定でその理由を探ったところ，α-ヘリックスとβ-シートの割合に変化が認められ，β-シートの割合はあまり変化しないが，α-ヘ

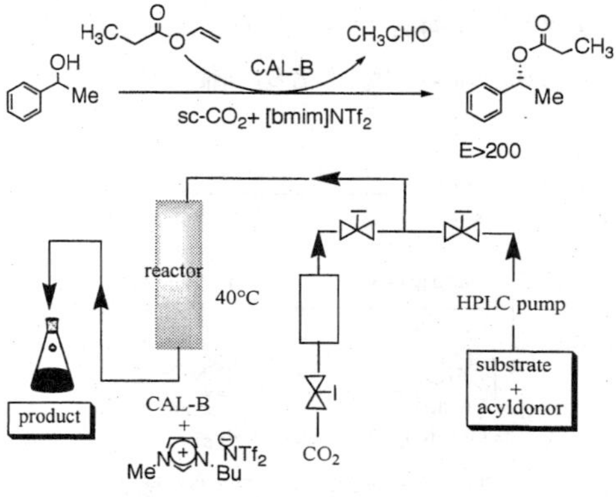

図7　超臨界CO_2イオン液体の組み合わせによるリパーゼ触媒反応

リックスの割合が酵素が失活する場合に大きく減少し，たとえばリパーゼをヘキサン溶媒に加えると，加えた直後にα-ヘリックスの割合が31%に減少し，4日後はわずか2%に減少した。一方，[emim][TFSI]中ではα-ヘリックスの減少率が低い。酵素の活性維持にα-ヘリックスの割合が重要と見られる[18]。

ポリエチレングリコール処理すると酵素などの不安定なタンパク質を安定化することがよく知られているが，後藤らはポリエチレングリコール（PEG）で処理したリパーゼをイオン液体[omim]PF_6を溶媒中で用いて桂皮酸ビニルとブタノールのエステル交換反応を行い，PEG処理した酵素がイオン液体中で安定であると報告している[19]。Russelらはビニルエステルとアルコールとのエステル交換反応をモデルに，イオン液体のPEG処理リパーゼに及ぼす効果を詳細に調べた（図8）[14]。[bmim]塩の場合，対アニオンが重要であり，[PF_6]塩でが良好な酵素活性が観測されるが，[NO_3]，[OAc]，[NO_3]，[CH_3SO_3]，[OTf]，[TFA]いずれも活性を示さない。例外はあるものの（対アニオンがNO_3^-の場合，[bmim]塩は反応しないが[mmep]塩は良好な反応性を示す），酵素活性は主にアニオン部に依存することを明らかにした。NO_3，OAcは求核性が高く酵素タンパクに相互作用しやすいことが要因と推察される[14]。

イオン液体のアニオン部が酵素活性に影響するという同様の結果をSheldonらも報告している[20]。酵素が全く溶解しない[bmim][PF_6]や[bmim][BF_4]を使うとCAL-Bの酵素活性が高いが，CAL-Bが溶解する[emim][$EtSO_4$]，[bmim][lactate]，[$EtNH_3$][NO_3]，[bmim][NO_3]中では酵素活性がほとんどない。一方，[Et_3MeN][$MeSO_4$]にはCAL-Bが溶解するがt-BuOH中と同程度の活性を示し，メチル硫酸塩とエチル硫酸塩で大きく反応性が異なる。FT-IRで酵素タンパクのアミド領域のスペクトル変化を調べたところ，[Et_3MeN][$MeSO_4$]中の酵素タンパクのIRスペクトルは水溶液中と差がないが，酵素が失活する[bmim][lactate]では大きく変化していることがわかり，対アニオンが酵素タンパクと相互作用して好ましくないコンフォーメーション変化を引き起こしたのが失活の主因と著者らは結論づけている[20]。

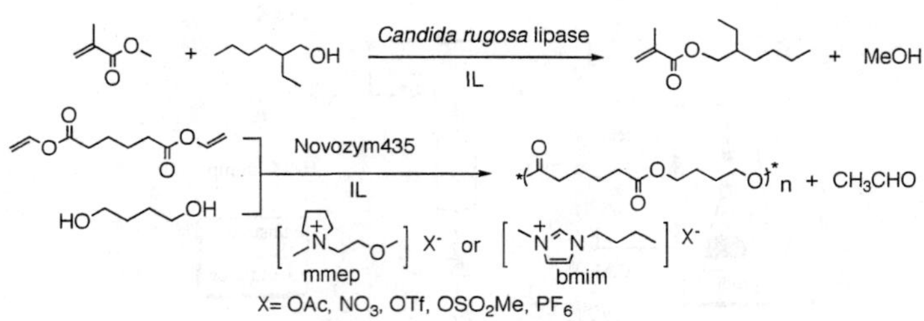

図8　イオン液体によるアシル化反応
対アニオンにより大きく異なる反応性

イオン液体を利用する場合，水や有機溶媒との混合溶媒システムも有効であり，純イオン液体溶媒にこだわる必要はない。Lundellらはアミノアルコールのアシル化反応の場合にイオン液体と*t*-BuOMe混合溶媒で良い結果を得ている[21]。イオン液体（[emim][TFSI]，[BMPy][BF_4]）のみを溶媒に用いた場合，反応は進むもののエナンチオ選択性が*t*-BuOMe溶媒より低い。一方，[emim][TFSI]/*t*-BuOMe(1/1) 混合溶媒とすると良好なエナンチオ選択性で反応が進行する。さらに，[emim][TFSI]/*t*-BuOMe(1/1)混合溶媒を利用すると，マイクロ波照射条件下80℃で酵素反応が進行することを明らかにした（図9）[20]。

Ganskeらはグルコースの6位脂肪酸エステル化をリパーゼで検討し，イオン液体のみでは酵素活性が認められなかったが，*t*-ブチルアルコールと[bmim][BF_4]混合溶媒として使用すると高活性を示し，ビニルエステルのみならず，パルミチン酸のみでも6位のみがエステル化されることを報告している(図10)[22]。イオン液体との混合溶媒にすることでグルコースの溶解性が向上することが効いていると思われる。

その他，イオン液体を反応溶媒に使うと酵素反応の選択性が向上する例がいくつか報告されている[7d),23,24]。KazlauaskasやKimらは［mmim][PF_6］を溶媒に用いると，グルコースのアシル化反応の位置選択性がTHF溶媒中に較べて大幅に向上することを見いだしている(図11)[7d),24]。最近，Wuらは，リパーゼ触媒不斉アシル化によるイブプロフェンの光学分割において，イソオクタン中ではE値13であるが，[bmim][BF_4］ではE値24とエナンチオ選択性が向上することを見いだした（図12)[25]。この反応ではエナンチオ選択性がイオン液体の種類に大きく依存し，[bmim][$MeSO_4$]，[bmim][OctylSO_4]，[Bu_3MeP][OTs]，[mmim][$MeSO_4$]中では，反応は進行するがエナンチオ選択性がない[25]。非酵素的アシル化反応がイオン液体中で進行しているの

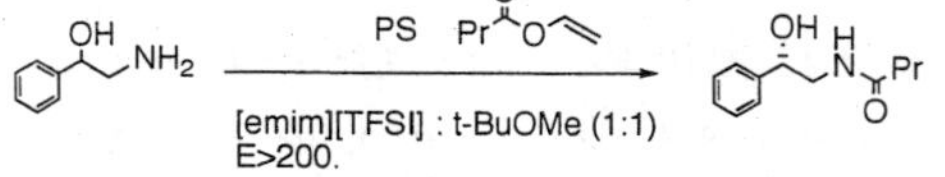

図9　イオン液体と*t*-BuOMeの混合溶媒がエナンチオ選択性に効果的
Microwave条件でもアシル化がエナンチオ選択的に進行

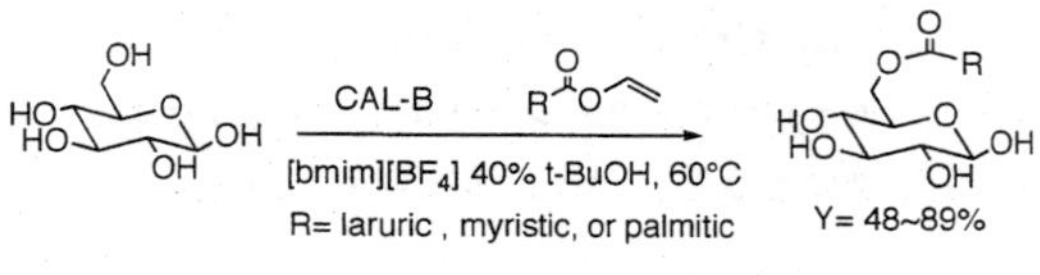

図10　グルコースの位置選択的脂肪酸エステル化
イオン液体と*t*-BuOH混合溶媒システム。

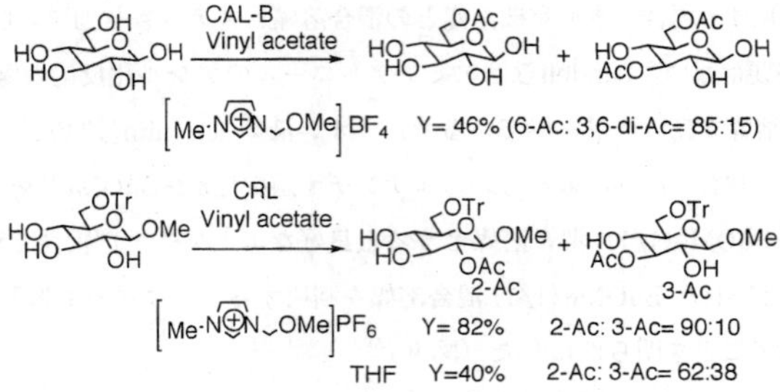

図11　位置選択的なリパーゼ触媒アシル化反応
イオン液体を溶媒にすると選択性が向上する。

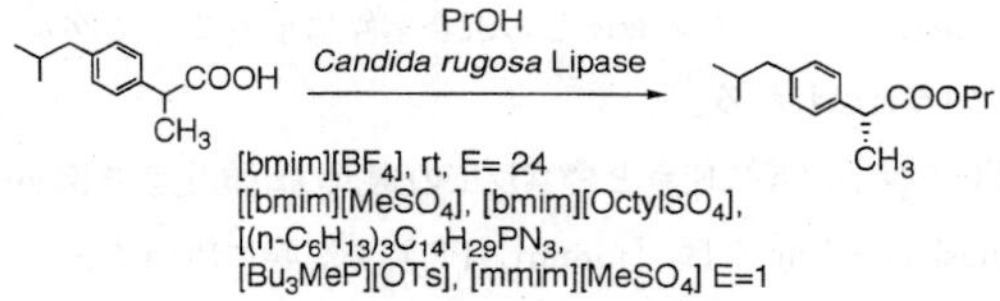

図12　イオン液体の種類でエナンチオ選択性大きく変化

か，イオン液体が酵素に与える影響のいずれかは不明であるが，イオン液体の適切な選択が重要であることがわかる。

6　PEGアルキルスルホン酸イミダゾリウム塩イオン液体によるリパーゼの活性化

リパーゼによるアシル化は，基質によっては溶媒選択でエナンチオ選択性が大きく変化することが知られている。また，リパーゼのタンパクと相互作用をすると考えられる様々な化合物でエナンチオ選択性が変化することが知られ，筆者らはチオクラウンエーテルを微量添加することでエナンチオ選択性や加水分解反応の反応加速が起こることを明らかにしている[26]。最近，後藤らはPEGでコーティングした酵素がイオン液体中で高い活性を示すことを明らかにしている[19]。そこで，イオン液体と酵素との高い親和性を期待し，硫酸エステル系イオン液体としてポリオキシエチレンアルキルスルホン酸＝1–ブチル–2,3–ジメチルイミダゾリウムを合成し，これらでコーティングしたリパーゼを調製しジイソプロピルエーテル溶媒中でアシル化反応を行った(式(1))[27]。

アルコール（±)–1について，ジイソプロピルエーテル（i–Pr$_2$O）溶媒中で酢酸ビニルをアシ

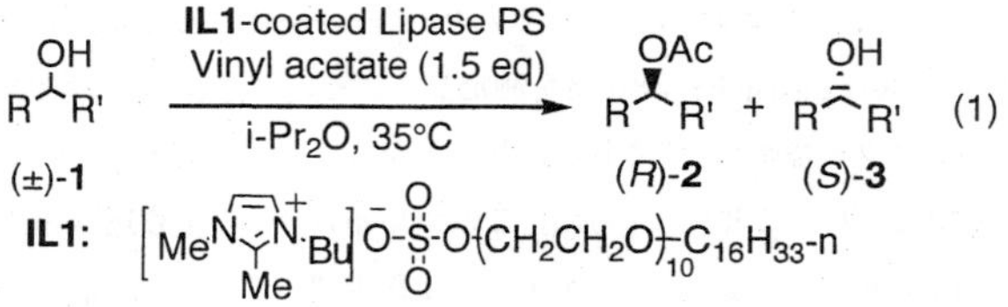

ルドナーに用いて不斉アシル化反応を行い，市販リパーゼPSと活性を比較を行ったところ，イオン液体でコーティングした酵素は，エナンチオ選択性を保持したまま，市販リパーゼPS–Cに較べて数十倍の反応加速を示した[27 a)]。反応加速効果はアニオン部に依存し，界面活性剤Brij–56から誘導したポリオキシエチレン(10)セチル硫酸イオンを対アニオンとするイオン液体IL1が最も優れていた。酵素タンパクコーティングに要するIL1の最適量を調べたところ，リパーゼPSの酵素タンパク当たりモル比で約100倍程度加えて調製した場合に最大の反応加速効果が得られ，これ以上加えると反応速度が徐々に低下した。また，単にイオン液体と混合するだけでは活性化効果はあまり認められず，リパーゼの水溶液中でイオン液体と混合したのちに凍結乾燥処理することが活性化に必須であった[27 b)]。

さらに，酵素のコーティングに用いたイオン液体を構成しているイミダゾリウムカチオンの構造でエナンチオ選択性が変化することがわかった。1–ブチル–3–メチルイミダゾリウム塩では反応加速は起こるもののエナンチオ選択性が低下し，1–ブチル–2,3–ジメチルイミダゾリウム塩ではエナンチオ選択性の低下が認められず，イミダゾリウム環の２位のプロトンの有無がリパーゼのエナンチオ選択性を左右していた。このことは，イミダゾリウム塩が酵素のタンパク質に積極的に相互作用していることを示唆していると考えられる。そこで，IL1でコーティングしたリパーゼPS（IL1–coated Lipase PS）を用いて各種の２級アルコールについて，酢酸ビニルをアシル化剤に使用し，ジイソプロピルエーテル溶媒中の不斉アシル化反応を調べた。その結果，反応加速効果，エナンチオ選択性共に，基質アルコールの構造に大きく依存することがわかった（図13）。ナフチル誘導体1a，1bの場合，市販リパーゼPSでは反応が遅いが，IL1–コーティングしたリパーゼPSを用いることで顕著な反応加速が認められ，実用的に利用できる反応になった。

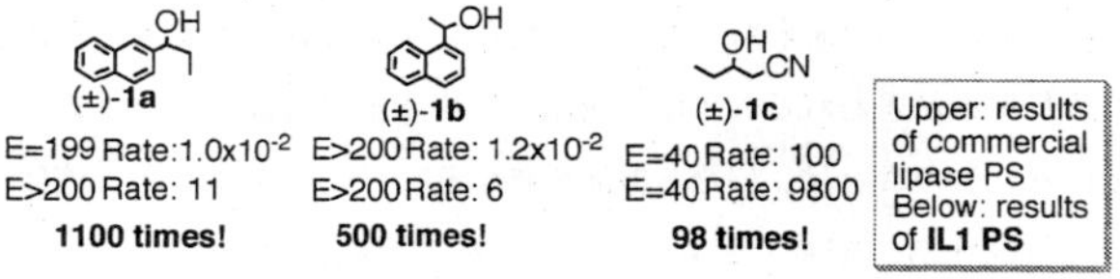

図13　IL-1-コーティングしたリパーゼPSの活性化効果

反応加速の理由を探るため，イオン液体コーティングしたリパーゼPS(IL1–coated Lipase PS)の粉末と未処理酵素粉末(Celite free Lipase PS)のSEMを測定した。その結果，イオン液体コーティングでは多孔質な酵素タンパク集合体が形成されることがわかり，イオン液体コーティング処理でタンパクの表面積が増大していることがわかった。このため基質分子の取り込み速度が向上したと考えると反応加速効果が説明できる。一方，エナンチオ選択性の変化はこのような要因では考えにくい。イミダゾリウムカチオンの構造でエナンチオ選択性が変化するため，イミダゾリウムカチオンが酵素タンパクに対して何らかの作用をしているのは確実である。イオン液体コーティングを行うと，基質分子で反応性が変化することから考えると，イオン液体を構成するイミダゾリウムカチオンと酵素タンパク間の相互作用によるコンフォーメーション変化がエナンチオ選択性を変化させる大きな要因と推察される[27 b)]。

7　おわりに

イオン液体を酵素反応の媒体に使う利点として次の4点が挙げられる。

1）反応後の抽出操作が容易で有機溶媒を含む排水を出さない。

2）酵素の再使用システムを容易に構築できる。

3）イオン液体の機能を活かした反応設計ができる。

4）酵素反応制御ができる。

リパーゼに限らず他の生体触媒反応にもイオン液体を溶媒に使うことができる。水ーイオン液体混合溶媒中ではあるが，グルコースオキシダーゼやパーオキシダーゼ[28 a)]，ヒドロキシニトリルリアーゼ[28 b)]，パン酵母による不斉還元反応[28 c)]，ラクトバチルスのような微生物[28 d)]の反応が報告されている。さらに，北爪らは抗体酵素の反応も[bmim][PF_6]中で進行することを見いだしている[29)]。最近，松田らは*Geotrichum candidum* IFO5767を吸水ポリマーに固定化してイオン液体中でケトンの不斉還元を実現している[30)]。この酵素反応の場合も，リパーゼと同様，イオン液体の対アニオンに活性が大きく依存し，対アニオンの選択がイオン液体を酵素反応に利用する場合には決定的に重要であることを示している。

イオン液体中で酵素反応を無水条件で利用しようという場合，従来の有機溶媒よりイオン液体が優れているのは間違いないと思われ，コスト問題がクリアできればイオン液体溶媒による酵素触媒反応は広く普及すると思われる。イオン液体は，言うまでもなくカチオンとアニオンの組み合わせでできている。このことは，異なる機能を有する二つの成分をイオン液体としてまとめて利用できることを意味する。筆者らが見いだしたリパーゼ活性化能を持つイミダゾリウムPEGアルキル硫酸塩の場合，酵素安定化効果の高いPEGアルキル官能基と，リパーゼのエナンチオ選択性に影響を及ぼすイミダゾリウムカチオンとの協調作用で酵素活性化が実現したと考えられる。カチオン部のさらなる設計で，酵素を安定化させつつ酵素反応を制御できるイオン液体の新しいデザインも可能であろう。イオン液体の将来は，単なる溶媒としてではなく，新しい酵素制御機能試薬として活用することにあるような予感がしている。

文　　献

1）Reviewの例：a) P. Wasserscheid and T. Welton (Eds), "Ionic Liquids in Synthesis", Wiley-VCH Verlarg, (2003)；b) N. Jain, A. Kumar, S. Chauhan, S. M. S. Chauhan, *Tetrahedron*, **61**, 1015 (2005)；c) 大野弘幸(監修)，イオン液体－開発の最前線と未来－，シーエムシー出版 (2003)；d) R. D. Rogers and K. R. Seddon (Eds), "Ionic Liquids as Green Solvents", ACS Symposium Series 856, American Chemical Society (2002)；e) S. Park and R. J. Kazlauskas, *Current Opinion Biochemistry*, **14**, 432 (2003)；f) U. Kragl, M. Eckstein and N. Kaftzik, *Current Opinion Biochemistry*, **14**, 565 (2003)；g) 伊藤敏幸，機能材料，**24**, 27-33 (2004)；h) 北爪智哉，渕上，沢田，伊藤，「イオン液体」，コロナ社 (2005)；i) イオン液体Ⅱ－驚異的な進歩と多彩な近未来－，大野弘幸(編)，シーエムシー出版，東京 (2006)

2）太田弘道，"生体触媒を使う有機合成"，講談社サイエンティフィク (2003)

3）a) S. G. Cull, J. D. Holbrey, V. V-Mora, K. R. Seddon and G. J. Lye, *Biotechnol. Bioeng.*, **69**, 227 (2000)；b) M. Erbeldinger, A. J. Mesiano and A. J. Russell, *Biotechnol. Prog.*, **16**, 1131 (2000)

4）R. M. Lau, F. van Rantwijk, K. R. Seddon and R. A. Sheldon, *Org. Lett.*, **2**, 4189 (2000)

5）以前は*Pseudomonas cepacia*と呼ばれていたが，最近，命名法が変更された。

6）a) T. Itoh, E. Akasaki, K. Kudo and S. Shirakami, *Chem. Lett.*, 262 (2001)；b) T. Itoh, E. Akasaki and Y. Nishimura, *Chem. Lett.*, 154 (2002)；c) T. Itoh, Y. Nishimura, M. Kashiwagi and M. Onaka, Ionic Liquids as Green Solvents：Progress and Prospects, ACS Symposium Series 856, Eds, R. D. Rogers and K. R. Seddon, American Chemical Society：Washigton DC, Chapter 21, pp. 251-261 (2003)；d) T. Itoh, N. Ouchi, S. Hayase and Y. Nishimura, *Chem. Lett.*, **32**, 654 (2003)；e) T. Itoh, Y. Nishimura, N. Ouchi, S. Hayase, *J. Mol. Catalysis B：Enzymatic*, **26**, 41 (2003)；f) T. Itoh, N. Ouchi, Y. Nishimura, S. -H. Han, N. Katada, M. Niwa and M. Onaka, *Green Chem.*, **5**, 494 (2003)

7）a) S. H. Schöfer, N. Kaftzik, P. Wasserscheid and U. Kragl, *Chem. Commun.*, 425 (2001)；b) K-W. Kim. B. Song, M-Y. Choi and M-J. Kim, *Org. Lett.*, **3**, 1507 (2001)；c) P. Lozano, T. De Diego, J. P. Guegan, M. Vaultier and J. L. Ibora, *Biotechnol. Bioeng.*, **75**, 563 (2001)；d) S. Park and R. J. Kazlauskas, *J. Org. Chem.* **66**, 8395 (2001)；e) P. Lozano, T. DeDiego, D. Carrie, M. Vaultier and J. L. Iborra, *Biotech. Lett.*, **23**, 1529 (2001)

8) 減圧条件でリパーゼ触媒アシル化を行った例：a) G. G. Haraldsson, B.O. Gudmundsson and O. Almarsson, *Tetrahedron Lett.*, **34**, 5791 (1993)；b) G. G. Haraldsson and A. Thorarensen, *Tetrahedron Lett.*, **35**, 7681 (1994)；c) T. Sugai, M. Takizawa, M. Bakke, Y. Ohtsuka and H. Ohta, *Biosci. Biotech. Biochem.*, **60**, 2059 (1996)；d) A. Cordova and K. D. Janda, *J. Org. Chem.*, **66**, 1906 (2001)

9) R. Irimescu and K. Kato, *Tetrahedron Lett.*, **45**, 523 (2004)

10) S. Tsuzuki, H. Tokuda, K. Hayamizu and M. Watanabe, *J. Phy. Chem. B.*, **109**, 16474 (2005)

11) Y. Tsukada, K. Iwamoto, H. Furutani, Y. Matsushita, Y. Abe, K. Matsumoto, K. Monda, S. Hayase, M. Kawatsura and T. Itoh, *Tetrahedron Lett.*, **48**, 1801 (2006)

12) M-J. Kim, H. M. Kim, D. Kim, Y. Ahn and J. Park, *Green Chem.*, **6**, 471 (2004)

13) H. Uyama, T, takamoto and S. Kobayashi, *Polymer J.* **34**, 94 (2002)

14) J. L. Kaar, A. M. Jesionowski, J. A. Berberich, R. Moulton and A. J. Russell, *J. Am. Cherm. Soc.*, **125**, 4125 (2003)

15) S. J. Nara, J. R. Harjani, M. M. Salunkhe, A. T. Mane and P. P. Wadgaonkar, *Tetahedron Lett.*, **44**, 1371 (2003)

16) a) M. B. Turner, S. K. Spear, J. G. Huddlestone, J. D. Holbrey and R. D. Rogers, *Green Chem.*, **5**, 443 (2003)；b) S. H. Lee, S. H. Ha, S. B. Lee and Y-M. Koo, *Biotechnol Lett.*, **28**, 1335 (2006)

17) a) P. Lozano, T. de Diego, D. Carrié, M. Vaultier and J. L. Iborra, *Chem. Commun.*, 692 (2002)；b) M. T. Reetz, W. Wiesenhöfer, G. Franció, W. Leitner, W. *Adv. Synth. Catal.* **345**, 1221 (2003)

18) T. De Diego, P. Lozano, S. Gmouh, M. Vaultier and J. L. Iborra, *Biomacromolecules*, **6**, 1457 (2005)

19) a) T. Maruyama, S. Nagasawa and M. Goto, *Biotechnology Lett.*, **24**, 1341 (2002)；b) T. Maruyama, H. Yamamura, T. Kotani, N. Kamiya and M. Goto, *Organic & Biomolecular Chem.*, **2**, 1239 (2004)

20) L. R. Madeira, M. J. Sorgedrager, G. Carrea, F. Van Rantwijk, F. Secundo and R. A. Sheldon, *Green Chem.*, **6**, 483 (2004)

21) K. Lundell, T. Kurki, M. Lindroos and L. T. Kanerva, *Advanced Synthesis & Catalysis*, **347**, 1110 (2005)

22) a) F. Ganske and U. T. Bornscheuer, *J. Mol. Catalysis B：Enzymatic*, **36**, 40 (2005)；b) F. Ganske and U. T. Bornscheuer, *Organic Lett.*, **7**, 3097 (2005)

23) a) W-Y. Lou, M-H. Zong, H. Wu, R. Xu, J-F. *Wang*, *Green Chem.*, **7**, 500 (2005)；b) J-Y. Xin, Y-J. Zhao, Y-G. Shi, C-G. Xia and S-B. Li, *World Journal of Microbiology & Biotechnology*, **21**, 193 (2005)；c) S. J. Nara, S. S. Mohile, J. R. Harjani, P. U. Naik and M. M. Salunkhe, *J. Mol. Catalysis B：Enzymatic*, **28**, 39 (2004)；d) M. Noel, P. Lozano, M. Vaultier, J. L. Iborra, *Biotechnology Lett.*, **26**, 301 (2004)；e) M. S. Rasalkar, M. K. Potdar and M. M. Salunkhe, *J. Mol. Catalysis B：Enzymatic*, **27**, 267 (2004)；f) S. S. Mohile, M. K. Potdar, J. R. Harjani, S. J. Nara and M. M. Salunkhe, *J. Mol. Catalysis B：Enzymatic*, **30**, 185 (2004)；g) O. Ulbert, T. Frater, K. Belafi-Bako and L. Gubicza,

J. Mol. Catalysis B : Enzymatic, **31**, 39 (2004) ; h) N. J. Roberts, A. Seago, J. S. Carey, R. Freer, C. Preston and G. J. Lye, *Green Chem.*, **6**, 475 (2004) ; i) M. Eckstein, P. Wasserscheid, U. Kragl, *Biotechnology Lett.*, **24**, 763 (2002) ; j) A. Kamal and G. Chouhan, *Tetrahedron Lett.*, **45**, 8801 (2004)

24) M–J. Kim, M. Y. Choi, J. K. Lee and Y. Ahn, *J. Mol. Catalysis B : Enzymatic*, **26**, 115 (2003)

25) H. Yu, J. Wu and C. C. Bun, *Chirality*, **17**, 16 (2004)

26) T. Itoh, K. Mitsukura, W. Kanphai, Y. Takagi, H. Kihara and H.Tsukube, *J. Org. Chem.* **62**, 9165 (1997) References cited herein.

27) a) T. Itoh, S. –H. Han, Y. Matsushita and S. Hayase, *Green Chem.*, **6**, 437 (2004) ; b) T. Itoh, Y. Matsushita, Y. Abe, S–H. Han, S. Wada, S. Hayase, M. Kawatsura, S. Takai, M. Morimoto, Y. Hirose, *Chemistry–A European J.* 12 (2006) in press.

28) a) K. Okrasa, E. Guibé–Jampel and M. Therisod, *Tetrahedron : Asym.*, **14**, 2487 (2003) ; b) R. P. Gaisberger, M. H. Fechter and H. Griengl, *Tetrahedron : Asymmetry*, **15**, 2959 (2004) ; c) J. Howarth, P. James and J. Dai, *Tetrahedron Lett.*, **42**, 7517 (2001) ; d) M. Matsumoto, K. Mochiduki, K. Fukunishi and K. Kondo, *Separation and Purification Technology*, **40**, 97 (2004)

29) T. Kitazume, Z. Jiang, K. Kasai, Y. Mihara and M. Suzuki, *J. Fluorine Chem.*, **121**, 205 (2003)

30) T. Matsuda, Y. Yamagishi, S. Koguchi, N. Iwai and T. Kitazume, *Tetrahedron Lett.*, **47**, 4619 (2006)

第2章　有機溶媒での酵素反応

廣瀬芳彦*

1　はじめに

酵素は水系の中で本来の持つ機能を発揮し，特性を現すものである。酵素の中でリパーゼは表面を構成するアミノ酸が比較的疎水性のアミノ酸が多いことから，水系での反応性に加えて，一般的な有機溶媒中でも安定した特徴ある反応性を示す。医薬や農薬の中間体製造のための生体触媒として，特にリパーゼが盛んに使用されるようになったはリパーゼが有機溶媒中で利用され始めてからである[1~3]。医薬中間体をターゲットとしたリパーゼの利用では，基質の多くが水に不溶な有機化合物であり，酵素が持つ立体特異性，位置特異性などの基質特異性が有機化学の不斉合成を目的としたニーズとともにその有用性を拡大してきたものと思われる[4]。本章では，有機溶媒中でのリパーゼの使用を中心に立体選択性に与える影響や反応効率を高める手段について述べてみたい。

2　水中と有機溶媒中での酵素反応の比較

酵素による単純なアルコール類の光学分割では，水中でラセミ体のエステルを加水分解反応により光学活性なアルコールとして得る方法と有機溶媒中でラセミ体のアルコールをエステル交換反応により光学活性エステルとして得る方法が一般的である。当然ながら，逆反応であるため得られる光学活性アルコールの立体はそれぞれの反応で逆となる。

適当な溶媒を用いることにより反応を制御するアプローチは溶媒工学として分類されており，一般には誘電率，$\log P$，双極子モーメントなどの溶媒特性と相関が見られる。特に使用する有機溶媒による立体選択性への影響は溶媒効果として多くの報告[5]がなされている。その一例を図1に示すが，この例[5e)]では1‒フェネチルアルコールに対するビニルエステルをアシル化剤としたエステル交換反応であり，使用する溶媒の誘電率とエナンチオ選択性に良い相関が認める。酵素は有機溶媒の疎水性が高いほど構造変化が小さいため，基質に対する立体認識が高くなると

＊ Yoshihiko Hirose　天野エンザイム㈱　岐阜研究所　メディカル開発部　メディカル開発部長

言われている。この知見から酵素反応は常に有機溶媒中で行った方が立体選択性が高くなることになり，たとえば図２に示す例[6]では同じリパーゼが有機溶媒中でのエステル交換反応では高い選択性を示すが，水系での加水分解では低い立体選択性しか示していない。さらに同じ基質類に対する同一酵素の反応を調べてみると，有機溶媒中より水系の方が立体選択性が高くなっている事例も多く見られる。図３～５に示す３例[7~9]では*Burkhorderia cepacia*由来のリパーゼが有機溶媒中でのエステル交換反応での選択性は低いが，水系での加水分解では高い立体選択性を示している。これらの例では有機溶媒中と水中での選択性に対する極端な違いを示したものであるが，酵素の立体選択性が媒体によって大きく影響を受ける例である。有機溶媒中での酵素反応では，反応系に含まれる水分が酵素反応速度のみならず立体選択性にも影響することが知られている。含水溶媒としてのそれぞれの溶媒が反応特性に大きく影響を与えるため，特に，エステル交換反応での水分含量の制御については，反応効率および立体選択性の例を後述することにする。

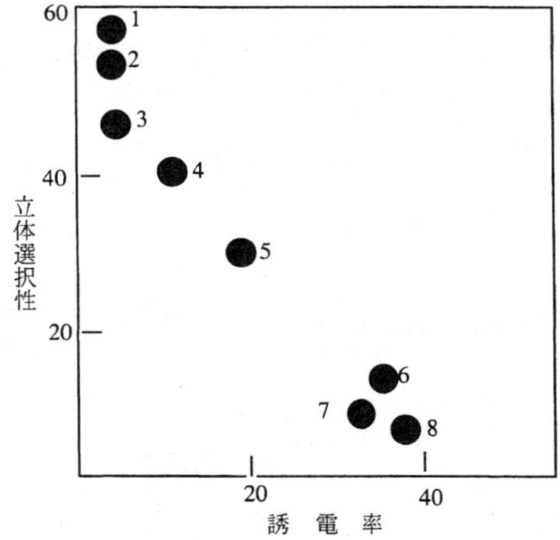

図１　ズブチリシンによる1-フェネチルアルコールのエステル交換反応における溶媒の誘電率と立体選択性の相関[5e)]

溶媒：1-ジオキサン，2-ベンゼン，3-トリエチルアミン，4-テトラヒドロフラン，5-ピリジン，6-DMF，7-ニトロメタン，8-*N*-メチルアセトアミド

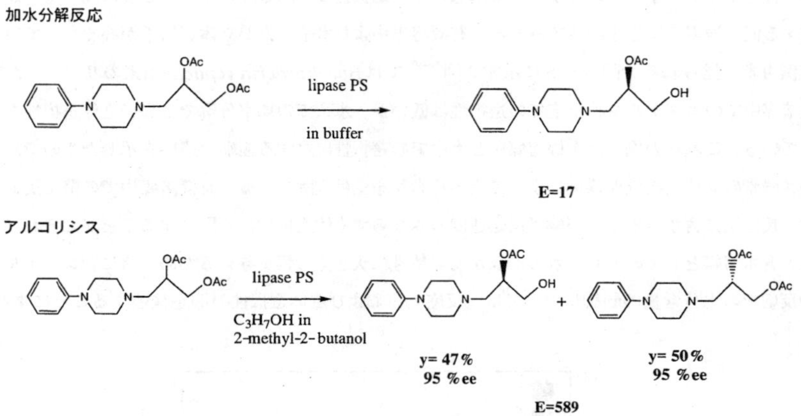

図２　リパーゼによるエステル交換反応[6)]

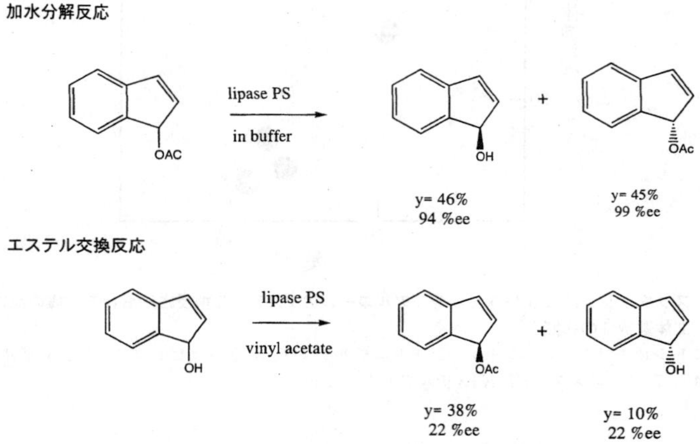

図３　リパーゼによる加水分解反応 その１[7)]

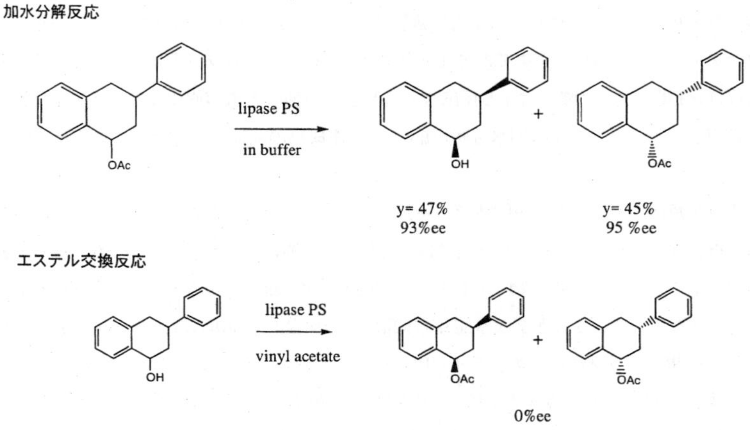

図４　リパーゼによる加水分解反応　その２[8)]

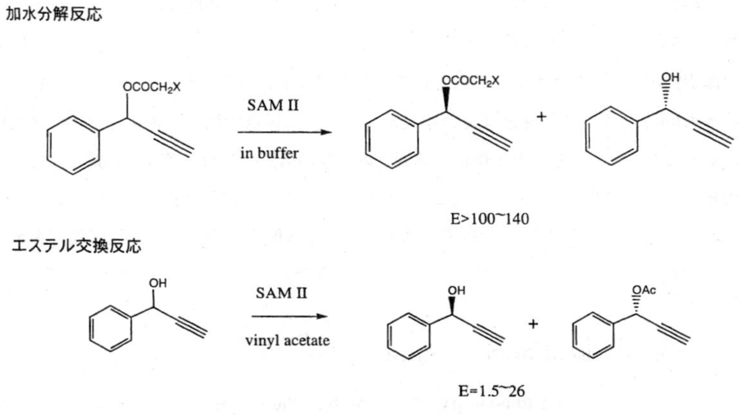

図５　リパーゼによる加水分解反応　その３[9)]

3 有機溶媒による立体選択性への影響

誘電率などの溶媒特性が酵素反応の立体選択性に影響を与えることは述べたが，これまでにも有機溶媒の種類によって酵素の示す立体選択性が逆になることが報告されている。図6[10]ではプロテアーゼによる有機溶媒中でのアミノ酸エステルのエステル交換反応において，誘電率が高い溶媒ほどL型のアミノ酸に対する反応性が高い。その他，有機溶媒中でのエステル化反応[11]や有機溶媒と水との2層系での加水分解反応[12]でも生成物の立体選択性が逆になるとの報告が見られる。

高血圧治療剤として有用な中間体である1,4−ジヒドロピリジン類の不斉加水分解において使用する有機溶媒によって得られる光学活性体の立体が全く逆になることを見出した。基質であるプロキラルなジエステル（化合物1）に対して最も反応性の高い*Burkholderia cepacia*由来のリパーゼAHを用いて，さまざまな水飽和有機溶媒中（一部は水添加した溶媒中）で加水分解反応を行った結果，イソプロピルエーテル(IPE)やジエチルエーテルなどのエーテル系の溶媒では，水系の場合と同じ*S*−体のカルボン酸（化合物2）が90%ee以上の高い選択性で得られた。シクロヘキサンやシクロヘプタンなどの環状炭化水素系の溶媒では逆に*R*−体のカルボン酸が80%ee程度の選択性で得られた[13]。結果を表1にまとめた。最も顕著な差が見られたIPEとシクロヘキサンについては含水率の影響を合わせて調べた結果，IPEでは飽和濃度以上の水分が共存する条件で99%ee以上の*S*−体が得られ，逆にシクロヘキサンでは飽和濃度以下の水分存在下で最も高い選択性（88%ee）で*R*−体が得られることが分かった。IPEとシクロヘキサンを中心に溶媒特性と立体選択性には，これまでに報告されている相関は確認できなかった。一方，中村らは溶媒特性のうち$\log P$と反応初速度とは良い相関が見られ，立体選択性は誘電率を含めた溶媒特性と相関があることを示し，その中で環状の溶媒と非環状の溶媒における溶媒の構造による立体選択性への相関について報告している[14]。この知見をもとにIPEの環状構造である2,5−ジメチルテトラヒドロフラン（混合物）を用いた結果，基質に対する溶解度が高く酵素の反応効率を大幅に改善する効果があった。シクロヘキサンの鎖状炭化水素であるヘキサンでは選択性はほとんどない

$$\text{Ac-NH-Phe-OC}_2\text{H}_4\text{Cl} + \text{C}_3\text{H}_7\text{OH} \xrightarrow{\text{Protease}}$$

$$\text{Ac-NH-Phe-OC}_2\text{H}_4\text{Cl} + \text{Ac-NH-Phe-OC}_3\text{H}_7 + \text{ClC}_2\text{H}_4\text{OH}$$

V_L / V_D		
	Acetonitrile	7.1
	Tetrachloromethane	0.19

図6 プロテアーゼによるエステル交換反応における溶媒効果[10]

結果であった。

このような溶媒効果は今だ原因が解明できていないが，大変興味あることである。最も顕著な効果が見られたIPEとシクロヘキサンとの混合溶媒を用いて生成物の立体を確認したところ，図７に示すようにシクロヘキサンの含量に比例して*S*–体から*R*–体へ生成物の立体が変化していくことが確認できた。そこで，あらかじめ水を飽和させたそれぞれの溶媒で前処理を行った酵素を調製し，もう一方の溶媒中で反応を行ったところ，予想通り前処理した溶媒による立体の影響

表１　リパーゼAHによる加水分解反応における溶媒効果[13)]

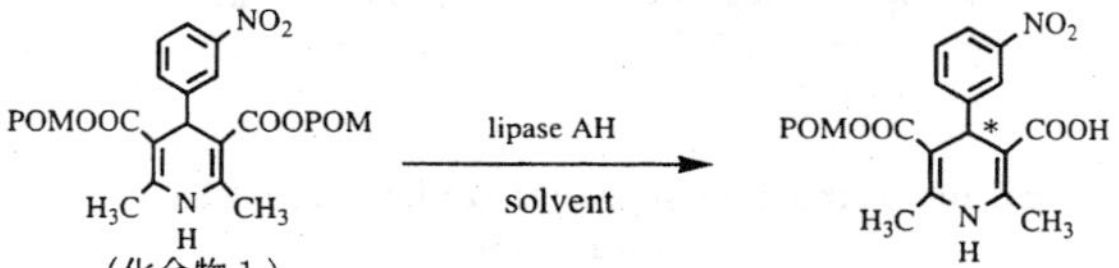

（化合物１）　（化合物２）

Solvent	Water (fÊg/ml)	React. Time (hr)	Conversion (%)	ee (%)	(*S*,*R*)
Cyclohexane	35.0	48	88.0	88.8	*R*
Cycloheptane	133.5	40	80.2	67.8	*R*
Cyclooctane	188.1	40	83.8	73.2	*R*
Cyclohexene	232.6	24	48.5	16.8	*R*
Hexane	158.4	80	35.3	3.6	*R*
Carbon tetrachloride	163.6	80	82.2	32.5	*R*
Acetonitrile	523.7	80	47.8	25.5	*S*
Tetrahydropyran	543.4	40	43.4	57.3	*S*
Tetrahydrofuran	—	40	45.0	55.0	*S*
Diethylether	—	48	85.2	90.2	*S*
Diisopropylether	3953.8	48	87.0	99.0	*S*

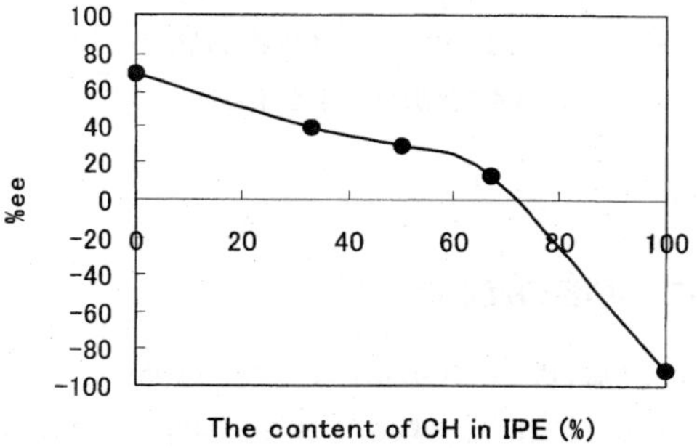

図７　IPEとシクロヘキサン混合溶媒による立体選択性への影響

表２　溶媒の前処理による立体選択性への影響

酵素	溶媒	生成物		
		変換率（%）	ee（%）	立体配置
リパーゼAH	IPE	83	68	*S*
	CH	57	91	*R*
シクロヘキサン前処理リパーゼAH	IPE	90	45	S
イソプロピルエーテル前処理リパーゼAH	CH	50	56	R

シクロヘキサン前処理リパーゼAH：リパーゼAHを水飽和シクロヘキサン（CH）で一時間浸し，一夜真空乾燥した。
イソプロピルエーテル前処理リパーゼAH：リパーゼAHを水飽和イソプロピルエーテル（IPE）で一時間浸し，一夜真空乾燥した。

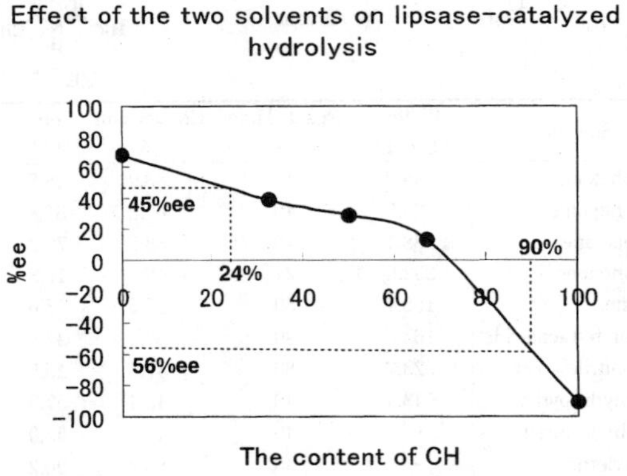

図８　溶媒の取り込みによる立体選択性の影響

が観察された（表２）。含水率を加味する必要はあるが，相当量の溶媒が基質の取り込み部位から活性中心付近に取り込まれていることになる。生成物の結果から算出した溶媒量は，IPEおよびシクロヘキサンが10%および24%添加量に相当する溶媒が持ち込まれている計算になる（図８）。

4　有機溶媒中での酵素の反応性向上

有機溶媒中での酵素反応は不均一系での反応となっているため，反応効率を高める手段として酵素の固定化は必須である。もともと，市販されている酵素の多くは粉末状のものが多く，有機溶媒中でそのまま反応しても効率は悪い。市販酵素の中には，賦形剤としてケイソウ土などが混合されているものがあり，それが有機溶媒中でうまく分散剤として機能して効果が見られるものもある。前述の1,4−ジヒドロピリジンの基質に対して，粉末状の酵素，精製酵素，および固定化酵素（後述）をそれぞれ0.05mg用い加水分解効率を比較した。モノカルボン酸の収率を比較すると10%，30%，90%であり，粉末酵素と凍結乾燥品である精製酵素の反応性は固定化酵素に比べて低いことが分かる。有機溶媒中ではタンパクが凝集し，反応効率が低下したためである。近年では，有機溶媒中での反応を目的に高分子ポリマーやシリカゲルなどに固定化して販売されている。ここでは*Burkholderia cepacia*由来のリパーゼPSを表面を疎水修飾したセラミックス上に固定化した固定化リパーゼ「Lipase PS−C “Amano” I」について有機溶媒中での使用のメリットを紹介したい。固定化に用いた担体は，図９に示した天然素材であるカオリンからなるセラミックスの表面に疎水性を増加させるためにアニリン系シリル化剤で表面処理したものである。リパーゼ類は表面を構成するアミノ酸が疎水性アミノ酸のものが多く，表面処理したセラミックスに強固に吸着する。吸着固定であるために比活性が大きく低下していないのが特徴である。固定化酵素の活性評価は微水系での1−フェネチルアルコールの酢酸ビニルによるエステル交換反応で行った。

熱安定性に対しては本酵素が比較的熱安定性の高いリパーゼであるが，固定化によりさらに安定性が増した。105℃，５時間の加熱下で残存活性は81%であった。有機溶媒中での反応性につ

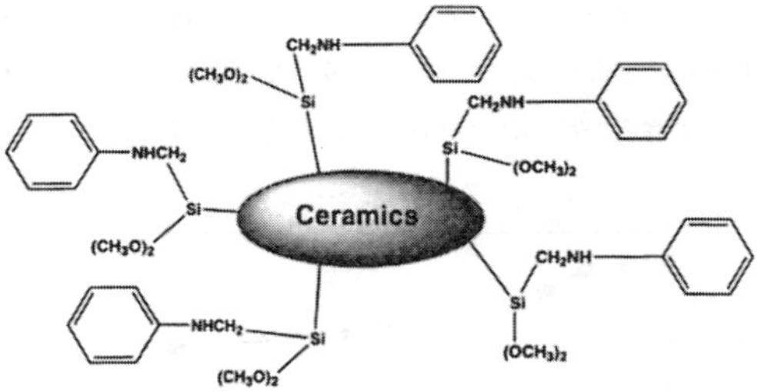

Materials	**Kaolin minerals**
Particle size	**160 μm**
Surface area	**40 m²/g**
Pore size	**65 nm**
Density	**0.67 g/ml**

図９　固定化酵素 Lipase PS−C “Amano” I

いては，酒井，依馬らにより反応効率の向上のほか−60℃〜120℃まで温度範囲が拡大していることを報告[15]している。溶媒に対する安定性は大きな変化はなく，一般的な溶媒での失活は見られなかった。DMFやDMSOなどの非プロトン性極性溶媒中では活性を示さなかった。これらの溶媒は，タンパク中の構造や活性維持に必要な水分を奪い取ってしまうために失活したものと考えられる。溶解度の悪い基質に対しDMFやDMSOなどの溶媒が利用されることを考えるとこれらの溶媒に対する耐性を持った新規酵素の探索が望まれる。

固定化酵素の特徴は繰り返し使用が可能であることであり，コストダウンのために必然のプロセスとなる。固定化酵素Lipase PSC-1（リパーゼ PSをセラミックス担体に固定化した製品）を図10のカラム条件で行ったところ，半減期から約600時間の使用が確認できた。150mL(約100g)のバイオリアクターに20%のフェネチルアルコール／酢酸ビニルを加えたトルエン溶液を流速15mL/hで送液することにより，約67.5kgの光学活性体が得られることになる。また，フェネチルアルコール／酢酸ビニルからなる反応液を用いたバッチ法による繰り返し実験でも，半減期からの試算では約80回の使用が可能と判断された。

有機溶媒中の酵素反応では，反応系に含まれる微量の水分が反応効率および立体選択性に大きく影響する。先の固定化酵素を用いた反応で，1-フェネチルアルコールの酢酸ビニルによるエステル交換反応において，最適な反応系中の含水率を求めてみるとエステル交換反応でありながら，0.5〜0.6%（v/v）の水分存在下で最も反応性が高いことがわかった。

水分含量を最適化することで反応初速度は大きく向上するが，問題はエステル化反応における収率への影響である。当然のことながら，水分含量が多くなれば加水分解も進み，収量が減ることも予想される。そのために酵素の反応性は高めるものの加水分解には寄与しない3級アルコー

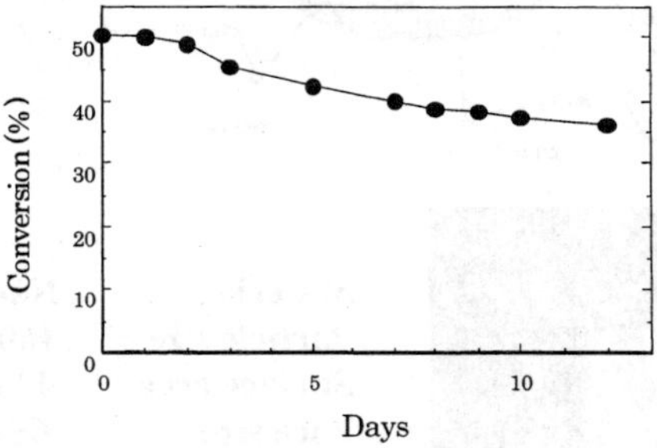

Enzymatic condition : Column volume 1 ml
Reaction mixture 20% of 1-phenethyl alcohol in vinyl acetate
Reaction temperature 25 ℃
Flow rate 15ml/hr
繰り返し使用時間(半減期より試算) 25days

図10　カラム法による繰り返し利用 Lipase PS-C “Amano”I

ルやホルムアルデヒドなどの添加が有効である。一般のリパーゼ類は，3 級アルコールに対する反応性はほとんどなく，3 級アルコールによる水素結合が水に代わって酵素の活性化に効果をもたらすようである。これらの目的で，*t*–ブタノール，*t*–アミルアルコールや3–メチル–3–ペンタノールなどが利用可能である[5c)]。ショ糖などの添加により反応効率が向上したという例[16)]も見られる。さらには，含水溶媒が酵素の立体選択性に影響を及ぼすことがある。たとえば，豚膵臓由来のリパーゼ[17)]や酵母由来のリパーゼを用いた脂肪酸のエステル化反応[18)]での水分含量を調整することにより，生成物の立体選択性が向上したとの報告がある。

タンパク分子の構造が明らかになり遺伝子工学の進歩に伴なって，有機溶媒中での安定性を向上した酵素が作成されつつある。立体構造に関するデータからスブチリシンの50番目のメチオニンをフェニルアラニン（疎水結合部位）に，76 番目のアスパラギンをアスパラギン酸（Ca 結合部位）に，169 番目のグリシンをアラニン（構造維持）に，218 番目のアスパラギンをセリン（水素結合）に，206 番目のグルタミンをシステイン（van der Waals）に置換した改変体で有機溶媒中での安定性が 10 倍以上上昇したことが報告[19)] されている。DMF や DMSO 中で全く失活しない組み換え体が提供されることが期待される。

5　おわりに

有機溶媒中でリパーゼを中心とする酵素反応について述べてきた。酵素を用いる反応が手軽な手法として定着しており，なかでもリパーゼは分割試薬として，ますます利用されるようになっている。近年のバイオテクノロジーの発展とともに，部位特異的変異やランダム変異，さらには分子進化工学におけるDNA Shufflingなどの技術により，既存酵素の改変がさかんになっている。その主なアプローチは，耐熱性の向上や反応速度の改善等であるが，基質特異性の改善や立体選択性の向上なども対象になってきた。

微生物からの新規酵素スクリーニングの重要性は再認識されつつも，有機化学者と分子生物学者との共同研究が新しい流れを作り，DNAレベルでの酵素反応メカニズムの解明とともに，酵素に対する理解が深まり，酵素利用がキラルテクノロジーの実用手段として定着してきた。本来，酵素の反応場は水系であり，水に可溶な基質への応用は最も酵素が得意とする領域である。有機溶媒中の反応とともにその利用はますます拡大するものと期待される。

文　　献

1) a) 広瀬芳彦ほか，キラルテクノロジーの工業化，CMC, p.45 (1998)；b) ファインケミカル，**30**, 39 (2001)：c) 広瀬芳彦，農化誌，**76**, 1098 (2002)；d) 広瀬芳彦，ファルマシア，**37**, 627 (2001)；e) 広瀬芳彦，有合化，**59**, 96 (2001)；f) 広瀬芳彦，ファルマシア，**32**, 1075 (1996)
2) 広瀬芳彦，和光純薬時報，**71**, 2 (2003)
3) 広瀬芳彦ほか，有合化，**53**, 668 (1995)
4) R. J. Kazlauskas *et al.*, "Hydrolases in Organic Synthesis", 2nd Ed., Wiley-VCH (2006)
5) a) A. Zaks *et al.*, *Proc. Natl. Acad. Sic.*, **82**, 3192 (1985)；b) A. M. Klibanov *et al.*, *J. Am. Chem. Soc.*, **107**, 7072 (1985)；c) A. M. Klibanov *et al.*, *J. Am. Chem. Soc.*, **111**, 3094 (1989)；d) L. T. Kanerva *et al.*, *Acta Chemica Scandinavica*, **44**, 1032 (1990)；e) A. M. Klibanov *et al.*, *J. Am. Chem. Soc.*, **113**, 3166 (1991)；f) G. Carrea *et al.*, *Tetrahedron:Asymmetry*, **3**, 267 (1992)
6) D. Bianchi *et al.*, *Tetrahedron Lett.*, **33**, 3231 (1992)
7) K. Ogasawara *et al.*, *Chem. Pharm. Bull.*, **43**, 1585 (1995)
8) A. Kasahara *et al.*, *J. Chem. Soc. Perkin Trans 1*, 1265 (1992)
9) M. P. Schneider *et al.*, *Tetrahedron:Asymmetry*, **7**, 1485 (1996)
10) A. M. Klibanov *et al.*, *J. Am. Chem. Soc.*, **114**, 1882 (1992)
11) a) S. Ueji *et al.*, *BIOTECHNOLOGY LETTERS*, **14**, 163 (1992)
12) J. Milton *et al.*, *Tetrahedron:Asymmetry*, **6**, 1903 (1995)
13) Y. Hirose *et al.*, *Tetrahedron Lett.*, **33**, 7157 (1992)
14) a) K. Nakamura *et al.*, *Tetrahedron Lett.*, **32**, 4941 (1991)；b) K. Nakamura *et al.*, *Tetrahedron*, **50**, 4681 (1994)；c) K. Nakamura *et al.*, *Tetrahedron*, **51**, 8799 (1995)
15) a) T. Ema *et al.*, *Tetrahedron:Asymmetry*, **14**, 3943 (2003)；b) T. Sakai *et al.*, *Tetrahedron:Asymmetry*, **15**, 2749 (2004)；c) T. Sakai *et al.*, *J. Org. Chem.*, **70**, 1369 (2005)
16) a) L.T. Kanerva *et al.*, *J. Chem. Soc. Perkin Trans 1*, 2407 (1993)；b) J. Oda *et al.*, *J. Org. Chem.*, **57**, 5643 (1992)
17) T. M. Stokes *et al.*, *Tetrahedron Lett.*, **28**, 2091 (1988)
18) H. Kitaguchi *et al.*, *Chem. Lett.*, 1203 (1990)
19) C-H. Wong *et al.*, *J. Am. Chem. Soc.*, **116**, 6521 (1994)

第３章　内核に酵素反応場を有するコアーシェル型ナノ組織体

原田敦史*

1　はじめに

酵素は生物学的触媒であり，生体内の穏和な条件下において数多くの有機反応を驚異的な速度と選択性で触媒することから，その反応に応じて，工業用・治療用・診断用などの目的で利用されている機能性分子である。しかし，酵素の高い機能性分子としての有用性にもかかわらず，実用的な利用がなされているものは限られている。これは，酵素の安定性が乏しいことや，利用できる環境（溶媒・温度等）の制限のためである。このような問題点を克服するために，高分子による化学修飾や基板への固定化などが検討され，先天性の疾患の治療を目的としたものについては，高分子による化学修飾することによって，生体内での安定性の著しい向上などが報告されてきている。数多に存在する酵素のうち，実用的な目的で開発されている酵素は限られたものであり，酵素の安定性を向上させ，かつ，その機能を維持あるいは向上させるような技術が開発されることによって，酵素の機能性分子としての活用が広がると期待される。

機能性分子としての酵素をより有効に活用するための手法として，さまざまな試みが報告されているが，ここでは，合成高分子と酵素から形成されるナノ組織体について紹介する。ここで用いられる合成高分子は，ブロックコポリマーと呼ばれる２種類の直鎖状高分子が直列に連結した高分子で，その一方に酵素と反対荷電を有するものである。次節以降で詳細は説明するが，ブロックコポリマーと酵素を水溶液中で混合することによって，数十分子の酵素とブロックコポリマーの荷電性連鎖からなる内核（コア）とブロックコポリマーのもう一方の連鎖が表層を覆う外殻（シェル）となる粒径50nm程度のコアーシェル構造を有するナノ微粒子（ポリイオンコンプレックスミセル）となる。このポリイオンコンプレックスミセルは，内核が外水相と隔絶されたナノスコピックな酵素反応場として機能する。また，コアーシェル構造という構造的な特徴による酵素機能の向上や制御が可能であることが確認されてきている。さらに，コアに架橋構造を導入することによって，新たなバイオナノリアクターとしての機能が見出されつつある。酵素を機能性分子として活用する新しい手法としてのポリイオンコンプレックスミセルについて紹介する。

---

*　Atsushi Harada　大阪府立大学大学院　工学研究科　助教授

2 酵素内包ポリイオンコンプレックスミセル

ポリイオンコンプレックスミセルは，反対荷電を有するブロックコポリマー間の水溶液中での静電相互作用によって形成されるコアーシェル構造を有するナノ微粒子である。具体的には，親水性・非イオン性であるポリエチレングリコールとカチオン性ポリアミノ酸であるポリ-L-リシンからなるブロックコポリマー〔PEG-P(Lys)〕と，PEGとアニオン性ポリアミノ酸であるポリアスパラギン酸からなるブロックコポリマー〔PEG-P(Asp)〕を水溶液とし，荷電を中和するように混合すると，両ブロックコポリマーの荷電性連鎖間で水に不溶なポリイオンコンプレックスが形成される[1)]。PEGとのブロックコポリマーとなっていなければ，凝集し沈殿形成するが，PEGと荷電性連鎖がつながっているため，ポリイオンコンプレックスの表層をPEGが覆うことになり，凝集過程が抑制される。その結果として，粒径数十nmの単分散なコアーシェル構造を有するナノ微粒子が形成される。このようなナノ微粒子は，一方の荷電性ブロックコポリマーではなく，ホモポリマーや界面活性剤，DNA，酵素などであってもコアーシェル構造を有するナノ微粒子（ポリイオンコンプレックスミセル）が形成されることが確認されてきており[2~7)]，その物理化学的性質だけでなく，ドラッグデリバリーシステムなどの機能性材料としての利用が検討されている[8)]。

酵素を内包したポリイオンコンプレックスミセルは，等電点11のカチオン性酵素である卵白リゾチームと，アニオン性ブロックコポリマーであるPEG-P(Asp) から形成されることが確認されている[5)]。水溶液中において，卵白リゾチームとPEG-P(Asp) のP(Asp) 連鎖間の静電相互作用により形成されるポリイオンコンプレックスを内核のまわりをPEG連鎖が覆うことによって安定化されたナノ微粒子となる（図1）。卵白リゾチームとP(Asp) ホモポリマーの混合溶液は，白濁し静置すると沈殿となるが，卵白リゾチームとPEG-P(Asp) の混合溶液は，1ヶ月経

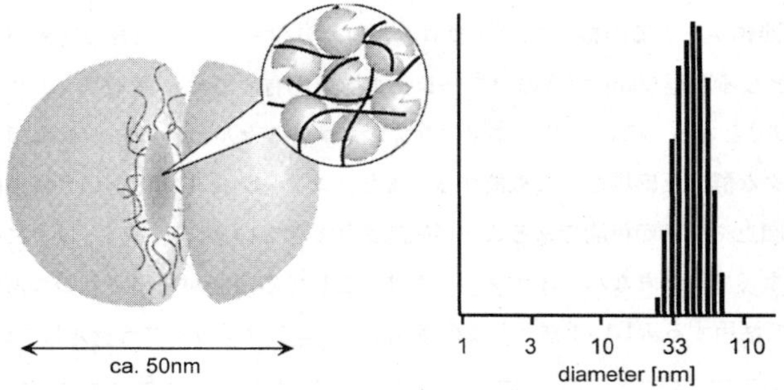

図1 酵素内包ポリイオンコンプレックスミセルのイメージと光散乱測定によって得られた粒径分布

過した後においても透明なままである。卵白リゾチームとPEG–P(Asp)の混合比を最適化したものについて原子間力顕微鏡によってその形態を観察したところ，粒径50nm程度の球状粒子が観察された。また，動的光散乱測定によって，粒径分布を評価したところ，単峰性の分布を有するナノ微粒子が形成されていることが確認された。卵白リゾチームを内包したポリイオンコンプレックスミセルの粒径分布の狭さは，天然の分子集合体であるウイルスや電子顕微鏡観察の標準粒子として用いられるポリスチレンのラテックスと同程度のものであり，極めて粒径分布の狭いナノ微粒子であることが確認された。また，ゼータ電位の測定より，粒子の表層が電気的に中性なPEG連鎖で覆われたコアーシェル構造を有するナノ微粒子であることが示唆されている。この50nm程度のナノ微粒子の内核には，約50個の卵白リゾチームが内包されていることが確認されている[9)]。

3　可逆的なミセル形成に同期した酵素機能のON–OFF制御[10)]

酵素内包ポリイオンコンプレックスミセルの特徴のひとつとして非共有結合を介して形成されている集合体であるということが挙げられる。非共有結合は，その周囲の環境によって解離・形成を制御することができる。ポリイオンコンプレックスミセル形成の場合には，主な駆動力が静電相互作用（クーロン力）であるので，溶液のイオン強度を変化させることによって形成の駆動力が遮蔽させるため，解離させることが可能である。また，再度イオン強度を低下させることによって，クーロン力が働き，ミセルが再形成させることができる。このようなイオン強度変化による可逆的なミセル形成は光散乱測定によって確認されている。NaCl濃度がゼロの条件下では，ミセル溶液の重量平均分子量(M_W)に変化は観察されず，ミセルが卵白リゾチームを安定に内包しているが，NaCl濃度が150mMに増大すると，ミセルが速やかに解離する（M_Wが減少する)。NaCl濃度を低下させると，M_Wが増加し，ミセルを形成している状態の初期値とほぼ同程度までM_Wが回復する。この初期の状態と実験終了時のサンプルの粒径分布に違いは認められず，どちらも単分散な平均粒径50nm程度のナノ微粒子であった。以上の結果から，卵白リゾチームを内包したポリイオンコンプレックスミセルは，NaCl濃度を変化させることによって，可逆的な形成・解離挙動を示すことが確認された。

このようなミセルの形成・解離挙動を利用して内包されている卵白リゾチームの機能のON–OFF制御することが可能であることが確認されている。酵素活性評価の際の卵白リゾチームの基質としてミセルに比べて大きなサイズを有するミクロコッカスルテウス菌体を用いる。菌体の懸濁液に卵白リゾチームを加えると菌体表面の糖鎖が分解され，菌体が破壊されることによって，懸濁液の透過率が上昇する。この透過率変化を観測することによって，卵白リゾチームの活性評

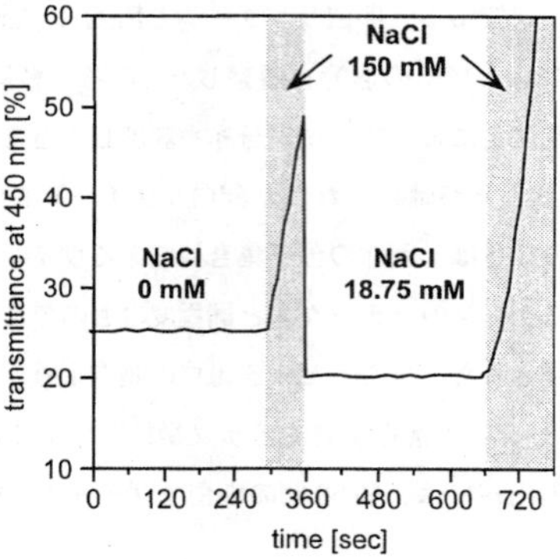

図2　可逆的なミセル形成に同期した酵素機能制御[10)]

価を行うことができるが，図2に示すように，ミセルを形成しているような条件下で，菌体懸濁液と混合しても透過率変化は観測されず，卵白リゾチームの活性はOFFの状態である。これは，ミセルがポリエチレングリコール層で覆われているため，内核に存在する卵白リゾチームと菌体が相互作用できないためである。NaCl濃度をミセルが完全に解離する濃度まで増加させると，懸濁液の透過率の増加が観測され，卵白リゾチームが活性を示すことが確認された。これは，NaCl濃度の増加によってミセルが解離し，卵白リゾチームが放出され菌体と接触することが可能となり活性を示すためである。さらに，NaCl濃度を減少させてミセルを再形成させると，酵素活性がOFFの状態となる。このようなナノ微粒子（ポリイオンコンプレックスミセル）の解離・形成に同期させた酵素機能制御は，酵素を活用した診断あるいは治療システムにおける新しい設計概念である。

4　ナノスコピックな酵素反応場としてのミセル内核

酵素内包ポリイオンコンプレックスミセルは，ミセルを形成した状態であっても，内核へ拡散することが可能な比較的低分子量の基質に対しては，酵素活性を示す[11)]。この場合には，ミセル内核がナノスコピックな酵素反応場として機能していると見ることもできる。卵白リゾチームは，菌体に対してだけでなく，低分子量の糖類に対しても活性を示す。一般的な基質で，*N*–アセチル–*β*–D–グルコサミン（NAG）の5量体である*p*–ニトロフェニル ペンタ–*N*–アセチル–*β*–キトペンタオシド（NAG5）を用いて，ミセルのナノリアクターとしての機能を評価した結果，ミセル外殻のPEG層が基質のリザーバーとしての役割を果たすことによって，内核の卵白リゾチーム周辺での基質濃度が見かけ上増加するため酵素反応速度が2倍程度促進されることが確認されている[12]。このことは，基質と外殻層を構成する高分子の親和性を考慮した分子設計を行うことで，より顕著な酵素反応の促進が可能であることを示唆している。

一般的には卵白リゾチームの酵素活性は，上述したNAG5あるいはNAGの4量体であるNAG4を基質として用いて評価するが，卵白リゾチームの機能としてはより短い基質であるNAGの3量体（NAG3）や2量体（NAG2）に対しても活性を示すことが知られている。卵白リゾチームは，NAGオリゴマーが結合する溝を有していて，その溝に沿ってAからFの6つのNAGの結合サイトが並んでいる。触媒部位であるGlu35とAsp52の結合サイトD近傍にあり，卵白リゾチームが活性を示すためにはDサイトへの基質の結合が重要である。しかし，NAGとの結合はCサイトが強いため，NAG2，NAG3は，Dサイトへの結合が生じにくく，その結果として酵素反応速度が極めて遅くなる。このような理由から酵素反応速度が著しく遅い基質を用いた場合に，ミセル内核を酵素反応場として利用すると，著しい酵素反応促進効果が生じる（図3）。NAG2に対しては，ミセルへの内包によって約100倍の促進効果が観測される[13]。この促進効果の機構に関しては，NAG2，NAG3，NAG4，NAG5に対する卵白リゾチーム単独とミセル内包卵白リゾチームについて酵素反応定数（ミカエリス定数K_m，酵素反応最大速度V_{max}）をそれぞれ決定した結果，上述したような基質分子の長さの違いによる結合の違いはミセルに内包された状態では観測されなくなることが確認された。つまり，NAG2やNAG3の卵白リゾチームへの結合特異性がミセル内核において変化することによって，図3に示すような著しい促進効果が誘導されたと考えられる。この結合安定化の分子レベルでの機構に関しては，より詳細な検討が必要であるが，ポリイオンコンプレックスミセルのナノスコピックな内核がユニークな酵素反応場として機能する

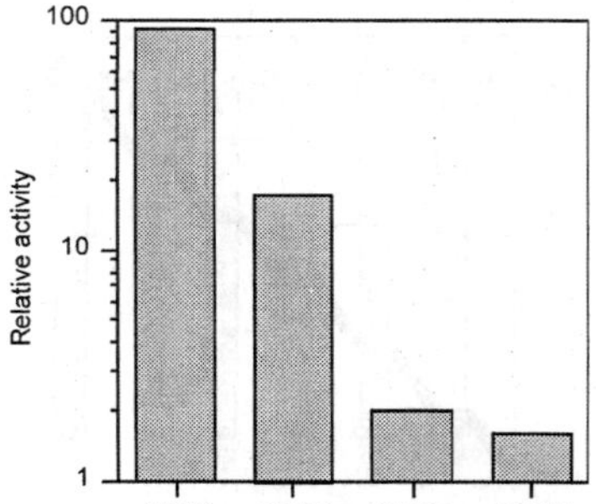

図3　ミセル内核における酵素反応の促進[13]
縦軸の相対活性は，リゾチーム単独の酵素反応速度に対するミセル内包リゾチームの酵素反応速度である。

ことが確認されている。

5 パルス電場に応答した酵素機能のON-OFF制御[13)]

4節で示したミセル内核における基質と卵白リゾチームの間での結合特異性の変化による酵素反応の促進効果は外部刺激として電場を印加することによって制御可能である。3節で示したようにポリイオンコンプレックスミセルを安定化している主な駆動力は静電相互作用であるが，これは，イオン強度(NaCl濃度)変化だけでなく，電場によっても影響されると考えられる。NAG2に対するミセル内包卵白リゾチームの酵素活性への電場の影響を検討するために，種々電圧値の直流電場を印加した状態での酵素反応初期速度を評価した結果，50V/cmより大きな電圧を印加すると，酵素反応の促進効果が完全に抑えられ，反応速度は電場を印加していない状態での卵白リゾチーム単独と同じであった。また，50V/cm以下においては，促進効果は電場の影響を全く受けていなかったことから，NAG2に対するミセル内包卵白リゾチームの酵素反応促進効果には，臨界電圧値が存在すると考えられる。つまり，臨界電圧値以下では促進効果がON，臨界電圧値以上ではOFFとなる。このことから，臨界電圧値以上の電場をパルス状に印加すると，それに同期した促進効果のON-OFF制御が可能となると考えられる。図4に臨界電圧値以上の電場(65～70 V/cm)をパルス状に印加したときのミセル内包卵白リゾチームの酵素反応を観測した結果を示す。パルス電場に同期して酵素反応が変化していることがわかる。電場が印加されている領域と，印加されていない領域での反応速度の比をとると93となり，完全な促進効果のON-OFFスイッチングが行われていることが確認された。以上の結果は，直流電場を用いた場合のも

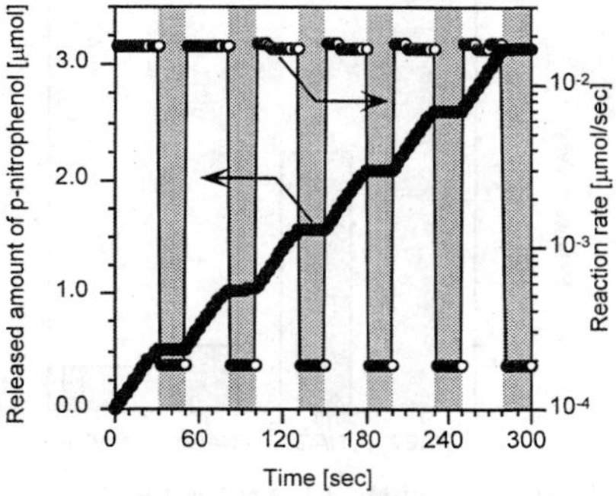

図4　パルス電場印加による酵素反応促進効果のON-OFFスイッチング[13)]
グレーの部分では65～70V/cmの直流電場が印加されている。

のであるが，交流電場を用いた場合にも印加電圧や波形，周波数によって促進効果の制御が可能であることや，電場によるON-OFF制御の応答速度の閾値が10msec程度の極めて鋭敏な応答性を示すことも確認されている。

6　コア架橋型酵素内包ポリイオンコンプレックスミセル[14)]

3，5節で紹介した酵素内包ポリイオンコンプレックスミセルの外部刺激による酵素機能の制御は，外部刺激によってポリイオンコンプレックスミセルを構成する酵素やブロックコポリマーが動きうるために実現されたものであるが，集合体の状態が外部刺激によって変化しうるという性質は，酵素機能の安定化という観点では，不利な性質である。また，リゾチームのような安定な酵素についてだけでなく，不安定な酵素に対するポリイオンコンプレックスミセルの有効性について，代表的な自己分解性酵素であるトリプシンを用いて検討した結果，PEG-P(Asp) と混合することによってポリイオンコンプレックスミセルへの内包は可能であったが，自己消化を抑制する効果はなく，トリプシンの分解が進行し，ポリイオンコンプレックスミセルの崩壊も誘導されることが確認された。このような自己分解性酵素を安定化する方法として，ポリイオンコンプレックスミセルへ内包した後，内核に架橋構造を導入し，酵素分子を内核に固定化する手法が開発された。架橋構造を導入するためにグルタルアルデヒドが添加され，グルタルアルデヒドによって，酵素ー酵素間，酵素ーポリマー間の架橋が導入された。十分な架橋を施すことによって，ポリイオンコンプレックスミセルのその構造的な特徴(コアーシェル構造，粒径分布等)を維持したまま，安定化され，数日経過した後にも内包トリプシンの自己消化によるポリイオンコンプレックスミセルの崩壊は完全に抑制された。これは，内核に多数のトリプシン分子が集合した状態であっても，架橋によってその動きが抑制されているため，トリプシン分子同士の接触が生じないためであると考えられる。また，ポリイオンコンプレックスミセルが安定化されるだけでなく，内包されているトリプシンの酵素機能も安定化される。単独の状態では数時間で活性が著しく低下するトリプシンが，1週間経過した後においては，活性の低下なく，保持されることが確認されている（図5)。さらに，トリプシンの活性が維持されるだけなく，活性の向上も確認されている。トリプシンは，セリンプロテアーゼの1種で，Asp-His-Serの3つ組残基からなる触媒活性部位を有しているが，PEG-P(Asp) のAsp残基がトリプシンの本来の触媒機構で重要であるHis残基のイミダゾリウムイオンの安定化に関与することによって，触媒活性を増強する[15)]。つまり，この酵素活性の向上は，前節までのリゾチーム酵素活性の向上が，酵素ー基質複合体形成の平衡を複合体形成へシフトさせる効果(ミカエリス定数の変化)であるのに対し，トリプシンの場合には，本質的な触媒活性の増大であるという違いが確認されている。

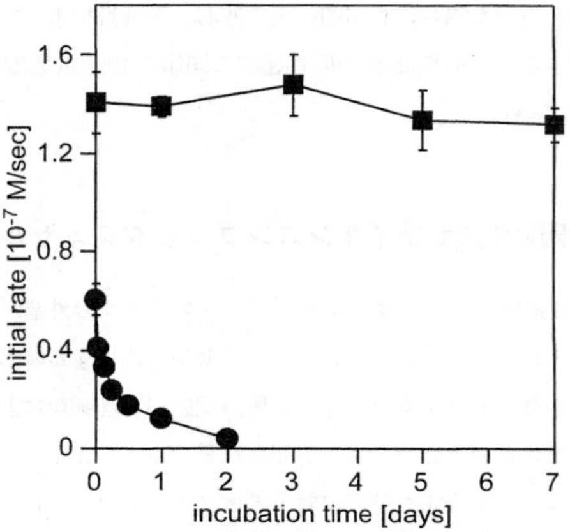

図5　ミセル内核への架橋構造導入による酵素保存安定性の向上
●がトリプシン単独，■がコア架橋ポリイオンコンプレックスミセルに内包されたトリプシン。

7　まとめ

酵素を内核に保持したコアーシェル型ナノ微粒子（ポリイオンコンプレックスミセル）の機能について紹介した。内核をナノスコピックな酵素反応場とすることによって，ミカエリス定数あるいは触媒定数の変化を誘導することによって酵素活性が促進される。このような酵素活性の向上は，酵素の触媒活性機構に依存するものであり，すべての酵素について適用されるものではないが，重要なことは酵素の活性を全く損なわないという点である。これまでの合成高分子と酵素から形成されるバイオコンジュゲートでは，酵素活性部位を考慮した分子設計が必要とされてきたが，ポリイオンコンプレックスミセルの場合には，酵素の等電点を考慮してブロックコポリマーを選択し，混合するだけで自発的に形成される簡便な手法であるにもかかわらず活性や保存安定性の顕著な向上をもたらすことができる有用な手法である。今後，他の酵素への適応性などを検討していくことによって，診断や治療分野において有用なバイオナノリアクターとなると期待される。

文　献

1) A. Harada, K. Kataoka, *Macromolecules*, **28**, 5294 (1995)
2) A. V. Kabanov *et al.*, *Macromolecules*, **29**, 6797 (1996)
3) A. Harada, K. Kataoka, *J. Macromol. Sci., Pure Appl. Chem.*, **A34**, 2119 (1997)
4) K. Kataoka *et al.*, *Macromolecules*, **29**, 8556 (1996)
5) A. Harada, K. Kataoka, *Macromolecules*, **31**, 288 (1998)
6) A. Harada, K. Kataoka, *Science*, **283**, 65 (1999)
7) A. Harada, K. Kataoka, *Macromolecules*, **36**, 4995 (2003)
8) K. Kataoka, A. Harada, Y. Nagasaki, *Adv. Drug Deliv. Rev.*, **47**, 113 (2001)
9) A. Harada, K. Kataoka, *Langmuir*, **15**, 4208 (1999)
10) A. Harada, K. Kataoka, *J. Am. Chem. Soc.*, **121**, 9241 (1999)
11) A. Harada, K. Kataoka, *J. Controlled Release*, **72**, 85 (2001)
12) A. Harada, K. Kataoka, *Macromolecular Symposia*, **172**, 1 (2001)
13) A. Harada, K. Kataoka, *J. Am. Chem. Soc.*, **125**, 15306 (2003)
14) M. Jaturanpinto *et al.*, *Bioconjugate Chem.*, **15**, 344 (2004)
15) A. Kawamura *et al.*, *Biomacromolecules*, **6**, 627 (2005)

第4章　Water-in-Oilエマルションを用いた微小反応系の構築

中野道彦*1，水野　彰*2

1　微小反応場を提供するW/Oエマルション

エマルションとは，互いに交じり合わない2液のうちの一方が微粒化して，もう一方の液中に分散している状態をいう。W/O（water-in-oil）エマルションは，微小な水滴が油（有機相）中に分散している。

近年，W/Oエマルション中の微小な水滴を反応場として利用する研究が広まっている。特に，液滴内で無細胞タンパク合成を行う，あるいはPCR（polymerase chain reaction；DNA連鎖合成反応）を行うなど，バイオテクノロジーへの応用が多く見られる。その特徴は，水溶液を微小液滴として分散することで，DNAライブラリーのような多様性を持った集団を，個々の液滴に分散・隔離し，それぞれの液滴内で個別に反応を行うことができる点である。つまり，多種類のサンプルに対して反応を行うコンビナトリアルな反応系を容易に形成できる。

W/Oエマルションを微小反応場として用いる利点は以下のとおりである。

(1)　無数の反応場を容易に準備可能

従来はウェルプレートを使用するが，エマルションでは，例えば，50μLの水溶液を直径10μmの水滴に分散すると，10^8個以上の水滴が形成される（図1）。

(2)　水滴の操作が容易

水滴をセルソーターのように分離・選択することができる。また，油中の液滴は，外部から印加した電界によって操作（移動や融合）することできる。あるいは，遠心操作により，容易に水滴を合一でき，エマルションの状態で反応させた全ての産物を短時間で回収することが可能である。

(3)　マイクロチャンネルを用いた微小反応装置への利用

μTASやLab-on-a-chipのような微小反応装置への利用にも適しており，微小反応装置の特徴を生かしたうえで，さらなる試薬使用量の低減や並列処理が可能となる。

＊1　Michihiko Nakano　豊橋技術科学大学　エコロジー工学系　博士研究員

＊2　Akira Mizuno　豊橋技術科学大学　エコロジー工学系　教授

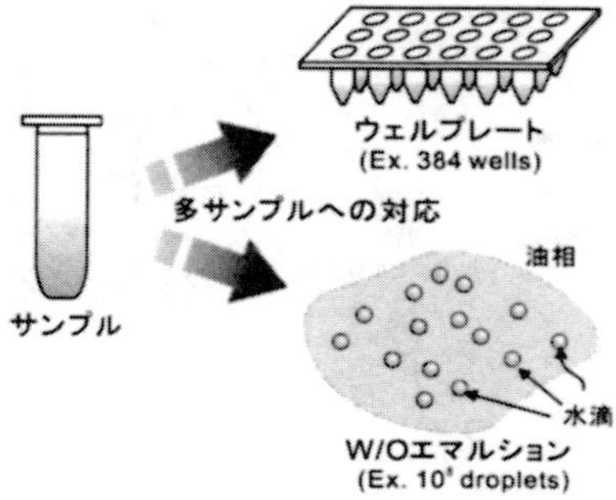

図1　多サンプルへの対応ーウェルプレートとW/Oエマルションの比較

これらのことから，W/Oエマルションの利用は，多種類の反応を行う系に適しており，ハイスループット処理が期待できる。W/Oエマルションを用いた反応系の例として，無細胞タンパク合成系とPCRを述べる。

2　微小反応場としてのW/Oエマルションの利用

2.1　無細胞タンパク合成系への応用[1~5)]

タンパク質のアミノ酸残基の配列は，DNA上に塩基配列としてコードされている。タンパク質をコードしているDNAの配列を様々に変化させると，それに対応して発現するタンパク質も変化する。このようにして，DNA配列を変化させて新しいタンパク質を作り出す手法を分子進化（molecular evolution）あるいは直接的進化（directed evolution）と呼んでいる。タンパク質（酵素）は医薬分野のみならず，工業的にも重要であり，近年，このような新規タンパク質の探索が注目を浴びている。

目的とする触媒活性を有するタンパク質や，全く新しい触媒活性を有するタンパク質を探し出すためには，膨大な種類のDNAを準備して，それぞれに対して試験をしなければならない。例えば，5塩基変化させると$4^5=1{,}024$種類，10塩基ならおよそ100万種類のDNAに対して試験を行わなければならない。実際は，様々な配列のDNAを有するDNAライブラリーは，分子生物学の手法により容易に準備することができるが，それぞれに対して，タンパク質合成反応を行っていたのでは，非常にコストがかかる。

そこで，DNAライブラリーを含む無細胞タンパク合成反応溶液を油相の中に分散させて，液滴内でDNA→RNA→タンパク質の合成反応を行う（図2）。このとき，1分子のDNAが液滴に導入されるように溶液濃度ならびに液滴生成数を調製することで，ひとつの液滴内には，一種類

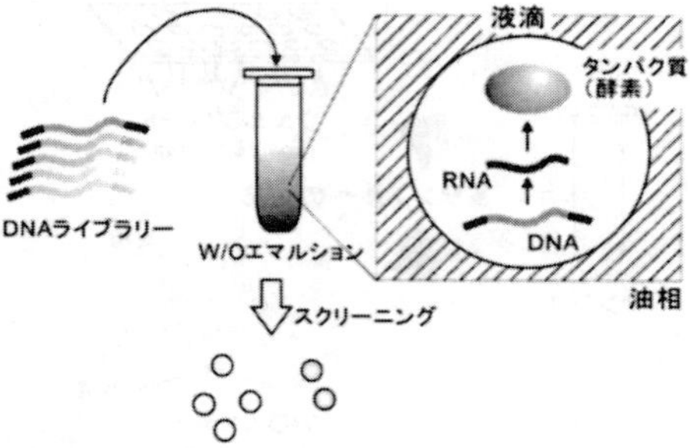

図２　W/Oエマルションを用いた無細胞タンパク合成

のタンパク質のみが合成される。つまり，ひとつひとつの液滴内には，遺伝子の遺伝型と表現型が同時に含まれることになる。タンパク合成反応の後で，目的とする活性を有するタンパク質（酵素）を含む液滴を回収すると，同時に，それをコードしているDNAも回収することができる。液滴の回収方法としては，例えば，呈色によって液滴をセルソーターで分離する方法[4,5]や，あらかじめDNA分子にタンパク質が結合する基質を結合させて，タンパク質が結合しているDNAのみを分離する方法[1,2]などがある。

このようにW/Oエマルションを用いて，タンパク質（酵素）の直接進化を行うことで，ハイスループットな処理系を構築することが可能となる。

2.2　PCRへの応用[6～10]

PCR (polymerase chain reaction) は，鋳型DNAから特定領域の配列を指数関数的に増幅する手法である。このPCRにW/Oエマルションが利用できる。その一例として，一種類のDNA分子のみを大量に結合させた微小ビーズ（ラッテクスや磁性ビーズ）を利用したDNA解析法について述べる。

このようなビーズは，タンパク質が結合する特異的なDNA配列を調べたり[7,9]，ゲノムDNAの配列解析に用いられたり[10]する。前者では，DNAを結合したビーズと対象タンパク質（酵素）を混合して，タンパク質が結合したビーズのみを回収し，そのビーズに結合しているDNA配列を解析する。この方法は，生体内でのタンパク質の挙動を調査するためだけでなく，癌などの治療薬開発にも貢献している。後者は最近報告された方法で，まず，ゲノムDNAを断片化し，それぞれの断片配列が結合したビーズを作製する。その後，ひとつのアレイにひとつのビーズが入るようにマイクロアレイに導入し，アレイ上でパイロシーケンシング法によって塩基配列を決定する。この方法は，ゲル電気泳動の必要がないので，従来のサンガー法に比べて，高速に塩基配列を解析することができる。

このようなビーズを作るためにW/Oエマルションを用いる。DNAが結合したビーズを作るには，まず，対象となるDNAライブラリーを液滴化して分散させる。このとき，DNAが結合するように表面を修飾した微小ビーズを一緒に分散することで，液滴内でDNAが合成されると同時にビーズ上に結合する（図3）。液滴内に導入されるDNAが1分子以下になるように調整しておくと，ビーズ上には一種類のみのDNA分子が大量に結合する。また，PCR終了後に遠心操作を行うことで，W/O エマルションを水ー油の2層に分離して，容易にビーズを回収できる。

W/O エマルションを用いることで，それぞれのDNA が隔離された状態でPCR 増幅できることを利用して，1分子PCRに応用した例もある[6,8]。PCRは原理的には，1分子からDNA分子を増幅することが可能であるが，実際には，鋳型DNAが非常に少なくなると，増幅産物を得ることが非常に困難になる。その原因は，プライマーダイマーと呼ばれるプラマー同士が結合した非特異的産物の形成や，鋳型DNA分子の濃度が希薄になっていることにある。また，鋳型DNA分子の容器壁面への吸着が反応を阻害する場合もある。

PCRは鋳型DNA上のプライマー（短い一本鎖DNA）配列と相補的な配列に挟まれた領域を増幅する。このプライマー同士が結合したプライマーダイマーは，一般に，目的とする配列よりも増幅効率が高い。液滴に分散することで，鋳型DNAが含まれる溶液の体積を制限し，プライマーダイマーが形成されたとしても，鋳型DNAとは別の液滴内である確率が高いため，それを鋳型DNAと隔離することができる。また，DNA分子を非常に小さな液滴（直径10μm）に封じ込めることで，その等価的な濃度が増加するため，反応効率を高めることができる。加えて液滴の壁

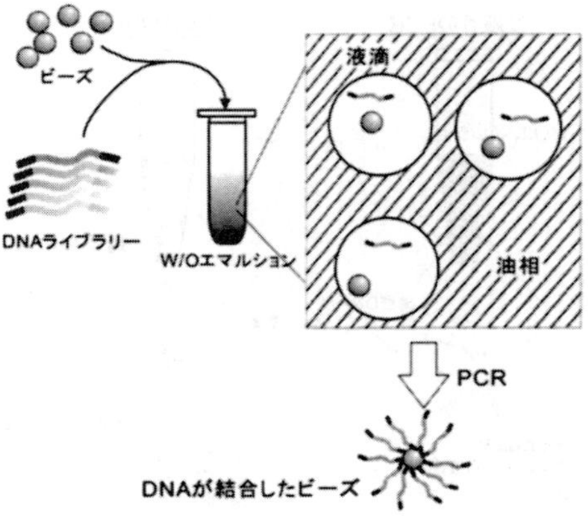

図3　W/O エマルションを用いたPCRの利用

が疎水性の油であるため，鋳型DNAの壁への付着が抑制できる。

上記のような理由で，W/Oエマルションを用いることで，1分子の鋳型DNAからPCR増幅できる確度が高くなる[6,8]。ここに示す例では，ゲル電気泳動で確認できる程度にまでDNAを増幅するために，2段階の反応を行っている。最初は，W/Oエマルションの状態でPCRを13サイクル行う。これは，液滴が非常に小さいため(およそ10μmϕ)，液滴内に入っているプライマーの量が数十サイクル分しかないためである。このとき，鋳型DNAが導入された液滴内ではPCR増幅がなされ，その他の（ほとんど全ての）液滴内ではPCR増幅は起こらずに反応溶液がそのまま残る。最初のPCRの後に，遠心操作を行い，液滴全てを合一する。これによって，液滴内で増幅されたDNAに反応溶液を供給し，さらにPCR増幅を行えるようになる。2段階目では十分に鋳型DNAが存在するために，通常のPCR法で増幅産物を得ることができる（図4）。

2.3 顕微鏡下あるいはマイクロチャンネル微小反応装置でのW/Oエマルションの利用

近年，μTAS（micro total analysis system）やLab-on-a-chipと呼ばれるような微小反応装置の研究が盛んである。これらは，シリコンやガラス，プラスチックの基板上に微細な構造(流路など)を形成して，その中で様々な化学反応を行う。その一番の特徴は小さなスペースで少ない試料を用いるため，省資源で十分な結果を得ることができる。また，微小反応装置では比表面積が大きいので，すばやい温度制御による確実で迅速な反応制御が可能である。

マイクロチャンネルを使って複数の反応を効率よく行うために，流路内を油相で満たし，その中に液滴化した反応溶液を導入する方法が提案されている(図5)[11~14]。複数種類の反応を行う

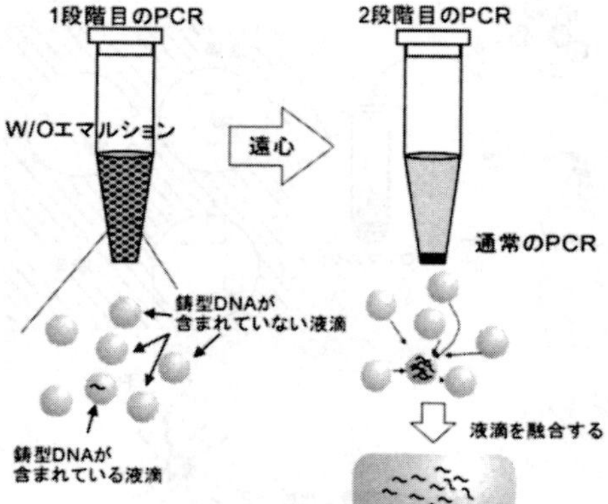

図4　W/Oエマルションを用いた1分子PCR法

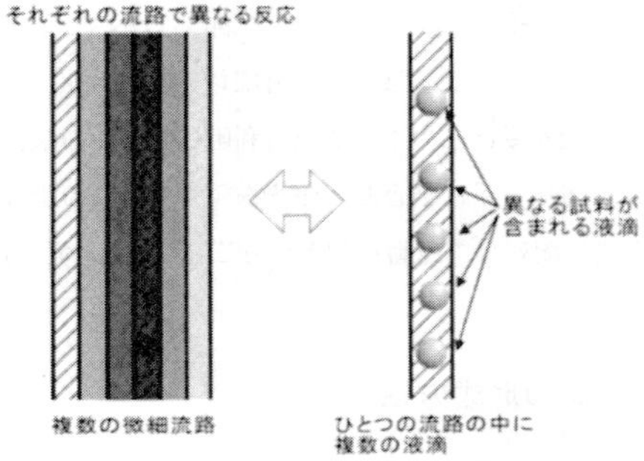

図 5　複数の微細流路と流路にW/Oエマルションを適用したときの比較

場合は，通常その反応の数だけ流路を基板上に形成しなければならないが，W/Oエマルションを用いると，ひとつの流路内に様々な反応器（液滴）を存在させることができ，複数の反応を行うことができる。また，液滴化することで，試料の少量化をさらに進めることができる。

油中の液滴は，レーザー焦点の電界あるいは電極を用いて形成する電界で運動制御を行うことが可能である。このため，マイクロチャンネル内の液滴のみならず，スライドガラス上にW/Oエマルションを展開して，微細な電極やレーザーを用いて液滴を操作することができる[13〜15]。

図 6 は，スライドガラス上に展開したW/Oエマルション中の液滴を外部から照射した赤外線

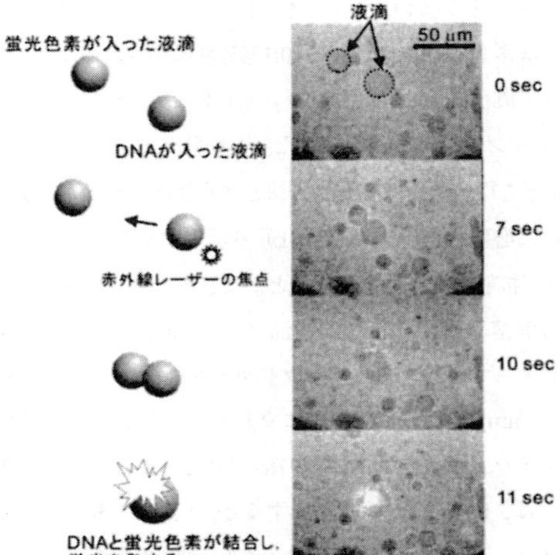

図 6　顕微鏡下で油中水滴を赤外線レーザーによって操作して，融合させている様子

レーザーによって操作している様子である。一方の液滴にはDNA分子が，もう一方の液滴にはDNAに結合する蛍光色素が入っている。液滴は赤外線レーザーの焦点（約100mW連続光，焦点直径約5 μm）に対して反発力を受けるので，これを利用して二つの液滴を動かしている。液滴が融合すると，蛍光色素がDNA分子に結合し，蛍光を発する。このように微細構造を利用しなくても，反応液滴を空間内に配列して運動を制御することで，2次元の反応操作が可能である。

3 W/Oエマルションの形成方法

ここでは，W/Oエマルションを反応場として応用するときに，どのようなエマルションの形成方法が用いられているかについて述べる。以下にマイクロチューブのような試験管内で反応を行う場合と，マイクロチャンネル微小反応装置内で反応を行う場合の2つの観点から述べる。

3.1 試験管内で反応を行う場合

W/Oエマルションを形成して，試験管内で反応を行う場合は，一般的に乳化法として利用されているホモジナイザーやマグネティックスターラによる攪拌法が用いられている。多くは，1 mL程度のW/Oエマルションを形成して，それらを各試験管に分注して反応を行う。油相としては，ミネラルオイルやシリコーンオイルなどが用いられている。

安定なW/Oエマルションを形成するために，油相に5～10%程度の界面活性剤（Tween80やSpan80など）を添加することが多い。界面活性剤は，タンパク質（酵素）を変性してしまう恐れがあるので，水相にはあまり添加されない(0.1%程度添加されることがある)。このような条件で形成される液滴は，直径が数μmから数十μmである。

最近，W/Oエマルションの応用を前提にした新しい乳化方法が提案されている[16]。この方法は，ホモジナイザーなどを用いる機械的乳化方法とは異なり，電気的に試料溶液を乳化する。電気的乳化方法は，実際に必要な量（50～200μL）を乳化することができ，かつ，乳化機器，あるいは外気と試料溶液が接触することを防ぐことができるため，コンタミネーションを防ぐことができる。図7は，PCR溶液（5 μL）と菜種油（1%界面活性剤，100μL）を乳化している様子である。試料溶液が入っているプラスチック製マイクロチューブ（容積0.2mL）の外側に電極を配置（電極間隔：～10mm）し，その電極間に交流電圧（正弦波，周波数17kHz，波高値5 kV）を印加することで，マイクロチューブ内の試料溶液を乳化することができる。導電率の大きなPCR溶液を用いた場合は，5 kVを30秒間印加すると，4.30±1.88μmϕの水滴を有するW/Oエマルションが形成された。導電性の小さな純水(Milli-Q水)の場合は，液滴径が4.48±1.87μmϕであった。

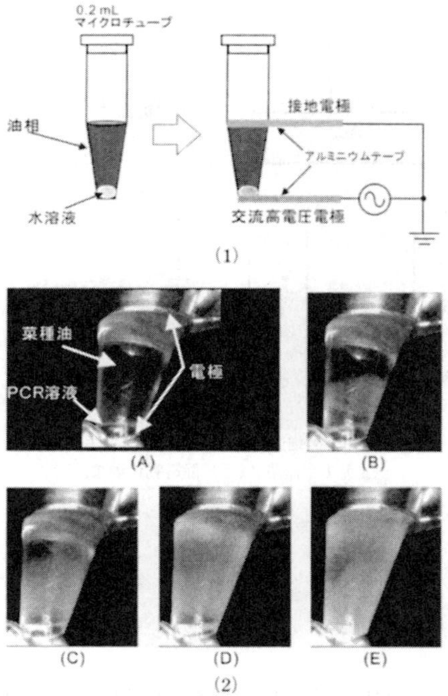

図７　交流電界による W/O エマルションの形成法
(1) 電極配置図，(2) 乳化していく様子。(A)〜(E) は３秒毎の様子。

3. 2　顕微鏡下あるいはマイクロチャンネル微小反応装置での液滴の形成

微細流路内に液滴を形成する方法（図８）としては，油相と水溶液相を微細構造内で交差させる手法など[11,12,17] がある。微細流路を利用した方法は，非常に液滴径の揃ったW/Oエマルションを形成することができる。また，外部ポンプを使用しない方法として，静電霧化現象によって液滴を形成する方法[18] も提案されている。

その他には，ガラスキャピラリーを導入口とするマイクロインジェクターから水滴を形成する方法[15,19] や，基板上に形成した電極上にて水溶液を操作（誘電泳動力，Electrowetting）して液滴を形成する方法[13,14,20] などがある。

また，液滴形成という観点からは，セルソーターの液滴形成に用いられているように，ノズルから噴出した液柱を音波振動により切断して液滴化する方法もある[21]。液滴径の制御がCV値10％程度で可能なこと，界面活性剤をほとんど使用しなくても液滴を形成することができる点が

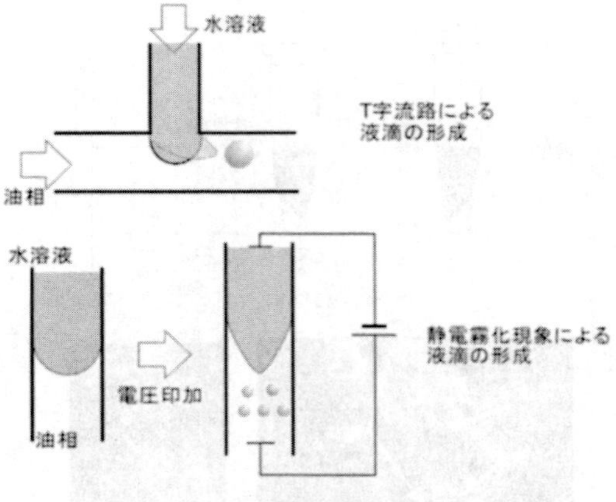

図8　微細流路内での液滴の形成法
（上）T字流路，（下）静電霧化現象。

特徴である。

4　まとめ

W/Oエマルションを用いた反応系は，多様な試料から目的とする試料を選び出すような，コンビナトリアルな反応系を構築する上で非常に重要な手法となりつつある。またマイクロチャンネル微小反応装置は，省コスト，高速化において非常に有効な手段であるため，ここにもW/Oエマルションが利用されるものと期待できる。

文　　献

1） D. S. Tawfik *et al.*, *Nat. Biotechnol.*, **16**, 652 (1998)
2） N. Doi *et al.*, *Nucleic Acids Res.*, **32**, e95 (2004)
3） A. Sepp *et al.*, *FEBS lett.*, **532**, 455 (2002)
4） K. Bernath *et al.*, *Anal. Biochem.*, **325**, 151 (2004)
5） N. Doi *et al.*, *FEBS lett.*, **457**, 227 (1999)
6） M. Nakano *et al.*, *J. Biotechnol.*, **102**, 117 (2003)
7） D. Dressman *et al.*, *Proc. Natl. Acad. Sci. U.S.A.*, **100**, 8817 (2003)

8） M. Nakano *et al.*, *J. Biosci. Bioeng.*, **99**, 293 (2005)
9） T. Kojima *et al.*, *Nucleic Acids Res.*, **33**, e150 (2005)
10） M. Margulies *et al.*, *Nature*, **437**, 376 (2005)
11） J. D. Tice *et al.*, *Langmuir*, **19**, 9127 (2003)
12） B. Zheng *et al.*, *J. Am. Chem. Soc.*, **125**, 11170 (2003)
13） V. Srinivasan *et al.*, *Anal. Chim. Acta*, **507**, 145 (2004)
14） H. Ren *et al.*, *Sens. Actuators B*, **98**, 319 (2004)
15） S. Katsura *et al.*, *Electrophoresis*, **22**, 289 (2001)
16） 中野道彦ら，静電気学会誌，**30**, 26 (2006)
17） T. Nisisako *et al.*, *Chem. Eng. J.*, **101**, 23 (2004)
18） M. Nakano *et al.*, *J. Chem. Eng. Japan*, **38**, 918 (2005)
19） O. Yogi *et al.*, *Anal. Chem.*, **76**, 2991 (2004)
20） R. Ahmed *et al.*, *J. Electrostatics*, **64**, 543 (2006)
21） H. R. Hulet *et al.*, *Clim. Chem.*, **19**, 813 (1973)

第5章　マイクロリアクターを用いる酵素反応プロセス

宮崎真佐也[*1]，本田　健[*2]，前田英明[*3]

1　はじめに

酵素反応プロセスは，環境に優しい触媒反応である上，その厳密な基質選択性から様々な分析・物質製造において有望視されている。しかしながら，その安定性に関する問題，入手の困難さ，あるいはコストの観点から実用化されている酵素は，その中の限られたものしかないのが現状である。このため，酵素反応をより実用的なプロセスとするために，酵素反応に対するプロセス工学のイノベーションが必要とされている[1～3]。

微細な空間で反応を行うマイクロリアクターは複数の科学技術分野を融合した比較的新しいフィールドであり，ここ数年多分野の研究者の興味を引き，いくつかのリアクターが開発されてきた。マイクロリアクターは半導体工学に基づいた微細加工技術の応用もしくはマイクロキャピラリーの集積化・改造などの方法で製造されてきた[4～6]。マイクロリアクターは通常のマクロスケールプロセスにはないいくつかの特長がある。たとえば，熱交換および物質移動が迅速であること，流れが層流を形成するため厳密な流体制御と反応制御が可能となることが挙げられる。また，マイクロリアクターは通常のマクロスケールでの反応よりも広いチャネル表面の比表面積・液－液界面の界面積を得ることが出来る。このため，抽出や触媒反応に有利であると考えられる。マイクロリアクターの特長については，多くの総説・成書[7～10]があるので，詳細はそれをご参照

＊1　Masaya Miyazaki　㈱産業技術総合研究所　ナノテクノロジー研究部門　マイクロ・ナノ空間化学グループ　主任研究員；九州大学大学院　総合理工学府　物質理工学専攻　新素材開発工学講座　助教授

＊2　Takeshi Honda　㈱産業技術総合研究所　ナノテクノロジー研究部門　マイクロ・ナノ空間化学グループ　特別研究員

＊3　Hideaki Maeda　㈱産業技術総合研究所　ナノテクノロジー研究部門　マイクロ・ナノ空間化学グループ　グループ長；九州大学大学院　総合理工学府　物質理工学専攻　新素材開発工学講座　教授

いただきたい。

このようなマイクロリアクターの利点を踏まえ，これを酵素反応に用いる試みがなされてきている[11~13]。本稿では，マイクロリアクターを用いる酵素反応技術とその物質生産への応用について幾つか紹介したい。

2　マイクロリアクターを用いる酵素反応プロセス技術

2.1　液相反応

最も簡単なマイクロリアクターを用いる酵素反応として，液相での連続流通式酵素反応が行われている。図1に示すようなPMMA基板に流路を作製したマイクロリアクターを用いてこれにシリンジポンプで酵素溶液と基質溶液を連続的に流通させて，トリプシン[14]やβ-ガラクトシダーゼ[15]による基質の加水分解反応が行われている。どちらにおいてもバッチ式反応の3～5倍程度の反応収率の改善が見られている。この現象は主にマイクロ空間のもつ物質移動の迅速性によるものではないかと考えられている。

さらに進んだ連続流通式の酵素反応として，ヒーターを装着したマイクロリアクターに，PCR用の反応液を流通させて反応を行った試みもいくつか報告されている[16~18]。これらは，マイクロ空間の持つ迅速な熱交換の利用を目指したものである。

北森らはY字形チャネルをもつガラス製マイクロリアクターを用いてストップトフロー式の酵素反応を行っている[19,20]。彼らはマイクロリアクターを用いてストップトフロー式のペルオキシダーゼ反応を行うことにより，酵素反応が加速されると報告している[19]。また，赤外線での局所的な加熱による酵素反応の制御も，同じ形状のマイクロリアクターを用いて行われている[20]。冷

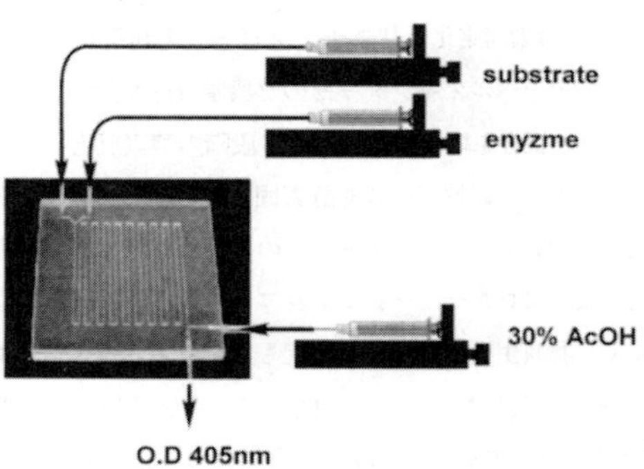

図1　PMMA製マイクロリアクター

却したマイクロチップの流路の一部を加熱することにより，停止していた酵素反応を局所的に活性化することが可能となる。

この他にも，キャピラリー電気泳動中に複数の酵素反応を同時に行った報告がなされている[21]。キャピラリー電気泳動の分離能力により，幾つかの酵素を用いたアッセイを高速に行うことが可能となる。また，酵素の触媒能評価のみならず，酵素阻害剤の評価も可能であることから，基質および阻害剤のハイスループット分析も可能となる。

遠心力を用いるマイクロリアクターも報告されている[22]。CDプレーヤー様の装置を利用し，遠心力と毛管力を駆動力として用いるため，通常のポンプ設備が不要となる。この方法では，ELISA（Enzyme-Linked ImmunoSorbent Assay）に用いられた。ELISAの各段階の操作は，デバイスの回転速度により制御される。この方法は，単一サンプルの他項目分析に用いることが可能と考えられる。

以上，連続流通式のマイクロリアクターを用いる酵素反応プロセスは，主に分析のツールとしての開発が進められている。

2.2 マイクロチャネル内部への固定化酵素の導入

一般に，酵素を物質生産に用いる場合，固定化酵素を用いた連続流通式のプロセスが有利である。多くの酵素固定化技術がマクロスケールの反応向けに開発されており，これをマイクロリアクターに利用する試みもなされている。バッチ式反応では酵素を樹脂やモノリスに固定化する技術が，酵素の分離回収技術として多用されているが，このような酵素固定化物を単純にマイクロ流路内に詰め込むことにより，容易にマイクロリアクターを調製できる利点がある。

酵素固定化ビーズを利用したもっともシンプルなマイクロリアクターとして，ガラスビーズに固定化したキサンチンオキシダーゼを用いて，化学発光によるキサンチンの定量がなされている[23]。また，Crooksらは，酵素固定化ポリスチレンビーズを利用したマイクロミキサーを用いて，グルコースオキシダーゼとペルオキシダーゼの2段階反応を効率よく行う分析システムを開発した[24]。この方法は反応と混合を統合したうえ，多段階の酵素反応に適用した初めての例として注目される技術である。また，磁性ビーズを酵素固定化に用いる方法も報告されている[25]。この方法を用いれば，磁石を用いてマイクロチャネルの任意の場所に酵素を固定化することが可能となる。この方法を用いてテフロンチューブにグルコースオキシダーゼが固定化されている。これら分析的な用途に加え，物質生産を指向した研究もなされている。ニッケル－ニトリロトリ酢酸錯体（Ni-NTA）を表面に導入したアガロース樹脂に，遺伝子操作で発現したバクテリア由来のP450を固定化したマイクロリアクターが開発されている[26]。PikCと呼ばれるこの酵素は，マクロライドの合成に関与する酵素であり，その生産に用いることが可能である。Ni-NTAを介した固定化方法では，酵素分子末端に導入した6～10残基のヒスチジン残基を介した錯体形成により酵素が固定化されるため，通常の固定化方法よりも酵素分子の変性の危険性が少ない事が利点であり，様々なプロセスへの応用が期待される。

一方，酵素を内包したモノリスのマイクロ空間への導入も行われている。2-ビニル-4,4-ジメチルアズラクトン，エチレンジメタクリレートとアクリルアミドもしくは2-ヒドロキシメチルメタクリレートから合成した多孔質ポリマーに内包した酵素を用いて，トリプシン固定化マイクロリアクターが開発され，タンパク質のペプチドマッピングに利用されている[27]。シリカモノリスによる酵素固定化も適用されている。テトラエトキシシランを用いて，PMMA製マイクロチップの流路内に*in situ*でモノリスを作製する技術を用いて，トリプシン固定化マイクロリアクターが作製されている[28]。このリアクターは酵素消化後に電気泳動することによるペプチドの分析に利用されている。川上らはテトラエトキシシランとメチルトリエトキシシランの1：4混合物を用いて，プロテアーゼPを内包したモノリスをPEEK製のマイクロキャピラリーに充填したマイクロリアクターを作製している[29]。その他に，多孔質アルミナ粒子に3-アミノプロピルシランを用いて酵素を固定化し，マイクロ流路内に導入する事によるペルオキシダーゼ固定化マイクロリアクターも報告されている[30]。

このように，微粒子に酵素を固定化し，これをマイクロチャネルに充填することによるマイクロリアクター作製は簡便である。しかし，流れの制御が難しくなり，また圧力損失が増大するなど，処理量を必要とするアプリケーションには問題が残る。

2.3　マイクロチャネル表面への酵素の固定化

マイクロチャネル表面を修飾し酵素を固定化する試みは，マイクロ空間の管壁表面の持つ単位体積あたりの比表面積の大きさというマイクロ空間の特長を生かし，なおかつ圧力損失を増大させない酵素固定化マイクロリアクター作製方法として開発されてきた。最も簡単なマイクロチャネル表面への酵素固定化方法は基板材質への物理吸着を利用する方法である。マイクロチャネルにおいては，ビオチン―アビジンの分子認識を利用する方法が最も多く用いられている[31~33]。ビオチン化したポリリジンをガラス表面に物理吸着させ，これにアビジン標識した酵素を結合させてマイクロリアクターが作製されている[31]。このマイクロリアクターは酵素反応の速度論解析に用いられている。その他にもビオチン化した脂質2重膜[32]や，光パターン化により部分的にビオチン化したフィブリノーゲン[33]などが酵素固定化に用いられている。しかしながら，これらの方法はあくまで物理吸着をベースとしているので，長期使用に際してその安定性に問題がある。また，これらの方法はアビジン標識した酵素のみに適用範囲が制限される。

マイクロチャネル表面に官能基を導入する方法は，主に酵素を管壁に共有結合で固定化する目的に使用されている。古典的な3–アミノプロピルシランとグルタルアルデヒドを用いる固定化方法により，トリプシンの固定化が行われている[34]。この方法は比較的簡単であるが，パフォーマンスのよいマイクロリアクターを得るためには，複雑な形状のマイクロチャネルの設計・作製が必要である。我々は，ゾルゲル加工を応用し，シリカ製のマイクロチャネル表面に微細な構造を形成する技術を開発した(図2(a))[35]。3–アミノプロピルトリエトキシシランとメチルトリエトキシシランを共重合させてチャネル表面を修飾し，そのアミノ基に無水コハク酸を反応させることにより酵素をアミド結合で固定化することが出来る。この方法により酵素を固定化した場合，表面積が増大しているために単層で固定化した場合の10倍程度の量の酵素を固定化することが可能となる。この方法を用いて加水分解酵素ククミシンを固定化したマイクロリアクターはバッチよりも15倍速い反応処理速度を示した。また，この方法はアミド結合形成による共有結合以外にも，S–活性化システアミンを介したジスルフィド結合形成やNi–NTAを介した錯体形成など，可逆的な固定化にも応用可能である[36]。これらの方法を用いれば，作製したマイクロデバイスの再利用も可能となる。

ゾルゲル法を応用したその例として，PMMA表面をメタクリル酸ブチルとγ–メチルアクリルオキシプロピルトリメトキシシランの共重合体とシリカのゾルゲルで修飾しマイクロリアクター[37]やトリプシンを内包したチタニアやアルミナゲルをプラズマ処理したPDMSに固定化したマイクロリアクターが作製されている[38]。これらのデバイスを用いることにより，トリプシンによるタンパク質の加水分解時間が飛躍的に短縮(～2秒)されている。これらのマイクロリアクターはタンパク質のハイスループットな同定への応用が期待されている。

微粒子の配列化もマイクロチャネル表面への酵素の固定に利用されている。チャネル内にシリカ微粒子を分散させた溶液を充填し，これを徐々に乾燥・濃縮していくことにより，毛管力により微粒子がチャネル表面に規則配列する(図2(b))[39]。この現象を利用してシリカ微粒子をチャネル表面に固定化し，これを3–アミノプロピルトリエトキシシランで処理して共有結合により

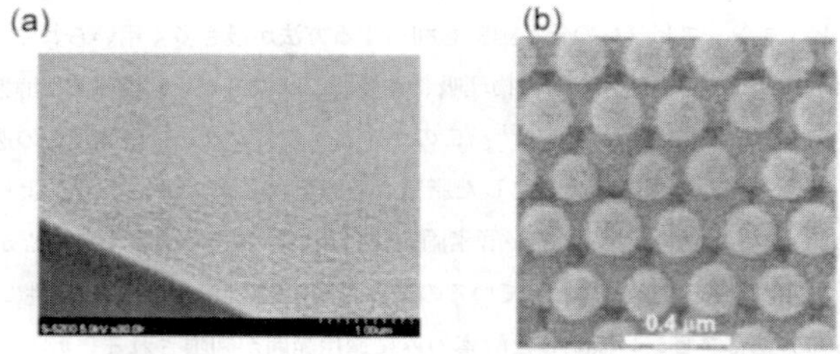

図2　マイクロチャネルの表面修飾技術

酵素が固定化されている[40]。この方法で作製したマイクロリアクターは，上述のゾルゲル法で酵素を固定化したマイクロリアクターよりも1.5倍速い反応速度を示した。これは，微粒子配列化により，チャネル表面積がおよそ1.5倍増大したことに起因すると考えられる。

酵素をポリマーに内包し，これをチャネル表面に固定化する試みも行われている。ポリエチレングリコール系のヒドロゲル原料と酵素溶液をマイクロチャネル内に充填したのち紫外線照射してヒドロゲルを固化させ酵素が固定化されている[41]。この方法を用いてアルカリホスファターゼやウレアーゼなどがマイクロチャネル表面に固定されている。

2.4　膜形成による固定化

マイクロチャネル内に形成した膜に酵素を固定化し，ここに酵素を固定化したマイクロリアクターの開発もなされている。最も簡単な例は，PVDF膜を組み込んだマイクロデバイスを作製し，ここに酵素を吸着させてマイクロリアクターとして用いる方法である。Greinerらはアルコールデヒドロゲナーゼを固定化したマイクロリアクターを用いてアセトフェノンのフェニルエタノールへの還元反応を行っている[42]。マイクロリアクターを用いて，最大変換率80%，光学選択性＞99%で（S)-体のフェニルアセトフェノンの合成がなされている。

久本らは，マイクロチャネル内に形成した水油2層流の界面にナイロン膜を形成させる技術を開発した[43]。この膜にペルオキシダーゼを固定化して反応と膜分離を同時に達成している。しかしながら，膜の固定化が技術的に難しく，またナイロン膜は有機溶媒体制に難がある等，技術的な課題が残る。

我々は，マイクロチャネル表面上に酵素を内包した膜を形成する技術を開発した(図3)[44]。この方法はマクロスケールの反応で用いられているCLEA (Cross-linked Enzyme Aggregate) 形成を応用したものである[45]。この方法は，複雑な操作が必要なわけではなく，単に酵素溶液と架橋

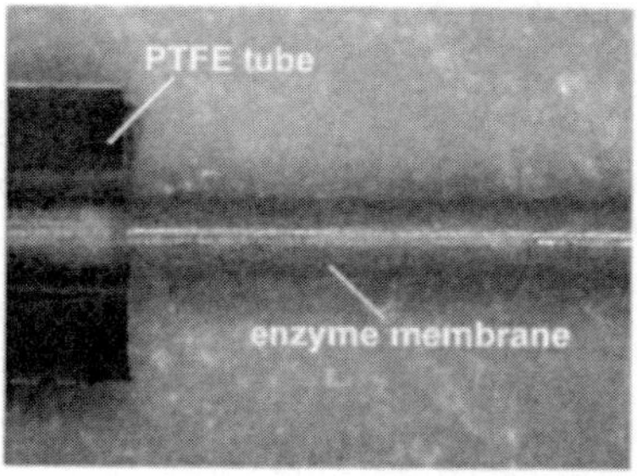

図3　マイクロチャネル表面上に形成された酵素固定化膜

剤溶液を別々の導入孔からマイクロチャネルに流し込むだけで酵素固定化膜が作製可能である。また，表面に共有結合させる訳ではないので，材質を選ばず，化学的に安定なPTFEチューブなどにも適用できる方法である。この方法で作製した酵素固定化マイクロリアクターは，40日以上安定に使用することが出来るうえ，有機溶媒に対する安定性も改善されている。しかしながらこの方法はタンパク質表面のアミノ基の数が膜の形成を大きく左右する。つまり，酸性のタンパク質には適用しにくいという問題があった。そこで我々は，酸性タンパク質とポリリジンの複合体を形成させ，これを膜形成に使用することにより，膜形成による酵素固定化法の適用範囲を拡大することに成功した[46]。この方法は，さらなる酵素膜固定化マイクロリアクター開発に応用可能と期待している。

3　マイクロリアクターを用いる酵素反応プロセス

酵素反応マイクロリアクターは，マイクロチャネルシステムの持つ分析時間の短縮，試薬量の極小化などの利点を踏まえ，主に分析分野での研究が先行してなされてきた。これらについては総説に詳しく述べてあるので，そちらを参照いただくとして，本章では物質生産を指向した酵素反応マイクロリアクターの開発をまとめてみたい。

液相での酵素反応は，酵素の分離・再利用がしにくいなど多くの問題があるため，あまり物質生産に適していないが，幾つかの初期的かつ重要な酵素反応マイクロリアクターが報告されている。酵素によるオリゴ糖合成がPMMA製のマクロリアクターでなされている（図４）[15, 47]。β-ガラクトシダーゼをリン酸緩衝液に溶解させた溶液と，基質のアセトニトリル溶液を別々の導入孔から注入して反応を行い，リアクターのチャネルから出てきた反応液を加熱して反応を停止さ

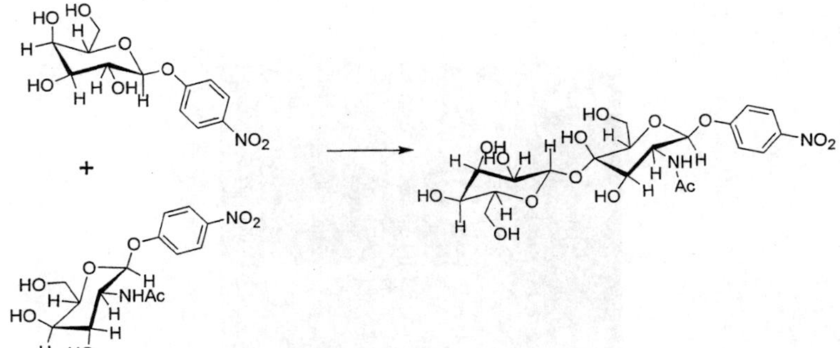

図４　マイクロリアクターによるオリゴ糖合成

せるというシンプルな方法で反応が行われた。マイクロリアクターを用いることによって，マクロスケールでは進みにくい反応を5倍程度促進出来ると報告されている。

水油2相系の酵素反応も行われている。これはマイクロリアクターの持つ液一液界面の界面積の大きさを利用することを主眼において開発がなされている。後藤らはガラス製のチップ型マイクロリアクターを用いて液一液界面を安定に形成させ，ラッカーゼによる脱ハロゲン化反応を行っている(図5a))[48,49]。酵素の水溶液と基質の有機溶媒溶液を別々の導入孔から流通させて反応を行っている。詳細な速度論解析の結果，反応は基質の水相への拡散に依存すると結論している。Rutjesらは，緩衝液とMTBEのスラグ流を用いて酵素によるシアノヒドリンの合成を行っている（図5b))[50]。

もっと複雑な連続フロー式の液相反応により，補酵素の再生反応が行われている。通常，補酵素の再生は酵素反応においてもっとも難しい技術である。Yoonらは，電極を埋め込んだY-字型のマイクロチャネルを用いて，NADHの再生を行っている（図6）[51]。このデバイスはまだプリミティブではあるが，複雑な酵素反応におけるマイクロリアクターの有用性を示すものである。

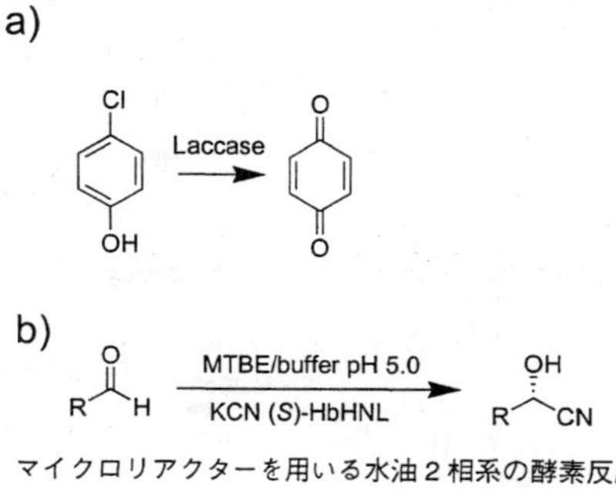

図5　マイクロリアクターを用いる水油2相系の酵素反応例

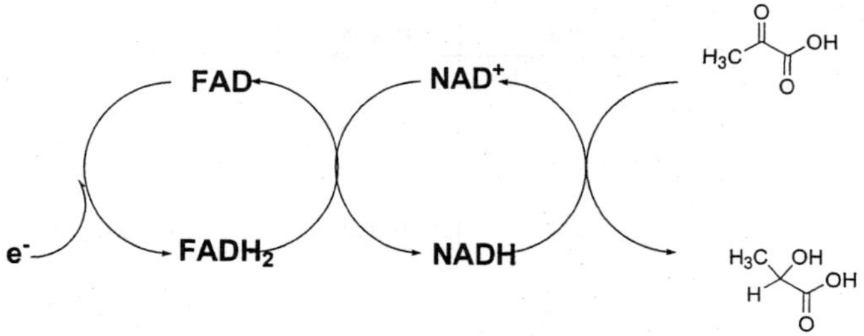

図6　マイクロチャネル内でのNADH再生反応

酵素固定化マイクロリアクターの物質生産への応用も行われている。PikCヒドロキシラーゼを固定化したNi–NTAアガロース樹脂を内包したマイクロリアクターを用いたメチルマイシンとネオメチルマイシンの水酸化が行われている（図７）[26]。毎分70nlの流量で90％以上の収率が達成されている。同様の固定化方法を用いて，Ⅲ型ポリケタイド合成酵素（PKS）の固定化を用いたポリケタイドの合成も報告されている[52]。Ni–NTAアガロース樹脂に固定化したPKSと，チャネル表面に固定化したペルオキシダーゼの連続反応を用いて，原料となるコエンザイムA(CoA)を変えることにより，フラビオリンやその他のピロン型ポリケタイドの選択的合成がなされている（図８）。我々は，マイクロチャネル表面にNi–NTAを導入し，ここに大腸菌で発現させたHis[6]–L–

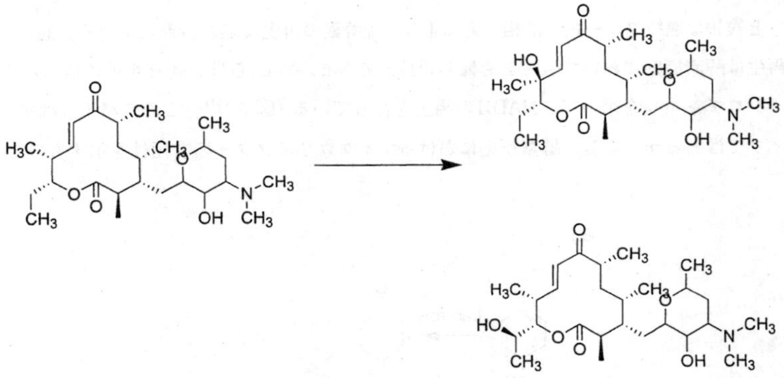

図７　マイクロリアクターを用いる水酸化反応

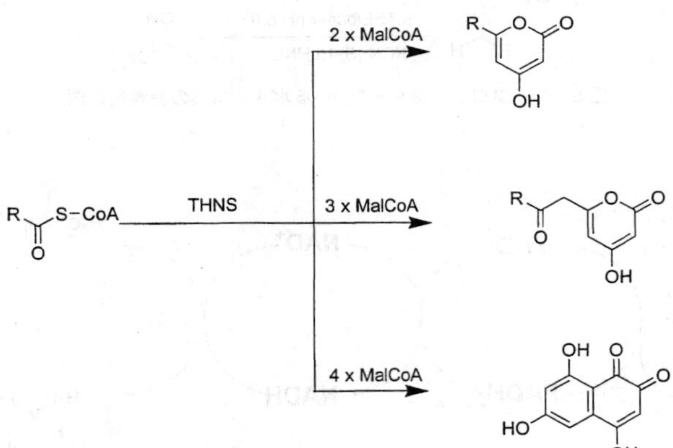

図８　マイクロリアクターを用いるポリケタイド合成

乳酸脱水素酵素を固定化したマイクロリアクターを作製し，ピルビン酸の還元反応を行った[53]。これらの結果は，天然物合成への酵素反応マイクロリアクターの応用を広げるものである。

また，主要な酵素反応プロセスであるエステル化／加水分解にもマイクロリアクターが利用されている。セラミック製基板を用いたマイクロチップやガラスキャピラリーを用いてリパーゼ固定化マイクロリアクターが作製されている[54,55]。これらのマイクロリアクターは，バッチでの加水分解反応に比べ，1.5倍高い収率を示しているが，これらはマイクロチャネルの持つ高い比表面積によると考えられる。その他にリパーゼを用いた反応として，Novozym-435™によるジグリセリンとラウリン酸のエステル化も報告されている(図9a))[56]。プロテアーゼPによる(*S*)-(−)-グリシドールと*n*-酪酸ビニルのエステル交換反応が，モノリス充填式マイクロリアクターで行われている(図9b))[29]。この転換率は，固定化された酵素量に依存している。その他にもα-アミノアシラーゼを固定化した酵素膜リアクターと分離・抽出用のマイクロチップを統合したデバイスを用いて，アミノ酸の光学分割もなされているが[57,58]，依然として幾つかの酵素反応がマイクロプロセス開発に適用されただけである。

a)

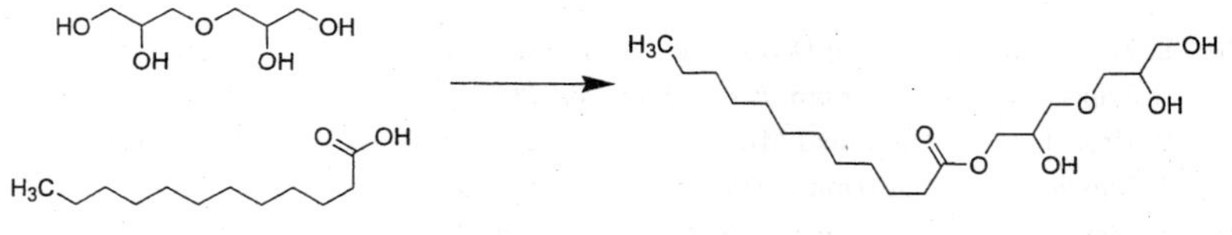

b)

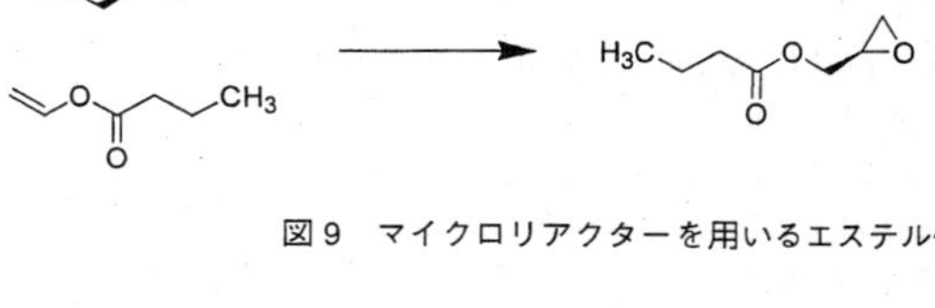

図9　マイクロリアクターを用いるエステル化反応例

4 今後の展望

マイクロ空間はその制限された空間や層流などの特長を利用すれば，生体内での反応場である細胞表面や毛細血管を模倣可能な反応場である。このマイクロ空間での反応を開拓していけば，より一層のプロセス強化や効率的な分析デバイスの開発が可能と考えられる。特に，生体の触媒反応である酵素反応を利用することにより，その特長を生かせるのではないかと考えている。しかしながら，ここに示すように幾つかの酵素反応マイクロリアクターが開発されただけであり，まだまだ開発の初期段階である。新たな技術革新やデバイス開発により，酵素反応マイクロプロセスのより一層の発展が期待される。

文　　献

1) A. Schmid *et al*., *Nature*, **409**, 258 (2001)
2) H. E. Schoemaker *et al*., *Science*, **299**, 1694 (2003)
3) Garcia–Junceda *et al*., *Bioorg. Med. Chem*., **12**, 1817 (2004)
4) W. Ehrfeld *et al*., "Microreactors–New Technology for Modern Chemistry", Wiley–VCH (2000)
5) B. Ziaie *et al*., *Adv. Drug Deliv. Rev*., **56**, 145 (2004)
6) L. Szekely and A. Guttman, *Electrophoresis*, **26**, 4590 (2005)
7) V. Hessel *et al*., "Chemical Micro Process Engineering", Wiley–VCH (2004)
8) T. Chovan and A. Guttman, *Trends Biotechnol*., **20**, 116 (2002)
9) M. Brivio, W. Verboom and D. N. Reinhoudt, *Lab Chip*, **6**, 329 (2006)
10) H. Wang and J. D. Holladay, "Microreactor Technology and Process Intensification, ACS Symp. Ser., 914", American Chemical Society (2005)
11) J. Krenkova and F. Foret, *Electrophoresis*, **25**, 3550 (2004)
12) P. L. Urban *et al*., *Biotechnol. Adv*., **24**, 42 (2006)
13) M. Miyazaki and H. Maeda, *Trends Biotechnol*., **24**, 463 (2006)
14) M. Miyazaki, H. Nakamura and H. Maeda, *Chem. Lett*., 443 (2001)
15) K. Kanno *et al*., *Lab Chip*, **2**, 15 (2002)
16) M. U. Kopp, A. J. de Mello, A. Manz, *Science*, **280**, 1046 (1998)
17) K. Sun *et al*., *Sens. Actuator B*, **84**, 283 (2002)
18) T. Fukuba *et al*., *Chem. Eng. J*., **101**, 151 (2004)
19) Y. Tanaka *et al*., *Anal. Sci*., **17**, 809 (2001)
20) Y. Tanaka *et al*., *J. Chromatogr. A*, **894**, 45 (2000)
21) Q. Xue *et al*., *Electrophoresis*, **22**, 4000 (2001)

22) S. Lai *et al.*, *Anal. Chem.*, **76**, 1832 (2004)
23) T. Richter *et al.*, *Sens. Actuators B*, **814**, 369 (2002)
24) G. H. Seong and R. M. Crooks, *J. Am. Chem. Soc.*, **124**, 13360 (2002)
25) A. Nomura *et al.*, *Anal. Chem.*, **76**, 5498 (2004)
26) A. Srinivasan *et al.*, *Biotechnol. Bioeng.*, **88**, 528 (2004)
27) K. Sakai–Kato *et al.*, *Lab Chip*, **4**, 4 (2004)
28) K. Sakai–Kato *et al.*, *Anal. Chem.*, **75**, 388 (2003)
29) K. Kawakami *et al.*, *Ind. Eng. Chem. Res.*, **44**, 236 (2005)
30) M. Heule *et al.*, *Adv. Mater.*, **15**, 1191 (2003)
31) N. J. Gleason and J. D. Carbeck, *Langmuir*, **20**, 6374 (2004)
32) H. Mao *et al.*, *Anal. Chem.*, **74**, 379 (2002)
33) M. A. Holden *et al.*, *ibid*, **76**, 1838 (2004)
34) S. Ekstrom *et al.*, *ibid*, **72**, 286 (2000)
35) M. Miyazaki *et al.*, *Chem. Commun.*, 648 (2003)
36) M. Miyazaki *et al.*, *Chem. Eng. J.*, **101**, 277 (2004)
37) H. Qu *et al.*, *Anal. Chem.*, **76**, 6426 (2004)
38) H. Wu *et al.*, *J. Proteome Res.*, **3**, 1201, (2004)
39) H. Wang *et al.*, *Adv. Mater.*, **14**, 1662 (2004)
40) H. Nakamura *et al.*, *Chem. Eng. J.*, **101**, 261 (2004)
41) W. –G. Koh and M. Pishko, *Sens. Actuators B*, **106**, 335 (2005)
42) D. H. Muller, M. A. Liauw and L. Greiner, *Chem. Eng. Technol.*, **28**, 1569 (2005)
43) H. Hisamoto *et al.*, *Anal. Chem.*, **75**, 350 (2003)
44) T. Honda *et al.*, *Chem. Commun.*, 5062 (2005)
45) L. Cao *et al.*, *Curr. Opin. Biotechnol.*, **14**, 387 (2003)
46) T. Honda *et al.*, *Adv. Synth. Catal.*, in press.
47) K. Kanno *et al.*, *Aust. J. Chem.*, **55**, 687 (2002)
48) T. Maruyama *et al.*, *Lab Chip*, **3**, 308 (2003)
49) 道添純二ほか, 化学工学論文集, **29**, 82 (2003)
50) K. Koch *et al.*, "Abstract of IMRET9", p.196, September 6–8, Potsdam, Germany (2006)
51) S. K. Yoon *et al.*, *J. Am. Chem. Soc.*, **127**, 19466 (2005)
52) B. Ku *et al.*, *Biotechnol. Prog.*, **22**, 1102 (2006)
53) M. Miyazaki *et al.*, *Prot. Pept. Lett.*, **12**, 207 (2005)
54) J. Kaneno *et al.*, *New J. Chem.*, **27**, 1765 (2003)
55) 金野　潤ほか, 化学工学論文集, **30**, 154 (2004)
56) E. Garcia *et al.*, *Proc. IMRET 4*, 5 (2000)
57) M. Miyazaki *et al.*, *Proc. World Congress on Medical Physics and Biomedical Engineering (WC2006)*, 234 (2006)
58) T. Honda *et al.*, 投稿中

第6章　酵素反応を促進するマイクロ波の効果

大内将吉*

1　はじめに

有機反応に対してマイクロ波が反応促進の効果を示すことが数多く報告されている[1~3]。一方で，酵素反応などの生体触媒へマイクロ波を反応の促進のために利用した例は極端に少ない。ここでは，マイクロ波技術を酵素反応へ適用する意義をマイクロ波加熱の原理から解説するとともに，生体触媒としての酵素反応へマイクロ波を応用した研究として，過去の代表的な研究例と筆者らの取り組みを紹介する。

2　マイクロ波加熱のしくみと，マイクロ波有機化学

有機合成反応の一手法としてマイクロ波を利用した研究が数多く行われているが，反応系にマイクロ波を照射することで，従来数時間かかっていた反応が秒単位まで短縮されるなど，非常に短時間で効率良く目的物が得られ，あるいは反応溶媒を必要としないなど，多くの研究例がこれまでの合成法の常識を覆すものとなっている。このようなマイクロ波を利用した合成技術は，クリーンで環境にやさしい技術とも言え，グリーンケミストリーの実現のためには必要不可欠な技術である[4]。

電子レンジなどのマイクロ波照射装置は，主たる目的は効率的な加熱である。これは，従来の熱伝導による加熱(conventional heating)とは，まったく原理が異なる。マイクロ波加熱の原理としては，分子の双極子モーメント(電気双極子)が大きく関係する。双極子モーメントをもつ分子は，電場の無い通常の状況下では，分極の方向(配向)はランダムの状態にあり，その温度に応じた分子運動(振動運動もしくは回転運動)をしている。そこに，電場を与えると電場の方向に分子が分極に応じて方向(配向)を変える。しかも，電場が周期的に変化する状況下では，分子の方向(配向)も周期的に変化し，一つ一つの分子としては，回転運動を示すことになる。この周期的な変化が，マイクロ波領域の電磁波の周波数に相当すると，分子の回転運動の周期が追随できずに運動エネルギーの損失が起こる。このエネルギー損失が熱エネルギーとして現れ，

*　Shokichi Ohuchi　九州工業大学　情報工学部　生命情報工学科　助教授

分子の存在する系全体が加熱されることになる。このエネルギー損失を誘電損失と呼ぶ。種々の分子はマイクロ波の周波数の値に応じて固有の誘電損失の数値を有する。これは，一見すると，一つ一つの分子に対して紫外線や赤外線領域の分光吸収スペクトルを示すのと同じようであるが，マイクロ波の吸収スペクトルは，まったく意味が異なる。紫外線や赤外線領域の分光現象は，一個の分子が有する共有結合を形成している電子の基底状態から励起状態への電子遷移のメカニズムであるが，マイクロ波による分子の誘電損失とは，一つ一つの分子のエネルギー損失ではなく，分子同士の分子間相互作用の影響によるのがほとんどである。典型的な例が，電子レンジによる水のマイクロ波加熱である。電子レンジのマイクロ波は，周波数が2.45GHz，波長12cmの電磁波をとるが，これを液体としての水分子に照射すると，一つ一つの水分子自体はマイクロ波をほとんど吸収しない。液体の水は，水分子の間で水素結合の相互作用を形成しているという，わずかな拘束状態の中で，一つ一つの水分子が回転運動しているようなものである。このような状況下で，電子レンジの中でマイクロ波を照射すると，先に述べたようにマイクロ波の周波数が水素結合している水分子の回転運動に対してほんの少しのズレが生じるために，誘電損失のエネルギー，すなわち熱エネルギーが発生するわけである。つまり，マイクロ波の加熱原理としては，分子同士の分子間相互作用による拘束状態が重要な意味をもつ。このことが，分子の双極子モーメント（電気双極子）と分子の誘電損失エネルギーが，ある程度の相関性はあるものの，直接には関係しない理由である。

誘電損失エネルギーは，分子の双極子モーメント（電気双極子），分子の大きさ（分子量），分子間相互作用（水素結合，イオン結合，π電子相互作用，ファン・デル・ワールス相互作用，...）など，さまざまなパラメータの合算値として求められるであろう。しかしながら，単一の化合物分子ならともかく，有機反応のような多種類の分子が存在する系では，反応が進行する間に時々刻々と分子の状況が変化していくために，個々の種類の分子の誘電損失エネルギーを予測するのは容易なことではない。このことが，これまで報告されてきているマイクロ波を利用した有機合成反応の大部分が，マイクロ波照射下で合成実験を行なって合成収率を求めるだけの現象表現に留まっている理由でもある[1~3)]。それゆえ，この解説でも，複雑な反応メカニズムについての考察はせずに，酵素反応へマイクロ波を適用した場合の現象結果をまとめることに終始したい。今後，有機合成反応のさまざまなマイクロ波応用事例が積み重ねられるにつれて，反応メカニズムの詳細が明らかになってくるに違いない。さらには，酵素反応のメカニズムも同様に明らかにされるであろう。

3　酵素反応の促進のためのマイクロ波利用の事例

酵素反応へマイクロ波技術を適用した研究は，かなり以前から見受けられていた。それは，家庭用電子レンジを使用した場合の食品加熱に関係する。すなわち，マイクロ波加熱による酵素の失活，タンパク質変性を調べるものであった。また，お茶などの食品の加熱乾燥による品質変化をタンパク質の変性状態と関連付ける研究などもある。この解説の目指している反応促進の効果を検証する研究は，やはりマイクロ波有機合成の成功がきっかけとなっており，ごく最近のことであった。特に，1996年に，conventional heatingに比較して，成功，変化なし，不成功（酵素失活）という注目すべき3つの研究報告がなされた。

A. Loupyらは，固定化リパーゼをラセミ体のエステルに作用させ，キラルアルコールの速度論的光学分割を行ない，conventional heatingと比較して2.45GHzのマイクロ波を反応系に照射した方が時間，収率，鏡像異性体過剰率（ee%）のいずれも良好な結果を得た[5)]。この実験では，はじめに固定化酵素のconventional heatingでの最適な温度条件（70～100℃）を決定し，その温度を保つのに必要なマイクロ波の出力が90Wであることを確認し，光学分割が行なわれた。また，マイクロ波反応系での温度上昇を極端に促すものとしては，FlorisilやCeliteなどの無機担体であることも見出し，固定化担体としては極端な温度上昇が制限されるHyflo Suoer Celの使用が効果的であった。この研究が成功した理由としては，固定化酵素を利用したこと，非水系反応であったこと，またマイクロ波出力を90Wという条件で行なったことが原因であるといえる。とくに，90Wの出力は多くの有機合成反応でも数十～200W程度の出力が最適であることからも，妥当であったといえる。マイクロ波有機反応の装置として，家庭用電子レンジを利用する場合があるが，多くは600W～1kWの出力をもち，有機合成反応に使う装置としては出力が大きすぎる。筆者らも650W出力の家庭用電子レンジを使用したことがあるが，温度制御が困難なこと，結果として再現性が不十分であったことなどの理由から，現在は20～600Wのマイクロ波出力に応じて温度制御も可能な装置を利用している。こういった実験研究用の装置を用いることが，安全性を確保するためにも意味がある。

つぎに，K. G. Kabzaらは，糖加水分解酵素であるセルラーゼに対して2.45GHzのマイクロ波で照射し，セロビオースの加水分解反応に与える影響をみる実験を行なった。マイクロ波装置は650W固定の装置であることと水系の反応であるため，酵素の最適温度に制御することを目的として，マイクロ波装置とは別に，外部に冷却装置を導入し，それぞれの装置間を反応液が行き来できるようにチューブで結び，フローシステムとして実験を進めた。結果としては，conventional heatingとマイクロ波加熱とでは，ほとんど変化がなかった。酵素を極端な温度変化にさらすことで容易に失活させてしまうことを避けるためには，有益な方法であるといえる。しかし，この研究はマイクロ波出力が大きすぎたことと，水溶液中での反応させたため，容易に反応液の温度が上昇してしまい酵素の失活を招いた可能性がある。

さらに，同じ1996年にC. T. Ponneらは，通常リパーゼは100℃以上で失活するはずのものが，600Wのマイクロ波照射下では100℃以下でも失活することを明らかにした。この研究でもやはり高いマイクロ波出力が酵素を失活させた原因であるといえる。最近の有機反応や酵素反応など有機分子が関係する研究では，600W以上の出力をもつ家庭用電子レンジを使って実験データを求める例はほとんどなく，数十～200W程度の出力で充分な誘電損失エネルギーが得られることが示されている。

これら1996年の3つの研究以降，マイクロ波によって酵素反応を促進させる試みが行なわれてはいるものの，実際に取り組む研究グループ自体が少なく，報告例も数例に限られている[8~13)]。マイクロ波有機化学の成果に比較すると見劣りするが，マイクロ波技術の有用性を考えると期待は大きい。とくに，リパーゼなどの酵素を有機溶媒中で用いエステル化反応やエステル交換反応を行なう場合があるが，一般には通常の水を溶媒として加水分解を行なう場合に比較して極端に反応速度が低下する。このような有機溶媒中での酵素反応にこそマイクロ波利用の効果が期待できる。

4　リン酸エステル加水分解酵素へのマイクロ波利用

ホスホトリエステラーゼは，リン酸トリエステルを加水分解してリン酸ジエステルとアルコールを触媒する酵素として，Flavobacterium sp., Pseudomonas diminuta, Pseudomonas monteilliなどの様々な微生物から見いだされている。酵素の基質特異性は広く，リン酸トリエステルだけではなくリン酸ジエステル，リン酸モノエステルも基質とする。また，ホスホトリエステラーゼは，リン原子をキラル中心にもつキラルなリン酸ジエステルであるEPNを立体特異的に加水分解する。筆者らは，このホスホトリエステラーゼに着目し，キラル分子の生産，遺伝子工学による酵素改変，タンパク質構造と酵素機能の関連性の解明など，酵素工学・タンパク質工学研究を展開してきた。ホスホトリエステラーゼを有機溶媒中で用い，エステル化反応やエステル交換反応など有機合成反応の触媒として利用を図ることも取り組んできたが，先に述べたように正反応である加水分解反応に比較して反応速度が低下することが欠点であった。そこで，マイクロ波の反応促進効果に着目し種々検討してきた。ここでは，最近の取り組みを紹介する。

はじめにホスホトリエステラーゼがマイクロ波によって受ける影響を調べた。図1に，凍結乾燥したホスホトリエステラーゼ100mgに対して，長時間マイクロ波を照射した後の酵素の残存活性を示す。マイクロ波装置は家庭用電子レンジを用い650Wの出力で行なった。酵素の失活の

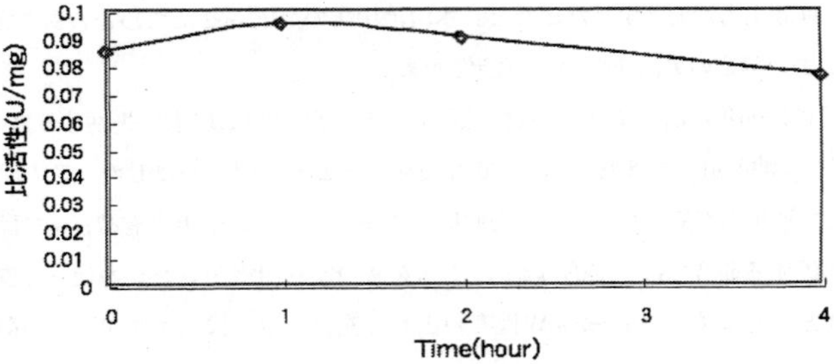

図1　マイクロ波照射後のホスホトリエステラーゼの残存活性

原因となる水分子を含まない状況下では，やはり酵素の活性には影響を受けなかった。

マイクロ波照射によって酵素の安定性が確認されたことから，つぎに，ビス(4-ニトロフェニル)フェニルホスホノチオエートに対してアルコールを作用させエステル交換反応を検討した。基質を1.25mg，凍結乾燥したホスホトリエステラーゼ5 mg，アルコールの過剰量存在下，2.45GHz，650Wのマイクロ波を照射し，反応を行った。結果を表1に示す。マイクロ波を照射しない有機溶媒中での反応に比べると反応時間が短縮され，収率も向上した。

さらに，酵素を発現した菌体をそのまま用いることも検討した。*Flavobacterium* sp.を凍結乾燥し菌体のまま用いて，ラセミ体EPNの光学分割を試みた。反応にマイクロ波を照射して転化率（%）と鏡像体過剰率（%e.e.）の変化をみた。溶媒を水として，凍結乾燥した菌体を1 mg/ml，基質であるEPNを1 mMでマイクロ波を10～30秒照射した。マイクロ波の出力は195Wとした。残存したEPNをHPLCで分析し，R体とS体のピーク面積から転化率と鏡像体過剰率を算出した。コントロールとして，菌体を添加しない系でマイクロ波を照射した。さらに，マイクロ波ではなくconventional heatingとして30 ℃で加温した酵素反応とも比較した（表2）。実験の結果としては，*Flavobacterium* sp.とマイクロ波を用いた反応では，30秒で99%以上加水分

表1　ホスホトリエステラーゼによるマイクロ波促進エステル交換反応

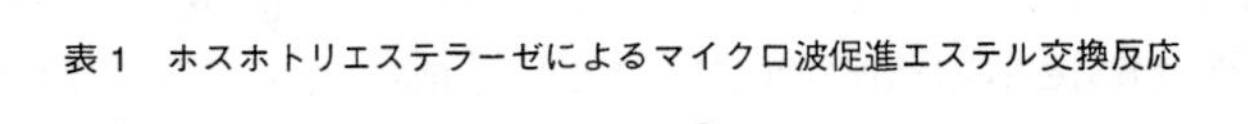

Alcohol	Condition	Reaction Time (h)	Yield (%)
メタノール	MW	1	90
	r. t.	40	83
エタノール	MW	5	69
	r. t.	100	23
イソプロパノール	MW	10	2
	r. t.	200	0

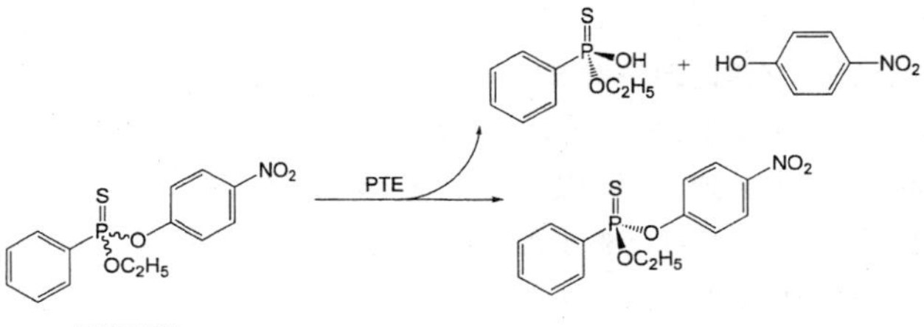

図２　ラセミ体EPNのホスホトリエステラーゼによる光学分割

表２　乾燥菌体を触媒としたマイクロ波促進による光学分割

Catalyst	Condition	Reaction Time	Conversion (%)	%ee
1 mg/ml	Microwave	10 sec	64	6
		20 sec	52	12
		30 sec	99＜	41
	30℃	10 min	24	21
		30 min	37	55
		1 h	95	66
		2 h	96	74
None	Microwave	10 sec	29	0
		30 sec	33	0
	30℃	10 min	9	0
		30 min	11	0
		1 h	7	0
		2 h	72	0

解した。***Flabovacterium*** sp.を用いて30℃で反応させた場合は，２時間で転化率96％であった。しかし，鏡像体過剰率は，30℃での反応で74％，マイクロ波を用いた反応で41％であった。また，***Flavobacterium*** sp.を添加しなかった系にマイクロ波を照射した場合では，30秒で33％分解，30℃で加温した結果，２時間で７％分解した。

5　遺伝子増幅反応へのマイクロ波利用

Polymerase Chain Reaction（PCR）は，1985年にKerry Mullisが確立した方法で，バイオサイエンスの分野で急速に普及したスタンダードな遺伝子増幅技術である。PCRの特徴としては，耐熱性ポリメラーゼを用い，反応温度の上昇下降を繰り返すことで，目的DNAを約２時間弱で約100万倍に増幅される。このPCR技術に対してマイクロ波を照射し，より反応時間の短縮を図ったFermerの研究がある[14)]。しかし，Fermerの報告では従来のPCR技術を超えるものではなかった。

一方，PCRとは異なる遺伝子増幅法として，Rolling Circle Amplification（RCA）が注目されている。RCA法は，環状鋳型DNAに対し，isothermalな条件でプライマーが環状DNAを周るようにして伸長し，環状鋳型DNAを単位とした様々な長さの繰り返しDNAを高感度に得ることができる。RCA法はPCRのように急激な加熱と冷却の繰り返しが必要なくシンプル方法であり，かつ優れた遺伝子増幅率を有することから，蛍光標識と併用してSingle Nucleotide polymorphismsの探索[15]やウイルス検出のためのプローブとしての利用[16]，さらにはerror prone-PCRに代わる方法として研究され注目されている。これまで筆者らは，RCAに利用するポリメラーゼを種々検討してきた。RCAに一般に利用されるDNA polymerase I（*E. coli*）を，*Bacillus stearothermophilus*由来のBst DNA polymeraseに代えることで，反応時間を37℃，4時間から，65℃，1時間へ短縮し，精確な繰り返し遺伝子が得られることを明らかにした。Bst DNA polymeraseは，耐熱性酵素（活性温度：60～65℃）であり，ヌクレオチド重合活性だけでなく，強力なStrand Displacement活性をもつ。Bst DNA polymeraseの高い活性温度と，PCRとは異なるRCAのisothermalな反応条件の二つがマイクロ波の利用に適しているため，検討を試みた。マイクロ波を用いてヌクレオチドの重合時間をさらに短縮することができれば，RCAを遺伝子検出法として実用化することが期待される。

具体的実験方法としては，プライマー2と鋳型をアニーリングさせることで，鋳型が環状になるように，36塩基を相補的にデザインした。プライマー1は，プライマー2の伸長産物に相補的な配列にデザインすることで，PCRのような指数関数的な遺伝子増幅を目指した。Primer 1; GGA TCC TAC ATC TGC TCT TTC GCC GAC TGC GGC GCT GCT TAT AAC（45 base），Primer 2; AAG CTT TAG TGT TTG CAC AGA TGC GCC TGC AGT TTC CAG TTC TT（44 base），Template 2; CTG TGC AAA CAC TAC ATC TGC TCT TTC GCC GAC TGC GGC GCT GCT TAT AAC AAG AAC TGG AAA CTG CAG GCG CAT（75 base）.RCA反応はつぎのとおりである。T4 polynucleotide kinase（10 U）を用い，鋳型DNA（0.1 nmol）と37℃で1時間反応させ，鋳型の5'をリン酸化した。鋳型DNAとプライマー2(0.1 nmol）を，35μlのLK buffer buffer（50mM Tris-HCl，10mM $MgCl_2$，10mM DTT，1 mM dATP，25μg/ml BSA）中でアニーリングさせることで，鋳型を環状状態にした。アニーリング産物を，LK buffer 950μl中でT4 DNA Ligase（1,050U）を用い，鋳型の5'と3'を結合させることで鋳型を環化した。環化した鋳型をphenol-chloroform-isoamylalcohol処理した。この従来法に対して，マイクロ波照射実験はつぎのとおりである。RCAの反応組成（total 25μl）は，環状鋳型1 μl, プライマー1と2がそれぞれ1 μl（0.1nmol），0.02mM dNTP，ThermoPol buffer 2.5μl，脱イオン水16.5μl，Bst DNA polymerase 1 μl（8 U）である。マイクロ波装置は温度制御が可能であり，最大出力は650Wで，マルチモードの四国計測工業製

を用いた。マイクロ波制御のプログラムは，最初5分間で65℃となるようにマイクロ波を照射し，それから65℃を維持しながら20分間マイクロ波を照射し続けた。

マイクロ波を照射しないRCA反応（時間15min，30min，45min，60min，90min）と，マイクロ波照射RCA反応（時間20min）の結果を図3に示す。マイクロ波を照射しない場合，反応時間30minではほとんど遺伝子の増幅は見られなかったが，マイクロ波照射した場合は20minの反応時間にもかかわらず，60minの反応に相当する程の遺伝子増幅を確認した。とくに，RCAでの遺伝子増幅では，繰り返し遺伝子に相当するラダーバンドの電気泳動結果を得られるが(図3のレーン3～5)，マイクロ波照射RCAでは，バンド間の隙間が狭く見える。また，長鎖側のバンドでは，マイクロ波RCAで20min反応させた方が90min反応させた結果よりも，はっきりとしたバンドで確認できた。これらのことからマイクロ波RCAは，DNAの重合が飛躍的に進み，マイクロ波の反応促進効果があったと推測される。反応が進行した理由として，反応温度は制御してあるため，マイクロ波の特徴である基質分子の回転運動の誘起が挙げられる。基質分子であるヌクレオチドに回転運動が加えられた結果，ポリメラーゼは効率的にヌクレオチドを取り込むことができたと考える。

上記の結果より，マイクロ波はRCA反応に有効であることが実証された。さらにポリメラーゼを用いた核酸合成という酵素反応の観点からも，マイクロ波は十分に効果的であり，他の酵素反応においてもマイクロ波の有効利用が期待される。

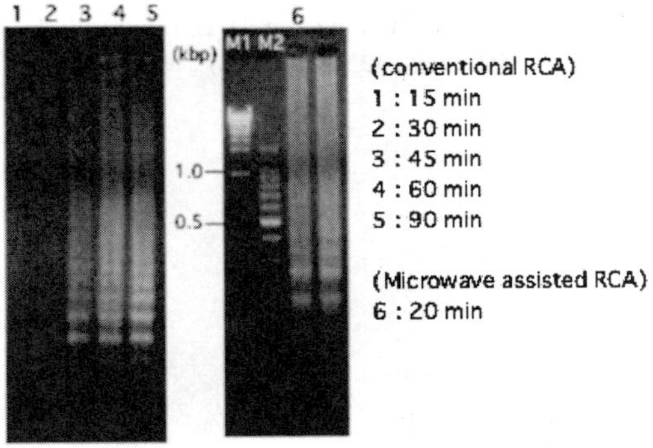

図3　従来のRCA反応と（lane 1～5）とマイクロ波照射RCA反応（lane 6）

文　　献

1）“Microwaves in Organic Synthesis”, A. Loupy, John Wiley & Sons, (2006)
2）“Microwave Methods in Organic Synthesis (Topics in Current Chemistry)”, M. Larhed, K. Olofsson ed., Springer–Verlag (2006)
3）“Microwave Assisted Organic Synthesis”, J.P. Tierney, P. Lidstrom ed., Crc Pr I Llc, (2005)
4）“初歩から学ぶマイクロ波応用技術－化学，材料，医療から環境浄化まで”，産業創造研究所マイクロ波応用技術研究会，工業調査会 (2004)
5）J. R. Carrillo–Munoz, D. Bouvet, E. Guibe–Jampel, A. Loupy and A. Petit, *J. Org. Chem.*, **61**, 7746–7749 (1996)
6）K. G. Kabza, J. E. Gestwicki, J. L. McGrath and M. Petrassi, *J. Org., Chem.*, **61**, 9599–9602 (1996)
7）C. T. Ponne, A. C. Moeller, L. M. M. Tijskens, P. V. Bartles and M. M. T. Meijer, *J. Agric. Food Chem.*, **44**, 2818–2824 (1996)
8）S. Bradoo, P. Rathi, R.K. Saxena and R. Gupta, *J. Biochem. Biophys. Methods*, **51**, 115–120 (2002)
9）I. Roy, K. Mondal and M. N. Gupta, *Biotechnol. Prog.*, **19**, 1648–1653 (2003)
10）G. D. Yadav and P. S. Lathi, *J. Mol. Cat. A: Chem.*, **51**, 51–56 (2004)
11）I. Roy, K. Mondal, A. Sharma and M. N. Gupta, *Biochim. Biophys. Acta*, **1747**, 179–187 (2005)
12）S. –S. lin, C. –H. Wu, M. –C. Sun, C. –M. Sun and Y. –Peng Ho, *J. Am. Soc. Mass Spectrom.*, **16**, 581–588 (2005)
13）G. D. Yadav and P.S. Lathi, *Enzyme Microbial Technol.*, **38**, 814–820 (2006)
14）C. Fermer, P. Nilsson and M. Larhed, *Eur. J. Pharm. Sci.*, **18**, 129 (2003)
15）D. C. Thomas and S.K. Randall, *Arch. Pathol. Lab. Med.*, **123** 1170 (1999)
16）B. Wang, J. Potter, Y. Lin, A. L. Cunningham, D. E. Dwyer, Y. Su, X. Ma, Y. Hou and N. K. Saksena, *J. Clin. Microbiol.*, **43**, 2339 (2005)

第５編　酵素の固定化

第1章　酵母表層への酵素の固定化と応用

谷野孝徳*1，近藤昭彦*2

1　はじめに

細胞表層は細胞内部と外部環境を隔てる物理的に重要な性質を有すると同時に，細胞外部から細胞内部への様々な物質の移動，情報の伝達においても重要な役割を果たしている。近年の「細胞表層工学（cell surface engineering）」の確立により，酵母をはじめとした種々の細胞の表層を遺伝子工学的に改変し，新たな機能を持った細胞を創製することが可能となっている。細胞表層工学の中でも，種々の機能性タンパク質・ペプチドを細胞の表層にディスプレイ（提示・固定化）する技術である細胞表層ディスプレイ法は，細胞表層工学の中核を占めている技術である。

酵母細胞は細胞表層ディスプレイにおいて有用な宿主細胞であり，様々な機能性タンパク質・ペプチドが酵母細胞表層へディスプレイされ，こうした酵母細胞は「アーミング酵母」と呼ばれ様々な用途へ利用されている。その中でも多様な酵素を表層にディスプレイしたアーミング酵母は，従来の菌体内に酵素を生産させた菌体触媒とは異なり，培養・集菌するのみで高活性な菌体触媒として用いることができるため，酵素反応プロセスにおける酵素剤のコスト低減が期待できる。さらには酵母の生体内代謝系と組み合わせることにより高次の触媒反応が可能となることから，様々な分野への応用は重要な研究分野である。

ここでは酵母表層ディスプレイ法による酵素の酵母表層へのディスプレイと，この酵素をディスプレイしたアーミング酵母を用いた代表的応用例について紹介する。

2　酵母表層ディスプレイ法とアンカータンパク質

細胞表層ディスプレイ法では，酵素をはじめとする機能性タンパク質・ペプチドなどの目的タンパク質を表層にディスプレイするために，アンカーと呼ばれるタンパク質と分泌シグナル配列を遺伝子的に融合し，宿主となる細胞に導入することで生産ならびに細胞外への輸送（分泌）経路に乗せる必要がある。アンカータンパク質には細胞表層タンパク質の一部分あるいは全体が用

＊1　Takanori Tanino　神戸大学　大学院自然科学研究科　博士課程後期

＊2　Akihiko Kondo　神戸大学　工学部　応用化学科　教授

いられており，これらの局在・固定化に関連している部分の生命分子情報を利用することで，目的タンパク質は細胞表層にディスプレイされる。

酵母においては性凝集に関与するα-アグルチニンのC末端部分を用いたアンカーシステムが最も広く用いられている[1~3]。酵母内で生産された目的タンパク質とα-アグルチニンアンカーの融合タンパク質は，分泌シグナル配列により細胞表層に輸送された後，C末端に付加されたGPI（Glycosylphosphatidylinositol）アンカーにより一旦細胞膜に固定される。さらにPI-PLC（Phosphatidylinositol-specific phosphor lipase C）による切断をうけ，細胞壁に共有結合することが知られている（図1）。

α-アグルチニンアンカーシステムとならび，酵母表層ディスプレイ法において重要なアンカーシステムとして，酵母の凝集に関与するFLO1の凝集機能ドメインを含むN末端部分を用いたアンカーシステム[4]が挙げられる（図2）。目的タンパク質のC末端側に融合するα-アグルチニンアンカーシステムでは，目的タンパク質のC末端側に酵素触媒部位などのタンパク質機能の発現に重要な部位が存在する場合，アンカータンパク質による立体障害により目的タンパク質が十分に機能を発現できない場合がある。FLO1アンカーシステムでは目的タンパク質のN末端側に融合することが出来るため，こういった場合において非常に有用なアンカータンパク質である。FLO1アンカーシステムにおいても，目的タンパク質とFLO1アンカーの融合タンパク質は，分

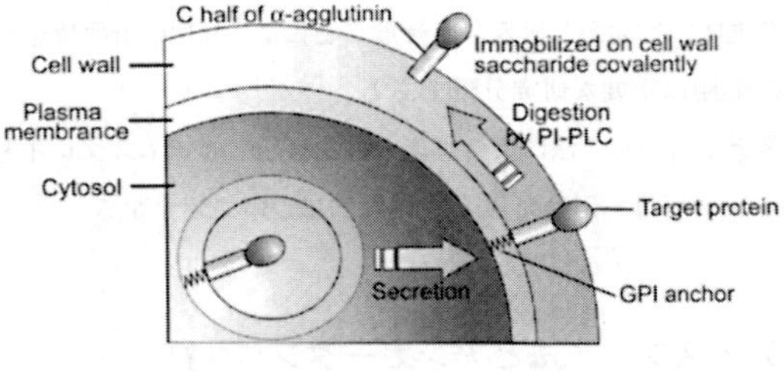

図1　α-アグルチニンを用いた細胞表層ディスプレイシステム

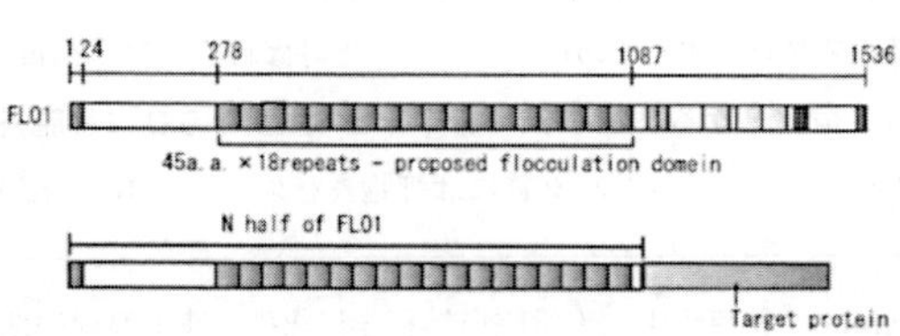

図2　FLO1アンカータンパク質

泌シグナル配列により細胞表層に輸送される。しかしながらFLO1アンカーシステムではGPIアンカーによる細胞膜への固定はなされず，レクチン様タンパク質であるFLO1の凝集機能ドメインと酵母細胞壁グルカン層との相互作用により，酵母細胞表層と非共有結合することで，目的タンパク質は細胞表層にディスプレイされる。

これらの細胞壁に局在するタイプのアンカーシステムばかりではなく，細胞壁と細胞膜の間の空間であるペリプラズムに，目的タンパク質を局在させるためのインベルターゼをアンカータンパク質としたシステム[5]なども開発がなされ，アンカータンパク質のバリエーションは更なる広がりを見せている。また，アンカータンパク質の細胞表層への局在・固定化には直接関与していない部分をカスタマイズすることにより，基質とのアクセスに最適なアンカー鎖長を有した状態で酵素をディスプレイする手法[6]や，多量体タンパク質表層ディスプレイ法[7]の開発など，酵母細胞表層ディスプレイ法の多様性・機能性はめざましく進歩している。

酵母細胞表層ディスプレイ法の宿主細胞として最も利用が進んでいる*Saccharomyces cerevisiae*は，最も身近な酵母であると同時にアルコール発酵能を有することから，古くから多くの研究報告がなされており，ゲノム情報を含め多くの情報を利用することが可能であるなど，宿主細胞として非常に魅力的な酵母細胞である。また，*S. cerevisie*に加え，メタノール資化酵母*Pichia pastoris*は高密度培養法が確立され，メタノールにより強力に誘導される*AOX1*プロモーターを用いることが出来るなどの*S. cerevisiae*にはない魅力的特徴を有すため，近年酵母細胞表層ディスプレイシステムの宿主細胞としての利用が検討されている[8]。これら酵母種それぞれにおける利点に加え，酵母細胞の強固な細胞壁構造を有するという細胞構造は，様々な酵素反応プロセスへのアーミング酵母の応用において非常に魅力的な点であるといえる。また，原核生物である大腸菌やグラム陰性菌も，細胞表層ディスプレイ法における有用な宿主細胞であるが，真核生物由来タンパク質や高分子量の活性のあるタンパク質をディスプレイするためにはいくつかの技術的困難を生じる場合が多く，真核生物である酵母はこの点からも注目されている。

以下では，これらの酵母細胞表層ディスプレイ法を用い，様々な酵素を酵母細胞表層へディスプレイしたアーミング酵母の開発と，これらアーミング酵母の応用例について紹介する。

3　リパーゼアーミング酵母とその応用

3.1　ROLアーミング酵母の開発ならびにバイオディーゼル燃料生産への応用

筆者らは，様々な酵素を検討した結果[9]，植物油とメタノールからのバイオディーゼル燃料生産を効率よく触媒することが明らかとなった*Rhizopus oryzae* IFO4697由来リパーゼ(ROL)を，酵母細胞表層にディスプレイしたアーミング酵母の開発，ならびにこれを用いたバイオディーゼ

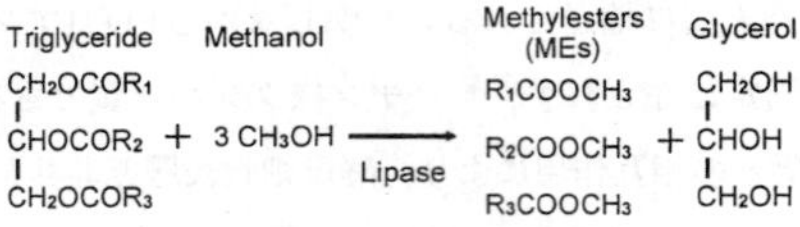

図３　バイオディーゼル燃料生産の反応式

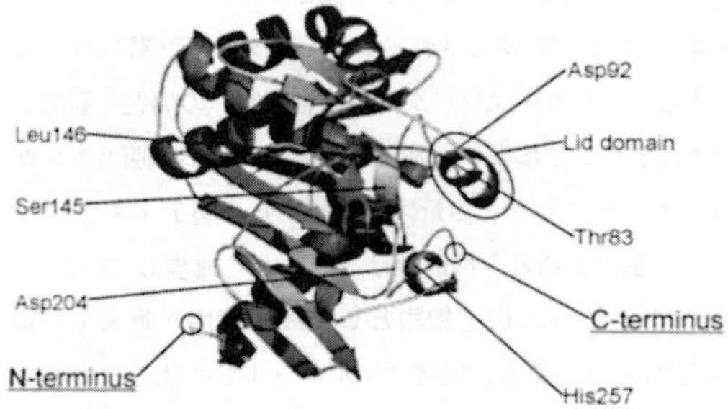

図４　ROLと99%以上の相同性を有する *R. niveus* 由来リパーゼII（M. Kohno *et al.*）

ル生産についての検討を行った[4]。バイオディーゼル燃料とは，植物油とメタノールを基質としてリパーゼ存在下でメタノリシス反応を行うことで生じるメチルエステルのことである(図３)。バイオディーゼルは既存のディーゼルエンジンに直接用いることができ，軽油を用いた場合に比べ，排ガス中の有害成分が少なく，バイオマスを原料として生産されるため環境負荷の少ない石油代替燃料として，近年その生産量は年々増大しており，安価に製造できるアーミング酵母は製造コストの低減が重要であるバイオディーゼル生産において魅力的な酵素触媒となり得る。

図４に示すようにROLの活性サイト（Thr83，Asp92，Ser145，Leu146，Asp204）はC末端付近に存在しているため，目的タンパク質のC末端側にアンカーを融合するα-アグルチニンアンカーシステムでは，アンカーによる立体障害のため，表層にディスプレイされたROLは十分な活性を示すことは難しかった。上述したFLO1アンカーシステムは，この問題を克服するためのN末端側に融合可能なアンカーシステムとして開発された。FLO1アンカーシステムを用い，アンカーをROLのN末端側に融合し，活性部位が存在するC末端をフリーな状態で酵母細胞表層にディスプレイすることで，十分な活性を有したROLアーミング酵母の開発，ならびにこれを用いたバイオディーゼル燃料生産に成功した（図５）。このように，目的とする酵素の活性を十分に有するアーミング酵母を得るためには，活性部位など酵素機能の発現に必要な部位が阻害されないようなアンカーシステムを選択することが重要である。

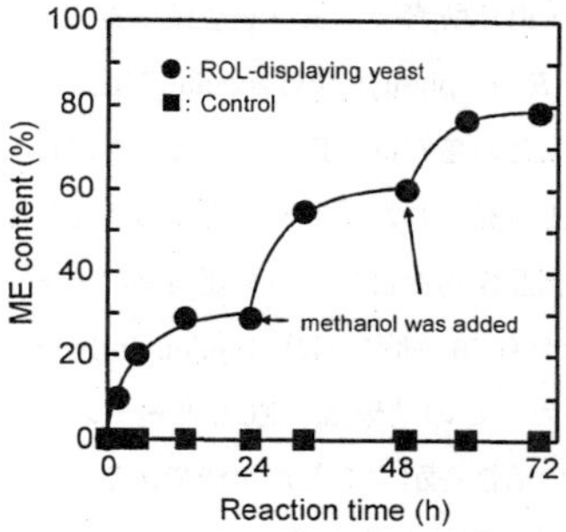

図5　ROLアーミング酵母を用いたバイオディーゼル生産
ROLの失活を防止するため，1モル等量ずつのメタノールを逐次添加。

3.2　ROLアーミング酵母の光学分割反応への応用

筆者らはまた，ROLアーミング酵母の光学分割反応への応用も試みた[10]。光学分割反応は医薬品の製造における反応において非常に重要である。医薬品原料はラセミ混合物であることが多く，反応後の化合物において一方のエナンチオマーは薬理活性を有しているが，もう一方のエナンチオマーは薬理活性を有していない，あるいは毒性を有している場合すらあるということが広く知られている[11]。今後の医薬品製造において酵素剤が重要な役割を果たすことは確実である。筆者らがモデル系として用いた光学分割反応は，酢酸ビニルをアシルドナーとした(*R*,*S*)-1-phneylethanolからの(*R*)-1-phenylethyl acetateの選択適合性反応である（図6）。反応は凍結乾燥処理を施したROLアーミング酵母を用い，ヘプタン中で行った。また，有機溶媒中でのリパーゼによる反応では，系中にリパーゼの構造を保つために必要とされる以上の水分が存在すると反応が阻害されることが知られており[12, 13]，ROLアーミング酵母においても過剰量の水分は反応を阻害することが確認された。このため，反応ではモレキュラーシーブスAを用い系中の水分除去を行った。

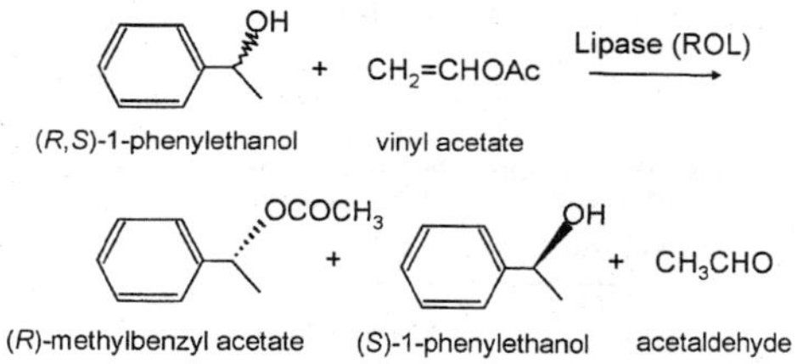

図6　ROLによる(*R*,*S*)-1-phenylethanolの光学分割反応スキーム

上記の反応系において，粉末ROL酵素では反応を触媒することが出来なかったのに対し，ROLアーミング酵母では高活性に(*R*)-1-phenylethyl acetateの選択的合成反応を触媒することが可能であった。このような粉末酵素との差異は，ROLアーミング酵母では有機溶媒中での分散性が改善されることで，反応性の向上が見られたためだと考えられる。また，細胞表層にディスプレイされることで，細胞表層との相互作用などにより酵素自身の有機溶媒中での安定性が向上した可能性も考えられる。反応開始から36時間で(*R*)-1-phenylethyl acetateの収率は97.3%，エナンチオ過剰率は93.9%eeに達した。この結果は，ROLアーミング酵母は有機溶媒中における光学分割反応においでも十分にその活性を示すことが可能であり，アーミング酵母の光学分割反応における酵素触媒としての有用性を示唆している。

3.3 CALBアーミング酵母の開発ならびに重合反応への応用

ROLに加え，筆者らは，リパーゼの中でも多くの応用例が報告され，その有用性が広く知られているリパーゼの一つである*Candida antarctica*由来リパーゼB（CALB）を，FLO1アンカーシステムにより酵母細胞表層にディスプレイしたCALBアーミング酵母の開発，ならびにこれを用いた重合反応への応用を検討した。重合反応のモデル系として*n*-butanolとadipic acidを用いたジエステルDibutyl adipate (DBA)合成反応を行った。この反応ではジカルボン酸であるadipic acidの一方のカルボキシル基がエステル化されることでmonobutyl adipate (MBA）が反応中間体として生じ，さらにエステル化が進行することで目的とするDBAが生成される(図7)。反応は光学分割反応の場合と同様に，凍結乾燥処理を施したCALBアーミング酵母とROLアーミング酵母を用い，適量の水分を添加した無溶媒系で行った。

反応溶液のガスクロマトグラフフィーによる分析の結果，コントロールとしてリパーゼをディスプレイしていない酵母細胞を用いた結果と比較して，どちらのリパーゼアーミング酵母においても優位なエステル合成活性が確認されると同時に，CALBアーミング酵母とROLアーミング酵母の間にも明確な差異が確認された（図8）。これらの結果より，重合反応におけるリパーゼアーミング酵母の有用性が示され，酵素触媒を用いたグリーンケミストリーとして化成品の高付加価値化を図る上でもリパーゼアーミング酵母は期待される。さらに，酵母細胞表層にディスプ

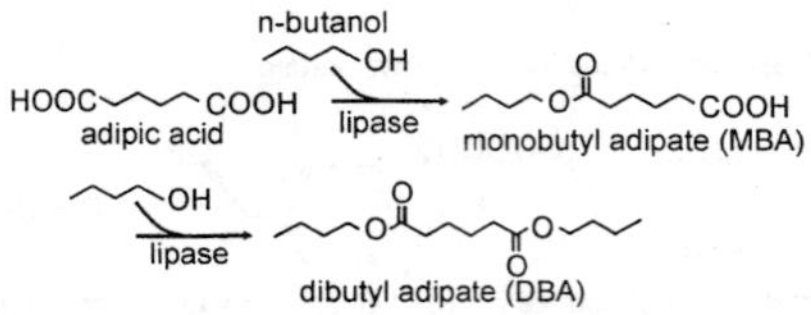

図7　リパーゼによるadipic acidからのジエステルdibutyl adipate合成反応スキーム

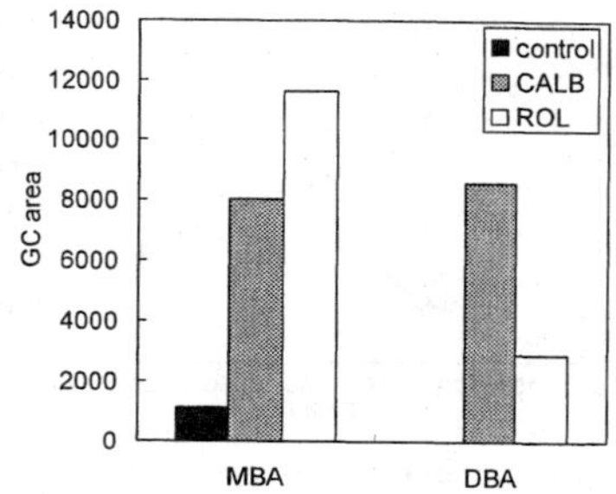

図8　リパーゼアーミング酵母を用いたジエステル合成反応

レイするリパーゼにより反応の様相が異なることから，一般的な固定化酵素の開発と同様に，様々な用途に適したリパーゼを選択することにより，バリエーションに富んだ特性を有したアーミング酵母の開発が自在に行えることが示唆された。また，その有用性が広く知られているCALBをディスプレイしたCALBアーミング酵母の開発により，リパーゼアーミング酵母の様々な反応への応用も期待される。

4　アーミング酵母を用いたバイオマスからのバイオエタノール生産

バイオマスを原料としたバイオエタノールは，「カーボンニュートラル」と呼ばれる特性を有し，地球温暖化を引き起こす温室効果ガスのひとつであるCO_2の排出削減への貢献が期待されるエネルギー資源である。しかしながら穀物・森林系バイオマスの主成分であるデンプン・セルロースを，酵母はエタノールの直接発酵原料として利用できないため，エタノール発酵の前段階で蒸煮処理などに加え多量のアミラーゼやセルラーゼを用いグルコース等の単糖にまで分解する必要がある。これらの前処理は多くのコストを必要とするため経済効率が悪く，更なる改良が必要である。

4.1　アミラーゼアーミング酵母の開発ならびにデンプンからのエタノール生産

筆者らは，*R. oryzae*由来グルコアミラーゼをα-アグルチニンアンカーシステムにより，*Streptococcus bovis*由来グルコアミラーゼをFLO1アンカーシステムにより酵母細胞表層にディスプレイすることで，強力なデンプン分解能力を有するアミラーゼアーミング酵母を開発し，これを用いて無蒸煮デンプンを直接の炭素源としたエタノール発酵を試みた[14]。好気条件下で生育させたアミラーゼアーミング酵母を集菌し，新鮮な無蒸煮デンプンを含む培地に懸濁し，嫌気条件

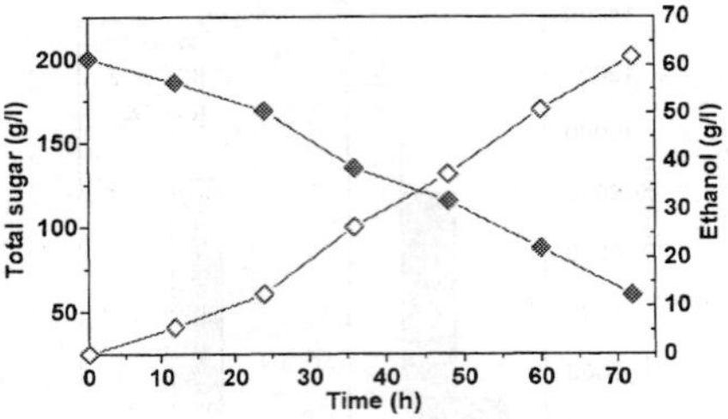

図9　アミラーゼアーミング酵母による無情者デンプンからのエタノール発酵

下でエタノール発酵を行った。発酵試験の結果，アミラーゼアーミング酵母は効率よく無蒸煮デンプンを分解し，分解により生じるグルコースを代謝してエタノールを生産していることが明らかとなった（図9）。このアミラーゼアーミング酵母を用いることで，デンプンからのエタノール発酵においてコスト上昇の原因となっている前処理を省略することが可能となると考えられる。この結果は世界的に見ても前例の無い成果であり，高効率，低コストなデンプン資源からのエタノール生産プロセスの実用化が大きく前進するであろうと期待される。

4.2　セルラーゼアーミング酵母の開発並びにセルロースからのエタノール生産

セルロースはデンプンとは異なり結晶領域と非結晶領域を有する構造のため，その分解には複数の酵素が必要である。そこで筆者らはセルロースの分解に必要な3種の酵素，*Trichoderma reesei* 由来エンドグルカナーゼ，エキソセロビオヒドロラーゼ，*Aspergillus aculeatus* 由来β-グルコシダーゼをα-アグルチニンアンカーシステムにより酵母細胞表層にディスプレイした[15, 16]。蛍光抗体染色による蛍光顕微鏡観察により，これら3種の酵素の細胞表層へのディスプレイの確認を行った（図10）。このセルラーゼ群アーミング酵母を用い，非結晶領域の多いセルロースであるリン酸膨潤セルロースを直接の炭素源としたエタノール発酵試験を行った結果，セルロースの大部分を分解し，エタノールを生産することに成功した。この結果より，単一のアンカーシステムを用いて3種の異なる酵素を同一酵母細胞表層上に十分な機能を保ったままディスプレイ可能であり，またこのセルラーゼ群アーミング酵母を用いセルラーゼ群に共役的に反応を触媒させることでセルロースの分解が可能であることが明らかとなった。さらに，酵母のアルコール発酵能と組み合わせることにより，セルロース資源からバイオエタノール生産を行えることが示され，森林系バイオマスからのエタノール生産によりいっそうの進展が期待される。

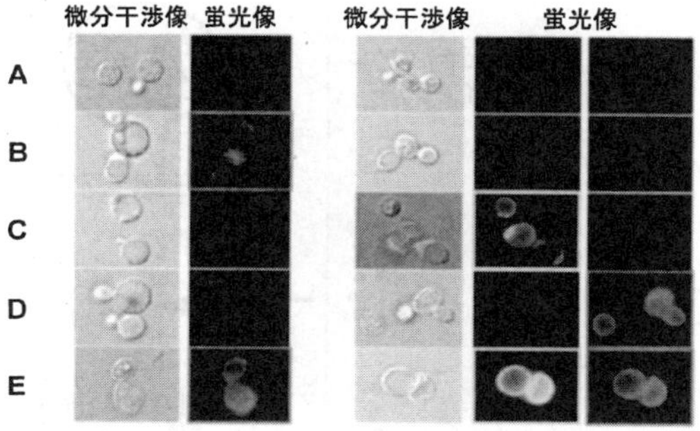

A：コントロール細胞
B：β－グルコシダーゼアーミング酵母
C：エンドグルカナーゼアーミング酵母
D：エクソセロビオヒドロラーゼアーミング酵母
E：β－グルコシダーゼ・エンドグルカナーゼ・エキソセロビオヒドロラーゼアーミング酵母　（セルラーゼ群アーミング酵母）

図10　セルラーゼ群アーミング群母の蛍光抗体染色による蛍光顕微鏡観察

5　酵母細胞表層ディスプレイ法とコンビナトリアル・バイオエンジニアリング

変異導入による酵素機能の改変において，酵母細胞表層ディスプレイ法とコンビナトリアル・バイオエンジニアリングを組み合わせた手法は有用なツールであり，この手法についても簡単に紹介する。酵素等ターゲットとなる機能性タンパク質の機能改変を行う上で，変異導入法としてのエラープローン法やDNAシャッフリング法に加え，酵素の立体構造やホモロジーが得られ戦略的に変異部位を導入することが可能である場合には，標的とする複数のアミノ酸部位に対応するコドンをNNK（N＝A, T, G, C mixture，K＝G, T mixture）に置き換え，20種類からなる全ての組み合わせを試す手法をコンビナトリアル（網羅的）変異と言う。1つのアミノ酸部位に対して20種対のアミノ酸を試すので，n箇所のアミノ酸部位に変異を導入するとライブラリー数は20^nとなる。ライブラリーのスクリーニングを行う際，酵母細胞表層ディスプレイ法を用いることで，ファージなどとは異なる真核生物である酵母細胞にライブラリーを生産させると同時に，ターゲットは酵母表層へディスプレイされるので，抽出・精製・濃縮といった複雑な操作をすることなく，セルチップやセルソーターを用い大規模なライブラリーを簡便にスクリーニング(ハイスループット・スクリーニング)することができる（図11)。このように酵母細胞表層ディスプレイ法はハイスループット・スクリーニングを可能とする技術として近年注目を集めている。

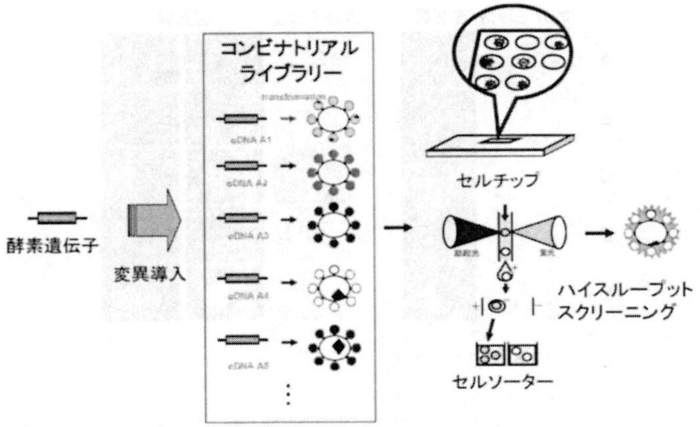

図11　酵母細胞表層ディスプレイ法を用いたコンビナトリアルライブラリーのハイスループット・スクリーニング

6　その他の宿主細胞表層ディスプレイとその応用

酵母以外の宿主細胞における細胞表層ディスプレイ法の現状と，その応用について簡単に紹介する。大腸菌などのバクテリアでは高分子量のタンパク質を細胞表層ディスプレイすることは以前では難しかったが，近年では*Bacillus sabtilis*由来ポリ-γ-グルタミン酸生合成酵素複合体であるPgsAをアンカータンパク質とし，大腸菌*Esherichia coli*でCALBの表層ディスプレイが成功し，光学分割反応への応用が可能となっている[17]。また，乳酸菌*Lactobacillus casei*やコリネ菌*Corynebavterium glutamicum*でも同様のアンカーシステムを用い*S. bovis*由来アミラーゼが表層ディスプレイされ，デンプンを直接発酵原料とした乳酸，アミノ酸(L-リジン)発酵への応用が行われている[18, 19]。これらバクテリアでの細胞表層ディスプレイ法の発展により，細胞表層ディスプレイ法と酵素ディスプレイ菌体触媒の更なる応用分野への発展が期待される。

7　おわりに

以上のように本稿では，酵母細胞表層ディスプレイ法と本技術において非常に重要な役割を果たすアンカータンパク質，ならびにリパーゼアーミング酵母の開発と種々の反応への応用，さらにはアミラーゼアーミング酵母による細胞表層にディスプレイした酵素とアルコール発酵能を組み合わせたより高次の応用を紹介してきた。酵母細胞表層ディスプレイ法により細胞表層に酵素をディスプレイしたアーミング酵母を用いた有用物質生産はまだその産声を上げたばかりであり，これからの研究によるその可能性，多様性の展開には非常に心躍らされるものがある。アーミング酵母を用いたバイオコンバージョンプロセスの実用化が期待される。

文　　献

1) T. Murai *et al.*, *Appl. Environ. Microbiol.*, **63**, 1362 (1997)
2) K. Ye *et al.*, *Appl. Microbiol. Biotechnol.*, **54**, 90 (2000)
3) M. Washida *et al.*, *Appl. Microbiol. Biotechnol.*, **56**, 681 (2001)
4) T. Matsumoto *et al.*, *Appl. Environ. Microbiol.*, **68**, 4517 (2002)
5) T. Tanino *et al., J. Mol. Catal. B:Enzymatic*, **28**, 259 (2004)
6) N. Sato *et al.*, *Appl. Microbiol. Biotechnol.*, **60**, 469 (2002)
7) H. Furukawa *et al.*, *Biotechnol. Prog.*, **22**, 994 (2006)
8) T. Tanino *et al.*, *Biotechnol. Prog.*, **22**, 989 (2006)
9) M. Kaieda *et al.*, *J. Biosci. Bioeng.*, **88**, 627 (1999)
10) T. Matsumoto *et al.*, *Appl. Microbiol. Biotechnol.*, **64**, 481 (2004)
11) E. J. Ariens, *Med. Re. Rev*. **6**, 451 (1986)
12) S. Kyotani *et al.*, *J. Ferment. Technol.*, **66**, 71 (1988)
13) S. Kyotani *et al.*, *J. Ferment. Technol.*, **66**, 567 (1988)
14) H. Shiigechi *et al.*, *Appl. Environ. Microbiol.*, **70**, 5037 (2004)
15) Y. Fujita *et al.*, *Appl. Environ. Microbiol.*, **68**, 5136 (2002)
16) Y. Fujita *et al.*, *Appl. Environ. Microbiol.*, **70**, 1207 (2004)
17) J. Narita *et al.*, *Appl. Microbiol. Biotechnol*. **70**, 564 (2006)
18) J. Narita *et al.*, *Appl. Environ. Microbiol.*, **72**, 269 (2006)
19) 館野俊博ら 平成17年度日本生物工学会大会 2G13-3 つくば (2005)

第2章　多孔性膜への酵素の固定化と応用

斎藤恭一*

1　多孔性膜を酵素固定用担体として用いる利点

ここで言う多孔性膜とは，精密濾過(microfiltration；MF)に利用されている膜のことである。精密濾過膜は工業用の濾過モジュールだけでなく，家庭用として浄水器にも搭載されている。菌や鉄さびを除去してくれる材料である。さらに，ここで紹介する酵素の固定用担体の出発材料に採用した精密濾過膜の多くは，孔径0.4μm，空孔率70%，膜厚0.65mmのポリエチレン製の中空糸状の精密濾過膜である。

この多孔性中空糸膜の内面から外面まで，孔の全表面にわたって酵素を固定するために，高分子鎖を膜厚方向に均一に接ぎ木(graft；グラフト)する。多孔性中空糸膜に付与したグラフト鎖にイオン交換基や疎水基を導入して，酵素表面の電荷や疎水部との相互作用を基にグラフト鎖に酵素を吸着させる。その後，必要に応じて酵素間を架橋してグラフト鎖に酵素を固定する。

グラフト鎖を搭載した多孔性膜に酵素を固定する利点は次の2点である。

①　拡散物質移動抵抗を最小化

多孔性膜の内面から外面まで(逆でもよい)，0.1MPa程度の透過圧力で，基質溶液を透過させることができるので，基質の拡散物質移動抵抗を最小化できる。グラフト鎖の付与および官能基の導入によって，多孔性中空糸膜は孔径が約0.2μm，膜厚が約1mmという寸法に変わる。こうした孔構造へ基質溶液を透過させると，孔内からグラフト鎖に固定された酵素まで基質が拡散する時間は，溶液の膜孔内滞留時間に比べてずっと短い。このため，拡散物質移動抵抗は無視でき，反応律速の反応場を作り出せて有利である（図1）。

②　酵素を多層集積化

グラフト鎖に荷電性基(イオン交換基)を導入すると，その電荷の反発によってグラフト鎖は伸長する。グラフト鎖とグラフト鎖との間にできた空間に反対の電荷をもった酵素が三次元的に，多層に積層される。多孔性中空糸膜の場合，イオン交換基密度を制御して10層程度まで酵素を吸着できる。このため，酵素の固定密度の高い反応場を作り出せて有利である（図2）。

＊　Kyoichi Saito　千葉大学　工学部　共生応用化学科　教授

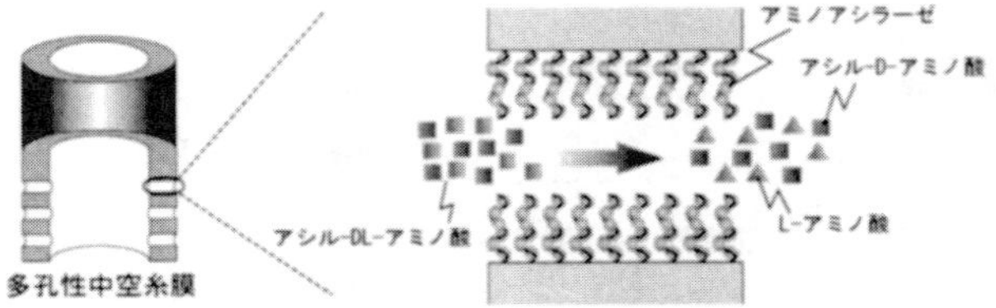

図1　グラフト鎖を搭載した多孔性膜に酵素を吸着させ，基質溶液をその孔に透過させて拡散物質移動抵抗を最小化する材料

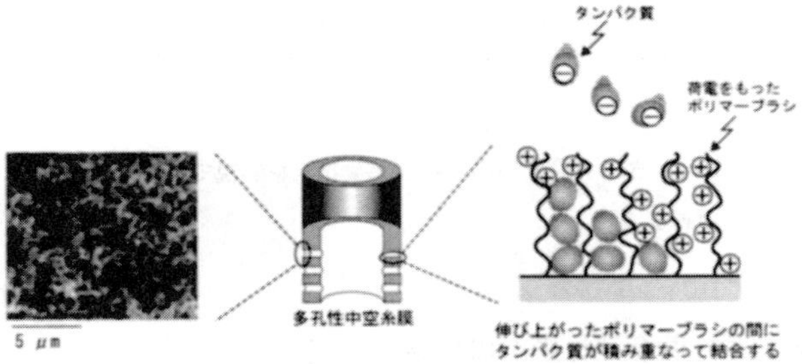

図2　多孔性膜に付与したグラフト鎖に荷電基（イオン交換基）を導入して，グラフト鎖を伸長させてタンパク質（酵素）を多層に集積させる構造

2　放射線グラフト重合法による多孔性膜へのグラフト鎖の付与

多孔性中空糸膜の全体に酵素を固定するための高分子鎖を取り付けるには，放射線グラフト重合法が適している。放射線グラフト重合法は，さまざまな形状（ここでは多孔性中空糸膜），さまざまな材質（ここではポリエチレン）の基材（出発材料とも呼ぶ）に，放射線（ここでは電子線）を照射して基材にラジカルをつくり，そのラジカルを開始点としてビニルモノマーを重合させて高分子鎖（これをグラフト鎖と呼んできた）を付与する方法である。ビニルモノマーとしてエポキシ基をもつビニルモノマーであるグリシジルメタクリレートを使うと，後々，酵素を吸着するための官能基を容易に導入できるので便利である[1~3)]。

グラフト鎖中のエポキシ基を亜硫酸ナトリウム（Na_2SO_3）およびジエチルアミン（$NH(C_2H_5)_2$）と反応させることによって，それぞれカチオン交換基（スルホン酸基）およびアニオン交換基（ジエチルアミノ基）に変換できる（図3）。固定したい酵素の溶液のpHを調整して酵素の表面電荷をプラスおよびマイナスにして，それぞれのグラフト鎖に吸着させることができる。イオン交換グラフト鎖に酵素を吸着させる操作でも，酵素溶液をイオン交換グラフト鎖搭載多孔性中空

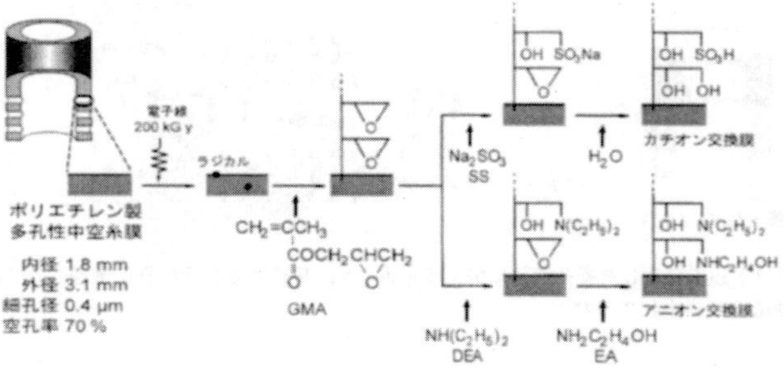

図3 カチオン交換基（例；スルホン酸基）とアニオン交換基（例；ジエチルアミノ基）をグラフト鎖に導入する経路

糸膜に透過させる。このときにも酵素の拡散物質移動抵抗を無視できるため，グラフト鎖への酵素の高速吸着が可能である。

3 グラフト鎖搭載多孔性膜への酵素の固定

わたしたちはこれまでに7種類の酵素（表1）をグラフト鎖搭載多孔性膜に吸着させてきた。その後にグラフト鎖から酵素が外れないように，グラフト鎖に吸着させた酵素の表面にある官能基の間をつなげて，酵素間を架橋した場合もある。酵素表面のアミノ酸の残基を架橋のために利用した。この架橋法の代表として，グルタルアルデヒド(glutaraldehyde)法とトランスグルタミナーゼ（transglutaminase）法がある。

トランスグルタミナーゼは蒲鉾などの練り食品の製造に利用されている酵素である。蒲鉾に使う魚肉中のタンパク質を架橋して蒲鉾の食感を調節できる。この酵素は味の素㈱から工業用に販売されている。それをわたしたちは提供していただいた。グラフト鎖にイオン交換吸着した酵素

表1 多孔性中空糸膜に固定した酵素のリスト

酵素	基質
1 α-アミラーゼ	デンプン
2 アミノアシラーゼ	アセチル-DL-メチオニン
3 アスコルビン酸オキシダーゼ	アスコルビン酸と酸素
4 環状オリゴ糖合成酵素	デキストラン
5 デキストラン合成酵素	ショ糖
6 ウレアーゼ	尿素
7 コラゲナーゼ	ゼラチン

を，トランスグルタミナーゼという酵素で架橋するという方法を採用した。温和な条件で架橋が起きるので失活が最小限に抑えられるはずである。

グラフト鎖に吸着した酵素を全部外れないように架橋できた場合を100%とする架橋率(degree of crosslinking) を次のように定義した。

架橋率[%] ＝100（架橋後に固定された酵素の量)/(吸着していた酵素の量)

こうして，架橋によって形成された“ポリ酵素”がグラフト鎖に絡まって固定される。グラフト鎖とポリ酵素とが，共有結合で結合しているのではなく絡まっているだけであれば，ポリ酵素がグラフト鎖相(グラフト鎖の集合体)からスポッと外れるだろうと考え，いろいろと試したがポリ酵素はグラフト鎖から外れなかった。固定化酵素が長期の使用によって失活した場合には，酵素を外してグラフト鎖だけは再利用しようという企ては，いまのところ，できそうもない。

4　酵素固定多孔性膜の性能

4.1　α-アミラーゼ[4)]

フェニル基をグラフト鎖に導入した疎水性多孔性中空糸膜にα-アミラーゼ（α-amylase；Mr 50000-55000）を吸着させて固定した。この場合にはイオン交換（静電相互作用）ではなく疎水性相互作用に基づく吸着なので単層の固定量となった。デンプン溶液を膜の内面から外面へ透過させ，流出液中のデンプン濃度を追跡した。高速でデンプン溶液を透過させると，それだけデンプンの分解速度は増加した(図4)。このとき，α-アミラーゼがグラフト鎖から外れて膜外へ漏れ出すことはなかった。漏れ出していないことは，流出液を放置しておいてデンプンの分解が進まないことから確認した。酵素が漏れていれば反応が進むはずだからだ。この固定化酵素系は，

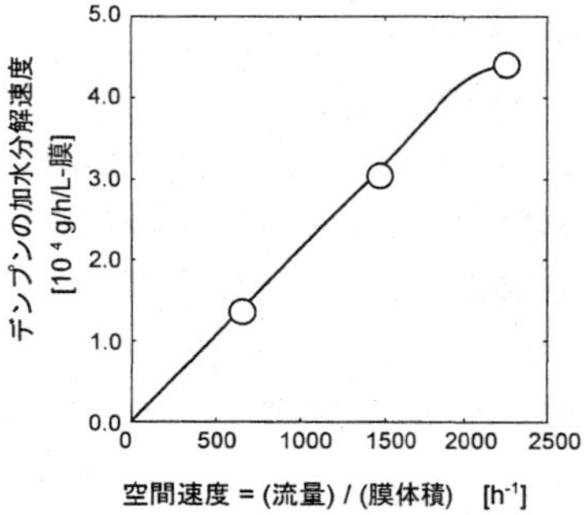

図4　α-アミラーゼ固定多孔性中空糸膜のデンプンの加水分解速度；デンプン溶液の空間速度(透過流量）依存性；供給した溶液のデンプン濃度：20g/L，pH7.0，30℃

実験にお金がかからないという理由から，久保田昇氏（当時旭化成工業㈱，現在旭化成ケミカルズ㈱）が選び出したモデルであった。ここから酵素固定多孔性膜の研究を本格化していった。

4.2 アミノアシラーゼ[5, 6]

酵素の多層集積構造をイオン交換グラフト鎖相内に作れるということは，酵素という生体触媒，さらに言うと酵素反応の活性点を高密度に集められることである。高活性を期待できる空間を提供できるわけだ。

イオン交換グラフト鎖に固定する酵素としてアミノアシラーゼ（aminoacylase；Mr 86000）を採用した。田辺製薬は，世界にさきがけて固定化アミノアシラーゼ法によってL-アミノ酸を製造した。その固定化酵素の性能を上回ることを目標にした。

イオン交換すなわち静電相互作用によって酵素を吸着させる固定では，吸着させるときのpHと，酵素反応をさせるときのpHとが異なることがふつうなので，酵素反応の進行につれてグラフト鎖から酵素が外れたとしても何の不思議はない。そこで，グラフト鎖に吸着した酵素同士を化学的に架橋し，外れないようにした。この作業を酵素間架橋と呼ぶことにする。

架橋法の代表としてグルタルアルデヒド（glutaraldehyde）法がある。グルタルアルデヒドは，$CHO(CH_2)_3CHO$という化学式で表される簡単な分子である。分子の両末端にアルデヒド基をもつため，リシン（Lys）残基をもつ酵素を跨いでつないでくれる。グルタルアルデヒド自身も重合するので長い架橋用分子になる。塩化ナトリウム水溶液を使ってグラフト鎖から外れてきた，すなわち架橋されなかった酵素量を定量した。架橋によって固定された酵素量を吸着していた酵素量で割った値を架橋率と定義した。

タンパク質架橋用の酵素，トランスグルタミナーゼ（transglutaminase）は，どんな酵素でも架橋するわけではない。酵素の基質選択性があって酵素中のグルタミン（Gln）とリシン（Lys）というアミノ酸の残基をつなぐ。これまでのところ，運よくわたしたちが使っている酵素に適用できている。グルタルアルデヒドを使う架橋法とは違って酵素間に距離があかない架橋である。したがって，架橋率が高いということは多層集積した酵素間距離が近いことを示している。アミノアシラーゼをアニオン交換グラフト鎖に多層集積させて固定した多孔性中空糸膜を作り，アセチル-DL-メチオニン溶液を基質溶液として透過させた。田辺製薬の研究グループが発表しているアミノアシラーゼを固定したビーズを使った加水分解活性よりも，アミノアシラーゼ固定多孔性中空糸膜を使うと流量を上げたときに活性が高くなった（図５）。

4.3 アスコルビン酸オキシダーゼ[7]

アミノアシラーゼの多孔性膜への固定化の研究成果を載せた論文に対してほとんど反響がな

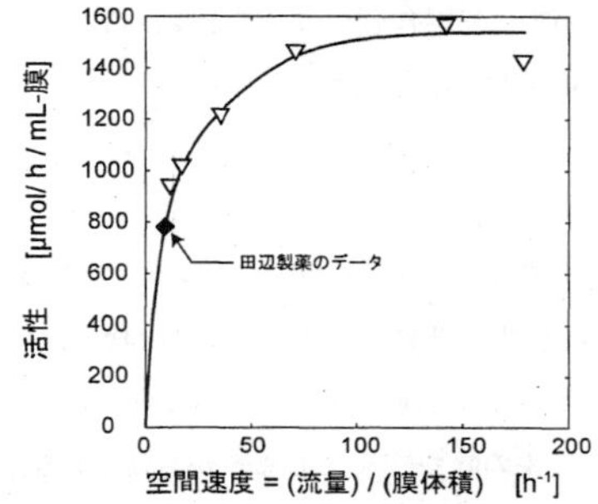

図5　アミノアシラーゼ固定多孔性中空糸膜の加水分解活性；アセチル-DL-メチオニン溶液の空間速度（透過流量）依存性；供給した溶液のアセチル-DL-メチオニン濃度：200mM，pH8.0，室温

かった。「こんどこそ」という思いで，固定化酵素の役立ちそうな用途を旭化成工業㈱（当時）の美崎英生氏に相談し，アスコルビン酸オキシダーゼ（ASOM；ascorbic acid oxidase；Mr 80000）を紹介していただいた。基質はアスコルビン酸（別名，ビタミンC）と酸素である。ASOM固定材料の用途は“液中で使える”脱酸素剤である。ビタミンCは安価であり，抗酸化剤として液中に溶けていることが多い。酸素は液中に溶けているから除去したいわけだ。酵素反応によって酸素が消費されることが脱酸素につながる。あの大ヒット商品“エージレス”（三菱ガス化学㈱製）とは違って液中で使えるのが長所である。

多孔性中空糸膜に搭載したアニオン交換ポリマーブラシにASOMを多層集積吸着させて，その後，酵素間をトランスグルタミナーゼを使って架橋固定した。酵素反応は順調に進んだ（図6）

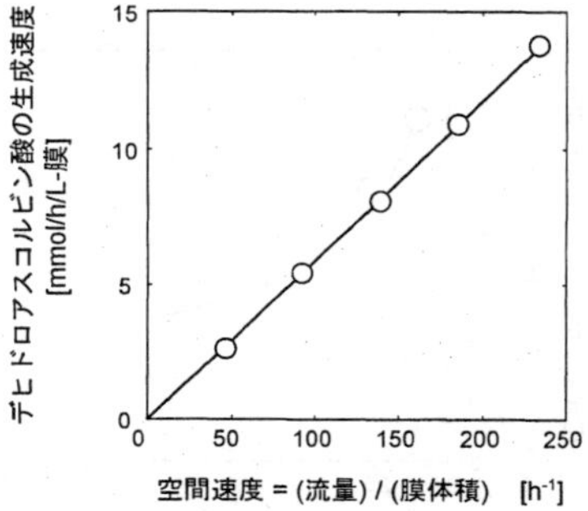

図6　アスコルビン酸オキシダーゼ固定多孔性中空糸膜のデヒドロアスコルビン酸の生成速度；アスコルビン酸溶液の空間速度（透過流量）依存性；供給した溶液のアスコルビン酸濃度：0.1mM，pH4.0，37℃

が実用化されていない。用途の割に材料作製にコストがかかるからであろう。それにしても，わたしたちの研究成果はヒット商品につながらない。

4.4 環状オリゴ糖合成酵素[8〜10)]

研究室の卒業生河本啓氏は，キッコーマン㈱で環状イソマルトオリゴ糖(cycloisomaltoligosaccharides)製造の研究をしていた。この物質は虫歯予防食品として有望であるという。無味無臭という点で，ライバルのキシリトール(xylitol)より優れている。キシリトールは味があるので添加すると元来の味を変えてしまうから使用に制約がある。

基質はグルコースが連結した直鎖状多糖，デキストラン（dextran）である。デンプンと同様高分子基質であるためサイズが大きく，拡散係数が小さい。普通の固定化酵素材料を使うと総括の固定化酵素反応は基質の拡散律速になりやすい。固定化酵素多孔性中空糸膜を使うと拡散物質移動抵抗を無視できるように操作ができるので，よい結果を期待できた。

環状イソマルトオリゴ糖合成酵素（cycloisomaltooligosaccharide glucanotransferase；Mr 98000）をグラフト鎖に多層集積させた。分子量43000のデキストランの4（w/w）%水溶液を膜に透過させた。酵素の集積度を上げると，環状イソマルトオリゴ糖の収率は増加した（図7）。集積度に比例して活性が増加するわけではなかった。集積度を上げていくと，活性はへたってきた。多層集積させると，グラフト鎖の下端部へ高分子基質が侵入できなくなる。

4.5 デキストラン合成酵素[11)]

環状イソマルトオリゴ糖を作るのに成功したので，その原料であるデキストランを固定化酵素法によって製造してほしいと要請された。酵素名はデキストラン合成酵素(dextran synthetase；

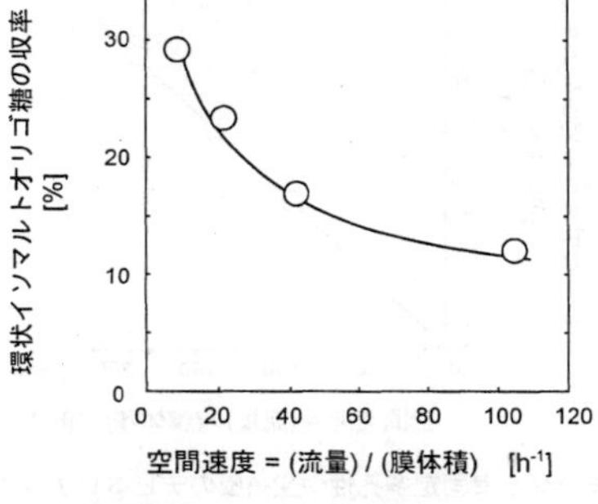

図7 環状イソマルトオリゴ糖合成酵素固定多孔性中空糸膜の収率；デキストラン溶液の空間速度（透過流量）依存性；供給した溶液のデキストラン濃度：4（w/w）%，pH6.0，37℃

DSaseと略記)。ショ糖(sucrose)を基質としている。酵素が高価だったため，多孔性中空糸膜の膜全体わたって多層集積させるのは費用がかかるので，DSaseを内面付近に少量固定した。

いよいよデキストランを作ることになったとき，思わぬことが起こった。酵素固定多孔性中空糸膜にショ糖溶液を膜の内面から外面へ透過させたら，膜外面から流出液が出てこなくなった。無理やりに液を透過させようとすると圧力計の目盛りが跳ね上がった(図８)。その原因を解明するために電子顕微鏡を使って観察してみた。膜の内面に膜の材質とは異なる層が見えた。地面に雪が降り積もったように見えた。ポリマー（デキストラン）が張り付いたのだ。

困ったけれども落ち着いて考えれば，「この現象を利用すれば精密濾過膜の孔径を減らしていける。酵素の固定量，基質濃度，そして反応時間を調節して，膜の内面をデキストランで覆って孔径を制御できるはずだ。タンパク質の分離モードの一つである“サイズ排除”を達成できる新しい膜材料になるかもしれない。デキストランは親水性の物質でタンパク質の非選択的吸着も起きそうもない。これはすごい孔径制御手法になる。」と夢を膨らませたがDSaseが高価なため，この期待はしぼんだ。

それにしても不思議な酵素で，ショ糖を基質として，デキストランを生成物として作るときに，酵素の活性点からデキストランを放さないのだ。活性点へ基質を巻き込みながら生成物と複合体を形成していく。酵素は反応を促進する生体触媒だと教わった。そして，ある総括反応の中で，一つの素反応の手助けをした後は，元の姿に戻る物質だと思っていたのに，この酵素はそうではなかった。反応を促進している点では酵素の定義のとおりだとしても，酵素と生成物との複合体が最後まで離れない点に驚いた。逆に言うと，離れないからこそ高分子量の生成物を作る手伝いができる酵素なのだろう。

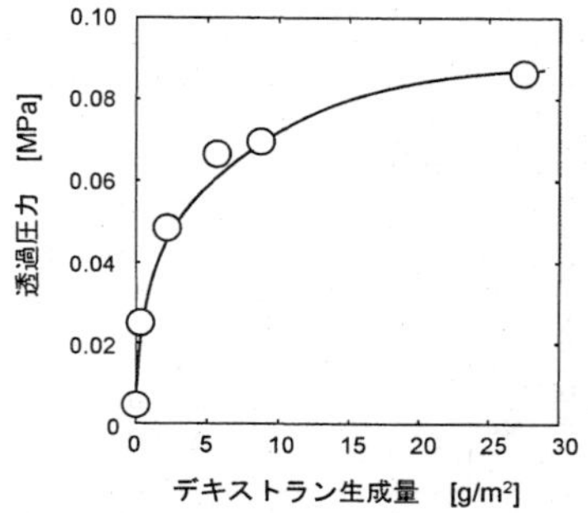

図８　デキストラン合成酵素固定多孔性中空糸膜でのデキストラン生成量に対する透過圧力の変化；供給した溶液のショ糖濃度：４g/L，pH5.5，23℃

4.6 ウレアーゼ[12)]

グラフト鎖に多層で吸着させた酵素を，トランスグルタミナーゼという酵素を使ってグラフト鎖にしっかりと外れないように固定する方法を確立できたところで，ウレアーゼ（urease；Mr 480000）を吸着固定しようということになった。アニオン交換グラフト鎖搭載多孔性中空糸膜に40層も吸着する酵素である。ウレアーゼは尿素を加水分解して，次式に示すように，アンモニウムイオンと炭酸イオンを作る。

$$(NH_2)_2CO + 2H_2O = 2NH_4^+ + CO_3^{2-}$$

ウレアーゼ固定多孔性中空糸膜を使って，架橋をしないで，尿素溶液を膜に透過させたら，反応によって液のpHがシフトしたために，吸着していたウレアーゼがグラフト鎖からボロボロと外れてきた。これでは使いモノにならない。

そこで，吸着後にトランスグタミナーゼを使ってウレアーゼを架橋固定してから反応をおこなったらうまくいった。4M尿素溶液なのに，3分程度の膜内滞留時間でも尿素は100%分解された（図9）。尿素はタンパク質を変性させる，すなわちを高分子鎖を解し，コンホメーションを壊してしまう働きがあって生化学分野で利用されてきた。ウレアーゼは，基質であると同時に変性剤でもある高濃度の尿素を分解するわけだ。グラフト鎖に絡まって固定されているために，変性剤によるコンホメーションの変化を受けにくくなっているので，尿素を分解できるのだろう。

この研究テーマについて企業からの要請はなかったので，作製した材料の用途が不明確だった。これまでは高濃度尿素溶液を使ってタンパク質を変性後に，透析膜を使って尿素の濃度を下げる操作がおこなわれていた。透析操作では，透析膜の内部に高濃度の尿素を含むタンパク質溶液を，一方の透過膜の外部に大量の水を用意する。この操作の欠点は，透析膜を隔てた液の濃度差によって透析速度が決まるので，最終段階で透析膜を隔てた液間の濃度差が小さくなってきて

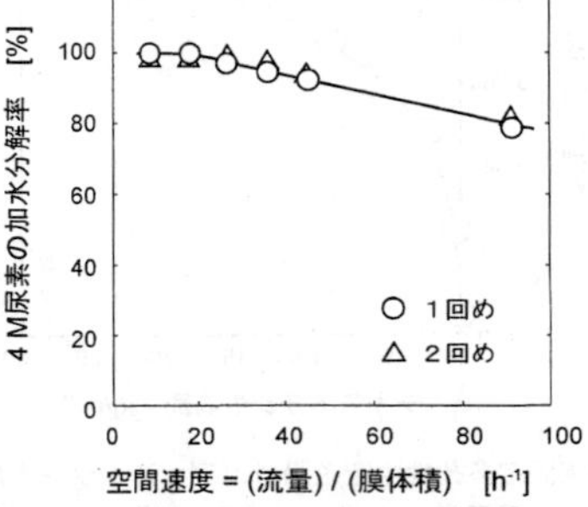

図9 ウレアーゼ固定多孔性中空糸膜の加水分解率；尿素溶液の空間速度（透過流量）依存性；供給した溶液の尿素濃度：4M，24℃

透析速度が低下すること，また，浸透圧によって透析膜を通って透析膜の内部に水が入ってタンパク質濃度が薄まることである。この欠点を一挙に解決できる材料として，ウレアーゼ固定多孔性中空糸膜を提案した。しかし，引き合いはなかった。用途があって材料を開発するのは役に立つ確率が高いが，材料を作ってから用途を考えるのでは役立つ確率がずっと低い。

4.7 コラゲナーゼ[13]

岩手県産の鮭から得られるコラーゲン（collagen）を加水分解してトリペプチド（tripeptide）を製造するために，高性能な材料を作ってほしいという依頼が岩手県からあった。コラーゲンはプロリン（Pro）というアミノ酸を多く含む三重らせん構造をしたタンパク質だ。しわをとる働きがある。また，保湿性があるのでの肌によい成分として人気が高い。

コラゲナーゼ（Mr 52000）が最終製品に混入してしまうと，コラーゲンを分解してしまうのである。この点からもコラーゲンの固定は意義がある。いつものように，アニオン交換グラフト鎖搭載多孔性中空糸膜にコラゲナーゼを多層で吸着させて，それをトランスグルタミナーゼを使って架橋固定した。架橋率は100％に近かった。

コラーゲン溶液に熱をかけて変性させる，すなわち三重らせんをほぐした溶液を供給液に用いた。得られたゼラチン（gelatin）溶液を膜の内面から外面へ透過させて，流出液の分子量分布を測定した。供給液に比べて，平均分子量は低下した。この場合も高分子量の基質を透過流によって酵素の近傍まで輸送できるので有利だ。トリペプチドの収率を図10に示す。コラゲナーゼの多層集積度を高めていくと反応率が飽和した。コラゲナーゼを固定したポリマーブラシは混んでいて，高分子量の基質がポリマーブラシの下端部まで拡散していくのは難しい。単層でのコラゲナーゼ固定で十分だ。

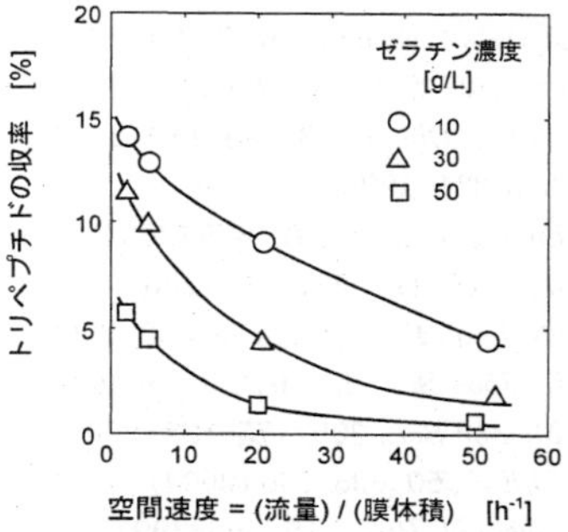

図10　コラゲナーゼ固定多孔性中空糸膜のトリペプチド収率の流量（空間速度）依存性（供給した溶液のゼラチン濃度：10～50g/L）

これまでの実験結果を再点検すると，層数に比例して活性が上がるのはそうそうない。グラフト鎖内での酵素の多層集積度を高くして，基質が高分子量になってくると，立体障害のためにグラフト鎖相内で基質が拡散しにくくなる。

5 おわりに

ここでは，酵素の固定用担体として，孔径と膜厚の比が 1：10^4 程度ある多孔性中空糸膜を利用することを提案した。この膜は精密濾過膜としてモジュールに充填され，工業利用されている。放射線グラフト重合法を適用してこの膜の孔表面にグラフト鎖を付与した。グラフト鎖に荷電基を導入すると，グラフト鎖は伸びて酵素を多層で結合できた。膜間に圧力を与えて基質溶液を，強制的に酵素固定多孔性中空糸内の孔内に透過させると，基質は酵素固定グラフト鎖まで瞬時に輸送される。こうした"酵素の多層集積"プラス"基質の高速輸送"というしくみで高活性な固定化酵素反応システムをつくった。

謝辞

酵素の固定化用担体をつくるときの出発材料であるポリエチレン製多孔性中空糸膜を旭化成ケミカルズ㈱から提供いただきました，御礼申し上げます。

文　献

1） 斎藤恭一，須郷高信，猫とグラフト重合，丸善 (1996)
2） K. Saito and T. Sugo, "Radiation and Chemistry：Present Status and Future Trends", C. D. Jonah and M. Rao (Eds.), Elsevier, 671–704 (2001)
3） K. Saito, *Sep. Sci. Technol.*, **37**, 535–554 (2002)
4） S. Miura *et al.*, *Radiat. Phys. Chem.*, **63**, 143–149 (2002)
5） 中村昌則ほか，膜，**23**, 316–321 (1998)
6） T. Kawai *et al.*, *Biotechnol. Prog.*, **17**, 872–875 (2001)
7） T. Kawai *et al.*, *J. Membr. Sci.*, **191**, 207–213 (2001)
8） H. Kawakita *et al.*, *Biotechnol. Prog.*, **18**, 465–469 (2002)
9） T. Kawai *et al.*, *J. Agric. Food Sci.*, **50**, 1073–1076 (2002)
10） H. Kawakita *et al.*, *J. Membr. Sci.*, **205**, 175–182 (2002)
11） H. Kawakita *et al.*, *AIChE J.*, **50**, 696–700 (2004)
12） S. Kobayashi *et al.*, *Biotechnol. Prog.*, **19**, 396–399 (2003)
13） A. Fujita *et al.*, *Biotechnol. Prog.*, **19**, 1365–1367 (2003)

第3章　導電性高分子への酵素固定とバイオセンサーおよびバイオ燃料電池への応用

下村雅人*

1　はじめに

生体内には特定の物質と特異的に相互作用する様々な物質が存在している。さらに，微生物や植物および動物組織なども特定物質を特異的に認識する微小装置とみなすことができる。これらの特異的相互作用による物質認識は特定物質の定性，定量への利用が可能であることから，新規な物質検出素子への応用が期待される。このように，分子認識能を有する生物由来の物質や生物（またはその一部）と人工的な情報変換機構（トランスデューサー）とを組合わせた物質計測素子はバイオセンサーと呼ばれており，酸化還元酵素を用いた電流検知型のセンサーはその代表例である。

この電流検知型のセンサーは，酸化還元酵素によって検出対象とする特定物質の化学変化を生じさせ，これに伴う電子の移動を電流変化として捉えようとするものである。すなわち，特定物質の量的情報が電気信号として得られることから，実用的にも有用なセンサーといえる。一方，こうして得られる電流変化が化学反応に伴うエネルギー放出を反映するものであれば，酵素反応にあずかる特定物質をエネルギー源とする燃料電池を構成することもできる。

本章では，まず，酵素をはじめとする生物関連物質の分子認識能について触れ，次いで，筆者らの研究例も紹介しながら，酸化還元酵素を固定化した導電性高分子電極を用いる電流検知型バイオセンサーについて解説する。さらに，関連する技術を応用したバイオ燃料電池の開発についても述べる。

2　生物関連物質の分子認識

冒頭に述べたように，生体内には特定の物質を認識しうる分子（あるいはその集合体）が数多く存在しており，生物の生命活動はこれらの物質認識能が適切に機能することによって維持されている。酵素，抗体，結合タンパク質，レクチン，ホルモンレセプターなどが代表的なものであ

---

*　Masato Shimomura　長岡技術科学大学　工学部　生物系　助教授

ろう。表1にはこれらの生物関連物質と認識の対象となる物質をまとめた。

例えば，生体触媒である酵素には特定の分子を認識して結合する部位(基質結合部位)と基質の化学反応に直接関与する部位(触媒部位)が近接して存在し，両者の協同により高選択的かつ高活性な触媒機能が実現する。酵素は触媒反応の対象となる物質(基質)を認識するが，これ以外に基質類似体や酵素反応を阻害するインヒビター，補酵素なども認識の対象となる。表1の例は生物関連物質の機能に関するものであるが，微生物や動植物組織の感覚機能もその多くが特異的な分子認識に関連している。

バイオセンサーの狙いはこれらの分子認識能を利用して物質計測を行う点にあり，合成物質では達成困難な特異性を示す生物関連物質の果たす役割は極めて大きい。

3 バイオセンサーの構成

バイオセンサーは基本的には分子認識部とトランスデューサー（情報変換部）から構成される。すなわち，図1に示すように，検体が分子認識部に到達すると生物由来の特異的な反応が生じ，この反応に伴う変化がトランスデューサーで適当な信号に変換されて計測が行われる。

分子認識部の機能は表1に例示したような生物関連物質が担うが，ここでの化学的あるいは物

表1 生物関連物質の分子認識能

生物関連物質	認識対象となる物質
酵 素	基質，基質類似体，インヒビター，補酵素
抗 体	抗原，抗原類似体
結合タンパク質	ビオチン，レチナール，レチノールなど
レクチン	多糖類，複合糖質（糖鎖を有する物質や細胞）
ホルモンレセプター	ホルモン

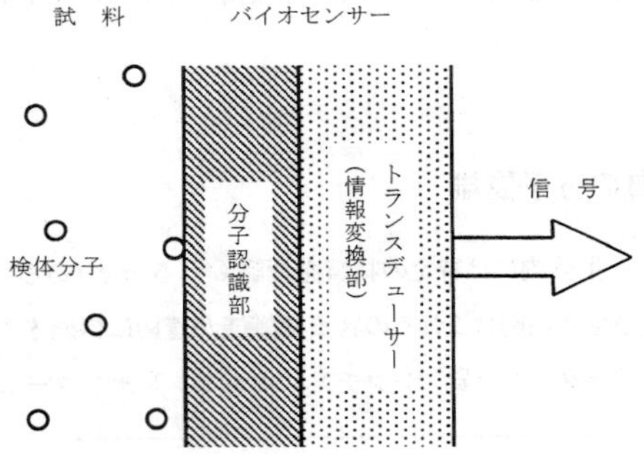

図1 バイオセンサーの基本構成

理的変化に応じて適切なトランスデューサーを選択する必要がある。バイオセンサーに利用されるトランスデューサーとしては，各種の電極（ガス選択性電極，イオン選択性電極など），イオン感応性電界効果トランジスター，サーミスター，フォトダイオード，圧電素子（水晶振動子）などがあげられる。

4　生物関連物質の固定化

バイオセンサーの分子認識部の構築において生物関連物質の固定化技術が極めて重要となる。生物関連物質の固定化法を表２にまとめたが，これらは酵素の固定化[1]に広く用いられている手法である。担体結合法は適当な不溶性担体の表面に生物関連物質を結合させるものであり，結合様式としては共有結合，イオン結合あるいは物理的吸着などがあげられる。架橋法は固定化の対象となる分子を橋かけすることによって分子集合体として扱おうとするものである。また，包括法については，対象物質を架橋高分子の網目に取り込んだ格子型や半透性の高分子膜で被覆したマイクロカプセル型などが考えられる。

これらの固定化技術はいずれもバイオセンサーの分子認識部の構築に適用可能であるが，その中でも担体結合法は応用範囲の広い手法であろう。とくに，共有結合法は安定な固定化を実現するうえで有用である。その反面，結合反応による化学変化を伴うので，生物関連物質本来の機能の低下に関しては十分な注意が必要となる。

筆者らは共有結合法による酵素固定に取り組んできたが，例えば，図２に示すように，担体表面にカルボキシル基が存在すれば酵素のアミノ基との縮合反応によって容易に酵素を固定化することができる。無機物質についても，その表面にポリアクリル酸をグラフト化すればカルボキシル基を導入できるので，アミド結合による酵素固定が可能な担体に転換しうる[2~5]。さらに，担体表面に導入した官能基によって固定化した物質の至適 pH を制御することも可能である[6]。

一方，生物関連物質と相互作用する物質を担体表面に固定化して生物関連物質を認識対象とすることも当然考えられる。例えば，固体表面に固定化したフェニルホウ酸誘導体は特定糖類の選択的認識に応用できる[7,8]。

表２　生物関連物質の固定化法

固定化法	１．担体結合法	(1) 共有結合法
		(2) イオン結合法
		(3) 物理的吸着法
	２．架橋法	
	３．包括法	(1) 格子型
		(2) マイクロカプセル型

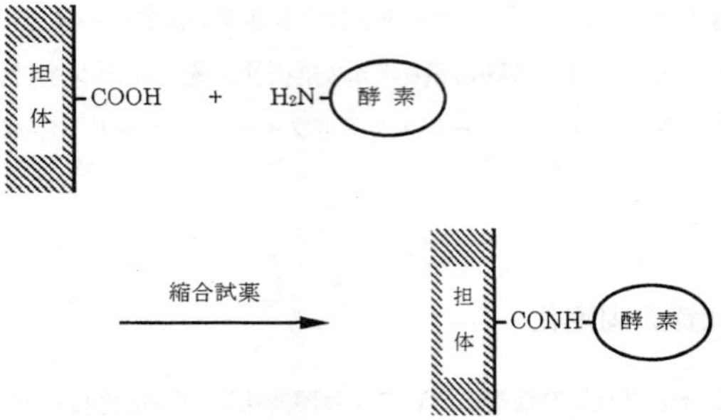

図2　共有結合法による酵素固定化の一例

5　電流検知型バイオセンサー

酵素を用いたバイオセンサーの歴史は古く，1960年代の初期には酵素溶液と酸素電極とを組合わせたバイオ・エレクトロケミカル・センサーが提案されており[9]，次いで，酵素（グルコースオキシダーゼ）を固定化したアクリルアミドゲルで酸素電極を被覆したセンサーが試作された[10]。現在では，各種酵素を固定化した電極を用いてセンシングが試みられ，とくに，グルコースオキシダーゼ[11]や乳酸デヒドロゲナーゼ[12,13]などの酸化還元酵素は基質（グルコースや乳酸など）の濃度を電流の大きさとして定量化する電流検知型のバイオセンサーに利用されている。

電流検知型のバイオセンサーを構成する電極としては金属以外に導電性高分子を利用することができる。導電性高分子を用いた初期の研究では，酵素の存在下でピロール類やチオフェン類の電解重合を行い，生成する導電性高分子膜中に酵素を取り込む方法（一種の包括法）によって酵素固定化電極が作製された。しかし，導電性高分子膜中に取り込まれた酵素分子のうちセンシングに寄与するのは膜表面近傍に存在するものに限られるため，この方法は酵素の利用に関して極めて非効率的である。

このため，筆者らは，酵素分子の結合点となる官能基をもつ導電性高分子を合成し，共有結合法による酵素固定を検討している。その一環として，カルボキシル基を含む置換基が結合したピロール誘導体を重合し，アミド結合による酵素固定化電極の作製を試みた[14~17]。固定化しようとする酵素の分子サイズを考慮すれば，電極表面に存在する結合点の密度は酵素分子の占有面積あたり1個で十分であるため，図3に示すような導電性の共重合体を電極として用いることもできる[18,19]。とくに，官能基の存在によって高分子膜の導電性が損なわれるような場合には共重合体の利用が有利である。

先に述べたように，電極表面に酸化還元酵素を固定化すれば，これを電流検知型のバイオセンサーに適用することが可能である。筆者らは，グルコースやエタノールの検出を目的として，グルコースオキシダーゼやアルコールデヒドロゲナーゼを各種電極表面に固定化したセンサーを試作している。図4はグルコースオキシダーゼを固定化した導電性高分子電極によるグルコース検出の原理を例示したものである。グルコースオキシダーゼの存在下でβ-D-グルコースはO_2と反応してD-グルコノ-δ-ラクトンに変化し，同時にH_2O_2を生成する。このH_2O_2を電解酸化することによって電流応答を得ることも可能であるが，飽和カロメル電極（SCE）基準で0.8V程度の比較的高い電位を酵素固定化電極に印加する必要があり，H_2O_2による酵素の活性低下も懸念される[20]。このため，図4のように*p*-ベンゾキノンなどの適当なメディエーターを用いることが

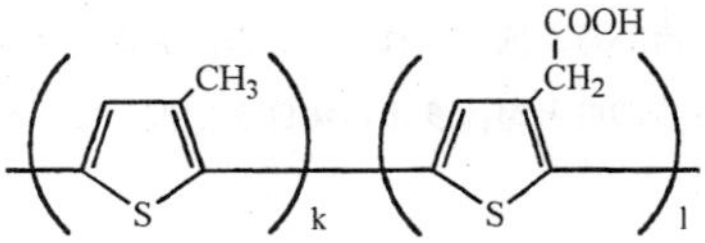

1

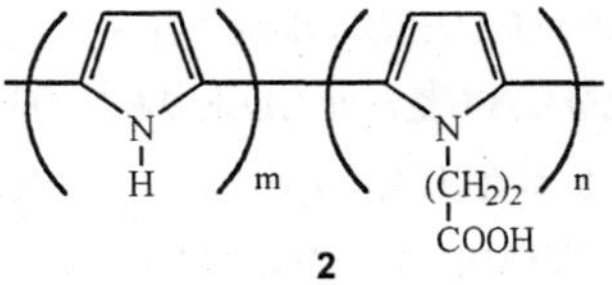

2

図3　官能基（－COOH基）を有する導電性共重合体

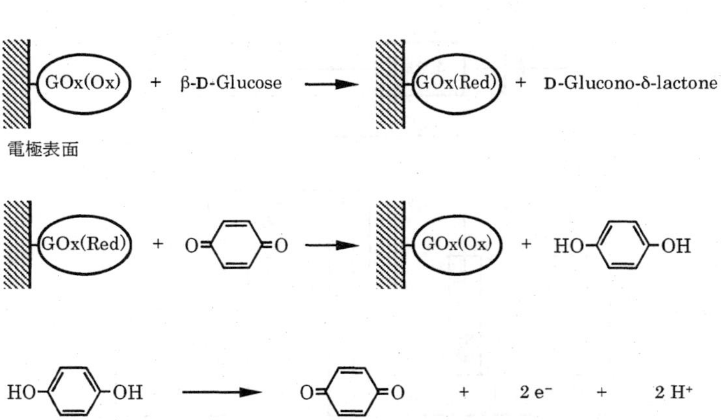

図4　グルコースオキシダーゼ（GO_x）固定化電極によるグルコース検出の原理

好ましく，これにより応答電流を得るための印加電位を低く抑えることもできる。一方，アルコールデヒドロゲナーゼ固定化電極を用いるエタノールの検出においては，補酵素であるニコチンアミドアデニンジヌクレオチド（NAD^+）との反応によってエタノールがアセトアルデヒドに変化する際に同時に生成するNAD^+の還元体（NADH）を電解酸化することによって電流応答を得ることができる。

これらの酸化還元酵素を固定化した電極を用いて実際にグルコースやエタノールの検出実験を行う場合には図5に示すような装置が用いられる。すなわち，酵素固定化電極，対向電極および参照電極からなる三電極系を構成し，酵素固定化電極に一定電位を印加して，酵素反応生成物の電気化学反応に伴う電流の検出を行う。電極を浸漬したセル中に一定量の基質を添加すると，図6に示すような段階的な電流応答が観測される。この電流応答は測定セル内の基質濃度を反映しているので，あらかじめ基質濃度と電流変化の関係を把握しておくことにより試料中の基質を定量することが可能となる。

図7はグルコースオキシダーゼを共有結合させた導電性高分子膜を用いてグルコースの検出を行った結果の一例である[21]。ここでは，3-メチルチオフェン（3MT）とチオフェン-3-酢酸（T3A）の電解共重合を行って導電性高分子膜（図3の共重合体1）を作製し，膜表面のカルボキシル基との縮合反応によってアミド結合を介した酵素の固定を行っている。共重合組成の異なる膜に酵素固定を試みたところ，T3A成分の含有量が30%以上であれば酵素の固定化量に大きな相違が認められず，固定化酵素の活性もほぼ同程度であった。また，T3A成分が多くなると共重合体膜の導電率が低下する傾向にあり（T3A成分10%の場合に10^{-3}S/cmであったのに対して，T3A成分100%の場合には10^{-7}S/cm），これに伴ってグルコースの添加に対する電流応答も減少した。

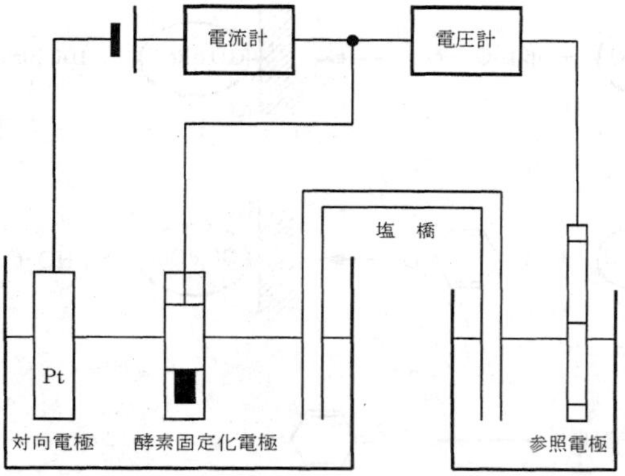

図5　酵素固定化電極を用いたセンシング装置

すなわち，固定化酵素の量や活性が同程度であっても，酵素の固定化担体である電極材の導電性がセンサー性能を大きく左右する重要な因子であることが改めて確認された結果となった。従って，電流検知型のバイオセンサーの構築においては，生物由来の機能性物質を結合しうる官能基を有し，かつ導電率の高い電極材を設計することが重要な課題といえる。図7にはT3A成分の含有量10%の共重合体膜に酵素を固定化した電極を用いた場合の1 cm^2あたりの電流応答を示しているが，5 mM程度まではグルコース濃度に比例した電流応答が得られることがわかる。また，T3A成分の少ない（導電率の高い）共重合体膜を電極として採用したことによって，観測された電流変化は0.5mA程度の高い値となっている。

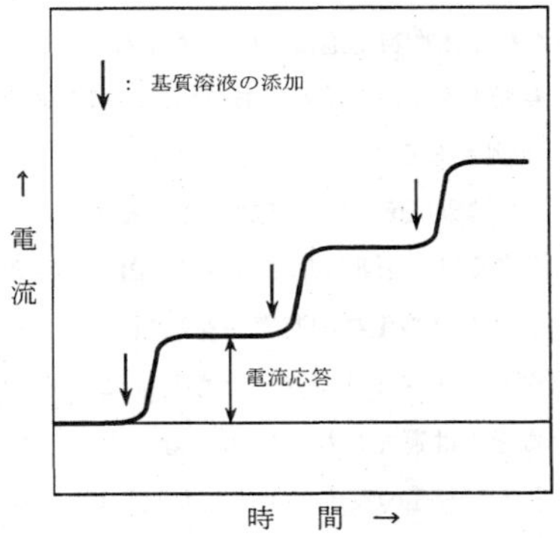

図6　基質溶液の添加に対する電流応答

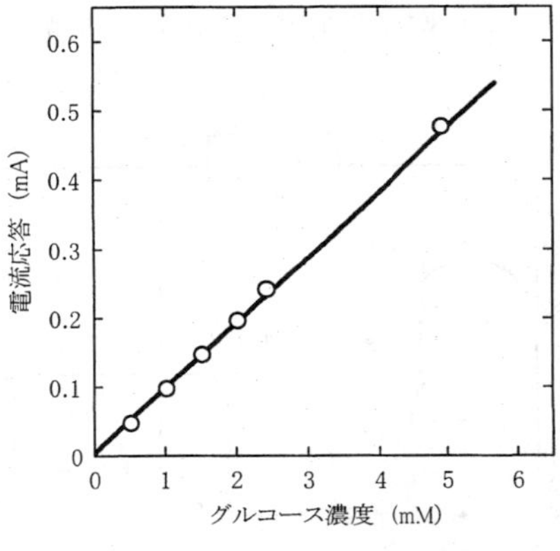

図7　グルコース濃度と電流応答との関係
T3A成分10%の共重合体1にグルコースオキシダーゼを固定化した電極を用いた場合。

6　酵素固定化電極を用いるバイオ燃料電池

電流検知型のバイオセンサーは生物関連反応と電気化学反応とを組合わせたものであり，これまで述べた例は酵素の選択的触媒作用によって生成した物質の電気化学反応(電解)における電流から基質を認識・定量しようとするものであった。これとは対照的に，酵素反応生成物の電気化学変化から容易に電気エネルギーを獲得できるような系を選べば，新規なバイオ燃料電池構築への展開が可能である。

燃料電池の開発は産業用あるいは自動車用を想定したものが多かったが，最近では，燃料電池の超小型化に関する研究も行われており[22]，携帯用電子機器や人工臓器の電源としての期待が大きい。酸化還元酵素を用いたバイオ燃料電池においては酵素とメディエーターとの組合わせが電極への効率的な電子移動を実現するうえで重要であり[23]，適当なメディエーターを選択することによって超小型化を実現した例もある[24]。

前節で述べた酵素センサーは酵素反応に伴って放出されるエネルギーを電気エネルギーに変換していると見なせるので，筆者らは，図8に示すように，酵素固定化電極をバイオ燃料電池に応用した。ここでは，グルコースなどの生物関連資源を燃料 (AH_2) とし，これらアノード表面に固定化した酸化還元酵素（グルコースオキシダーゼなど）によって酸化する。その際にメディエータ<u>M</u>（p-ベンゾキノンなど）は還元されてMH_2となるが，これはアノード表面で酸化されてH^+を放出し，<u>M</u>が再生する。一連の反応で生成したH^+はカソード（白金など）でO_2と反応してH_2Oを与える。このMH_2から<u>M</u>への酸化反応に伴う自由エネルギー変化を電気エネルギーとして獲得しようというものである。

グルコースを燃料として用いた場合，現在のところ，カソード側に空気を供給して得られた最

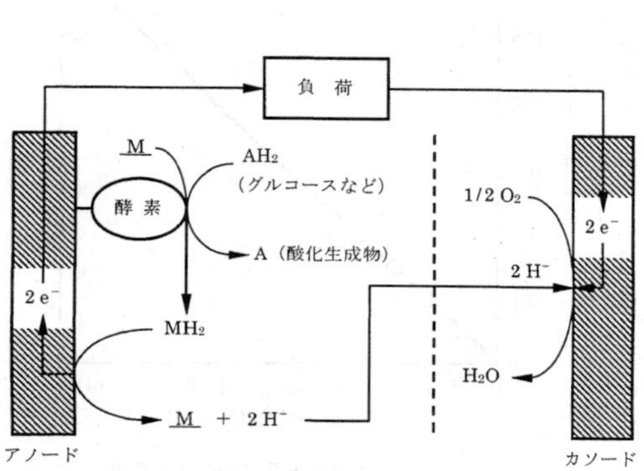

図8　バイオ燃料電池構成の一例

大出力は酵素固定化電極1 cm^2あたり25μW程度であったが，O_2を供給することにより最大出力が53μWに増大した[25]ことから，今後，カソードの新規設計・改良（酵素の利用など）によって燃料電池の性能向上が見込まれる。この研究は緒についたばかりであって，電極材の最適化，電極表面へのメディエーターの固定化，燃料電池システム全体の設計等，多くの課題が残っているが，環境への負荷が少ない新規な発電システムという観点からバイオ燃料電池への期待は大きい。

7　おわりに

本章では，生物関連物質の分子認識能とこれを高度利用するための固定化技術について触れ，酸化還元酵素を固定化した導電性高分子電極を用いる電流検知型のバイオセンサーとバイオ燃料電池について述べた。自然界にはエネルギー変換に活用しうる生物機能とそれを担う物質が数多く存在しているので，生物関連物質による分子認識反応とそれをエネルギー変換に利用する手段の組合わせは多種多様である。このために，個々の目的に応じて原理(利用する生物関連物質と反応）や構成（材料の選定，加工・改質技術も含めて）などが適切に選択されなければならず，必要となる研究要素は生化学反応の解析，合成化学，材料科学，エレクトロニクスなど多岐にわたる。

酵素固定化電極に限っても，生化学反応と電気化学反応とを効率的に組合わせるための研究要素は多く，電極表面へ酵素の固定化とメディエーターを含む電気化学系の検討のみならず，電極として用いる導電性材料の新たな設計や表面改質などの研究が不可欠である。要するに，開発のための定型的な手法があるのではなく，様々な分野の技術を融合することによって初めて新たなセンシングや発電システムが実現するといっても過言ではない。酵素をはじめとする生物関連物質の高度利用に対して少しでも関心を向けていただき，生物機能というキーワードから新しい発想が生まれるならば幸いである。

文　　献

1)　千畑一郎, 固定化酵素, 講談社 (1975)
2)　M. Shimomura *et al.*, *Polymer J.*, **27**, 974 (1985)
3)　M. Shimomura *et al.*, *J. Macromol. Sci. −Pure Appl. Chem.*, **A33**, 1687 (1996)

4) M. Shimomura *et al.*, *Polymer J.*, **30**, 350 (1998)
5) M. Shimomura *et al.*, *Polymer J.*, **31**, 274 (1999)
6) 下村雅人ほか, 高分子論文集, **61**, 133 (2004)
7) 大島賢治ほか, 日本化学会誌, **2000**, 405 (2000)
8) M. Shimomura *et al.*, *Polymer*, **44**, 3877 (2003)
9) L. C. Clark *et al.*, *Ann. N. Y. Acad. Sci.*, **102**, 29 (1962)
10) S. J. Updike *et al.*, *Nature*, **214**, 986 (1967)
11) W. Rahmat *et al.*, *Electroanalysis*, **15**, 1364 (2003)
12) E. Katz *et al.*, *J. Am. Chem. Soc.*, **123**, 10752 (2001)
13) M. Zayats *et al.*, *J. Am. Chem. Soc.*, **124**, 14724 (2002)
14) T. Yamauchi *et al.*, *Polymer*, **37**, 1289 (1996)
15) K. Kojima *et al.*, *Synth. Met.*, **85**, 1417 (1997)
16) K. Kojima *et al.*, *Polymer*, **39**, 2079 (1998)
17) T. Yamauchi *et al.*, *Synth. Met.*, **102**, 1320 (1999)
18) M. Shimomura *et al.*, *Polymer J.*, **33**, 629 (2001)
19) 桑原敬司ほか, 高分子論文集, **61**, 122 (2004)
20) K. Kojima *et al.*, *Synth. Met.*, **71**, 2245 (1995)
21) T. Kuwahara *et al.*, *Proc. Intnl. Conf. on Synth. Met.*, p.154 (2004)
22) S. Kelley *et al.*, *Electrochem. Solid-State Lett.*, **3**, 407 (2000)
23) M. L. Fultz *et al.*, *Anal. Chem. Acta*, **140**, 1 (1982)
24) T. Chen *et al.*, *J. Am Chem. Soc.*, **123**, 8670 (2001)
25) T. Kuwahara *et al.*, *J. Appl. Polymer Sci.*, (投稿中)

第4章　レーザーを用いた固体基板への酵素固定

坪井泰之*

1　はじめに

我々の健康維持を支える医療・診断技術から，環境計測技術，そして製薬・化学・食品などの諸工業の分野において，今や各種のバイオセンサーの果たす役割は極めて大きく，その重要性は本書の他項目でも指摘されていることであろう。代表的かつ長い歴史を有するバイオセンサーの一つであるグルコースセンサーでは，固体(電極等)表面にグルコースデヒドロゲナーゼやグルコースオキシダーゼなどの酵素が“生理活性を有した状態”で，“固定化”され，グルコースと酵素反応してセンサー動作する構造となっている。このような仕組みは，その他の酵素利用型バイオセンサーと大枠は同様であり，実用化しているものも多い。

このようなバイオセンサーに続く新たな潮流はマイクロチップ型センサーである。マッチ箱程度のサイズのガラスやシリコンなどからなる固体基板に，混合・分離・精製・加熱・検出などの分析化学の基本操作や機能を微細に集積化した各種のマイクロチップは，次世代の分析／診断ツールや高感度バイオセンサーとして大きく期待されている[1]。その中でも，チップ中に酵素や抗体，DNAなどの生体分子を“組み込んだ”DNAチップやプロテインチップは遺伝子の高速スクリーニングや疾患の迅速診断を可能にすることから，その重要性は疑いないものとなっており，大学や政府機関，ベンチャー企業などにおいて幅広く活発に研究されている。

例えば，DNAチップにおいては，一定の塩基配列を有した一本鎖のDNAを固体基板上にドット（スポット）として“固定”し，このスポットを基板上に整列させる。このスポットに検体となる一本鎖DNAを反応させれば，ある検体は二本鎖DNAを形成し（ハイブリダイゼーション），塩基のミスマッチングがある検体DNAは二本鎖を形成しない。このような塩基対のマッチングを蛍光や反射率変化などの光学的手法により検出する。一方，抗原抗体反応を利用した化学センシング(免疫センシング)はイムノアッセイと呼ばれ，重要な医療診断法の一つである。免疫センシングでは，センサー表面に抗体が固定化され，これに抗原を含む溶液を反応させ，抗原ー抗体反応で形成される複合体を様々な方法（例えば，電気化学的あるいは光学的に）で検出する。このようなイムノアッセイを利用した分析／診断チップは，抗体が蛋白質であることからプロテ

---

*　Yasuyuki Tsuboi　北海道大学大学院　理学研究院　化学部門　助教授

インチップの一種に分類される。

以上の例でもわかるようにチップ構築においては，いずれも酵素，DNAや抗体などの生体関連分子を固体基板上に“固定”することが必須である。しかしながら，このような固定は，基板となる固体表面と生体関連分子の化学構造に応じて化学／物理吸着手段を工夫・最適化しなければならず，必ずしも容易ではない。例えば，スピンコーティング法やLangmuir–Blodgett (LB) 法などは代表的なウェットプロセス型の有機薄膜の作製手段であるが，基板との親和性の問題の他にも，微細なパターニングが困難であるなどの問題がある。このような“固体基板（チップ）上への生体関連物質の固定／薄膜化”を目的に，近年試みられているのが，本章で取り上げるレーザー堆積法やレーザー転写法である[2)]。本章では，まず前者を紹介した後に，我々の最近の研究結果を交えながら後者を解説する。

2 パルスレーザー堆積法による酵素固定

パルスレーザー堆積法（Pulsed Laser Deposition）はPLD法と呼ばれ，化合物半導体や超伝導酸化物などの無機材料に対して極めて活発に研究されている薄膜作製手段である[2)]。PLD法では，減圧チャンバー中で，薄膜化する材料（ターゲットと呼ぶ）にパルスレーザー光を繰り返し照射しアブレーションを誘起する。そして，ターゲットから飛び出してくる噴出物(プリュームと呼ぶ)を，ターゲットから数センチ離して対置した基板に堆積させて，薄膜を形成する。レーザーとしては，ナノ秒パルス発振のエキシマーレーザー（波長＝193，248，308，351nm）やNd：YAGレーザー（波長＝266，355，532，1064nm）が操作性や出力，コストパフォーマンスの観点からよく用いられる。図1に，PLD法の概略図を記した。

PLD法は，薄膜形成手段として以下のような利点を備えている。①溶剤を必要としない完全ドライなプロセスであり，減圧チャンバー中で製膜するために不純物の混入が少ない，②レーザー照射による瞬間加熱のため，高融点，あるいは難溶性物質でも薄膜化が可能である，③MBE (Molecular Beam Epitaxy) 法のような高真空装置を必要とせず，通常の減圧下（～10^{-3}mmHg）でも堆積可能である。照射レーザーパルスのショット数を変化させることにより，堆積する薄膜の厚みを，オングストロームオーダーの分解能でデジタル的に制御できる，④ターゲット材料を順に交換することにより，層毎の組成を精密に制御した多層薄膜の作製も容易である。

これらの利点のため，既に欧米のメーカー数社からPLD製膜装置も市販されるに至り，PLD法は実用段階に入った技術といえよう。無機材料だけではなく，合成高分子を中心に有機材料系にも最近では適用が検討されつつある。さらに近年，このPLD法を酵素や蛋白質などの生体関連物質に適用しようとする試みが始まっている。無機材料とは異なり，これらの天然高分子は多くの原子団からなる複雑な構造の官能基を有する。従って，その構造が高輝度レーザー照射によるアブレーション過程（爆発的な物質の飛散）において破壊されず，薄膜において保持されるかどうかは予測し難い。

表 1 に上記を含めた酵素・蛋白質の PLD 研究の年表をまとめた。PLD 法が様々な酵素や蛋白質に対して応用されてきたことがわかる。筆者らは初期の段階からこのような研究に参画し，シ

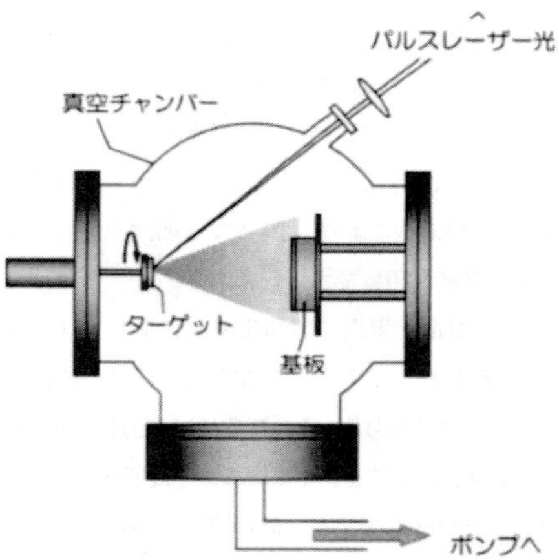

図 1　パルスレーザー堆積法（PLD）の装置の概略図

表 1　パルスレーザー堆積法（PLD）による酵素・蛋白質の薄膜形成の研究の年表

年	グループ	試料	備考・文献
1995	P. Morales ら	牛血清アルブミン，ペルオキシターゼ，イムノグロブロン	生理活性の保持を確認。*Bioelectronics*, **10**, 847 (1995)., *Mat. Sci. Eng. C*, **2**, 173 (1995)
1998 ~ 2001	坪井ら	シルクフィブロイン，コラーゲンなど	光増感法の導入。文献 3 ~ 5）
1998	Phadke & Agarwal ら	バクテリオロドプシン，グルコースオキシターゼ，リボフラビン	ドデシル硫酸ナトリウムをマトリックスとして使用。*Mat. Sci. Eng. C*, **6**, 13 (1998)., *ibid.*, **5**, 237 (1998)., *Nanotechnology*, **10**, 336 (1999)
2001 ~ 2003	Ringeisen ら	西洋ワサビペルオキシターゼ，インスリン，牛血清アルブミンなど	MAPLE 法，文献 6 ~ 9）
2003	Hernandez-Pradez ら	牛血清アルブミン	*Appl. Surf. Sci.*, **208/209**, 658 (2003)
2005	Kecskemeti & Hopp ら	ペプシン	*Appl. Surf. Sci.*, **247**, 83 (2005)

ルクフィブロインやコラーゲン，ケラチンの固体基板（ガラス等）へのPLD製膜を検討してきた[3～5]。レーザーの波長（248～1064nm），パルス幅（10ナノ秒～100マイクロ秒），光エネルギー密度（10～1000mJ/cm^2），励起モード（蛋白質自身か，添加増感剤の励起）などの照射パラメータを最適化すれば，構造をある程度保持した薄膜の作製も可能である。例えばシルクフィブロインの場合，増感剤励起モードで照射パラメータの最適化を行うと，無色透明なフィブロインの薄膜を作製することができた。その赤外吸収スペクトルは，ターゲットである逆平行β-シート型フィブロインのスペクトルとよく一致した。また，照射パラメータを最適化条件からずらせば，PLDにおいて逆平行β-シート型の二次構造が破壊され，ランダムコイル型のフィブロイン薄膜が得られた。ランダムコイル型のフィブロイン薄膜は，メタノール処理や熱処理（170℃以上）により逆平行β-シート型に転移するが，PLDによって得られた薄膜も同様の挙動を示すことを確認できた。このように，PLD法により，蛋白質の薄膜を作製することができるが，分子量の低下までは避けがたい事は率直な印象であった。

最近，より高い品質の酵素固定・蛋白質薄膜作製を目指し，工夫されたPLD法が米国のRingeisen らによって開発された。この手法はMAPLE（Matrix-Assisted Pulsed Laser Evaporation）堆積法と名づけられており[6]，その概略はMALDI質量分析法とよく似ているといえる。高い分子量を持つ生体関連高分子を，化学的損傷を最低限に抑えながら蒸発させる技術である。まず，固定／薄膜化したい酵素分子を，微量濃度（1 wt%前後）になるように緩衝水溶液に溶解させる。この溶液を真空チャンバー内の回転冷却板（～100K）上で凍結させ，ターゲットとする。このターゲットにナノ秒パルス発振のArFエキシマーレーザー（193nm）を比較的低いフルエンス強度（＜1 J/cm^2）で通常のPLD同様に照射する。193nmレーザー光エネルギーの大部分は，酵素分子ではなく，マトリックスである溶媒分子（氷）に吸収され，照射部位の温度上昇が誘起され，蒸発が起こる。つまり，この蒸発で噴出するプリュームの大部分はマトリックスを形成していた揮発性の溶媒分子であり，僅かに酵素分子が含まれることになる。しかし，この揮発性の水分子は堆積基板にたどり着く前に，高真空ポンプによりチャンバー外に排気されてしまう。一方，直接光励起されることなく，ほとんど化学的損傷を被らずに噴出したバイオマテリアル分子はその分子量が高いためにチャンバー外に排気されることなく基板まで飛散する。こうして，基板上にはその構造を保持した高純度なバイオマテリアル薄膜が得られることになる。

Ringeisen らのグループは，このMAPLE堆積法により，代表的な酸化酵素である西洋ワサビペルオキシダーゼ（HRP），インスリン，牛血清アルブミンなどの蛋白質や，細胞膜の構成材料となるリン酸脂質分子などの固定／薄膜化に成功している[7～9]。既に述べたように，特に酵素蛋白質の固定／薄膜化には，その生理活性の保持が重要であるが，固定／薄膜化した酵素に検定試験を行い，その生理活性も確認された。このように，MAPLE堆積法は，既述のPLD法に比べてターゲット内のバイオマテリアル分子の濃度が極端に低いために，堆積速度が大幅に低下するという欠点も有するが，拡張範囲が広い優れたバイオマテリアルの固定／薄膜化手法といえそうである。

3　レーザー転写法による酵素固定

レーザー転写法，あるいはレーザー誘起前方転写法（Laser Induced Forward Transfer；LIFT法）は，図 2 に示すような装置系で行われる酵素や生体関連物質の固定方法である。

そのプロセスをまず述べておく。転写したい蛋白質試料をレーザーに対して透明な基板上に担持し，転写したい別の基板を試料側に向かい合わせて配置する（ターゲット）。試料と基板間の距離は極めて短くおよそ 1 mm以下である。3 次元駆動ステージ上に，このターゲットを載せておく。ターゲットの試料基板側から対物レンズを通じてパルスレーザー光を照射する。レーザー照射により試料／基板の界面で急激な温度・圧力上昇が誘起され，蛋白質試料は対置した基板に向かって押し出され，そのまま堆積し，固定される。この温度上昇は“瞬間的”なため，酵素の生理活性は失われずに済むと考えられる。照射の様子や位置は顕微鏡を通じてCCDカメラで観察できるようにセットされている。この“試料がレーザー照射で押し出される”過程を時間分解計測した観察例を，図 3 に示す[10]。

図 3 の例では，試料は酵素ではなくDNAであるが，酵素の場合も同様の挙動であると考えてよい。図中の時間は，レーザー照射後からの遅延時間を表す。図でわかるように，照射したレーザーのパルス時間幅にかかわらず，レーザー照射直後から試料の飛び出しが観測されている。この図の写真から見積もった飛び出し速度は，超音速のおおよそ10^3m/sであり，図の写真には試

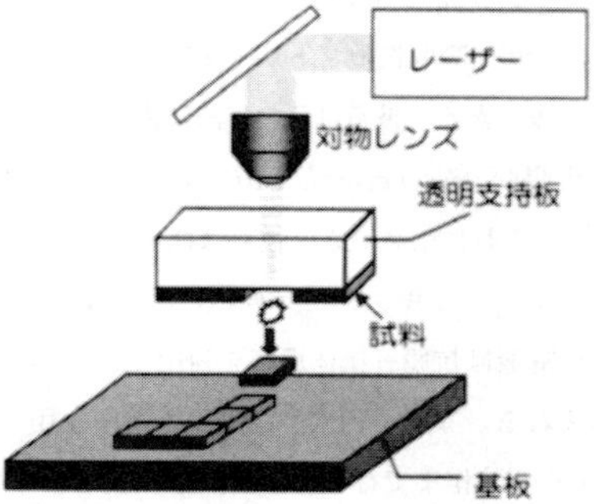

図 2　レーザー転写法（LIFT）の装置の概略図

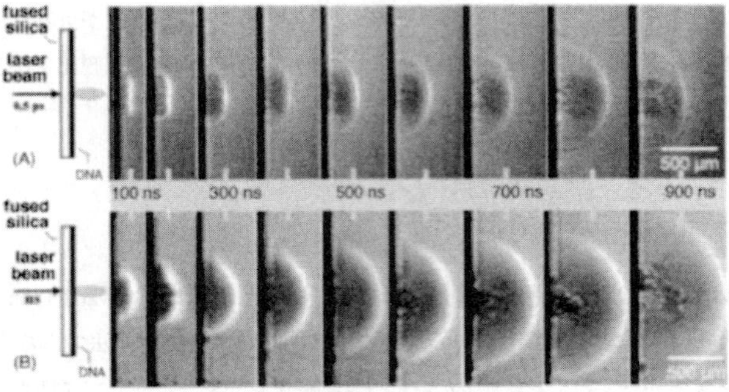

Laser printing mechanism studies. (A) A series of stroboscopic schlieren images of the DNA material ejection at various delay times (printing laser: 500 fs, 248 nm, and 375 mJ/cm2). (B) A series of stroboscopic schlieren images of the ejected DNA material (printing laser: 15 ns, 248 nm, and 375 mJ/cm2).

図３　レーザー転写における試料の飛び出しの様子の高速イメージングの例
試料はDNAで，レーザー波長は248nm。上段はフェムト秒レーザーの場合で，下段はナノ秒レーザーの場合（Elsevier社の転載許可の下，文献10)より転載）。

料飛び出しと共に伝播する衝撃波（パルス状に伝播する強い音響波）も観測されている。飛び出した試料はこのような大きな速度（高い運動エネルギー）を有するため，対置した基板上に衝突した際に化学吸着・物理吸着を行い，基板上に固定化されると考えられる。PLD法と比較した場合，LIFT法は，①装置構成が簡素であり，大気中で行えるプロセスである，②微細スポットの固定や，微細パターンニングが可能である，といった利点を有する。そのため，DNAや酵素から，生きた細胞そのものまで，固定の対象として研究されてきた。しかしLIFT法を用いたバイオマテリアルの基板への固定／微細パターンニングも実際には一工夫を要し，容易ではない。

RingeisenとChriseyのグループはMAPLE-DW（Matrix-Assisted Pulsed Laser Evaporation-Direct Writing）法と呼ばれる方法を開発している[6,7,9]。これは，さきに述べたMAPLE法をLIFT法に応用したものであり，レーザー吸収性のマトリックスに固定化したいバイオマテリアル試料を少量添加し，LIFTを行う方法である。彼らはこの方法により，シリコンやガラス基板上に，緑色蛍光蛋白質を発現させた大腸菌（*Escherichia coli*）を“生きたまま”微細パターンニング固定することに成功している[11]。これに引き続き，彼らは様々なバイオマテリアル，例えば牛血清アルブミン，抗体，ポリフェノールオキシダーゼ（PPO）酵素などの蛋白質の固定化に成功している[12,13]。抗体を固定化した基板は抗原－抗体反応を利用したイムノアッセイ（免疫測定法）用分析チップへの応用が見込まれる。また，PPOを固定した電極を用い，彼らはドーパミン（神経伝達物質）を検出するセンサーの試作まで行っており，腫瘍細胞や生体組織の転写にも成功している[7,14]。LIFT法やMAPLE-DW法は比較的簡便な装置系にもかかわらず，基板上に様々なバイオマテリアルを微細パターンニング／固定化することができる技術であり，プロテインチップやDNAチップ，各種バイオセンサーの開発に力を発揮することが期待できる。

4　LIFT法によるルシフェラーゼ固定型ATP検出チップ

ここでは，酵素のレーザー固定の実際を実感いただくことを目的に，我々の最近の研究を紹介する。上述のように，バイオマテリアルのLIFT法による固定においては，吸収性マトリックスや吸収層などを必要としているが，これらは，①基板とバイオマテリアルとの親和性が小さい，②レーザー照射によるバイオマテリアルの分解を避ける，ことが主要な原因であると考えられる。つまり，固定を強固にし，検出に耐える量のバイオマテリアルの固定を行うためには，レーザー強度を増加しなければならないが，そうするとバイオマテリアルの分解も誘起されてしまう。このような問題をクリアするため，本研究において我々は，従来まで用いられてきたガラスやシリコンではなく，バイオマテリアルと親和性の高いポリマー基板を用いる方法を提案した。

我々は，ポリマー基板材料として，ポリジメチルシロキサン（PDMS）を用い，単純なLIFTにより酵素蛋白質がその生理活性を失わずにPDMS基板上に良好に固定出来ることを示す。PDMS基板は，市販品は液状であり，硬化剤と混合して加熱することにより形成できる。つまり，鋳型に応じた形状に容易に加工成型することができ，加熱スタンプ法によっても容易に加工できる。従って，ガラスに代わるマイクロチャンネルチップの基板材料として大きく期待されている[6)]。PDMS基板は室温において充分な柔軟性を有するポリマー材料であり，その表面(–SiO–CH_3)はガラスやシリコンなどの固体基板表面に比較して有機材料一般に高い親和性を有すると考えられる。

転写する酵素は，ルシフェラーゼである。よく知られているように，ホタルの発光はルシフェリンとATP（アデノシン三リン酸）の反応を触媒であるルシフェラーゼが促進する形で起こる。ATPは生体中におけるエネルギー貯蔵物質である。ここではATP検出を目的とした発光型のマイクロチップを作製することを目的に，PDMS基板上にルシフェラーゼをLIFT法により固定し，実際にATP検出型マイクロチップを試作し，その性能評価を行った。実験に用いたルシフェラーゼはゲンジボタルからルシフェラーゼDNAを採取し，大腸菌に導入することにより工業的に生産されたものである。ルシフェラーゼ水溶液を石英基板上にキャストし乾燥後に得られたフィルム（膜厚＜50μm）をターゲットに用いた。PDMSは，硬化剤とともに60℃で加工成型し，基板表面に直径4 mm，深さ40μmのウェルを作製し，このウェル上にLIFT固定を行った。光源としてナノ秒パルス発振のYAGレーザー（波長355,266nm）を用い，LIFTはシングルショットで行った。ターゲット裏面（石英側）からレーザーパルスを照射し，ターゲットに密着させた

PDMS基板にルシフェラーゼを転写した。つまり，PDMS基板上のウェルの深さが40μmであり，この距離がルシフェラーゼ－PDMS基板間距離にそのまま対応している。作製したマイクロチップの模式図を図4に示す。PDMS基板にルシフェラーゼのマイクロスポットをLIFT固定し，同時にチップの底面に市販のチープな小型の光ダイオードを組み込んであり，“使い捨て”が可能な仕様としている。

マイクロチップの作製に向けた重要なポイントは，①転写スポットができるだけ微細にでき，その形が乱れず，しかも，生理活性を有したまま転写できること，②作製したマイクロチップが定量検出できるセンサーとして動作すること，の二点である。まず，①に関しては，レーザー波長を355nm，パルスエネルギー密度を1.5 J/cm^{2}程度にし，PDMS基板へと転写した場合に達成できることがわかった。この際，試料層と基板との距離が50μm以下であることも重要な条件であった。また，レーザー波長が266nmと短くなると，光子エネルギーが高いために生理活性を維持できなかった。また，比較対象として，ガラスやポリスチレン基板へと転写しても，そのスポットは大きく乱れてしまった。これに対し，図5の写真（400μm×400μmスケール）に示すように，照射後のターゲット基板((a)の上段)では，レーザーのビームパターンに応じた形状／サイズでルシフェラーゼがそのまま除去されているのがわかるが，PDMS基板への転写では，そのレーザースポット形状どおりの転写が行われていることが一目瞭然でわかる。このように，PDMS基板への転写の優位性が示された。このスポットは直径200μmまで小さくでき，対物レンズを用いれば100μm以下の微細化も出来る。また，このマイクロチップにATP・ルシフェリン溶液を導入すれば，図5(a)下段に示すように，明るいマイクロ発光スポットが観測され，そ

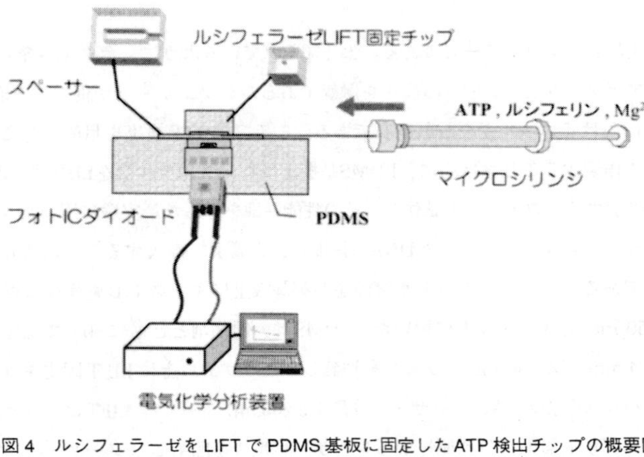

図4　ルシフェラーゼをLIFTでPDMS基板に固定したATP検出チップの概要図

のスペクトルはオリジナルなものと完全に一致した。つまり，LIFTにおいて生理活性が保持できたこともわかり，このチップの定性的な検出限界は1 nM以下であった。次に，②に関して，マイクロチップに導入したATP濃度に対し，発光強度（光ダイオードの電流信号量）をプロットした。その結果，発光強度が酵素反応の速度に比例するとして，発光強度のATP濃度依存性はMichaelis–Mentenの式でよく解析できた。つまり，作製したチップは定量的な検出動作が可能であり，LIFT法によって，再現性よく定量的にルシフェラーゼ転写が行えることを示している。

以上，PDMS基板を用いれば，単純なLT法により，複雑な化学構造を有する酵素（ルシフェラーゼ）をその生理活性を保持しつつ転写／固定でき，ATP検出チップを作製できることがわかった。PDMS基板は各種分析診断チップの基板材料として大きく期待されていることから，LIFT法との良好な“相性”が示された意義は大きいと考える。

今後は，DNAやイムノアッセイ用抗原などのLIFT転写をより一般的に確立していくことが重要であろう。酵素やDNAの世界に，レーザー加工方法がその活躍の場を一層広げていくことを期待する。

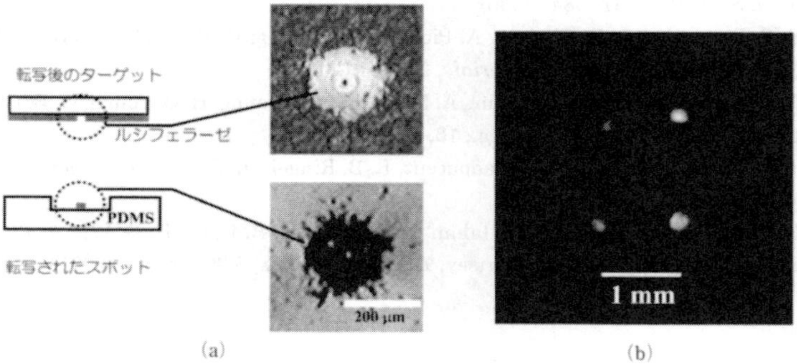

図5
(a) レーザー照射後のターゲットと（写真上），LIFT固定されたルシフェラーゼのマイクロスポット（写真下）。
(b) LIFT固定されたルシフェラーゼスポットがATP/ルシフェリンと反応した際の発光の様子。

文　献

1) 北森武彦(監修), "インテグレーテッド・ケミストリー", シーエムシー出版(2004)
2) 詳細が述べられた書籍を二冊挙げておく. (a) 杉岡幸次・矢部 明(監修), "レーザー マイクロ・ナノ プロセッシング", シーエムシー出版；(b) レーザー学会編, "レーザープロセシング応用便覧", NGTコーポレーション(2006)
3) Y. Tsuboi, M. Goto, A. Itaya, *Chem. Lett.*, 521 (1998)
4) Y. Tsuboi, M. Goto, A. Itaya, *J. Appl. Phys.*, **89**, 7917 (2001)
5) Y. Tsuboi, N. Kimoto, M. Kabeshita, A. Itaya, *J. Photochem. Photobiol. A*, **145**, 209 (2001)
6) D. B. Chrisey, A. Pique, R. A. McGill, J. S. Horwitz, B. R. Ringeisen, D. B. Bubb, P. K. Wu, *Chem. Rev.*, **103**, 553 (2003)
7) P. K. Wu, B. R. Ringeisen, D. B. Krizman, C. G. Frondoza, M. Brooks, D. B. Bubb, R. C. Auyeung, A. Pique, B. Spargo, R. A. McGill, D. B. Chrisey, *Rev. Sci. Instrum.*, **74**, 2546 (2003)
8) B. R. Ringeisen, J. Callahan, P. K. Wu, A. Pique, B. Spargo, R. A. McGill, M. Bucaro, H. Kim, D. B. Bubb, D. B. Chrisey, *Langmuir*, **17**, 3472 (2001)
9) P. K. Wu, B. R. Ringeisen, J. Callahan, M. Brooks, D. B. Bubb, H. D. Wu, A. Pique, B. Spargo, R. A. McGill, D. B. Chrisey, *Thin Solid Films*, **398/399**, 607 (2001)
10) I. Zergioti, A. Karaiskou, D. G. Papazoglou, C. Fotakis, M. Kapsetaki, D. Kafetzopoulos, *Appl. Surf. Sci.*, **247**, 584 (2006)
11) B. R. Ringeisen, D. B. Chrisey, A. Pique, H. D. Young, R. Modi, M. Bucaro, J. Jones-Meehan, B. J. Spargo, *Biomaterials*, **23**, 161 (2002)
12) B. R. Ringeisen, P. K. Wu, H. Kim, A. Pique, R. C. Auyeung, H. D. Young, D. B. Chrisey, D. B. Krizman, *Biotechnol. Prog.*, **18**, 1126 (2002)
13) J. A. Barron, P. K. Wu, H. D. Ladouceur, R. B. Ringeisen, *Biomed. Microdevices*, **6**, 139 (2004)
14) K. Wu, B. R. Ringeisen, J. Callahan, M. Brooks, D. B. Bubb, H. D. Wu, A. Pique, B. Spargo, R. A. McGill, D. B. Chrisey, *Thin Solid Films*, **398/399**, 607 (2001)

第5章　繊維への酵素の固定化，エアフィルターへの応用

田中大輔[*1]，高蔵　晃[*2]

1　はじめに

エアコン用のエアフィルター上で，捕集したアレルゲンを不活化する目的で酵素反応を利用した事例を紹介する。天然酵素の産業利用は，繊維や食品，医薬品などの加工，水処理や洗剤への応用など幅広いが，これらに用いられる反応系は液相である。空気をろ過する目的であるエアコン用のエアフィルターは，常時乾燥状態にあり，酵素の利用環境としては，必ずしも適当でない。しかしながら，エアフィルター基材に吸湿性の繊維を利用することで，水分を空気中から取り込み，酵素反応が発現する環境を作り出すことを可能とした。一方，エアフィルターはエアコン装置内に設置されるものであり，大きな温湿度の変化，または空気中のホコリや有機物の堆積，あるいは微生物の蓄積の可能性もあり，酵素にとって過酷な環境である。この環境において長期間安定した活性を維持するために，耐熱性，耐薬品性を有する酵素を選定し，アレルゲンを不活化できる酵素固定型エアフィルターを実現した（商品名；バイオクリアフィルター，写真1）。ここでは，用いた酵素ならびに製品としてのフィルターの特徴について紹介する。

写真1　バイオクリアフィルター外観

＊1　Daisuke Tanaka　三菱重工業(株)　技術本部　名古屋研究所　材料・強度研究室　主任
＊2　Hikaru Takakura　タカラバイオ(株)　ドラゴンジェノミクスセンター　部長

2 室内空気環境

住宅，オフィス，自動車など，われわれが生活するほとんどの空間にはエアコンが存在する。エアコンは，室内の温度をより早く目的の温度に到達させるために，大風量で送気する機能をもち，また，温度を安定に保つために，室内の空気を効率よく攪拌する制御をもつ。これらの能力は，室内の空気質を向上させることにも利用することができる。例えば，エアコン内の空気が流れる位置に，ろ材や静電材料を設置すれば，集塵効果が得られ，室内のホコリを低減することができる。もしくは，同様に吸着材を設置すれば，室内のにおいやシックハウス症候群の主な原因となるVOC（Volatile Organic Compounds；揮発性有機化合物）などを低減することができる。近年では，家庭用のエアコンをはじめとして，店舗・オフィス用，自動車用，航空機用といった多くのエアコンに，空気質向上のための，さまざまな機能が搭載されるようになっている。

一方，近年，室内環境に存在する物質が原因の呼吸器系アレルギー疾患の増加がクローズアップされている。原因物質は総じて“アレルゲン”と呼ばれ，室内に存在するものとしては，動植物，昆虫，菌類を発生源とする生物由来物質，ならびに建材や家具，その他インテリアを発生源とする化学物質とに大別できる。これらの曝露による症状は，互いに影響を与える上に同様の症状が現れることがあるため，一義的に示すことは難しいが，主に前者は鼻炎，気管支炎，ぜん息など，後者はいわゆるシックハウス症候群と呼ばれる頭痛，めまい，倦怠感，微熱などである。これらに共通することは，曝露初期は症状が現れないが，長期的継続により曝露許容量を超えると，急激に症状が現れるところである。このプロセスは，まずアレルゲンを取り込んだ体が，それらを異物と認識し，排除しようとすることから始まる。排除の手段として，生体内の免疫系が働き，それぞれのアレルゲンに対応する抗体を合成・作用させることで，それらに吸着し，破壊・排除する。具体的には，Tリンパ球の働きによりBリンパ球からIgG，IgM，IgA，IgEの抗体が作られる。その中でもIgE抗体は血中や組織中のマスト細胞および好塩基球上の高親和性IgE受容体と結合する。さらにそこにアレルゲンが結合すると，直ちにマスト細胞，好塩基球から，ヒスタミンやロイコトリエンなど種々の化学伝達物質が放出され，これらが過剰に血管や神経を刺激することでアレルギー症状がおこる。

室内のアレルゲンを少なく保つことは，居住者の健康維持に不可欠である。これら室内に存在するアレルゲンの中でも，これまで不活化が困難とされていた生物由来アレルゲンを排除する技術の検討を行った。

3　酵素によるアレルゲンの不活化

生物由来アレルゲンの成分はタンパク質であるが，その形態はさまざまである。室内に存在するものには，ダニアレルゲン，花粉アレルゲン，ペットアレルゲンなどが挙げられる。これらはすべて固体粒子であり，前述したように，人の呼吸とともに体内(呼吸器系)に入り込み，アレルギー症状を引き起こすことが知られている。

ダニアレルゲンは，ダニのフンや死骸の破片であり，主に布団やカーペットなど，ダニが生息するところが発生源となる。ダニ虫体の顕微鏡写真を写真２に，その死骸の破片を含むダストの顕微鏡写真を写真３に示す。ダストの粒径はおおよそ2～15μmである。特に布団の上げ下ろし時には大量に舞い上がり，30分程度浮遊することが知られている[1)]。国内の一般的な家屋で検出される主な抗原は，コナヒョウヒダニ（*Dermatophagoides farinae*）由来アレルゲンのDer f 1とDer f 2，ヤケヒョウヒダニ（*Dermatophagoides pteronyssinus*）由来アレルゲンのDer p 1とDer p 2である。

花粉アレルゲンは，スギ（*Cryptomeria japonica*）由来アレルゲンのCry j 1とCry j 2やヒノキ（*Chamaecyparis obtusa*）由来アレルゲンのCha o 1とCha o 2が有名であるが，近年では欧米で以前より問題となっているブタクサ花粉や，イネ科花粉も注目されるようになった。スギ花粉の顕微鏡写真を写真４に示す。スギ花粉，ヒノキ花粉の粒径は20～40μm，ブタクサ花粉は10～20μmと大きいため気流がない場合の室内では浮遊しにくく，主に床に堆積する。室内へは

写真２　コナヒョウヒダニ虫体

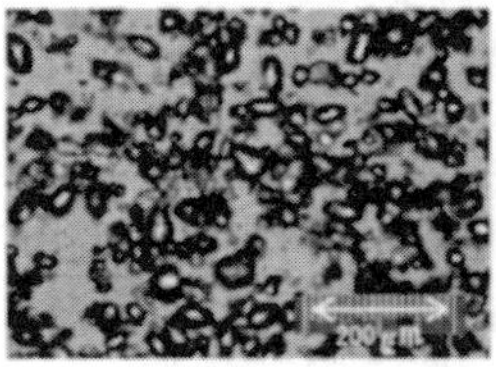

写真３　ダニの死骸の破片を含むダスト

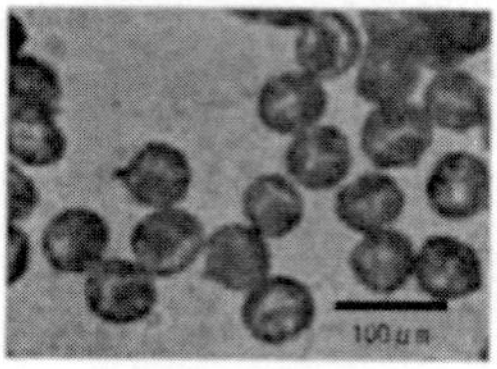

写真４　スギ花粉

衣服に付着して持ち込まれることが多いとされる。

ペットアレルゲンはネコ（*Felis domesticus*）由来のFel d 1やイヌ（*Canis familiaris*）由来のCan f 1であり，飛散するものは主に上皮（フケ）とされる。この粒径は2.5μm以下であり，ダニアレルゲンや花粉よりも小さく，室内を浮遊し続ける。また，微粒子で静電気の影響を受けやすいため，床や壁面に容易に付着し，室内にとどまりやすく排除が難しいといった性質をもつ[2)]。

これらのアレルゲンはタンパク質であり，高熱や強度の薬剤を作用させることにより不活化できることが一般的に知られている。しかしながら，一般家庭やオフィスのエアコンにおいて使用できる熱や薬剤条件には制限があり，これら手段による不活化は実現できない。そこで，不活化剤としての酵素の利用に着目した。アレルゲンタンパクに対する酵素の効果を確認するために，リン酸緩衝液に溶解させたダニアレルゲン（抽出物，精製抗原Der f 1，精製抗原Der f 2）を酵素液と混合し，熱を加えた後のサンプルを電気泳動により分析した。サンプルの組成および前処理条件を表１に，分析結果を写真５に示す。ダニ抽出物は広範囲の分子量分布をもち，精製ダニ抗原Der f 1およびDer f 2はそれぞれ25kDa，14kDa付近の分子量をもつことがわかる。それぞれに酵素を作用させた場合，アレルゲンの示すバンドが低分子側にシフトもしくは消失した。また，酵素を作用させずに同条件の熱を加えただけでは低分子化は進まない。さらに，分離され

表１　サンプルの組成および前処理条件

Lane No.	Sample	酵素	80℃，20min 加熱
1	分子量マーカー	−	−
2	ダニ抽出物	−	−
3	ダニ抽出物	−	＋
4	ダニ抽出物	＋	＋
5	精製 Der f 1	−	＋
6	精製 Der f 1	＋	＋
7	精製 Der f 2	−	＋
8	精製 Der f 2	＋	＋
9	イオン交換水	＋	−

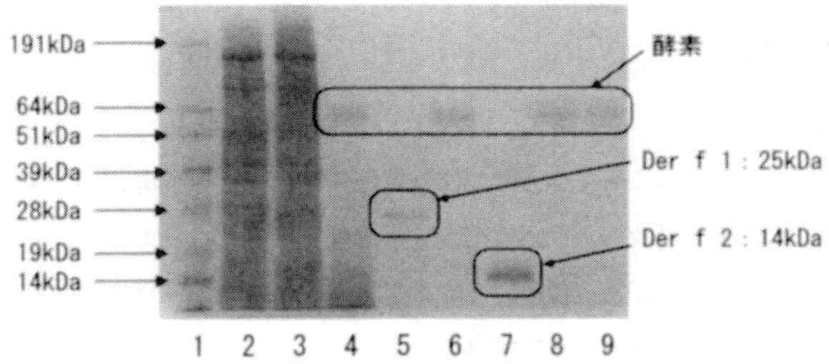

写真５　電気泳動の結果

た成分を電気的にPVDF膜に転写し，抗ダニ抽出物ウサギ血清＋抗ウサギのヤギIgG二次抗体－アルカリフォスファターゼを用いてWestern blot法により検出した結果，有意な発光を示し，それら成分がダニアレルゲンであることが確認された。

一方，より低温でアレルゲンを不活化するために，アレルゲンタンパクを二段階で分解する方法を開発した。すなわち，変性剤により，一時的にアレルゲンタンパクの高次構造にゆるみを生じさせ，そこに酵素を作用させることでタンパク質が容易に分解することを見いだした。これらの二つの反応は逐次的であり，同一の系においても成り立ち，その最終段階は不可逆である（図１）。したがって，変性剤と酵素をエアフィルター上に固定すれば，捕集したアレルゲンと反応し，不活化させることができる。ただし，この原理を用いる場合，酵素には高度な変性剤耐性が要求される。タカラバイオ㈱が開発した*Pfu* protease Sは，エアフィルターの製造工程の熱負荷耐性なども含めて，この要求を満たす理想的な酵素であった。変性剤には，その入手性，安全性を考慮し，尿素を用いることとした。なお，尿素は，アレルゲンタンパクの一次変性効果に加えて，酵素が必要とする水分を空気中からとりこみ，保持する機能の補助も兼ねている。

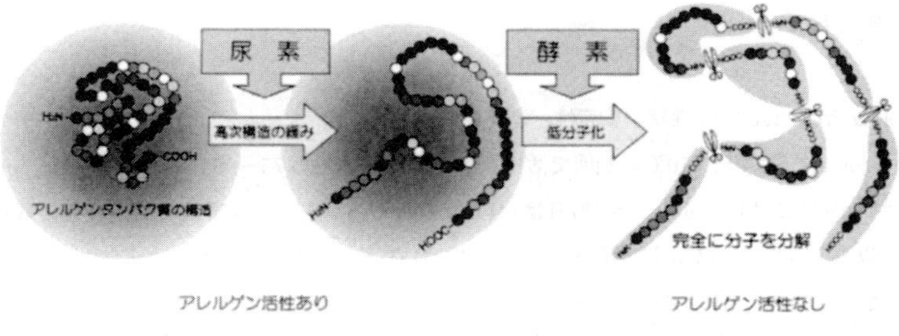

図１　尿素と酵素によるアレルゲンの不活化プロセス

4 超耐熱性酵素

4.1 超耐熱性酵素とは

80℃以上の環境で生育することで知られている超好熱菌の超耐熱性酵素は，常温菌由来の酵素がもたない耐熱性に加え，種々の界面活性剤，有機溶剤，変性剤などの薬剤に対する耐性つまり薬剤耐性をもっている。したがって超耐熱性酵素は，従来の酵素の常識を覆すような過酷な条件での使用が可能であり，これを安価かつ大量に製造することができれば，従来よりもずっと広範な産業領域での酵素の利用が可能となる。

4.2 *Pfu* Protease S

タカラバイオ㈱では，故アンフィンセン博士（当時ジョンズ ホプキンス大学教授，ノーベル化学賞受賞，1972）と，超好熱菌の1種である*Pyrococcus furiosus*を対象として超耐熱性α-アミラーゼに関する共同研究を1991年に開始していたが，その後タカラバイオ㈱単独で超耐熱プロテアーゼの研究を継続してきた。

*Pyrococcus furiosus*の遺伝子を組込んだ大腸菌の抽出液中に，高温下（95℃）でも働く超耐熱プロテアーゼ活性を見出し，超好熱菌にも常温菌と同じようなズブチリシン型プロテアーゼが存在することを明らかにした。さらに，このプロテアーゼの遺伝子をプローブにして，より分子量の小さいズブチリシン型の超耐熱プロテアーゼの遺伝子を，*Pyrococcus furiosus*や*Thermococcus celer*などの超好熱菌より単離することに成功した[3]。DNAチップを用いて選択した枯草菌の定常期に特異的なプロモーターを発現用プロモーターとして用いることにより，分子量45kDaの組換え体*Pfu* Protease Sを工業的スケールで効率よく発現させる技術を確立した（本発現技術の一部は新エネルギー・産業技術開発機構（NEDO）から委託を受け，平成11年から13年にかけて実施した「高効率蛋白質発現システムの開発」事業で得られた成果を応用したものである）。なお，この酵素は*Pfu* Protease Sの商品名で研究用試薬としてもタカラバイオ㈱から市販されている[4]。

4.3 *Pfu* Protease Sの性状（安定性，基質特異性）

Pfu Protease Sは40～110℃の範囲で活性を示し，至適温度は75～95℃である（図2）。pH 5～10の広いpH域で活性を示し，至適pHはpH 6～8である。95℃，3時間の熱処理後の残存活性は80%以上で高度の熱安定性を有する。1%SDS存在下，95℃，24時間の処理後も50%以上の活性を示す（図3）。50%アセトニトリル存在下，95℃，1時間処理後の残存活性は80%，6.4M尿素存在下，95℃，1時間処理後の残存活性は70%で，界面活性剤，変性剤，有機溶媒処理に対

して高度の耐性を有する極めて安定な酵素である（図4，5）。このように*Pfu* Protease Sの安定性が極めて高いことはプロテアーゼ反応を工業的に利用する上では極めて有利である。

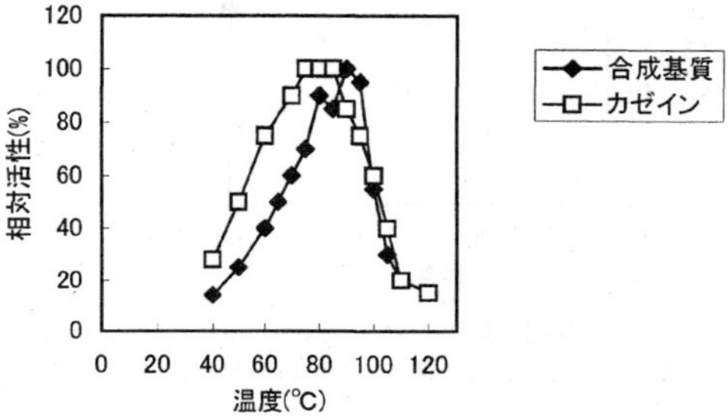

図2　至適温度
カゼイン，合成基質（suc-AAPF-pNA）を用い，pH7.0，30分間反応させた。

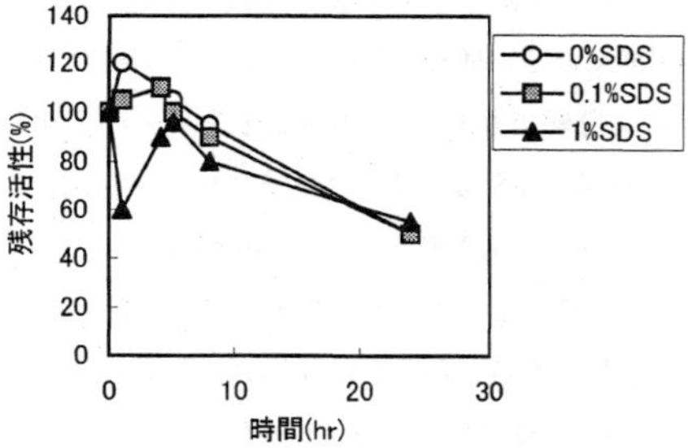

図3　SDS耐性（95℃）
SDS存在下，pH7.0，95℃で処理した後，合成基質（suc-AAPF-pNA）を用いて残存活性を測定した。

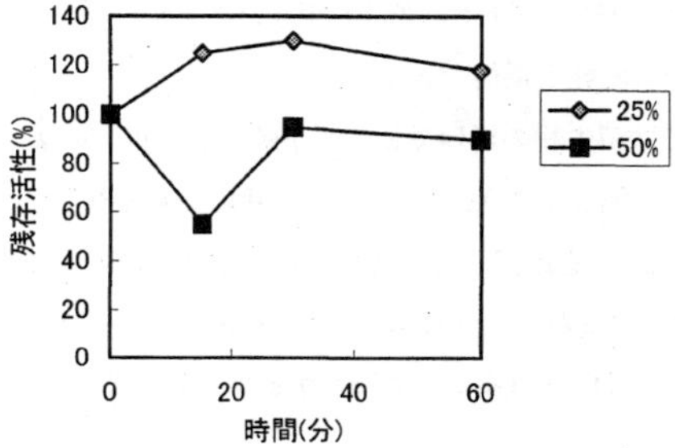

図4　有機溶媒耐性ーアセトニトリルー（95℃）
アセトニトリル存在下，pH7.0，95℃で処理した後，合成基質（suc-AAPF-pNA）を用いて残存活性を測定した。

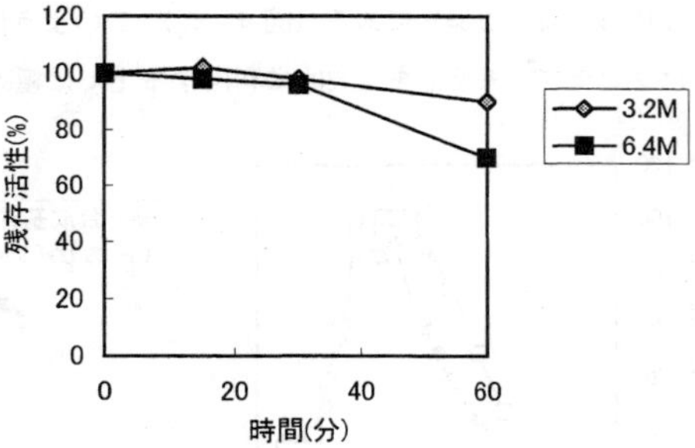

図5　変性剤耐性ー尿素ー（95℃）
尿素存在下，95℃で処理した後，合成基質（suc-AAPF-pNA）を用いて残存活性を測定した。

4.4 *Pfu* Protease Sの応用

Pfu Protease Sの基質特異性は広く，変性タンパク質，未変性タンパク質のペプチド結合を加水分解する。高度の耐熱性と変性剤耐性を兼ね備えており，変性剤，有機溶媒存在下でも効率よく基質を分解することが可能である。従来用いられてきた反応条件では分解が困難であったタンパク質，ペプチドを効率よく分解できることが期待され，種々の応用研究が進められている。

Pfu Protease Sは代表的な工業用酵素であるズブチリシンと相同性を有し，基質特異性も似通っている。ズブチリシンは既に洗剤用酵素としても広く用いられているが，*Pfu* Protease Sの著しい耐熱性と安定性を応用することにより不要タンパク質の除去や未利用資源の利用，新規有用物質の生産への応用の可能性がある。不要タンパク質除去の応用例としては自動食器洗浄器用の洗剤酵素としての利用や絹の精錬工程，食物アレルゲンの分解除去などがある。

一方，未利用資源を有効利用するための一方策として発酵残渣の分解試験も実施し，従来は利用が困難であった難消化性タンパク質を分解可溶化できることが明らかとなった[5)]。本酵素で処理することにより得られた分解ペプチドは苦味が少ないことが示されており，米タンパク質を材料とする新たな調味料類の開発も期待できる。

食品の製造処理工程では微生物の増殖や微生物が産生する毒素の夾雑は排さなければならない。特に常温酵素を用いた食品の製造過程では，微生物の繁殖や微生物による毒素の産生が大きな問題となる。*Pfu* Protease Sを応用した分解反応では高温条件下で運転するため微生物の増殖が著しく抑制されることが示された。さらに，通常の殺菌条件では失活しない耐熱性毒素であっても*Pfu* Protease Sにより分解されることも明らかとなっている。

5　エアフィルターへの酵素の応用

5.1　エアフィルターへの酵素の加工

Pfu protease Sなどのタンパク質分解酵素と尿素をエアフィルターに固定し，捕集したアレルゲンをその場で不活化させる検討を行った。ここで酵素は，アレルゲンタンパクの加水分解反応を触媒する。したがって，酵素によるアレルゲンの不活化反応を進行させるためには，水分が必要である。エアフィルターが空気中の水分を取り込むために，水との親和性の高い吸放湿性繊維を酵素と尿素の固定化担体として利用した。同繊維を不織布に加工し，表面の水酸基に酵素を固定化した。この酵素固定化シートをさらに集塵材や形状保持材などと組み合わせ，プリーツ加工することによりエアフィルター化した（バイオクリアフィルター）。

5.2　バイオクリアフィルターの特徴

バイオクリアフィルターは，通常のエアコン使用環境で，捕集したアレルゲンを室温で不活化することができ，熱や薬剤に対して失活しにくい特徴を有する。不活化された捕集アレルゲンは，フィルターから再飛散した場合でも，それらはアレルゲンとして作用しない。性能(アレルゲン不活化能力）は以下のように評価した。

1）ダニ虫体は希釈用粉体と混ぜ合わせて粉砕した。スギ花粉は花粉嚢から分離したものを溶媒に分散させた（写真６）。
2）10mm×10mmのサンプル（酵素加工前のものと後のもの）に一定量のアレルゲンを付着させた。
3）一定の温湿度の雰囲気に静置した。
4）界面活性剤とBSAを含むリン酸緩衝液に酵素阻害剤を加え，サンプルを浸漬した。
5）上澄み液中のアレルゲン量を定量した。ダニアレルゲンにはイムノクロマト法を，スギ花粉アレルゲンにはELISA法（Enzyme-linked immunosorbent assay）を用いた。
6）次式によりアレルゲン不活化率を算出した。

写真６　サンプルに付着したスギ花粉

アレルゲン不活化率；$\eta[\%]=(1-C/C_0)\times 100$

C：酵素加工後のサンプル（製品）を用いた場合のアレルゲン濃度［ng/ml］

C_0：酵素加工前のサンプル（原反）を用いた場合のアレルゲン濃度［ng/ml］

一定の温湿度環境におけるDer f 2不活化率の経時変化を図6に示す。不活化率は，温度および湿度依存性が高く，35℃，80%RHであれば，1時間以内に90%を超え，その後はほとんど変化しない。一方，24℃，60%RHや27℃，50%RHと相対的に低温，低湿度になると，不活化の速度（反応速度）が低下する傾向がある。このような環境では，主にエアコン停止中に，ある程度の時間をかけて捕集したアレルゲンの不活化を行うことになる。エアフィルター上に捕集されたアレルゲンの再飛散は，エアコン運転中に常時生じるものと，エアコンの起動時やエアコン運転中の風量変化や振動など不定期的な事象に伴い生じるものがあるが，環境のアレルゲン濃度が高くなる，すなわちアレルギー発症のリスクが高くなるのは後者であり，時間をかけてでも捕集したアレルゲンを確実に不活化することが重要である。

Cry j 1不活化率の経時変化を，図7に示す。スギ花粉飛散時期（おおよそ2月～5月）の室内環境でも不活化可能なことがわかる。Cry j 1の不活化においてもDer f 2の不活化と同様に温湿度依存性がある。

フィルター周辺の雰囲気を，積極的に不活化に最適な温湿度に制御する方法も考えられる。一部のエアコンでは冷媒システムを利用したフィルター周辺の温湿度制御を実用化している。これにより，捕集したアレルゲンの不活化をユーザーが必要とする時に，より確実に行うことができる。

自動車キャビンにおいても，ダニアレルゲンおよび花粉アレルゲンが有意に検出され，対策が必要である[6]。バイオクリアフィルターは，構成シートを一部変更することにより，高温や排ガ

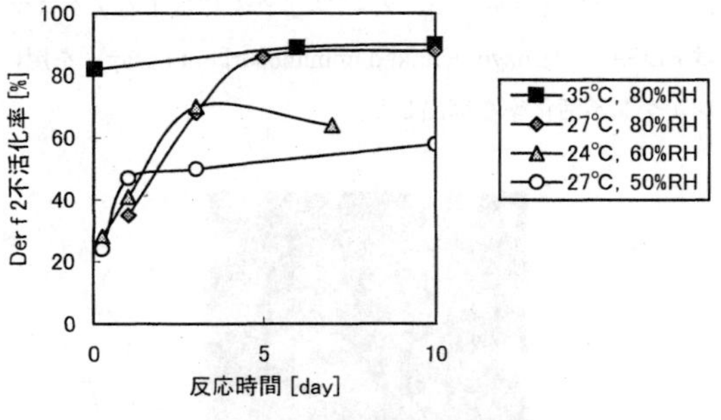

図6　ダニアレルゲン Der f 2の不活化性能
10mm × 10mm のサンプルにダニ虫体を含むダスト1mgを付着させた。

ス，雨滴などの曝露を受ける使用環境の厳しい自動車用エアコンに搭載することも可能である。自動車用仕様のものを一般車両に搭載し，1年間経過後エアフィルターを回収し，調査することによりその耐候性を評価した。1年間の各自動車の走行距離とCry j 1不活化率の関係を図8に示す。1年使用後も，すべてのサンプルにおいて大きな活性低下がなく，梅雨期から夏期にかけての高温多湿環境や冬期の低温環境においても酵素の劣化がほとんどないことがわかる。また，走行距離との相関がないことから，酸性ガスや粒子を多分に含む排ガスの曝露に対しても酵素の劣化はない。

これらの結果から，バイオクリアフィルターは適用環境範囲が広く，さまざまなエアコンに適用することができると言える。

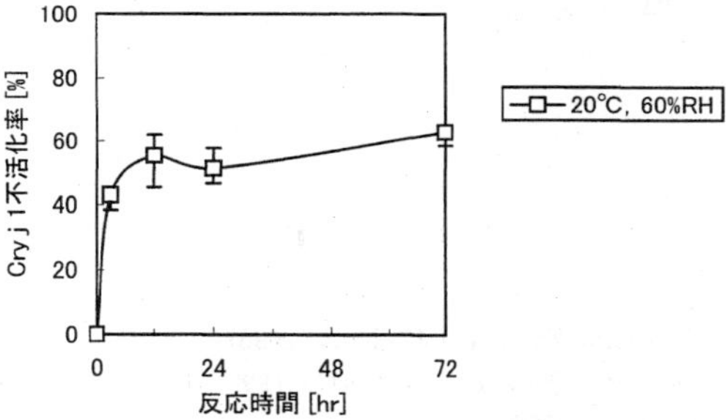

図7　スギ花粉アレルゲン Cry j 1の不活化性能
10mm × 10mmのサンプルにスギ花粉0.1mgを付着させた。

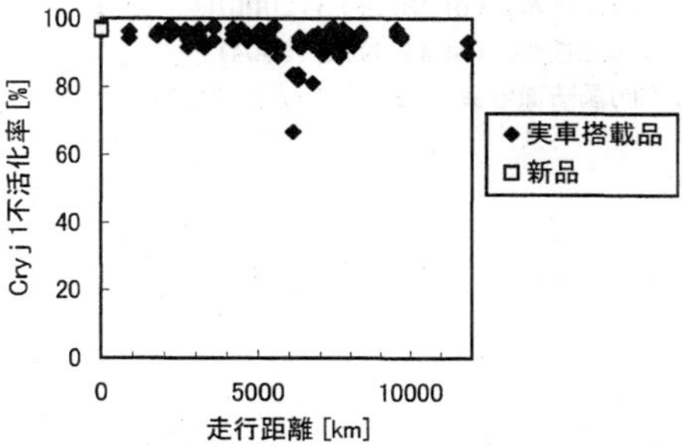

図8　1年間車両に搭載したフィルタの性能
44台の車両を用い，1台あたり2箇所もしくは3箇所からサンプルを切り出して評価（反応条件：35℃，80%RH，1h静置）。

6 おわりに

超耐熱性酵素を利用したアレルゲンを不活化できるフィルターについて述べた。この技術は，掃除機の紙パックやタービンブラシ，あるいはフローリングワイパーシートなど，清掃用具のアレルゲン対策付加機能にも応用されている。その他に，細菌やウイルスを不活化する能力も有することから[7,8]，医療用や実験用のマスク，あるいはバイオテロ対策防護服などへの応用も可能である。

アレルゲンや微生物，ウイルスから身を守るためにさまざまな化学物質や無機材料，天然材料などが検討されているが，酵素もその中の有効な一材料であることが認識されつつある。環境負荷が小さく，エネルギー消費を抑えることができる酵素は，現代社会の要求に適合した材料であり，今後更なる活用が期待できる。

文　　献

1) 阪口雅弘, Med. Entomol. Zool., Vol.47, No.4 (1996)
2) 小屋二六ほか, 気管支ぜん息に関わる家庭内吸入性アレルゲン 現在の知見とその対策, 公害健康被害補償予防協会 (1998)
3) M. Mitta *et al*., US Patent (US5,756,339) May. 26, 1998
4) H. Takakura *et al*., US Patent (US6,358,726) Mar. 19, 2002
5) 高蔵晃ほか, 食品産業のためのバイオリアクター, 化学工業日報社, p.209 (2002)
6) 田中大輔ほか, 三菱重工技報, Vol.43, No.3 (2006)
7) 田中大輔ほか, 三菱重工技報, Vol.41, No.2 (2004)
8) 中嶋祐二ほか, 日本防菌防黴学会第32回年次大会要旨集, ⅡA-33 (2005)

第6章　PEG／酵素共固定化金ナノ粒子の調製と機能

原　暁非＊1，長崎幸夫＊2

1　はじめに

金ナノ粒子はサイズの減少に伴い表面積が急激に大きくなるため，電気，磁気および光学的性質などはバルク金と完全に異なる。古くからよく利用されてきており，表面プラズモン共鳴に由来した金ナノ粒子の呈色は，この一例である。最初の金ナノ粒子の調製方法[1)]が誕生して以来，様々な作製方法[2～5)]が提出されたと同時に，金ナノ粒子の基本と応用面に関する研究も盛んとなりつつある。金ナノ粒子のユニークな光学的性質は，粒子のサイズ，形状，分布密度，及び分散溶媒などに影響を受ける。この特徴に基づいて，現在，DNA・RNA検出[6, 7)]，免疫診断[8)]，Raman散乱の促進[9, 10)]，表面プラズモンの増感[11)]，電極の作製[12～14)]，新型ナノアセンブリ（図１）の構築[15)]など，非常に広い分野において金ナノ粒子が応用されている。

近年，金ナノ粒子への酵素の固定は注目を浴びている[16～18)]。金粒子は毒性が低く，各種の生体分子と優れた適合性を持つ材料で，表面の機能化が極めて簡単というためである。また，それ以外に，酵素の濃縮，酵素と反応系の分離，酵素の回収・再利用などが，金ナノ粒子の表面に酵素を担持させることにより容易になるため，実用面からも有望になっている。金ナノ粒子のよう

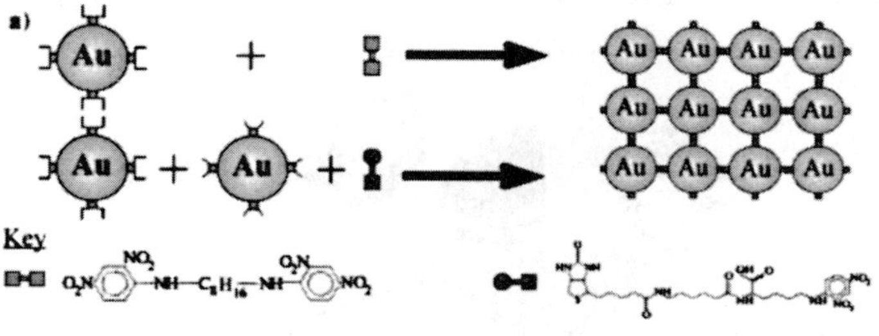

図１　新型ナノアセンブリの一例
（S. Mann ら *Adv. Mater.* **12**, 147 (2000)より引用）

＊1　Xiaofei Yuan　筑波大学　大学院数理物質科学研究科　準研究員
＊2　Yukio Nagasaki　筑波大学　学際物質科学研究センター　教授

なナノ曲表面は平面より酵素との相互作用が弱いので，酵素の構造と活性の安定化に有利であることが証明されている[12, 19]。しかしながら大きい表面積を持つため，逆にイオン強度，溶媒，pHなど周囲環境の変化により金ナノ粒子が容易に凝集してしまう。このような粒子の分散安定化と表面の機能化の矛盾を解決する一つの方法として，金表面と強い結合する官能基（例えば，チオール基（SH）[20, 21]とアミン基（NH_3）[22～24]）をもち，かつ溶媒と親和性のあるもので金ナノ粒子を保護することが挙げられる[25～28]。この表面保護により金ナノ粒子の表面エネルギーは低下し，安定化する[29]。ポリエチレングリコール（PEG）は毒性が低く，水と大部分の有機溶媒両方ともに良く溶けるため，金ナノ粒子の安定剤としてよく使用されている[16, 28, 30, 31]。末端にメルカプト基を有するPEG–SHの場合は低分子のアルカンチオールより安定な保護が行えることがごく最近確認された[28]。更に興味深いことは，金表面に構築したPEGブラシの末端に別の官能基を導入すれば，金ナノ粒子の分散安定化の上，様々な表面の機能化が実現できることが示された[16, 31]。我々は，このような表面機能化した金ナノ粒子の構築を目指し，主に酵素活性の安定性を改善することを目的として金ナノ粒子への酵素の固定化を研究している。本章では，リパーゼを固定化したPEG化金ナノ粒子に関する研究結果を簡単に紹介する。

2　酵素の固定方法

金ナノ粒子への酵素の固定は直接と間接の二つ方法に分かれている。金表面を別のもので修飾した後に，酵素が修飾ものに付いているプローブと特異的認識するのは間接方法である（図2）[16]。一方，上述のように金ナノ粒子の表面エネルギーが高いため，酵素と金ナノ粒子を混合すると，酵素は非特異的金表面に吸着される。我々はこの最も簡単な直接方法を採用している。

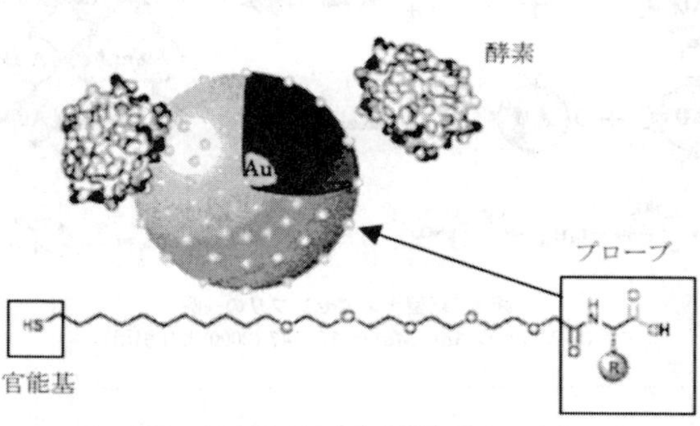

図2　間接的な酵素固定のイメージ
（C. C. You ら *J. Am. Chem. Soc.* **127**, 12873 (2005)より引用）

Candid rugosa に由来したリパーゼ（EC 3.1.1.3；等電点 pI = 4.5；分子量 = 60kDa）のリン酸緩衝液（pH = 7.0；25mM）と市販品の金ナノ粒子（粒径 10nm）を混ぜて，金ナノ粒子の高い表面エネルギーを減少させるよう，リパーゼが自動的に金ナノ粒子の表面に吸着される。リパーゼの添加量の増加に伴い，金ナノ粒子に吸着したリパーゼの量も増加する。金ナノ粒子の表面にたんぱく質等のものを吸着させると，金表面の屈折率などが変わるため，表面プラズモン共鳴が変化する。従って，この挙動は図3に示しているように金ナノ粒子の表面プラズモン吸収の波長移動により評価できる。金表面にある程度のリパーゼが付いていると，表面電荷の数が減少し，金ナノ粒子間の静電反発力が低下するため，金ナノ粒子は凝集する。これを避けるように，リパーゼを金ナノ粒子に担持した後，室温下10分間静置し，更に水溶性のポリエチレングリコール（PEG）を添加する。PEGは，静電相互作用（例えばカチオン性のPEG–PMAMAとPEG–N6）あるいは化学配位結合（例えばメルカプト基を有するPEG–SH）により，リパーゼが吸着していない金ナノ粒子の表面に付いて，金ナノ粒子に分散安定性を付与する。このような方法で，図4

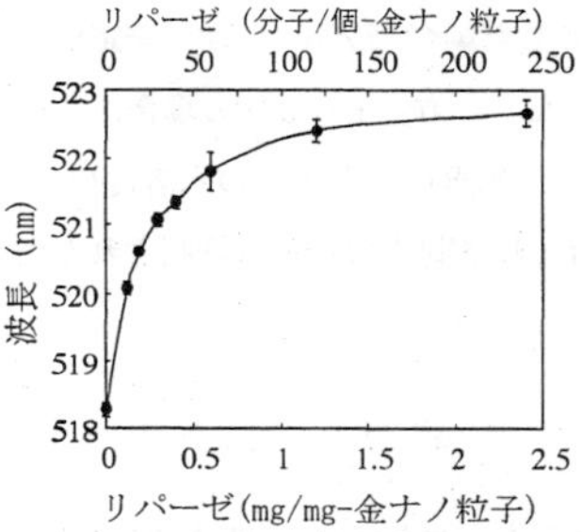

図3　リパーゼ吸着量により金コロイドの表面プラズモン吸収の波長変化[32)]

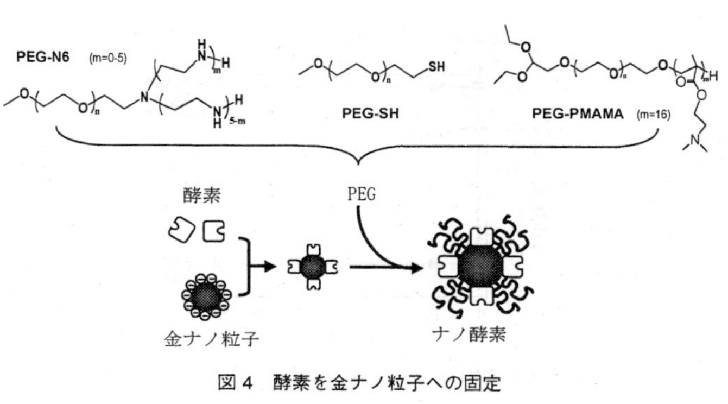

図4　酵素を金ナノ粒子への固定

に示しているように酵素を固定したPEG化金ナノ粒子（E/Au/P；Molar ratio of E/Au/P＝20/1/200）を調製した。

3　固定した酵素の安定性

3.1　高イオン強度下での分散安定性

市販品の金ナノ粒子は表面にマイナスイオンが吸着しているため，粒子同士がイオン反発力により安定的に分散しているものの，水溶媒のイオン強度が増加することに伴い，表面電荷は遮蔽されると同時にその静電反発力が弱くなり，金ナノ粒子が凝集してしまう。そして，金ナノ粒子の表面プラズモン吸収は顕著に長波長側（620nm付近）に移動し，520nm付近（元々のピーク）の吸収は減少する。従って，この二箇所の吸収比（A_{520}/A_{620}）の減少により，金ナノ粒子のプラズモン共鳴の変化，すなわち金ナノ粒子の凝集の傾向が判明できる。

図5に表示しているように0.3Mの塩を添加すると，金ナノ粒子が即座に凝集することに対して，金ナノ粒子に酵素を担持させた場合(E/Au)には，安定性が向上するものの，1時間後にはかなり凝集することが確認された。一方，E/Au/Pの場合には，このような凝集に基づく波長の変化は全く観察されなかった。予想通りに金表面の水溶性PEG層は，イオン反発力が弱くなった金ナノ粒子の間に距離を広げて粒子同士の接近は抑制されたため，凝集せずに安定に分散するようになったと考えられる。

3.2　耐熱安定性

酵素溶液を58℃で10分間加熱し，25℃で5分間冷却した後，基質のプロピオン酸p-ニトロフェニル溶液を加え，348nmでの吸光度変化を測定した。この操作を5回繰り返し，酵素活性の

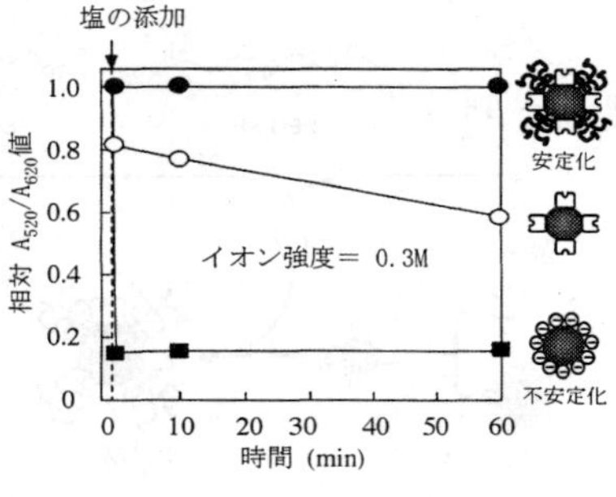

図5　酵素を固定したPEG化金コロイドの分散安定性（60℃）

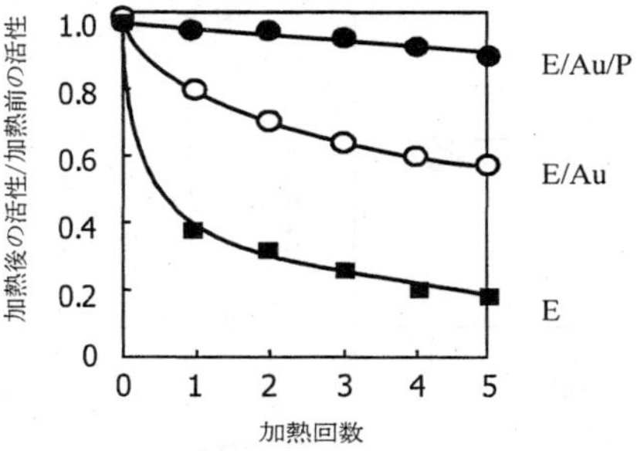

図6　加熱回数に対する酵素活性の変化（58℃）

変化を追究した。リパーゼのみでは熱に弱いため，加熱回数の増加と共に活性が顕著に消失した。一方で，金ナノ粒子に担持したリパーゼは，フリーのリパーゼに比べて活性が保持された。PEGブラシを表層に固定した後，酵素の安定性が更に高く，5回の熱処理後でも90％以上の活性が保持されることが判明された（図6）。

温度の上昇と共に分子の動きが速くなるため，酵素の高次構造の安定性が落ちる。酵素が一般的に熱に弱いのがこの理由である。一般に，酵素は固体の表面などに固定されると，その分子の動きが制限され，熱に対する安定性が向上する（例えばE/Auの場合）。しかし，我々の結果によりこれだけまだ不十分で，PEG層との共存は非常に効果がある。従って，PEG化の金ナノ粒子に固定したリパーゼは，E/Auと同様に酵素の初期活性を保持させるだけでなく，熱に対する極めて高い安定性を与えることが見出された。

4　他酵素の固定化

金ナノ粒子への酵素の直接固定法の一般性を検討するために，我々はリパーゼの代わりに，他の熱に対する不安定な酵素の固定化にも挑戦している。例えば，等電点pI＝9.5のグルコースデヒドロゲナーゼ（PQQ-GDH；EC 1.1.5.2；分子量＝108kDa）は，2量体で高い活性を有するものの，熱的に極めて不安定な酵素であり，これが実用化を妨げている一つの要因として知られている。そこで，上述のリパーゼに代えてPQQ-GDH担持PEG化金粒子を調製した（PQQ-GDH/Au/PEG-N6＝2/1/240）。PQQ-GDHを金ナノ粒子に担持した場合，初期活性はフリーのPQQ-GDHの70％に低下したものの，その熱安定性は明らかに向上することが確認された（図7）。このようにPEG化金ナノ粒子へ酵素を直接に固定する方法は，酵素の分散安定性及び熱安定性の向上への期待が大きい。

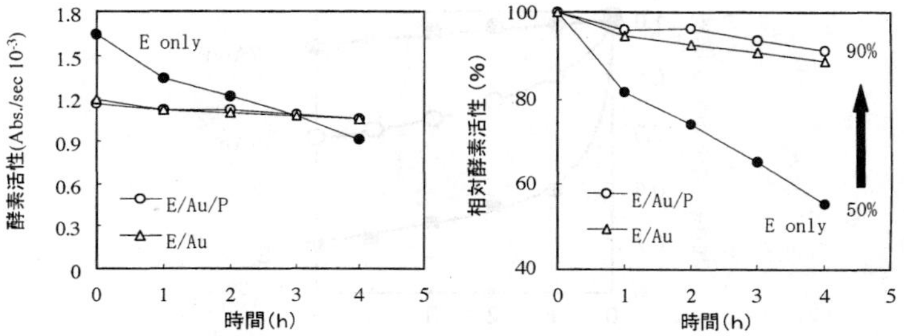

図７　静置時間に対する酵素活性の変化（25℃）

5　おわりに

このように筆者らが作ってきたPEG化金ナノ粒子へ酵素を直接に固定する方法は，酵素の特徴にかかわらず最も一般的，しかも有効な酵素安定性を改善する一つの方法と考えられる。同様効果の他方法と比べると，この直接固定法は酵素と金粒子とPEGが混ざるのみで，非常に簡単である。かつ一時に大量な酵素の固定ができる。また，PEGの末端に官能基あるいはプローブで修飾すれば，各種な表面の機能化，そして各種な用途を有する材料の設計が可能である。今後，このような金ナノ粒子に担持した安定な酵素は，ナノテクノロジーを担う代表的な材料として，合成反応の触媒，治療薬，診断試薬など様々な役目を演じることが期待される。

文　　献

1）M. Faraday *et al. Philos. Trans. R. Soc.* **147**, 145 (1857)
2）J. Turkevitch *et al. Discuss. Faraday Soc.* **11**, 55 (1951)
3）K. Okitsu *et al. Ultrasonic Chem.* **3**, 249 (1996)
4）A. Henglein *et al. J. Phys. Chem. B* **103**, 9533 (1999)
5）S. Mossmer *et al. Macromolecules* **33**, 4791 (2000)
6）T. A. Taton *et al. Science* **289**, 1757 (2000)
7）Y. Wei *et al. Science* **30**, 1536 (2002)
8）N. T. Kim *et al. Anal. Chem.* **74**, 1624 (2000)
9）R G. Freeman *et al. Science* **267**, 1629 (1995)
10）K. C. Grabar *et al. Anal. Chem.* **67**, 735 (1995)
11）L. A. Lyon *et al. Anal. Chem.* **70**, 5177 (1998)

12) A. L. Crumbliss *et al. Biotech. Bioeng*. **40**, 483 (1992)
13) J. G. Syonrhurtnrt *et al. Biosens. Bioelectron* **7**, 421 (1992)
14) J. Zhao *et al. Biosens. Bioelectronics* **11**, 493 (1996)
15) S. Mann *et al. Adv. Mater*. **12**, 147 (2000)
16) C. C. You *et al. J. Am. Chem. Soc*. **127**, 12873 (2005)
17) A. Gole *et al. Langmuir* **17**, 1674 (2001)
18) A. Gole *et al. Bioconjugate Chem*. **12**, 684 (2001)
19) A. A. Vertegel *et al. Langmuir* **20**, 6800 (2004)
20) J. A. Jarsson *et al. J. Phys. Chem. B*. **106**, 5931 (2002)
21) H. Gronbeck *et al. J. Am. Chem. Soc*. **122**, 3839 (2000)
22) A. Kumar *et al. Langmuir* **19**, 6277 (2003)
23) S. Mandal *et al. Curr. Appl. Phys*. **5**, 118 (2005)
24) H. Joshi *et al. J. Phys. Chem*. **108**, 11535 (2004)
25) M. Sastry *et al. Colloids and Surfaces A. Physicochem. Eng. Aspects* **181**, 255 (2001)
26) S. R. Johnson *et al. Langmuir* **13**, 51 (1997)
27) M. J. Hostetler *et al. J. Am. Chem. Soc*. **118**, 4212 (1996)
28) W. P. Wuelfing *et al. J. Am. Chem. Soc*. **120**, 12696 (1998)
29) D. V. Leff *et al. J. Phys. Chem*. **99**, 7036 (1995)
30) T. Ishii *et al. Langmuir* **20**, 561 (2004)
31) H. Otsuka *et al. J. Am. Chem. Soc*. **123**, 8226 (2001)
32) Y. Nagasaki *et al. Colloid Polym. Sci*. in press.

第７章　磁性ビーズへの酵素の固定化

岸田昌浩[*1]，松根英樹[*2]

1　無機担体への酵素の固定化技術

酵素は一般的に高価であるため，酵素を回収して再利用する，あるいは酵素が失われないように固定化しておくことは工学的な酵素利用における必須要件である。そのいずれの場合においても酵素を何らかの固体担体へ固定化する技術が必要であり，数多くの研究がなされている。

酵素を固定化する担体は，ポリマーなどの有機物とセラミックスや金属などの無機物とに大きく分けられる。これまでは有機担体が広く用いられていたが，無機担体の利用も近年盛んになっている。無機担体の特徴として，そのサイズや細孔径が溶液のpHなどに依存しないなど化学的に安定であり，かつ機械的強度にも優れていることが挙げられる。

酵素が無機担体に初めて固定化されたのは1969年のことである[1)]。担体と容易に結合し，酵素との親和性も高いカップリング剤を用いて固定化がなされた。それ以来，無機担体への酵素固定化法は急速に発展してきており，その手法も吸着法，イオン交換法，共有結合的架橋法，包埋法など数多く報告されている。ただし，固定化強度の観点からは共有結合的架橋法と包埋法が優れていると言える。

さらに近年のナノ粒子合成技術の発達とともに，ナノ粒子担体への酵素の固定化も注目されている。ナノ粒子担体は比表面積が高いために，担体表面への酵素固定化量の増大が見込まれる。また，溶媒への分散性を向上させることが容易であるため，基質に対して酵素を有効に作用させることが可能である。したがって，ナノ粒子担体への酵素の固定化は総合的な酵素活性の向上が期待できる。その反面，担体の粒子径を小さくし，溶媒への分散性を高めることは，ナノ粒子担体の回収すなわち酵素の回収が困難になるという新たな問題を生じさせる。

ナノ粒子固定化酵素の回収を容易にするという観点から，磁性ナノ粒子を担体として利用することが注目されている。磁性ナノ粒子は，高表面積と高い溶媒分散性を備えているだけでなく，磁石による分離・回収が容易なためである。すなわち，磁性ナノ粒子に固定化した酵素は，酵素活性と酵素回収・再利用の双方の点で優れた性能が期待できる。

＊1　Masahiro Kishida　九州大学　工学研究院　化学工学部門　教授

＊2　Hideki Matsune　九州大学　工学研究院　化学工学部門　助手

第7章　磁性ビーズへの酵素の固定化

磁性粒子への酵素の固定化には，リンカーと呼ばれる架橋剤を用いた共有結合的架橋法が用いられることが多い。架橋により強く結合させることで，酵素の磁性粒子からの脱着耐性が著しく向上する。具体的には，あらかじめ磁性ナノ粒子をアミノ基で修飾しておき，グルタルアルデヒドなどのリンカーによってアミノ基と酵素を架橋する。A. Ulman ら[2] はγ-Fe_2O_3ナノ粒子にリパーゼを固定化し，その固定化リパーゼによる酪酸p-ニトロフェノールエステルの加水分解反応を行っている。リンカーで固定化することで酵素活性は低下したが，酵素反応と磁石回収の繰り返し利用を可能とした。Y. Gao ら[3] も同様の方法でγ-Fe_2O_3ナノ粒子にリパーゼを固定化した。その固定化リパーゼを用いて2-ハロゲン化アルキルカルボン酸の両鏡像体を高純度で光学分割しつつ合成した。すなわち，この報告はナノ粒子に固定化した後でもリパーゼが反応の立体選択性を維持することを示した。両者に共通した特徴は，固定化によって酵素の安定性が向上することである。Y. Gao らによると，固定化していないフリーのリパーゼはヘキサン溶液中で反応および回収を繰り返すと急速に反応活性が低下するのに対して，固定化リパーゼは約1ヶ月間にわたって十数回の回収と酵素反応を繰り返しても酵素活性はわずかしか低下しなかった。その原因については言及されていないが，粒子への固定化が酵素同士の凝集による変性を防いだためと推察される。

TsangらはFe_3O_4ナノ粒子をシリカで被覆し，その表面にβ-ラクタマーゼを共有結合的に固定化した[4, 5]。ペニシリンVを基質に用いた場合の反応のターンオーバー数はフリーの酵素と比較して約54%の値であった。先の例も同様であるが，このように酵素を固定化することによってフリーの酵素よりも活性が低下することが多い。この活性低下についてTsang らはMichelis-Mentenの反応速度定数から考察している。固定化酵素のMichaelis定数はフリーの酵素と同程度であり，すなわち被覆媒体中の基質の拡散は反応速度に影響していないことが示された。酵素反応は迅速な反応ではないため，この報告に限らず，基質の拡散が反応速度に影響するケースは少ないと考えられる。

架橋法以外でも，シリカゲルなど多孔性の無機担体へ酵素と磁性粒子を埋包（カプセル化）する手法が研究されている。酵素と磁性粒子を含む媒体中においてゾルーゲル法でシリカを形成させ，シリカ内に酵素と磁性粒子を埋包させる方法である。シリカは化学的に不活性であり，また親水性であるため，生体材料の固定化に多用されている。また，多孔性シリカで埋包された酵素は，シリカ細孔を拡散してきた基質と反応することができる。従来，このシリカ埋包法はガラス基板[6] や電極上[7] へ酵素を固定化する際に用いられることが多かったが，近年はシリカのナノ粒子中に酵素と磁性粒子を埋包させる手法として利用されている。Tam ら[8] はAOTの逆ミセル中にペロキシダーゼと磁性粒子を共存させた状態でゾルーゲル法を行うことにより，シリカ内に両者を埋包したシリカナノ粒子を得ている。この場合も埋包によって，ペロキシダーゼの反応活性は未固定の場合の約1/2に低下したが，磁石回収が可能で，回収と酵素反応を5回繰り返しても約80%の活性が維持された。さらに酵素の耐熱性も70℃から85℃まで上昇した。

以上のように，無機担体へ酵素を固定化する手法としては，酵素と担体を共有結合的に架橋する，あるいは酵素を担体内に埋包する手法が一般的である。また，固定化によって酵素活性の低下を招くことが多いが，酵素の繰り返し利用が可能となり，また酵素の安定性が向上するメリットがある。さらに，高表面積のナノ粒子担体を用いる場合に固定化酵素の回収が困難になるという問題を磁性粒子との複合化により解決している。

2　磁性シリカナノビーズへのラッカーゼの固定化

次に，ラッカーゼとマグネタイト（Fe_3O_4）粒子をナノスケールのシリカ担体に包埋して固定化する筆者らの手法[9]について述べる。これ以降，磁性粒子をシリカで包埋したナノ粒子を「MSビーズ」とし，そのMSビーズに固定化したラッカーゼを「MSビーズ固定化Lc」と略記する。

筆者らが調製したMSビーズ固定化Lcの模式図を図1に示す。この固定化酵素の特徴は次の通りである。

1）酵素が親水性のシリカ細孔内に包埋されている（酵素が親水性雰囲気下）。

2）酵素とともに磁性ナノ粒子が包埋されている（磁石回収が可能）。

3）ビーズの粒子径が50nm以下である（ナノスケールのビーズ）。

4）シリカ外表面を疎水性官能基で修飾することができる（有機溶媒に高分散）。

1）と2）は従来の磁性シリカビーズと同様の特徴であるが，3）のように従来のものよりも相対的に小さいビーズであること，また4)のように有機溶媒に高分散するビーズにできることに特徴がある。特に，有機溶媒中では失活してしまうラッカーゼをシリカ包埋することによって，有機溶媒中でも活性発現させようとする点が特徴的である。

その調製は，ポリオキシエチレン(15)セチルエーテル／シクロヘキサン／リン酸緩衝水溶液

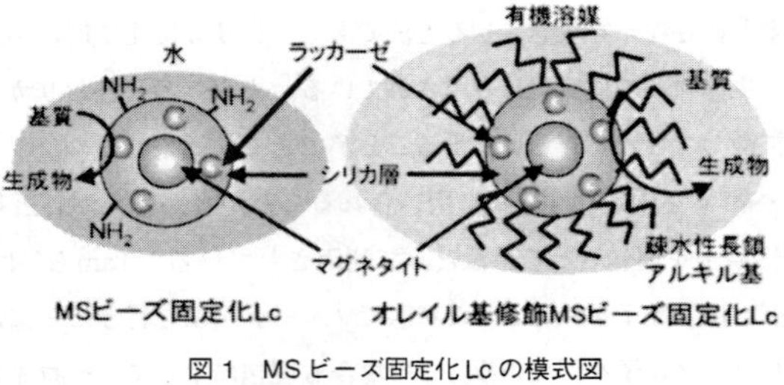

図1　MSビーズ固定化Lcの模式図

(pH＝5)からなる逆ミセル溶液中で行った。この逆ミセル溶液に塩化鉄水溶液を加え，逆ミセルの内水相中で塩化鉄を加水分解することによりFe_3O_4ナノ粒子を合成した。そのFe_3O_4ナノ粒子分散溶液に，白色腐朽菌（*Trametes* sp.）由来のラッカーゼおよびシリカ原料であるシランアルコキシドを加え，シランアルコキシドの加水分解・縮重合反応を行うことでラッカーゼとFe_3O_4ナノ粒子をシリカで包埋した。ここでシランアルコキシドには，テトラエトキシシラン（TEOS）と3–アミノプロピルトリエトキシシラン（APS）の混合物を用いた。APSを混合して用いた理由は，後処理工程にアミノ基が必要となるためと，シリカ層を多孔性にするためである。こうして得られたMSビーズを，極性有機溶媒および水での洗浄と洗浄溶媒からの磁石回収とを繰り返すことで精製した。このようにしてラッカーゼが固定化された磁性シリカナノビーズ，すなわちMSビーズ固定化Lcを得た（図1 左）。このビーズの表面にはAPS由来のアミノ基が存在し，水への分散性が高い状態である。

図2にMSビーズ固定化LcのTEM写真を示す。TEMでは酵素が確認できないが，約40nmの球形シリカ粒子の中心に約5nmのFe_3O_4ナノ粒子が包埋されている。

さらに，MSビーズ固定化Lcの表面を化学修飾した。官能基としては，炭素鎖が十分に長く，かつ粒子の凝集抑制に効果的な二重結合を有するオレイル基を選択した。MSビーズ固定化Lc表面のアミノ基に塩化オレイルをアミド結合させることにより，図1 右のようにオレイル基で表面修飾されたMSビーズ固定化Lcを得た。アミド結合の形成は赤外吸収分光法によって確認された。

3　磁性シリカビーズ固定化ラッカーゼの調製条件の最適化

本調製法では試料から界面活性剤等の不純物を除去する必要があり，そのために極性有機溶媒

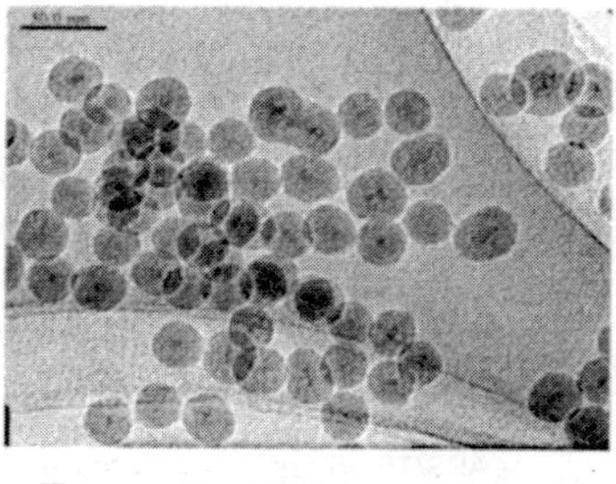

図2　MSビーズ固定化LcのTEM写真
(APS/TEOS＝1/2，スケールバー：50nm)

を用いて磁性ビーズを洗浄している。しかし，洗浄溶媒の種類によっては溶媒がビーズ内部にまで浸潤して酵素を失活させることがある。そこで様々な極性溶媒を使用してビーズを精製し，それぞれのビーズの酵素活性を比較検討した。極性溶媒にはメタノール，2-プロパノール，アセトン，アセトニトリル，および酢酸エチルを使用した。また，酵素活性の評価には，2,6-ジメトキシフェノール(2,6-DMP)の酸化反応をモデル反応として用い，その反応生成物であるビスフェノールの吸光度（波長469.5nm）変化を紫外可視分光光度計により測定した。その結果，極性溶媒の中でも比較的極性の低いアセトン，アセトニトリル，および酢酸エチルで洗浄した場合にはラッカーゼの酵素活性を維持することができたが，極性の高いメタノールと2-プロパノールでは酵素がほとんど失活した。極性の高い有機溶媒は固定化酵素の洗浄に適していないと言える。そこで精製溶媒としてアセトニトリルを用いることにした。

次に，シリカ原料であるAPSとTEOSの仕込み比の最適化について述べる。APSの添加量を多くすることはシリカ層内の多孔度を高めるとともに，それによる酵素固定化量の増大が期待される。しかし，APS添加量の増大とともにシリカビーズの大きさが小さくなるため，過剰に添加すると酵素を十分に包埋できなくなると予想される。図3は，APS/TEOS比を変えて調製したMSビーズ固定化Lcのラッカーゼ固定化量および初期活性（2,6-DMPの酸化反応）を示したものである。ここでのラッカーゼ固定化量は，ビーズをアルカリおよび酸処理で溶解させ，その溶液中に含まれるラッカーゼ由来のCuをICP-MSで定量することにより評価した。APS/TEOS＝0.5の時，ラッカーゼ固定化量が最も多くなり，その値は仕込んだ酵素量の約80%となった。固定化量に最適値が存在する理由は上述した通りである（ビーズの大きさは20～40nmの範囲で変化)。シリカ形成時に酵素を添加するだけで，このように多くの酵素をシリカナノ粒子内に包埋できることがわかる。一方，固定化ラッカーゼの活性はいずれの場合もフリーのラッカーゼより低くなったが，この傾向は前節で述べた他の報告と同様である。見かけの初期活性は，ラッカーゼ固定化量が最も多かったAPS/TEOS＝0.5の場合に最も高くなった。以上より，仕込み組

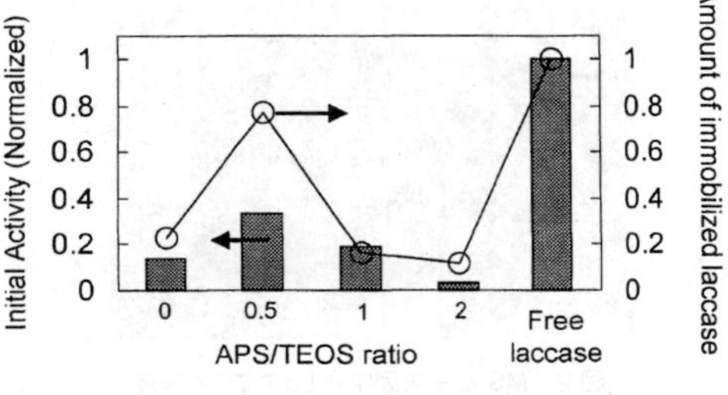

図3　APS/TEOS比を変えて調製したMSビーズ固定化Lcの初期活性及びラッカーゼ固定化量

成はAPS/TEOS＝0.5が最適であると言える。なお，図 3 のラッカーゼ固定化量と初期活性は線形関係を示していない。このことは固定化されて失活している酵素の存在を示唆しているが，この点については次節で考察する。

4　ビーズ中におけるラッカーゼの固定化状態

ラッカーゼの固定化状態を直接評価することは困難であるが，安定性や反応速度定数などの特性から固定化状態を推察することは可能である。

図 4 は，MSビーズ固定化Lcを反応に供し，その後に磁石回収して新たな基質溶液に分散させて反応させることを繰り返した際の酵素活性の変化を示したものである。3 回の反応・回収操作で酵素活性はほとんど変化していない。つまり，反応中および回収操作中にラッカーゼがビーズから脱離することはなく，また回収操作によるラッカーゼの失活も起こらないことが示された。ラッカーゼがシリカの表面に吸着しているだけであれば，反応時あるいは回収操作中にビーズからの脱離が起こるはずである。したがって，ラッカーゼはシリカ層の内部に包埋されていることが示唆された。

さらにラッカーゼの固定化位置について調べるために，基質分子の大きさを変えた実験を行った。先述のように基質に2,6-DMPを用いた場合，MSビーズ固定化Lcはフリーな状態の約30%の活性を示した。しかし，分子サイズが2,6-DMPより 2 倍以上大きいシリングアルダジン(SG)を基質に用いた場合，フリーラッカーゼが2,6-DMPのときと同様の活性を示したのに対し，MSビーズ固定化Lcでは全く反応が進行しなかった。これらの結果は，分子サイズの小さな2,6-DMP

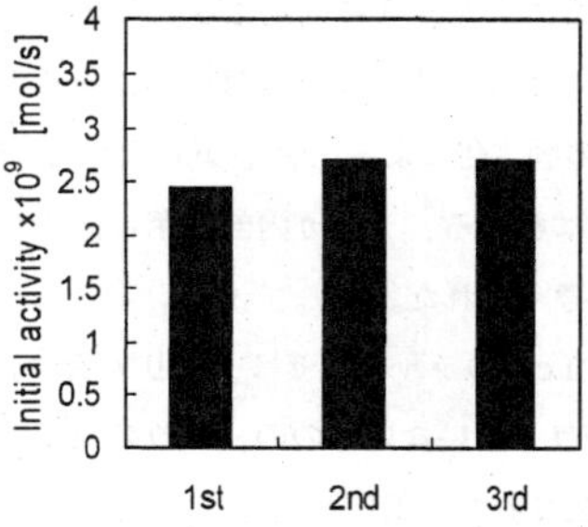

図 4　反応と磁石回収を繰り返した場合の酵素活性の変化
（ラッカーゼ，0.1μM；2,6-DMP，10mM；50℃）

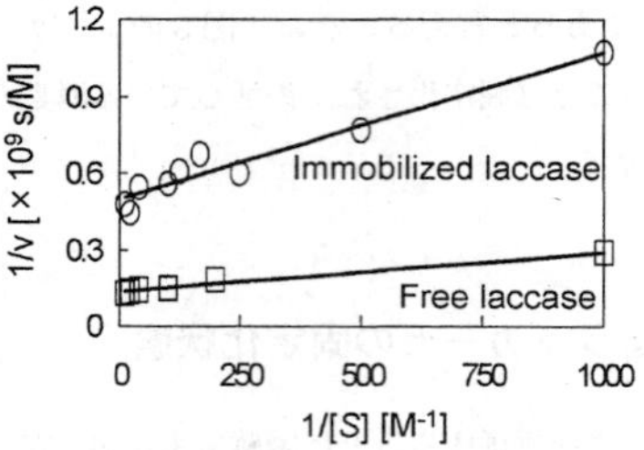

図5　MSビーズ固定化Lc（0.8μM）およびフリーラッカーゼ（1.0μM）に対するLineweaver–Burkプロット（リン酸緩衝溶液中）

はシリカ細孔を通してラッカーゼにアクセスできるのに対して，分子サイズの大きいSGはシリカ細孔内に入り込むことができず，ラッカーゼまで到達できなかったためと考えられる。すなわち，ラッカーゼはビーズの表面に存在せず，シリカ層内部に包埋されていることが強く示唆された。

$$E+S \underset{k_2}{\overset{k_1}{\rightleftarrows}} ES \xrightarrow{k_3} E+P \quad v=\frac{V_{\max}[S]}{K_m+[S]} \tag{1}$$

次に，式(1)で示されるMichaelis–Mentenの反応速度式を用いてラッカーゼの固定化状態について考察した。2,6-DMPを基質に用い，その基質濃度[S]に対する初期反応速度vをLineweaver–Burkプロットしたものが図5である。基質との親和性を示すミカエリス定数K_mは，MSビーズ固定化Lcおよびフリーのラッカーゼそれぞれで1.15mMおよび1.14mMと，ほぼ等しい値となった。これはシリカ細孔内に固定化されたラッカーゼが変性などを起こしておらず，フリーラッカーゼと同じ活性を維持していることを示唆している。一方で，見かけのk_3はMSビーズ固定化Lcおよびフリーラッカーゼについて，それぞれ$2.51 \times 10^{-2} s^{-1}$および$9.22 \times 10^{-2} s^{-1}$となった。以上の結果が示唆していることは，ビーズに固定化されたラッカーゼのうちの約30%はフリーのラッカーゼと同程度の活性を示し，残りの70%は反応に全く寄与していないということである。したがって，ラッカーゼの固定化による比活性の低下は，固定化によるラッカーゼの性質の変化（変性など）というよりはむしろ，シリカ内部に閉じ込められて反応に全く関与できないラッカーゼが存在するためと考えられた。

以上より，MSビーズ固定化Lc中のラッカーゼは，シリカ層の表面ではなく内部に包埋されており，その約70%が反応に寄与していないものの，残りのラッカーゼはフリーラッカーゼと同様の活性を発現することが示唆された。工学的に利用する場合には反応に寄与していない酵素を減らすために，シリカ細孔径をより精密に制御する必要があると考えられる。

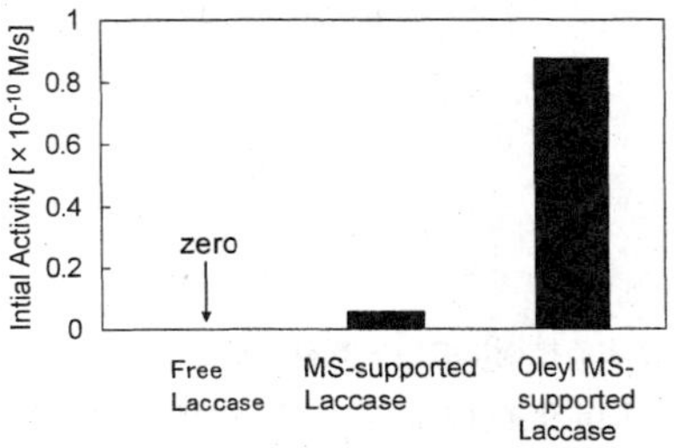

図 6　酢酸エチル中での各種ラッカーゼの初期反応速度
（ラッカーゼ 0.1μM，2,6-DMP 20mM，酢酸エチル 10mL，50℃）

5　有機溶媒中で活性発現する磁性ナノビーズ固定化ラッカーゼ

最後に，ビーズ表面を長鎖アルキル基で修飾することによって，有機溶媒中でラッカーゼを活性発現させる試みについて述べる。有機溶媒中での酵素利用に関しては，逆ミセルの内水相に酵素を保持させて活性発現させた報告[10]があるが，固体担体へ固定化した酵素についてはほとんど報告がない。

まず，オレイル基で表面修飾した磁性ビーズのシクロヘキサンへの分散性を評価した。修飾前には，ビーズをシクロヘキサンへ添加した後30分間で，ビーズは完全に沈降した。しかし，オレイル基修飾したビーズは 5 時間経過しても沈降はほとんど認められなかった。すなわち，オレイル基修飾によって有機溶媒中での分散性が飛躍的に向上した。

次に，酢酸エチル中における固定化ラッカーゼおよびフリーラッカーゼの酵素活性を調べた。その結果を図 6 に示す。フリーのラッカーゼは酢酸エチル中で全く活性を示さなかった。酢酸エチルと接触することによりラッカーゼが失活したためと考えられる。一方，MSビーズ固定化Lcは酢酸エチル中であるにもかかわらず有意な反応速度を示した。ラッカーゼが親水性であるシリカ層内に固定化されており，ラッカーゼと有機溶媒の接触が防がれたためと考えられる。さらに，オレイル基修飾MSビーズに固定化したラッカーゼは，化学修飾前よりも約20倍も高い活性を示した。これはオレイル基修飾によってビーズが酢酸エチル中に高分散することで，基質のラッカーゼへのアクセスが改善されたためと考えている。

さらに，オレイル基修飾MSビーズ固定化Lcとフリーのラッカーゼをそれぞれ約 1 ヶ月間シクロヘキサン中に保存した後，2,6-DMPのリン酸緩衝溶液を加えて反応活性を評価した。フリーのラッカーゼは全く反応しなかったが，オレイル基修飾したビーズは保存前と変わらない活性を示した。以上のように，オレイル基で表面修飾したMSビーズに固定化したラッカーゼは，有機溶媒中でも失活せずに活性発現し，さらに有機溶媒と長期間接触させていても失活しないことが示された。

6　おわりに

酵素を磁性ビーズに固定化する技術について概観するとともに，磁性シリカナノビーズへの酵素の埋包法を例に取りあげ，固定化条件の最適化，酵素の固定化状態，さらにビーズの表面修飾の効果について述べた。この研究例では，有機溶媒で失活する酵素を有機溶媒中で活性発現させることに主眼をおいたために埋包法を用いているが，ビーズ表面へ架橋する手法の方が固定化による酵素活性の低下が少なくなり，工学的利用には適していると考えられる。一方で，酵素周囲の微視的環境を制御できる埋包法では新しい展開が期待されるところである。

文　　献

1） H. H. Weetall, *Science*, **166**, 615 (1969)
2） A. Dyal, A. Ulman, *et al.*, *J. Am. Chem. Soc.*, **125**, 1684 (2003)
3） H. M. R. Gardimalla, Y.Gao, *et al.*, *Chem. Commun.* 4432 (2005)
4） X. Gao, S. C. Tsang, *et al.*, *Chem. Commun.*, **24**, 2998 (2003)
5） S. C. Tsang, X. Gao, *et al.*, *J. Phys. Chem. B*, **110**, 16914 (2006)
6） S. A. Yamanaka, *et al.*, *Chem. Mater.*, **4**, 495 (1992)
7） P. Audebert, *et al.*, *Chem. Mater.*, **5**, 911 (1993)
8） H. -H.Yang, *et al.*, *Anal. Chem.*, **76**, 1316 (2004)
9） H. Matsune, M. Kishida, *et al.*, *Chem. Lett.*, 2006 in press.
10） S. Okazaki, M. Goto, *et al.*, *Biotechnol. Prog.*, **13**, 551 (1997)

第8章　リン脂質ポリマーナノ粒子表面への酵素の固定化とナノ診断デバイスの構築

金野智浩*1，石原一彦*2

1　はじめに

ナノバイオテクノロジーの利点を活用した低侵襲性ナノ診断デバイスの開発が渇望されている。低侵襲性ナノ診断デバイスは，健康寿命を増進させるための，各種疾病に対する早期予防はもちろんのこと，個人に合わせて処方するテーラーメイド医療やオーダーメイド医療時代における医薬品開発にも有効である。タンパク質分子である酵素分子は高い基質特異性を有し，その特異性を利用することで特定の基質を電流値や発光などとして外部に出力(生成物)することができる。これをアンテナ素子・反応分子として利用することで，極微量の物質を検出することができると考えられる。これを実践するためには，酵素分子の機能を効率的発現に直結させることが重要である。デバイスを構築する際に，生体分子を単に組み合わせるだけでは創製には至らない。デバイスの創製には合成高分子を活用することが不可欠である。たとえば高分子ナノ粒子は限定された空間内に広大な表面を提供することができ，これに酵素分子を固定化することで局所的な濃度上昇を促すことができる。酵素分子のナノ粒子表面への固定化についてはこれまでに様々な方法が提案されているが，全ての系において最も重要なことは，固定化することで酵素分子の高い基質特異性を失活させないことである。広大な表面積を有することを特長とする高分子ナノ粒子においては特に重要な点で，ナノ粒子の表面物性は固定化した酵素の機能発現に重大な影響を及ぼすことが推察される。つまり，様々な侠雑混合物の中から特定の物質のみを選択的に検出するためには，ナノ粒子表面への生体分子の非特異的吸着を抑制することが必然的に要求される。既存の合成高分子には生体分子の非特異的吸着を抑制できるような特性はなく，通常はブロッキング操作などが必要とされる。しかし，診断デバイスを創製する上で，ブロッキング操作はタンパク質分子の非特異的吸着の根本を解決することにはならず，またステップ数を増加させることもあり，理想的なリアルタイム診断の実現からはほど遠くなってしまう。つまり，タンパク質(酵素)分子を利用した新しいナノ診断システムを実現するためには，分子設計に端を発した合成ポリマーによる革新的なナノ粒子が要求される。ここでは，合成ポリマーの分子設計から系統

＊1　Tomohiro Konno　東京大学　大学院工学系研究科　マテリアル工学専攻　助手
＊2　Kazuhiko Ishihara　東京大学　大学院工学系研究科　マテリアル工学専攻　教授

的に検討することを特徴とした次世代の低侵襲性ナノ診断デバイス創製へ向けた研究を紹介する。

2　生体分子を固定化するリン脂質ポリマーの分子設計

ナノ粒子に酵素分子を固定化して，その特徴である高い分子認識性を活用するためには，ナノ粒子とタンパク質間での非特異的な相互作用を抑制しなければならない。ナノ粒子に非特異的に吸着したタンパク質分子は変性過程を経て不可逆的に吸着する。これは主に疎水性相互作用に基づいた吸着であり，これを固定化方法として利用することもできる。しかし，一方で疎水性相互作用はタンパク質分子の天然状態における高次構造を維持するために必須の相互作用であり，ナノ粒子表面に不可逆的に吸着することでその高次構造に対して影響を与えないことはない。つまり，生体分子であるタンパク質分子の特異性を活用するためには，プラットフォームとなるポリマー自身の分子設計からの検討が必要である。

生体内でタンパク質分子を固定化している最も模範となる粒子は細胞であろう。細胞膜表面はリン脂質の集積表面をプラットフォームとしており，そこにタンパク質分子が介在することで外部との情報の送受信を行っている。リン脂質分子の中でもとりわけ中性のフォスファチジルコリンは細胞膜外部に多く認められる。実質的に機能発現に寄与しているのはタンパク質分子であるが，その反応場を与えているのがリン脂質極性基の集積表面であり，タンパク質分子を固定化するのに最適な表面であるといえる（図１）。

石原らはホスホリルコリン基を側鎖に有する2-メタクリロイルオキシエチルホスホリルコリン（MPC）モノマーを１成分としたMPCポリマーの合成に成功した[1]。MPCはモノマー単位であり，メタクリル酸エステルの誘導体である。つまり，一般的なラジカル重合法によって任意の他のモノマーと容易に共重合することができる。現在では，MPCを一成分としたMPCポリマーはその高い血液適合性（タンパク質非特異的吸着抑制）から，血液成分と接触して使用することを前提とする様々な医療用デバイスに展開されており，その一部は既に実用化されるに至っている[2~4]。MPCポリマーの表面は親水性であることのみならず，多くの自由水を含むことを特徴としており[5]，タンパク質分子の非特異的吸着を抑制することを目的に分子設計された合成高分子である[6]。さらにそのような特性に基づいて，酵素分子とのバイオコンジュゲートでは安定化に寄与することも見出されている[7]。

ここではタンパク質分子を固定化することができる新しいMPCポリマーについて紹介する。MPCと疎水性モノマーである*n*-ブチルメタクリレート（BMA）を共重合したポリマーは1分子中に親水性基としてMPC，疎水性基としてBMAを有することから水中で多分子会合体を構築することができる[8]。さらにタンパク質分子を固定化するユニットとして，側鎖に*p*-ニトロフェニ

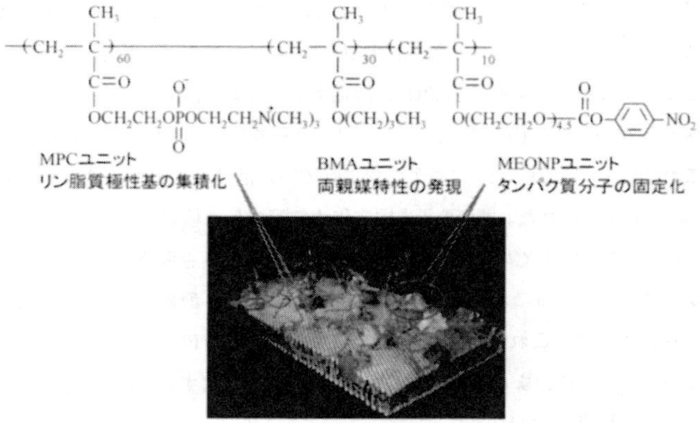

図１　細胞膜の模式図と分子設計したバイオコンジュゲートMPCポリマー（PMBN）の構造式

ルエステル基を具備した*p*–ニトロフェニルオキシカルボニルポリエチレングリコールメタクリレート（MEONP）を用いた。これらMPC，BMA，MEONPからなる三元共重合体（PMBN）を設計・合成した[9]（図１）。

3　表面にタンパク質分子を固定化できるリン脂質ポリマーナノ粒子

ナノ粒子の調製方法として様々な方法が挙げられるが，なかでも溶媒蒸発法は簡便かつ，応用範囲が広く様々なナノ粒子を調製することができる[10]。ナノ粒子調製時の核としても，ポリスチレン[11]，ポリ乳酸[12]など診断担体や薬物運搬体としての利用価値の高い，様々なものを対象とすることができる。ここではナノ粒子の核としてポリ乳酸を利用した。ポリ乳酸は生分解性ポリマーとして重宝されているが，一方で疎水性が強く，水中に安定に分散させることはできない。合成したPMBNは水溶性であり，水に溶解すると，疎水性BMA同士が会合する。この会合体の内部にジクロロメタンのような揮発性有機溶媒に溶解したポリ乳酸溶液を滴下する。さらに超音波照射を行い，乳化させる。続いて減圧下で有機溶媒を留去すると，会合体内部の疎水性BMA鎖と有機溶媒に溶解していたポリ乳酸鎖が絡み合ったナノ粒子を調製することができる。その表面には親水性であるMPCが配向した，あたかも細胞類似のナノ粒子を調製することができる[9]。

調製したPMBN/PLAナノ粒子は低分子リン脂質の高次集合体であるリポソームと比べて，溶媒のイオン強度などに影響を受けずにその構造を安定に維持することができる特長を有する。調製したナノ粒子の表面物性をX線光電子分光法によって確認した。その結果，ナノ粒子表面には

MPCユニットに由来するP_{2p}のピークを確認することができた。また，このナノ粒子が水中での分散安定性に優れていたことからも，親水性のMPCユニットが表面に優先的に配向していることが確認できた。調製したナノ粒子を0.01M水酸化ナトリウム水溶液で完全に加水分解したところ，活性エステル基の分解に由来する*p*-ニトロフェノールの紫外線吸収（400nm）が確認できた。また，これによって調製したナノ粒子に含まれていた活性エステル基量は1mgのナノ粒子あたり，1nmolと見積もられた。酵素分子を固定化する際の条件検討を行った。固定化を37℃または4℃で行ったところ，37℃の系ではタンパク質の固定化よりも水分子による活性エステル基の加水分解が優先して起きることがわかった[13]。この結果から，酵素分子の固定化は4℃で一晩攪拌する方法を採用した。これらの結果より，調製したPMBN/PLAナノ粒子はその表面がリン脂質極性基で覆われており，また任意のタンパク質分子を固定化するための活性エステル基を具備していることが証明された（図2）。

4 酵素固定化ナノ粒子の機能

各種オキシダーゼ酵素を電極に固定化することで，電気化学的なバイオセンサーへの応用が展開されている。ここではPMBNナノ粒子表面にコリンオキシダーゼ（ChO）を固定化したChO/PMBN/PLAナノ粒子を調製した。ChOは基質であるコリンと選択的に反応し，過酸化水素を発

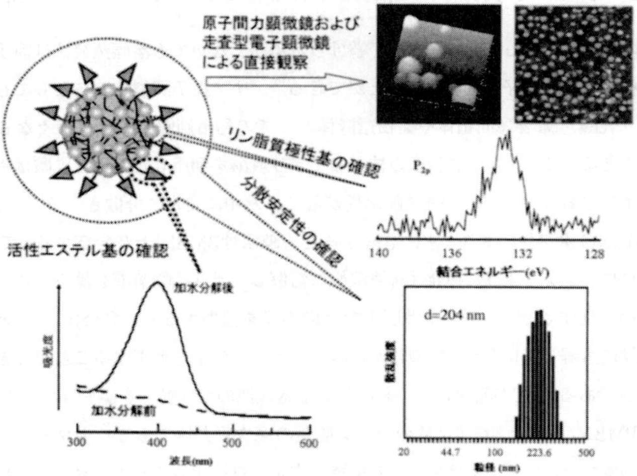

図2 調製したPMBN/PLAナノ粒子の物性

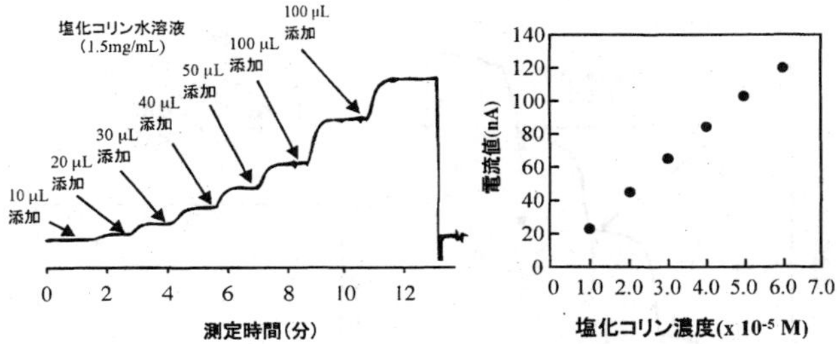

図3　コリンオキシダーゼを固定化したChO/PMBN/PLAナノ粒子の機能発現

生させる。発生した過酸化水素は酸化還元電極を用いることで電流値として測定することができる。

ChOの固定化はPMBN/PLAナノ粒子を含むサスペンジョンを用いてChOを溶解し，一晩冷蔵庫内で攪拌することで，粒子表面に介在している活性エステル基とChO中のアミノ基との縮合により行った。未固定のChOはナノ粒子の遠心分離一再分散により除去した。調製したChO/PMBN/PLAナノ粒子をマイクロダイアリシスプローブ内に充填した。ダイアリシスプローブの外側溶媒（PBS）に塩化コリンを滴下すると，ナノ粒子表面に固定化したChOがプローブ内部に透析されてきたコリンと特異的に反応した。その結果，プローブ内部に挿入してある電極を介して発生した過酸化水素を段階的に定量することができた（図3）。

また，渡邉らはPMBN中のタンパク質固定化ユニットであるMEONP中のスペーサーに相当するポリオキシエチレン鎖長が固定化したタンパク質の安定化に寄与する効果について検討した。これによると，ポリオキシエチレン鎖長が90，200，350の3種類について比較したところ，固定化した酵素の残存活性は鎖長が短いほど長期にわたって高い活性を維持できることを明らかにしている[14)]。

5　複合固定化ナノ粒子の機能

ナノ粒子の特徴は限定された空間内で広大な表面を提供できる点である。ここでは関連する2種類の酵素分子をナノ粒子表面に固定化することによる連続酵素反応を試みた。2種類の酵素分子としてアセチルコリンをコリンに分解するアセチルコリンエステラーゼ（AchE）とコリンを過酸化水素に分解するChOを同一ナノ粒子上に複合固定した。ここで2種類を同時に固定化するメリットとして，関連する2酵素であることから，最初の特異的反応による生成物が，次の酵素分子と容易に反応できることが挙げられる。つまり，ここではアセチルコリンを添加すると

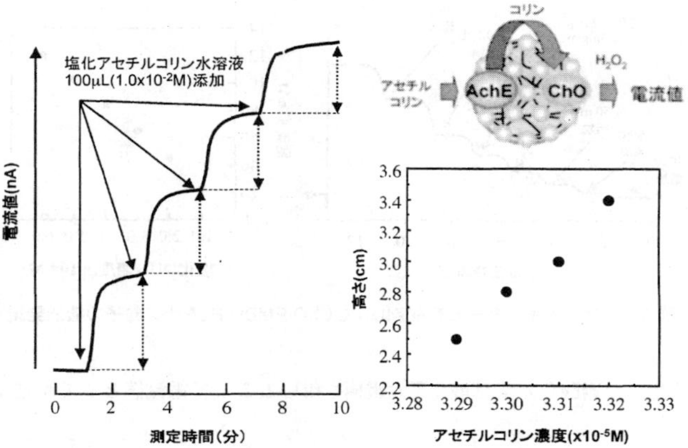

図4　アセチルコリンエステラーゼとコリンオキシダーゼを共固定化したPMBN/PLAナノ粒子の機能発現

AchEによってコリンが生成し，次にChOによって先に生成したコリンを過酸化水素に分解する。これによって生成した過酸化水素を先ほどの電極によって電流値として検出するものである。

複合固定したナノ粒子をダイアリシスプローブ内に充填し，外液にAchEの基質であるアセチルコリンを添加した際の，電流値変化を図4に示す。さきほどのChO単独固定の時と同様にアセチルコリンの添加に応じて電流値の上昇を段階的に確認することができた。より詳細な評価が必要とされるが，関連する2酵素を同一ナノ粒子表面上に固定化しても十分に活性を保持できていることがわかる。このようにナノ粒子を用いて表面積を拡大することで，様々なバイオ分子を固定化することで，多段階的な酵素反応を実現することができる[9, 11, 14～17]。

6　新しい診断デバイスの構築

オキシダーゼ系の酵素によって生成する過酸化水素は電極を介して電流値として検出することができた。ここでは新しい診断デバイスの構築を目的として，光ファイバーを利用した光検出によるナノ粒子表面上の酵素反応を行った[18]。生物発光としてよく知られるルシフェラーゼ(Luc)はルシフェリンとATPを添加すると直ちに発光する。

通常の蛍光分光光度計の一部を改良して，光ファイバー検出器を携えた発光検出器を作製した(図5)。これによってブラックボックス内での酵素反応による発光は光ファイバーを介してリアルタイムに検出することができる。PMBN/PLAナノ粒子表面にLucを固定化し，そのナノ粒子をミクロチューブ内に充填した。ミクロチューブ内に光ファイバーを挿入した。ブラックボックスへは外部から基質溶液を添加することができるように設計されている。外部からルシフェリンおよびATPの混合溶液を添加すると，その添加に応じた発光を検出することができた（図６）。

渡邉らはさらにペルオキシダーゼを用いることで，PMBN/PLAナノ粒子上での連続酵素反応の特長を高めることに成功した。つまり，単純に複数の酵素分子を溶解状態で組み合わせるのに対して，ナノ粒子表面に集積化することで，より高感度な検出が可能であった[15)]。これらの結果より，PMBN/PLAナノ粒子を診断担体として利用することで，ノイズの低下はもちろんのこと，表面での連続酵素反応によってシグナルを高めることができると考えられる。さらに光ファイ

図５　作製した光ファイバー検出型の分光高度計

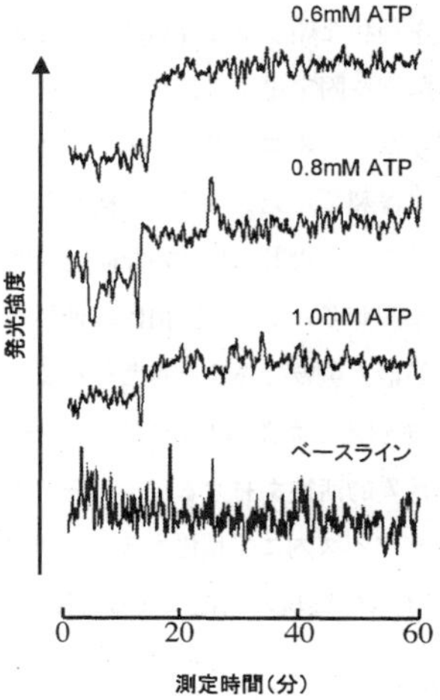

図６　ルシフェラーゼを固定化したPMBN/PLAナノ粒子上での発光の光ファイバーによる検出

バーを用いた発光検出システムと酵素分子を固定化したナノ粒子を組み合わせることで新しいナノ診断デバイスを構築することができると考えられる。

7 おわりに

次世代の低侵襲性ナノ診断を実現するためには,「特異的な機能を発現させることを目的に分子設計したポリマー」,「ポリマーの分子集合体の特性を利用して調製したナノ粒子」,「酵素分子の活性を維持したナノ粒子への固定化」,そして「それらを使用する際のデバイスの創製」までを包括的に視野に入れて研究を進めることが必要と考えられる。

ここでは,タンパク質分子がその特異的機能を発現するのに最適と考えられる細胞膜表面の構造に着目して,生体成分との非特異的な相互作用を抑制する特徴を持つMPCを基盤とした高分子ナノ粒子を調製した。高分子材料の分子設計としては,ナノ粒子の調製に両親媒性特性が必要であることから,BMAを1成分に加え,高分子の水中での溶存状態を制御した。また,酵素分子を固定化するために活性エステル基を具備したMEONPを加えた。

これらからなる三元共重合体は水中で両親媒特性によって多分子会合体を形成する。その多分子会合体に核となるようにポリ乳酸を導入することで明確な界面を有する高分子ナノ粒子を調製した。調製したナノ粒子表面は親水性のMPCユニットが配向している。MPCには生体成分との非特異的な相互作用を抑制する特徴的機能があり,一方でMEONPユニットは活性エステル基を具備しており,特定の酵素分子を穏和な環境下で容易に固定化することができた。ナノ粒子である特徴を活かして,複数種類の酵素を固定化することで,連続的な酵素反応を実現することに成功した。また,このように調製したバイオコンジュゲートナノ粒子表面の酵素活性をマイクロダイアリシスセンサーおよび新たに作製した光ファイバー検出型の蛍光分光計によって評価することができた。これらは全て高分子の分子設計に根付いた研究展開である。酵素分子の固定化は既存の高分子材料を用いて行われる例が多いが,診断担体の創製やデバイスの創製という観点からすると,実は高分子の設計段階が最も重要であると考えられる。これらの物性は任意に制御することができ,最終的なデバイスを想定した最適化が容易にできる。

酵素分子に代表される様々な特異的活性を有するバイオ分子を高分子ナノ粒子の表面に固定化し,その特徴的な機能を1つのデバイス内に集積化することで,これまでの機能を遙かに陵駕した新しい低侵襲性ナノ診断デバイスの実現が可能になると期待される(図7)。

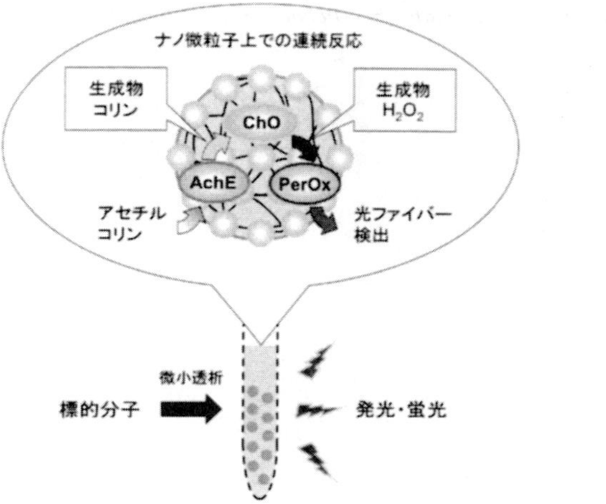

図7　PMBN/PLA ナノ粒子を用いた多段階連続酵素反応による低侵襲性ナノ診断デバイスのイメージ

文　　献

1） K. Ishihara *et al.*, *Polym.J.*, **22**, 355 (1990)
2） 石原一彦ら，人工臓器・再生医療の最先端（先端医療技術研究所：先端医療シリーズ37），301 (2005)
3） T. Moro *et al.*, *Nat. Mater.*, **3**, 829 (2004)
4） 茂呂徹ら，*Hip Joint*, **31**, 469 (2005)
5） H. Kitano *et al.*, *J. Phys. Chem. B*, **104**, 10425 (2000)
6） K. Ishihara *et al.*, *J. Biomed. Mater. Res.*, **39**, 323 (1998)
7） D. Miyamoto *et al.*, *J. Appl. Polym. Sci.*, **95(3)**, 615 (2005)
8） T. Konno *et al.*, *J. Biomed. Mater. Res.*, **65A**, 210 (2003)
9） T. Konno *et al.*, *Biomacromolecules*, **5**, 342 (2004)
10） A. Maruyama *et al.*, *Biomaterials*, **15**, 1035 (1994)
11） J. Watanabe *et al.*, *Biomacromolecules*, **7(1)**, 171 (2006)
12） T. Konno *et al.*, *Biomaterials*, **22**, 1883 (2001)
13） J.W. Park *et al.*, *Anal. Chem.*, **76**, 2649 (2004)
14） 渡邉順次ら，バイオマテリアル，**23(4)**, 279 (2005)
15） 渡邉順司，高分子論文集，**63(8)**, 548 (2006)
16） 渡邉順司ら，化学工業，**56(1)**, 45 (2005)
17） T. Ito *et al.*, *Colloid and Surfaces B:Biointerfaces*, **50(1)**, 55 (2006)

18) T. Konno *et al.*, *J. Biomater. Sci. Polymer Edn.*, **17(12)**, 1347 (2006)

第9章　磁性ナノ粒子への酵素の固定化

近藤昭彦[*1]，大西徳幸[*2]

いに

を含むナノ粒子と生体物質の複合粒子を，酵素反応やバイオ分離，各種アッセラッグデリバリー（DDS）等の幅広い領域で利用することが活発に試みられてい近年，ナノテクノロジーのバイオテクノロジーへの応用によるナノバイオテクノロ開への期待が高まるなか，研究開発が活発化している。微粒子をナノサイズにすると，用に利用できる表面積を大きくできるため，反応や分離のための表面積を大きくでき，ま数の影響がなくなるため，高い反応性や迅速な分離を達成する上で有効である。ここでは，刺激応答材料と磁性材料の融合による新しいタイプの磁性ナノ微粒子の開発と，そのバイオ野，特に酵素などのタンパク質の固定化への応用について紹介する。

2　革新的な磁性ナノ粒子

微粒子材料の中でも，磁性微粒子材料は，バイオ領域において幅広く利用されてきている[2)]。一般的な磁性微粒子の合成法としては，磁性体としてマグネタイトあるいはフェライトの微粒子が使用され，その磁性体の表面に官能基（アミノ基，カルボキシル基，エポキシ基等）を有する高分子を固定化し，その官能基を利用して抗体が固定化されている。市販品としては均一な粒子径（1～数μm程度）を持つポリスチレンビーズの粒子中に，一様にフェライト粒子が分散したダイナビーズがあり[3)]，広く利用されてきている。こうした磁性微粒子のサイズがμmオーダーであるのは，磁石への応答性をよくするためである[5)]。ただ粒子径が大きいためタンパク質等の分離や固定化への利用においては十分なものとは言えなかった。このため，粒子径を小さくしながらも，磁気応答性のよい微粒子材料の開発が続けられてきた。ここで，もし磁性ナノ粒子材料を合成する上で，微粒子に外部刺激（温度，光，電場，pH等）応答性を付与できれば，粒子径を小さくして，かつ磁気応答性をよくすることができる（図1）。例えば，磁性ナノ粒子材料を

＊1　Akihiko Kondo　神戸大学　工学部　応用化学科　教授

＊2　Noriyuki Ohnishi　マグナビート㈱　代表取締役社長

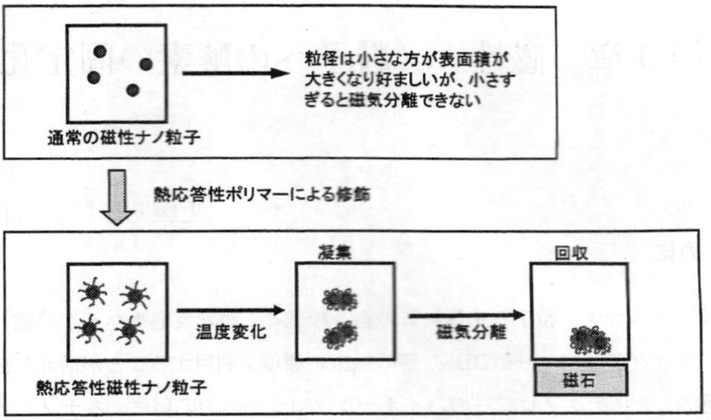

図１　熱応答性磁性ナノ粒子

熱応答性高分子で被服した熱応答性磁性ナノ粒子では，温度変化によって，高分子が脱水和する，あるいはポリマー間の相互作用が変化することにより，凝集・分散状態が刺激によって変化する。したがって，磁性ナノ粒子を温度変化で凝集させることにより，磁石によって迅速に集めることが可能となる。すなわちナノサイズの磁性粒子でありながら，極めて迅速な磁気分離が可能な革新的な材料となる[4〜6]。

3　熱応答性高分子とは

近年，外部刺激に応答して機能や物理的性質が変化する刺激応答性高分子は，感知，判断，運動，認識といった高度機能を兼ね備えたインテリジェント材料として数多く研究されている。また材料自身がソフトで，かつ柔軟な動きを示すため，生体機能模倣材料としても期待されている。中でも僅かな温度変化で物理的性質が変化する熱応答性高分子は温度変化という汎用的な刺激で応答するため，アクチュエーター，分離剤，DDS製剤等，多くの研究がなされ，その一部は実用化されている。熱応答性高分子として，以前から下限臨界溶液温度（Lower Critical Solution Temperature; LCST）を示すものが知られていた。これらの高分子はLCST以上の温度で水に不溶化し，以下で溶解する（図２）。代表的な高分子としては，*N*-イソプロピルアクリルアミド(NIPAM)のラジカル重合により得られるポリ-*N*-イソプロピルアクリルアミド[7]がある。この高分子のLCSTは32℃であり，分子量に依存しない。また，NIPAMは他の機能性モノマーと共重合することも容易である。共重合ポリマーは，温度変化による応答の他，光，電場，pH，有機溶媒等を認識する部位を共重合等により固定化する事により，それぞれの刺激に対しても応答

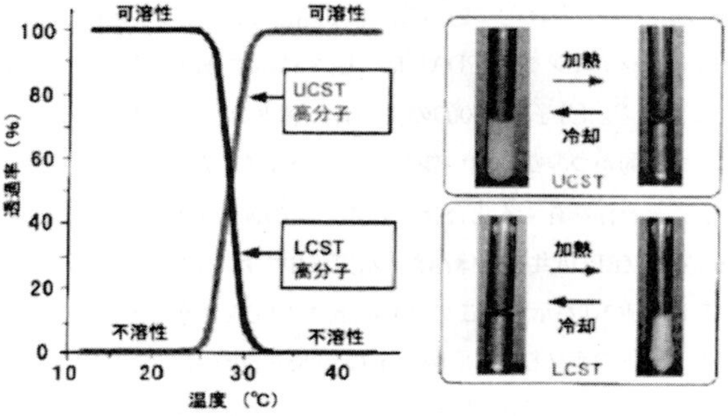

図2　UCST and LCST ポリマーの熱応答挙動

する。例えば，NIPAMをアクリル酸やビニルピリジン誘導体といったイオニックなモノマーと共重合反応を行った高分子は，熱応答に加えてpH変化によりその高分子の水和状態が変化し，LCSTが大きく変化する。すなわちpH応答性も示す。

一方，上限臨界溶液温度（Upper Critical Solution Temperature；UCST）を示す高分子は，LCST型のものとは逆に水溶液の温度がUCST以上で水に溶解し，以下で不溶化する（図2）。緩衝液中でUCSTを示す高分子は特定タンパク質を認識する抗体等のリガンドを固定化することにより，タンパク質など，熱に不安定な化合物を分離する際，低温下で不溶化して分離精製を行う事が可能なため待望視されていた材料であった。最近，我々は緩衝液中でもUCSTを有する熱応答性高分子の開発に成功した[8]。これはノニオニックな*N*-アクリロイルグリシンアミドとビオチン誘導体（*N*-メタクロイル-*N'*-ビオチニルプロピレンジアミン：MBPDA）との共重合体を主成分とした高分子であり，低温側で高分子鎖間の水素結合により不溶化し，高温側で水素結合の解離により溶解する。それぞれのモノマーの共重合比率を変えることにより，様々な転移温度を有するUCST高分子が合成可能である。

4　熱応答性磁性ナノ粒子の合成

上述した様に，多彩なLCSTやUCSTを示す高分子材料が開発されたため，これを用いて磁性ナノ粒子材料をコートすることで，図1に示す様に，熱により凝集・分散の制御が可能な磁性ナノ粒子（Therma-Max®）の合成が可能になった。特にUCSTを示すTherma-Max®は，熱に不安定なタンパク質等を短時間かつ高収率で分離するのに有効である。Therma-Max®の一例として，*N*-アクリロイルグリシンアミド（NAGAm）とビオチン誘導体によるUCSTを有する熱応答性磁性ナノ粒子の合成法について具体的に述べる。NAGAmとビオチン誘導体（*N*–メタクロイル–*N'*–ビオチニルプロピレンジアミン：MBPDA）は，図3に示す合成法により一段で収率よく合成できる。ビオチンはアビジン（分子量66,000の4量体の糖タンパク質でビオチンに対する結合部位が4箇所ある）と特異的かつ非常に強い親和性で結合する（$K_a = 1.3 \times 10^{-15}$）リガンドであると同時に，高い水素結合性を有する化合物である。このNAGAmとMBPDAを共重合して得られるポリマー（NAGAm/MBPDA共重合体）は，水溶液中では，温度を下げると強まる水素結合によって凝集をおこし，UCSTを示す。このNAGAm/MBPDA共重合体を，デキストランで被覆・分散させたマグネタイトのナノ粒子（平均粒子径が20～50nm程度）に固定化する事により，水溶液中でUCSTを持つ熱応答性磁性ナノ粒子が合成できる（平均粒子径70nm程度）。さらにNAGAm/MBPDA共重合体は，ビオチンを含むため，熱応答性磁性ナノ粒子は，この粒子表層ビオチンを介してアビジン，そして種々のビオチン化タンパク質やDNA等の生体分子を特異的に結合できる（図4）。また，デキストランとマグネタイトは非常に強く結合しているため，ポリマーと磁性ナノ粒子は安定な複合体粒子を形成する。

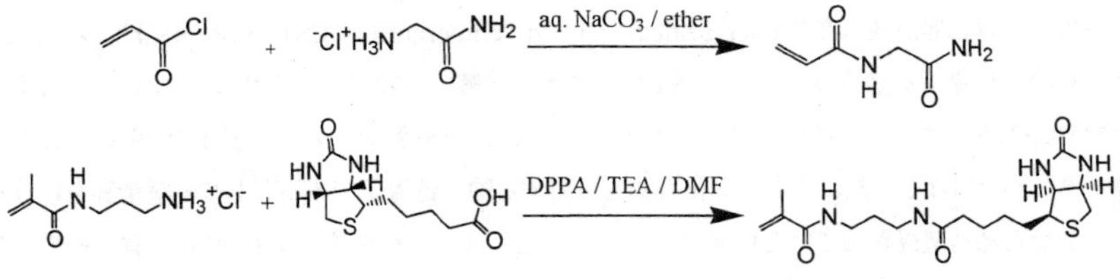

図3　*N*–acroylglycineamide およびビオチン誘導体の合成

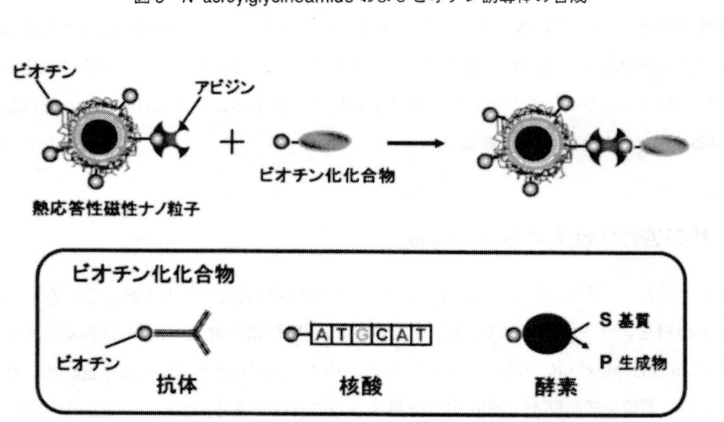

図4　ビオチン－アビジン相互作用を利用した生体分子の熱応答性磁性ナノ粒子への固定化

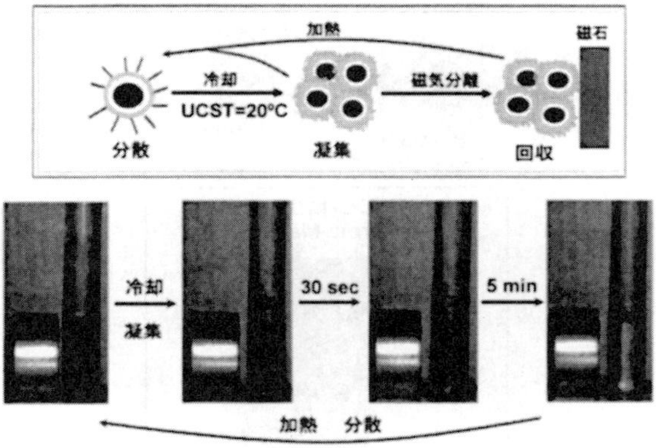

図５　熱応答性磁性ナノ粒子の凝集・磁気分離

この熱応答性磁性ナノ粒子は室温下の分散状態では磁性体に由来する茶色がかった透明な溶液のようであり，かなり強力な磁石でも全く磁気分離できない。これを氷浴に入れると瞬時に凝集を起こして容易に磁石分離ができる（図５）。また，凝集した粒子は温度を上げることで，元通り完全に分散させることが可能である。

5　タンパク質分離および選択的な固定化への応用

タンパク質の様な生体分子の選択的な分離や固定化においては，ナノサイズを持つ微粒子が必須である。磁性ナノ粒子は，表面積を大きく取れることから有効である。また，微粒子表面で吸着が起こるために，極めて早く平衡に達し，５分程度以内で吸着操作を完了できる。まず，熱応答性磁性ナノ粒子にアビジンを結合させたところ，粒子１mg当たり約0.5mgのアビジンが吸着されたことから，その吸着容量は非常に大きいと言える[5)]。また，図６はこのアビジン結合Therma-Max®を用いて，ビオチン化IgGとウシ血清アルブミン（BSA）の混合物からビオチン化IgGを吸着分離した結果を示す。吸着後のTherma-Max®をそのまま電気泳動（SDS-PAGE）で解析した結果であるが，ビオチン化IgGとアビジンのバンドが確認できる。したがって，左端のレーンに示される混合物から，ビオチン化IgGのみをアビジン－ビオチン相互作用によって特異的に吸着していることがわかる。またBASのバンドが確認できないことからも，粒子の表面への非特異的な吸着はほとんど見られず，Therma-Max®は極めて高い特異性で目的タンパク質を吸着分離できると言える。また粒子径数μmの市販の磁性微粒子を用いて同様の操作を行った結果も比較して示すが，タンパク質がほとんど確認できないことから，ナノ粒子を使うことによ

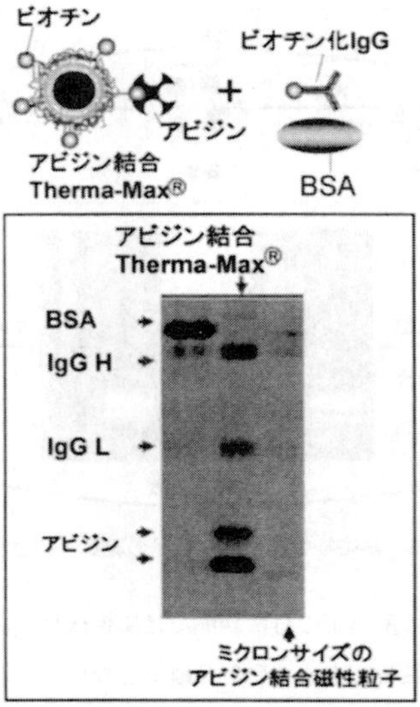

図6　アビジン結合熱応答性磁性ナノ粒子による，BSAとビオチン化IgG混合物からのビオチン化IgGの選択的な吸着：磁性ナノ粒子とミクロンサイズ磁性粒子を用いた場合の比較

る吸着量の著しい増加が明らかである。

さらに，図7に示すように，各種のアフィニティ分離用の微粒子が開発されており，各種の組換えタンパク質の精製や固定化に利用できる。すなわち，目的タンパク質をGST，アビジン，6残基ヒスチジン（各々グルタチオン，ビオチン，メタルキレートとアフィニティ結合する）といったアフィニティタグ(特定のリガンドと選択的に結合するタンパク質やペプチド)と融合して生産することで，図7の熱応答性磁性ナノ粒子を汎用的な分離剤として利用することができる。アフィニティ分離用の粒子を用いることで，見方を変えると，アフィニティタグを融合した酵素などのタンパク質を粗原料液から粒子上に直接固定化できることになる[9]。この場合，酵素を精製してから固定化するのではなく，粗原料から一段で固定化できることから，固定化酵素作製を大幅に簡略化できる。また，特定のサイトで固定化できることから，酵素の磁性ナノ粒子表面での失活を最小限に押さえることができると期待される。

アフィニティ相互作用を介しての生体分子の磁性ナノ粒子による分離あるいは固定化について示したが，生体分子を粒子に直接共有結合で固定化することが良い場合も多い。粒子表面にカルボキシル基やアミノ基を持たせることで，生体分子を共有結合固定化することが可能となる。こうした粒子はカルボキシル基やアミノ基を持つモノマーを共重合することで調製可能であるが，

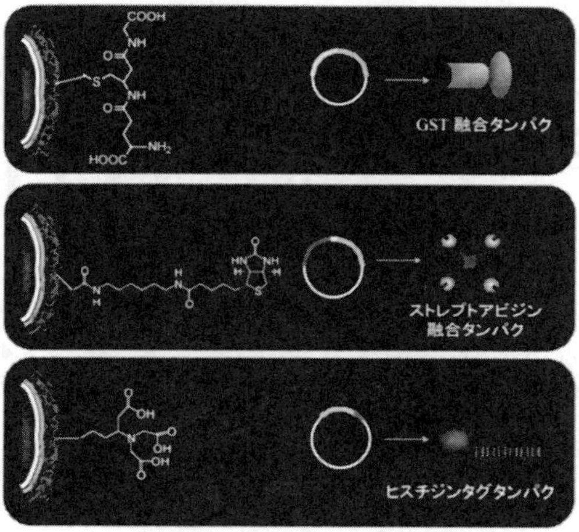

図 7　各種汎用リガンドを固定化した熱応答性磁性ナノ粒子

固定化用の官能基を持たせても熱応答性を保持させることができる。この様にモノマー組成を制御したポリマーを磁性ナノ粒子に結合させることで，多様な性質を持ったTherma-Max®を調製することができる。

6　酵素固定化への応用

酵素の固定化は反応後の酵素の回収･再利用を可能とする。熱応答性磁性ナノ粒子は酵素固定化担体として極めて有効である。すなわち，熱応答性磁性ナノ粒子に固定化された酵素は均一系とみなせる状態で酵素反応が行え，酵素反応終了後は温度変化により凝集させることで，磁気分離により容易に回収できる。ビオチン化ペルオキシダーゼを，アビジンを介して固定化した熱応答性磁性ナノ粒子を一例に挙げて説明する。室温下，ペルオキシダーゼ固定化熱応答性磁性ナノ粒子は過酸化物の添加により速やかに反応し発色した。この酵素反応液を冷却してペルオキシダーゼ固定化熱応答性磁性ナノ粒子を凝集させ，速やかに磁石により回収した(図 8 (a))。再度室温でバッファーにより分散させ酵素活性の測定を行ったところ，酵素活性は低下することなく繰り返し使用することができることが明らかとなった（図 8 (b))。

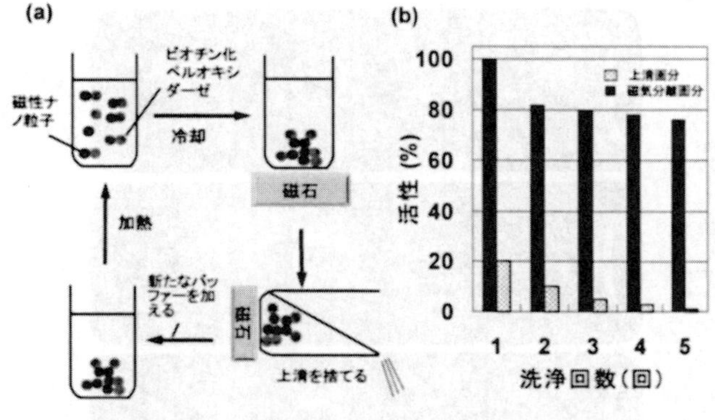

図８　熱応答性磁性ナノ粒子に固定化した酵素（ペルオキシダーゼ）の繰り返し利用

7　将来展望

温度応答性磁性ナノ粒子Therma-Max®はその粒径がナノサイズと小さいため，従来使用されているミクロンサイズの磁性微粒子やラテックスビーズに比べて，水溶液中での分散性及び分子認識性が格段に向上する。更にわずかな温度変化で素早く凝集するため磁石による回収も容易に行う事が可能である。したがって酵素などの機能性生体分子を固定化して，バイオテクノロジーにおける多様な領域に応用されることが期待される。

文　　献

1）近藤昭彦, “バイオ領域における高分子ミクロスフェアの応用“, 静電気学会誌, **23**, 16-22 (1999)

2）近藤昭彦, “磁性微粒子の開発とそのバイオプロセスへの応用”, ケミカルエンジニアリング, 80-86 (1994)

3）Lea, T., F. Vertdal, K. Nustad, S. Funderud, A. Berge, T. Ellingsen, R. Shmid, P. Stenstad, and J. Ugelstad, Monosized Magnetic Polymer Particles: Their Use in Separation of Cells and Subcelular Components, and in the Study of Lymphosite Function *in vitro*, *J. Mol.Recognit.*, **1**, 9-18 (1988)

4）Kondo, A., Kamura H. and Higashitani, K., Development and Application of Thermo-Responsive Magnetic Immunomicrospheres for Antibody Purification, *Appl. Microbiol.*

Biotechnol., **41**, 99–105 (1994)

5) Furukawa, H., R. Shimojo, N. Ohnishi, H. Fukuda and A. Kondo, Affinity Selection of Target Cells from Cell Surface Displayed Libraries: a Novel Procedure Using Thermo-Responsive Magnetic Nanoparticles, *Appl. Microbiol. Biotechnol.*, **62**, 478–483 (2003)

6) Ohnishi, N., H. Furukawa, H. Hata, J–M Wang, C–II An, E. Fukusaki, K. Kataoka, K. ueno, and A. Kondo, High–Efficiency Bioaffinity Separation of Cells and Proteins Using Novel Themoresponsive Biotinylated Magnetic Nanoparticles, *Nanobiotechnology*, in press.

7) Heskins, M. and Guillet, J. E., Solution Properties of Poly (*N*–isopropyl Acrylamide, *J. Macromol. Sci. Chem.* **A2**, 1441–1445 (1968)

8) 大西徳幸, 古川裕考, 片岡一則, 上野勝彦, *Polym. Prepr. Jpn.*, **47**, 2359 (1998)

9) Kondo, A., and Fukuda, H. Preparation of Thermo–Sensitive Magnetic Hydrogel Microspheres and Application to Enzyme Immobilization, *Journal of Fermentation and Bioengineering*, **84(4)**, 337–341 (1997)

《CMC テクニカルライブラリー》発行にあたって

弊社は、1961年創立以来、多くの技術レポートを発行してまいりました。これらの多くは、その時代の最先端情報を企業や研究機関などの法人に提供することを目的としたもので、価格も一般の理工書に比べて遙かに高価なものでした。

一方、ある時代に最先端であった技術も、実用化され、応用展開されるにあたって普及期、成熟期を迎えていきます。ところが、最先端の時代に一流の研究者によって書かれたレポートの内容は、時代を経ても当該技術を学ぶ技術書、理工書としていささかも遜色のないことを、多くの方々が指摘されています。

弊社では過去に発行した技術レポートを個人向けの廉価な普及版**《CMC テクニカルライブラリー》**として発行することとしました。このシリーズが、21世紀の科学技術の発展にいささかでも貢献できれば幸いです。

2000年12月

株式会社　シーエムシー出版

酵素の開発と応用技術　(B0973)

2006年12月28日　初　版　第1刷発行
2011年 8 月 4 日　普及版　第1刷発行

監　修　今中　忠行　　Printed in Japan
発行者　辻　賢司
発行所　株式会社　シーエムシー出版
東京都千代田区内神田1-13-1
電話 03 (3293) 2061
http://www.cmcbooks.co.jp/

〔印刷　株式会社ニッケイ印刷〕

ISBN978-4-7813-0357-4　C3045　¥4600E

CMCテクニカルライブラリーのご案内

可視光応答型光触媒の実用化技術 監修／多賀康訓 ISBN978-4-7813-0272-0　B939 A5判・290頁　本体4,400円＋税（〒380円） 初版2005年9月　普及版2010年10月	**構成および内容：**光触媒の動作機構と特性／設計(バンドギャップ狭窄法による可視光応答化 他)／作製プロセス技術(湿式プロセス／薄膜プロセス 他)／ゾル-ゲル溶液の化学／特性と物性(Ti-O-N系／層間化合物光触媒 他)／性能・安全性(生体安全性 他)／実用化技術(合成皮革応用／壁紙応用 他)／光触媒の物性解析／課題(高性能化 他) **執筆者：村上能規／野坂芳雄／旭　良司　他43名**
マリンバイオテクノロジー **—海洋生物成分の有効利用—** 監修／伏谷伸宏 ISBN978-4-7813-0267-6　B938 A5判・304頁　本体4,600円＋税（〒380円） 初版2005年3月　普及版2010年9月	**構成および内容：**海洋成分の研究開発（医薬開発 他）／医薬素材および研究用試薬（藻類／酵素阻害剤 他）／化粧品（海洋成分由来の化粧品原料 他）／機能性食品素材（マリンビタミン／カロテノイド 他）／ハイドロコロイド（海藻多糖類 他）／レクチン（海藻レクチン／動物レクチン）／その他（防汚剤／海洋タンパク質 他） **執筆者：浪越通夫／沖野龍文／塚本佐知子　他22名**
RNA工学の基礎と応用 監修／中村義一／大内将司 ISBN978-4-7813-0266-9　B937 A5判・268頁　本体4,000円＋税（〒380円） 初版2005年12月　普及版2010年9月	**構成および内容：**RNA入門（RNAの物性と代謝／非翻訳型RNA 他）／RNAiとmiRNA（siRNA医薬品 他）／アプタマー（翻訳開始因子に対するアプタマーによる制がん戦略 他）／リボザイム（RNAアーキテクチャと人工リボザイム創製への応用 他）／RNA工学プラットホーム（核酸医薬品のデリバリーシステム／人工ＲＮＡ結合ペプチド 他） **執筆者：稲田利文／中村幸治／三好啓太　他40名**
ポリウレタン創製への道 **—材料から応用まで—** 監修／松永勝治 ISBN978-4-7813-0265-2　B936 A5判・233頁　本体3,400円＋税（〒380円） 初版2005年9月　普及版2010年9月	**構成および内容：**【原材料】イソシアナート／第三成分（アミン系硬化剤／発泡剤 他）【素材】フォーム（軟質ポリウレタンフォーム 他）／エラストマー／印刷インキ用ポリウレタン樹脂【大学での研究動向】関東学院大学-機能性ポリウレタンの合成と特性-／慶應義塾大学-酵素によるケミカルリサイクル可能なグリーンポリウレタンの創成-他 **執筆者：長谷山龍二／友定　強／大原輝彦　他24名**
プロジェクターの技術と応用 監修／西田信夫 ISBN978-4-7813-0260-7　B935 A5判・240頁　本体3,600円＋税（〒380円） 初版2005年6月　普及版2010年8月	**構成および内容：**プロジェクターの基本原理と種類／CRTプロジェクター（背面投射型と前面投射型 他）／液晶プロジェクター（液晶ライトバルブ 他）／ライトスイッチ式プロジェクター／コンポーネント・要素技術（マイクロレンズアレイ 他）／応用システム（デジタルシネマ 他）／視機能から見たプロジェクターの評価（CBUの機序 他） **執筆者：福田京平／菊池　宏／東　忠利　他18名**
有機トランジスタ—評価と応用技術— 監修／工藤一浩 ISBN978-4-7813-0259-1　B934 A5判・189頁　本体2,800円＋税（〒380円） 初版2005年7月　普及版2010年8月	**構成および内容：**【総論】【評価】材料（有機トランジスタ材料の基礎評価 他）／電気物性(局所電気･電子物性 他)／FET（有機薄膜FETの物性 他）／薄膜形成【応用】大面積センサー／ディスプレイ応用／印刷技術による情報タグとその周辺機器【技術】遺伝子トランジスタによる分子認識の電気的検出／単一分子エレクトロニクス　他 **執筆者：鎌田俊英／堀田　収／南方　尚　他17名**
昆虫テクノロジー—産業利用への可能性— 監修／川崎建次郎／野田博明／木内　信 ISBN978-4-7813-0258-4　B933 A5判・296頁　本体4,400円＋税（〒380円） 初版2005年6月　普及版2010年8月	**構成および内容：**【総論】昆虫テクノロジーの研究開発動向【基礎】昆虫の飼育法／昆虫ゲノム情報の利用【技術各論】昆虫を利用した有用物質生産（プロテインチップの開発 他）／カイコ等の絹タンパク質の利用／昆虫の特異機能の解析とその利用／害虫制御技術等農業現場への応用／昆虫の体の構造，運動機能，情報処理機能の利用　他 **執筆者：鈴木幸一／竹田　敏／三田和英　他43名**
界面活性剤と両親媒性高分子の機能と応用 監修／國枝博信／坂本一民 ISBN978-4-7813-0250-8　B932 A5判・305頁　本体4,600円＋税（〒380円） 初版2005年6月　普及版2010年7月	**構成および内容：**自己組織化及び最新の構造測定法／バイオサーファクタントの特性と機能利用／ジェミニ型界面活性剤の特性と応用／界面制御とDDS／超臨界状態の二酸化炭素を活用したリポソームの調製／両親媒性高分子の機能設計と応用／メソポーラス材料開発／食べるナノテクノロジー-食品の界面制御技術によるアプローチ　他 **執筆者：荒牧賢治／佐藤高彰／北本　大　他31名**

※書籍をご購入の際は、最寄りの書店にご注文いただくか、
㈱シーエムシー出版のホームページ（http://www.cmcbooks.co.jp/）にてお申し込み下さい。